SOLIDWORKS® 公司官[方]
CSWP 全球专业认证[考试培训教程]

# SOLIDWORKS® Motion 运动仿真教程
## （2024版）

官方指定

[美] DS SOLIDWORKS®公司 著
(DASSAULT SYSTEMES SOLIDWORKS CORPORATION)

戴瑞华 主编

机械工业出版社
CHINA MACHINE PRESS

《SOLIDWORKS® Motion 运动仿真教程（2024 版）》是根据 DS SOLIDWORKS®公司发布的《SOLIDWORKS 2024：SOLIDWORKS Motion》编译而成的，是使用 SOLIDWORKS Motion 对 SOLIDWORKS 装配体模型进行运动和动力学分析的入门培训教程。本教程提供了基本的运动和动力学分析求解方法，在介绍软件使用方法的同时，对相关理论知识也进行了讲解。本教程提供练习文件下载，详见"本书使用说明"。本教程提供高清语音教学视频，扫描书中二维码即可免费观看。

本教程在保留英文原版教程精华和风格的基础上，按照中国读者的阅读习惯进行了编译，配套教学资料齐全，适于企业工程设计人员和大专院校、职业院校相关专业的师生使用。

北京市版权局著作权合同登记　图字：01-2024-2903 号。

### 图书在版编目（CIP）数据

SOLIDWORKS® Motion 运动仿真教程：2024 版／美国 DS SOLIDWORKS®公司著；戴瑞华主编. -- 北京：机械工业出版社，2024. 9. -- （SOLIDWORKS®公司官方指定培训教程）（CSWP 全球专业认证考试培训教程）. -- ISBN 978-7-111-76383-3

Ⅰ. TH122

中国国家版本馆 CIP 数据核字第 20246BS577 号

机械工业出版社（北京市百万庄大街22号　邮政编码100037）
策划编辑：张雁茹　　　　责任编辑：张雁茹
责任校对：牟丽英　李小宝　封面设计：陈　沛
责任印制：李　昂
河北泓景印刷有限公司印刷
2024 年 9 月第 1 版第 1 次印刷
184mm×260mm・14.5 印张・391 千字
标准书号：ISBN 978-7-111-76383-3
定价：59.80 元

电话服务　　　　　　　　　网络服务
客服电话：010-88361066　　机　工　官　网：www.cmpbook.com
　　　　　010-88379833　　机　工　官　博：weibo.com/cmp1952
　　　　　010-68326294　　金　书　网：www.golden-book.com
**封底无防伪标均为盗版**　机工教育服务网：www.cmpedu.com

# 序

尊敬的中国 SOLIDWORKS 用户：

　　DS SOLIDWORKS® 公司很高兴为您提供这套最新的 SOLIDWORKS® 中文版官方指定培训教程。我们对中国市场有着长期的承诺，自从 1996 年以来，我们就一直保持与北美地区同步发布 SOLIDWORKS 3D 设计软件的每一个中文版本。

　　我们感觉到 DS SOLIDWORKS® 公司与中国用户之间有着一种特殊的关系，因此也有着一份特殊的责任。这种关系是基于我们共同的价值观——创造性、创新性、卓越的技术，以及世界级的竞争能力。这些价值观一部分是由公司的共同创始人之一李向荣（Tommy Li）所建立的。李向荣是一位华裔工程师，他在定义并实施我们公司的关键性突破技术以及在指导我们的组织开发方面起到了很大的作用。

　　作为一家软件公司，DS SOLIDWORKS® 致力于带给用户世界一流水平的 3D 解决方案（包括设计、分析、产品数据管理、文档出版与发布），以帮助设计师和工程师开发出更好的产品。我们很荣幸地看到中国用户的数量在不断增长，大量杰出的工程师每天使用我们的软件来开发高质量、有竞争力的产品。

　　目前，中国正在经历一个迅猛发展的时期，从制造服务型经济转向创新驱动型经济。为了继续取得成功，中国需要相配套的软件工具。

　　SOLIDWORKS® 2024 是我们最新版本的软件，它在产品设计过程自动化及改进产品质量方面又提高了一步。该版本提供了许多新的功能和更多提高生产率的工具，可帮助机械设计师和工程师开发出更好的产品。

　　现在，我们提供了这套中文版官方指定培训教程，体现出我们对中国用户长期持续的承诺。这套教程可以有效地帮助您把 SOLIDWORKS® 2024 软件在驱动设计创新和工程技术应用方面的强大威力全部释放出来。

　　我们为 SOLIDWORKS 能够帮助提升中国的产品设计和开发水平而感到自豪。现在您拥有了功能丰富的软件工具以及配套教程，我们期待看到您用这些工具开发出创新的产品。

Manish Kumar<br>
DS SOLIDWORKS® 公司首席执行官<br>
2024 年 6 月

戴瑞华　现任达索系统大中华区技术咨询部 SOLIDWORKS 技术总监

戴瑞华先生拥有 30 年以上机械行业从业经验，曾服务于多家企业，主要负责设备、产品、模具以及工装夹具的开发和设计。其本人酷爱 3D CAD 技术，从 2001 年开始接触三维设计软件，并成为主流 3D CAD SOLIDWORKS 的软件应用工程师，先后为企业和 SOLIDWORKS 社群培训了上千名工程师。同时，他利用自己多年的企业研发设计经验，总结出了在中国的制造业企业应用 3D CAD 技术的最佳实践方法，为企业的信息化与数字化建设奠定了扎实的基础。

戴瑞华先生于 2005 年 3 月加入 DS SOLIDWORKS® 公司，现负责 SOLIDWORKS 解决方案在大中华区的技术培训、支持、实施、服务及推广等，实践经验丰富。其本人一直倡导企业构建以三维模型为中心的面向创新的研发设计管理平台、实现并普及数字化设计与数字化制造，为中国企业最终走向智能设计与智能制造进行着不懈的努力与奋斗。

# 前言

DS SOLIDWORKS® 公司是一家专业从事三维机械设计、工程分析、产品数据管理软件研发和销售的国际性公司。SOLIDWORKS 软件以其优异的性能、易用性和创新性，极大地提高了机械设计工程师的设计效率和质量，目前已成为主流 3D CAD 软件市场的标准，在全球拥有超过 650 万的用户。DS SOLIDWORKS® 公司的宗旨是：to help customers design better products and be more successful——让您的设计更精彩。

"SOLIDWORKS® 公司官方指定培训教程"是根据 DS SOLIDWORKS® 公司最新发布的 SOLIDWORKS® 2024 软件的配套英文版培训教程编译而成的，也是 CSWP 全球专业认证考试培训教程。本套教程是 DS SOLIDWORKS® 公司唯一正式授权在中国大陆地区（不包括香港、澳门特别行政区及台湾地区）出版的官方指定培训教程，也是迄今为止出版的最为完整的 SOLIDWORKS® 公司官方指定培训教程。

本套教程详细介绍了 SOLIDWORKS® 2024 软件的功能，以及使用该软件进行三维产品设计、工程分析的方法、思路、技巧和步骤。为了简化和加快从概念到制造的产品开发流程，SOLIDWORKS® 2024 包含了用户驱动的全新增强功能，重点关注提高工作的智能化程度和工作效率，让工程师可以专注于设计。除此之外，还增加了基于云的扩展应用，包含新一代的设计工具以及强大的仿真能力和智能制造等。新功能中也融合了人工智能、云服务等新兴数字技术，为智能化转型升级提供了新的可能。

《SOLIDWORKS® Motion 运动仿真教程（2024 版）》是根据 DS SOLIDWORKS® 公司发布的《SOLIDWORKS® 2024：SOLIDWORKS Motion》编译而成的，是使用 SOLIDWORKS Motion 对 SOLIDWORKS 装配体模型进行运动和动力学分析的入门培训教程。本套教程在保留英文原版教程精华和风格的基础上，按照中国读者的阅读习惯进行编译，使其变得直观、通俗，让初学者易上手，让高手的设计效率和质量更上一层楼！

本套教程由达索系统大中华区技术咨询部 SOLIDWORKS 技术总监戴瑞华先生担任主编。承担编译、校对和录入工作的有达索教育行业高级顾问严海军和 SOLIDWORKS 技术专家李鹏。此外，本教程的操作视频由 SOLIDWORKS 高级咨询顾问赵罘和达索教育行业高级顾问严海军制作。在此，对参与本套教程编译和视频制作的工作人员表示诚挚的感谢。

由于编者水平有限，书中难免存在疏漏和不足之处，恳请广大读者批评指正。

戴瑞华
2024 年 6 月

# 本书使用说明

### 关于本书

本书的目的是让读者学习如何使用 SOLIDWORKS 软件的多种高级功能，着重介绍了使用 SOLIDWORKS 软件进行高级设计的技巧和相关技术。

SOLIDWORKS® 2024 是一个功能强大的机械设计软件，而书中章节有限，不可能覆盖软件的每一个细节和各个方面，所以，本书将重点给读者讲解应用 SOLIDWORKS® 2024 进行工作所必需的基本技能和主要概念。本书作为在线帮助系统的一个有益补充，不可能完全替代软件自带的在线帮助系统。读者在对 SOLIDWORKS® 2024 软件的基本使用技能有了较好的了解之后，就能够参考在线帮助系统获得其他常用命令的信息，进而提高应用水平。

### 前提条件

读者在学习本书之前，应该具备如下经验：
- 机械设计经验。
- 使用 Windows 操作系统的经验。
- 已经学习了 SOLIDWORKS Motion 在线指导教程。

### 编写原则

本书是基于过程或任务的方法而设计的培训教程，并不专注于介绍单项特征和软件功能。本书强调的是完成一项特定任务所应遵循的过程和步骤。通过对每一个应用实例的学习来演示这些过程和步骤，读者将学会为了完成一项特定的设计任务应采取的方法，以及所需要的命令、选项和菜单。

### 知识卡片

除了每章的研究实例和练习外，书中还提供了可供读者参考的"知识卡片"。这些"知识卡片"提供了软件使用工具的简单介绍和操作方法，可供读者随时查阅。

### 使用方法

本书的目的是希望读者在有 SOLIDWORKS 使用经验的教师指导下，在培训课中进行学习；希望读者通过"教师现场演示本书所提供的实例，学生跟着练习"的交互式学习方法，掌握软件的功能。

读者可以使用练习题来应用和练习书中讲解的或教师演示的内容。本书设计的练习题代表了典型的设计和建模情况，读者完全能够在课堂上完成。应该注意到，人们的学习速度是不同的，因此，书中所列出的练习题比一般读者能在课堂上完成的要多，这确保了学习能力强的读者也有练习可做。

### 标准、名词术语及单位

SOLIDWORKS 软件支持多种标准，如中国国家标准（GB）、美国国家标准（ANSI）、国际标准（ISO）、德国国家标准（DIN）和日本国家标准（JIS）。本书中的例子和练习基本上采用了中国国家标准（除个别为体现软件多样性的选项外）。为与软件保持一致，本书中一些名词术语和计量单位未与中国国家标准保持一致，请读者使用时注意。

## 练习文件下载方式

读者可以从网络平台下载本教程的练习文件，具体方法是：微信扫描右侧或封底的"大国技能"微信公众号，关注后输入"2024MT"即可获取下载地址。

## 视频观看方式

扫描书中二维码可在线观看视频，二维码位于章节之中的"操作步骤"处。可使用手机或平板计算机扫码观看，也可复制手机或平板计算机扫码后的链接到计算机的浏览器中，用浏览器观看。

## Windows 操作系统

本书所用的截屏图片是 SOLIDWORKS® 2024 运行在 Windows® 10 时制作的。

## 格式约定

本书使用下表所列的格式约定：

| 约　定 | 含　义 | 约　定 | 含　义 |
|---|---|---|---|
| 【插入】/【凸台】 | 表示 SOLIDWORKS 软件命令和选项。例如，【插入】/【凸台】表示从菜单【插入】中选择【凸台】命令 | 注意 | 软件使用时应注意的问题 |
| 提示 | 要点提示 | 操作步骤<br>步骤1<br>步骤2<br>步骤3 | 表示课程中实例设计过程的各个步骤 |
| 技巧 | 软件使用技巧 | | |

## 色彩问题

SOLIDWORKS® 2024 英文原版教程是采用彩色印刷的，而我们出版的中文版教程则采用黑白印刷，所以本书对英文原版教程中出现的颜色信息做了一定的调整，尽可能地方便读者理解书中的内容。

## 更多 SOLIDWORKS 培训资源

my. solidworks. com 提供了更多的 SOLIDWORKS 内容和服务，用户可以在任何时间、任何地点，使用任何设备查看。用户也可以访问 my. solidworks. com/training，按照自己的计划和节奏来学习，以提高使用 SOLIDWORKS 的技能。

## 用户组网络

SOLIDWORKS 用户组网络（SWUGN）有很多功能。通过访问 swugn. org，用户可以参加当地的会议，了解 SOLIDWORKS 相关工程技术主题的演讲以及更多的 SOLIDWORKS 产品，或者与其他用户通过网络进行交流。

# 目 录

序
前言
本书使用说明

**绪论** ·················································· 1
  0.1 SOLIDWORKS Motion 概述 ············ 1
  0.2 基本知识 ····································· 1
  0.3 SOLIDWORKS Motion 机构设置的基本
      知识 ············································· 2
  0.4 总结 ············································ 3

**第1章 运动仿真及力** ························· 4
  1.1 基本运动分析 ······························ 4
  1.2 实例：千斤顶分析 ······················· 4
    1.2.1 问题描述 ····························· 4
    1.2.2 关键步骤 ····························· 5
    1.2.3 驱动运动 ····························· 7
    1.2.4 引力 ·································· 8
  1.3 力 ················································ 8
    1.3.1 外加力 ······························· 9
    1.3.2 力的定义 ····························· 9
    1.3.3 力的方向 ····························· 9
  1.4 结果 ············································ 11
  练习 3D 四连杆 ································· 15

**第2章 建立运动模型及其后处理** ········ 18
  2.1 创建本地配合 ······························ 18
  2.2 实例：曲柄滑块分析 ···················· 18
    2.2.1 问题描述 ····························· 18
    2.2.2 关键步骤 ····························· 19
  2.3 配合 ············································ 19
  2.4 本地配合 ····································· 22
    2.4.1 函数编制程序 ······················ 25
    2.4.2 输入数据点 ························· 26
  2.5 功率 ············································ 27
  2.6 图解显示运动学结果 ···················· 29

    2.6.1 绝对数值和相对数值的对比 ··· 29
    2.6.2 输出坐标系 ························· 30
    2.6.3 角位移图解 ························· 33
    2.6.4 角速度及角加速度图解 ········· 35
  练习 2-1 活塞 ····································· 35
  练习 2-2 跟踪路径 ······························· 39

**第3章 接触、弹簧及阻尼简介** ············ 42
  3.1 接触及摩擦 ································· 42
  3.2 实例：抛射器 ······························ 42
    3.2.1 问题描述 ····························· 42
    3.2.2 关键步骤 ····························· 42
    3.2.3 检查干涉 ····························· 45
  3.3 接触 ············································ 46
  3.4 接触组 ········································· 47
  3.5 接触摩擦 ····································· 47
  3.6 平移弹簧 ····································· 49
  3.7 平移阻尼 ····································· 49
  3.8 后处理 ········································· 51
  3.9 带摩擦的分析（选做） ················ 52
  练习 3-1 甲虫 ····································· 53
  练习 3-2 闭门器 ································· 54

**第4章 实体接触** ································ 57
  4.1 接触力 ········································· 57
  4.2 实例：拖车挂钩 ·························· 57
    4.2.1 使用马达限定运动 ··············· 58
    4.2.2 马达输入和力输入的类型 ····· 60
    4.2.3 函数表达式 ························· 60
    4.2.4 力的函数 ···························· 60
  4.3 步进函数 ····································· 61
  4.4 接触：实体 ································· 63
    4.4.1 恢复系数（泊松模型） ········· 64

4.4.2　冲击属性(冲击力模型)……………64
4.5　接触的几何描述…………………………69
　　4.5.1　网格化几何体(3D 接触)……………69
　　4.5.2　精确化几何体(精确接触)……………69
4.6　积分器……………………………………70
　　4.6.1　GSTIFF………………………………70
　　4.6.2　WSTIFF………………………………70
　　4.6.3　SI2_GSTIFF…………………………71
练习 4-1　搭扣锁装置………………………73
练习 4-2　掀背气动顶杆……………………78
练习 4-3　传送带(无摩擦)…………………84
练习 4-4　传送带(有摩擦)…………………91

## 第 5 章　曲线到曲线的接触…………………96

5.1　接触力……………………………………96
5.2　实例：槽轮机构…………………………96
5.3　曲线到曲线接触的定义…………………97
5.4　实体接触和曲线到曲线接触的比较……100
5.5　实体接触求解……………………………101
练习　传送带(带摩擦的曲线到曲线的
　　　接触)…………………………………101

## 第 6 章　凸轮合成……………………………104

6.1　凸轮………………………………………104
6.2　实例：凸轮合成…………………………104
　　6.2.1　问题描述………………………………104
　　6.2.2　关键步骤………………………………105
　　6.2.3　生成凸轮轮廓…………………………105
6.3　跟踪路径…………………………………106
6.4　输出跟踪路径曲线………………………107
6.5　基于循环的运动…………………………109
练习 6-1　连续控制凸轮……………………112
练习 6-2　摆动凸轮轮廓……………………116

## 第 7 章　运动优化……………………………121

7.1　运动优化概述……………………………121
7.2　实例：医疗检查椅………………………121
　　7.2.1　问题描述………………………………122
　　7.2.2　关键步骤………………………………122
7.3　传感器……………………………………123
7.4　优化分析…………………………………126

## 第 8 章　柔性接头……………………………130

8.1　柔性接头简介……………………………130
8.2　实例：带刚性接头的系统………………130
　　8.2.1　问题描述………………………………130
　　8.2.2　关键步骤………………………………131
　　8.2.3　车轮输入运动的计算…………………132
　　8.2.4　理解前束角……………………………133
8.3　套管………………………………………135

## 第 9 章　冗余…………………………………137

9.1　冗余概述…………………………………137
　　9.1.1　冗余的概念……………………………139
　　9.1.2　冗余的影响……………………………140
　　9.1.3　在解算器中移除冗余…………………140
9.2　实例：门铰链……………………………140
　　9.2.1　问题描述………………………………140
　　9.2.2　计算自由度……………………………142
　　9.2.3　实际自由度和估计的自由度…………142
　　9.2.4　使用柔性连接选项移除冗余…………144
　　9.2.5　柔性配合的局限性……………………144
9.3　检查冗余…………………………………146
9.4　典型的冗余机构…………………………146
　　9.4.1　双马达驱动机构………………………147
　　9.4.2　平行连杆机构…………………………147
练习 9-1　动力学系统 1……………………147
练习 9-2　动力学系统 2……………………148
练习 9-3　运动学机构………………………149
练习 9-4　零冗余模型——第一部分………153
练习 9-5　零冗余模型——第二部分
　　　　　(选做)……………………………156
练习 9-6　使用套管移除冗余………………156
练习 9-7　抛射器……………………………162

## 第 10 章　输出到 FEA………………………166

10.1　输出结果………………………………166
10.2　实例：驱动轴…………………………166
　　10.2.1　问题描述……………………………166
　　10.2.2　关键步骤……………………………166
　　10.2.3　FEA 输出……………………………169
　　10.2.4　承载面………………………………169

| | | | |
|---|---|---|---|
| 10.2.5 | 配合位置 … 169 | 12.2.2 | 切割导管的力 … 195 |
| 10.3 | 输出载荷 … 169 | 12.3 | 操作指导(一) … 196 |
| 10.4 | 在 SOLIDWORKS Motion 中直接求解 … 176 | 12.4 | 操作指导(二) … 197 |
| | | 12.5 | 问题求解 … 198 |
| 练习 | 输出到 FEA … 179 | 12.6 | 创建力函数 … 200 |
| | | 12.6.1 | 创建切割导管的力 … 200 |

## 第 11 章 基于事件的仿真 … 184

| | | | |
|---|---|---|---|
| | | 12.6.2 | 生成力的表达式 … 201 |
| 11.1 | 机构基于事件的仿真 … 184 | 12.7 | 力的表达式 … 203 |
| 11.2 | 实例：分类装置 … 184 | 12.7.1 | IF 语句 … 203 |
| 11.3 | 伺服马达 … 184 | 12.7.2 | 创建表达式 … 204 |
| 11.4 | 传感器 … 185 | 12.8 | 实例：外科剪——第二部分 … 208 |
| 11.5 | 任务 … 187 | 12.8.1 | 问题描述 … 208 |
| 练习 | 包装装配体 … 191 | 12.8.2 | 关键步骤 … 208 |

## 第 12 章 设计项目(选做) … 195

**附录** … 216

| | |
|---|---|
| 12.1 设计项目概述 … 195 | 附录 A 运动算例收敛解及高级选项 … 216 |
| 12.2 实例：外科剪——第一部分 … 195 | 附录 B 配合摩擦 … 218 |
| 12.2.1 问题描述 … 195 | |

# 绪 论

## 0.1 SOLIDWORKS Motion 概述

SOLIDWORKS Motion 是一个虚拟原型机仿真工具，适用于有兴趣了解装配体性能的工程师和设计师。借助工业动态仿真分析软件 ADAMS 的强力支持，SOLIDWORKS Motion 能够帮助设计人员在设计前期判断设计是否能达到预期目标。利用用户界面的各个选项，设计人员能够解决较复杂的机构问题。

机构是实现运动传递和力的转换的机械装置。运动仿真是利用计算机模拟机构的运动学状态和动力学状态。机械系统的运动主要由下列要素决定：

- 各连接零件的配合。
- 部件的质量和惯性属性。
- 对系统施加的力。
- 动力源(电动机或执行器)。
- 时间。

## 0.2 基本知识

（1）质量与惯性　惯性定律是经典物理学基本定律之一，它描述了物体的运动以及如何受到外力的影响。惯性的概念通常用牛顿第一运动定律描述：任何物体都要保持静止或匀速直线运动状态，直到外力迫使它改变初始状态为止。

在动力学和运动学系统的仿真过程中，质量和惯性有非常重要的作用，几乎所有的仿真过程都需要真实的质量和惯性数据。

（2）自由度　一个不被约束的刚性物体在空间坐标系中具有6个自由度：3个平移自由度和3个旋转自由度。如图0-1所示，该物体能够沿 $X$、$Y$ 和 $Z$ 轴移动，并能绕 $X$、$Y$ 和 $Z$ 轴转动。

（3）约束自由度　减少自由度将限制构件在特定自由度上的运动，这种限制称为约束。如图0-2所示，配合是限制一个零件相对于另一个零件运动的连接。

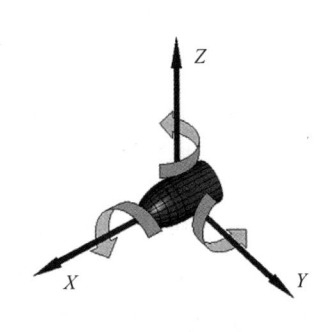

图 0-1　自由度

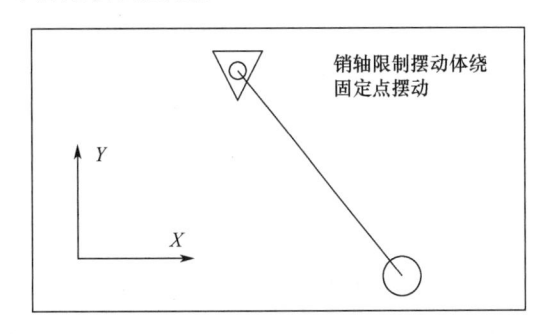

图 0-2　约束自由度

（4）运动分析　欧拉方程说明了一个刚性物体的三维运动规律，它由两个方程组成：第一个方程是牛顿第二运动定律，它描述了施加在物体上外力的总和等于线动量 $p$ 的变化率，即 $\sum F = \dfrac{\mathrm{d}p}{\mathrm{d}t}$。

对质量不发生改变的物体,方程的右侧可以简化成更为大家所熟知的质量乘以加速度的形式,即 $\sum F = ma$。第二个方程说明刚体上外力围绕质心产生的力矩之和等于刚体角动量 $H$ 的变化率,即 $\sum M = \dfrac{\mathrm{d}H}{\mathrm{d}t}$。

(5) 运动分析步骤 在每个时间步长中,程序使用改进的 Newton-Raphson 迭代法进行求解。通过采取非常小的时间步长,软件根据零件的初始状态或前一时间步长的结果,可以预测下一时间步长内零件的状态,但求解时必须已知以下要素:

- 零件的速度。
- 连接零件的配合。
- 力和加速度。

运算结果不断迭代,直到在该时间步长内力和加速度的值满足预定的精确度,如图 0-3 所示。

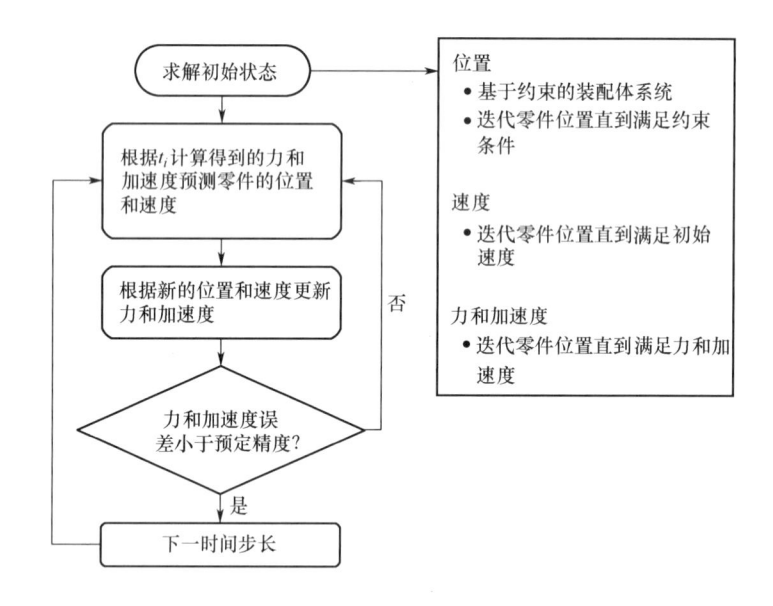

图 0-3 分析步骤

## 0.3 SOLIDWORKS Motion 机构设置的基本知识

下面讲解 SOLIDWORKS Motion 如何处理零件和子装配体,以及当受到外力(例如重力或单独的力)或指定运动时,配合是如何直接定义机构运动的。

(1) 刚体 在 SOLIDWORKS Motion 中,所有零件被看作理想刚体,这也意味着在仿真过程中,零件内部和零件之间都不会出现变形。刚性物体可以是单一零部件,也可以是子装配体。

SOLIDWORKS 的子装配体有刚性和柔性两种状态。一个刚性的子装配体意味着构成子装配体的各个零部件相互间为刚性连接(焊接),如同一个单一零件。如果子装配体状态为柔性,这并不意味着子装配体中的零件是柔性的,而是说在 SOLIDWORKS Motion 中认为子装配体根层级的零件是相互独立的。这些零件间的约束(在子装配体层级的 SOLIDWORKS 配合)会自动映射为 SOLIDWORKS Motion 中的机构约束。

(2) 固定零件 一个刚性物体可以是固定零件,也可以是浮动(运动)零件。固定零件是绝对静止的,每个固定的刚体自由度为零。在其他刚体运动时,固定零件作为这些刚体的参考坐标系统。

当创建一个新的机构并映射装配体约束时，SOLIDWORKS 装配体中任何固定的零部件都会自动转换为固定零件。

（3）浮动（运动）零件　在机构中移动的部件被视为运动零件，每个运动零件有 6 个自由度。当创建一个新的机构并映射装配体约束时，SOLIDWORKS 装配体中的任何浮动零部件都会自动转换为浮动零件。

（4）配合　SOLIDWORKS 配合定义了刚性物体是如何连接以及如何做相对运动的，配合将移除所连接零件的自由度。在两个刚体间添加配合时，如同轴心配合，将移除刚体之间的自由度，不管机构的运动和作用力状况如何，两刚体的相对位置是不变的。

（5）马达[一]　马达可以控制零件在一段时间内的运动状况，它将零件的位移、速度和加速度指定为时间的函数。

（6）引力　当零件的质量对仿真运动（如自由落体）有影响时，引力是一个重要的参数。在 SOLIDWORKS Motion 中，引力包含两个部分：
- 引力矢量的方向。
- 引力加速度的大小。

在【引力】的 PropertyManager 中可以设定引力矢量的方向和大小。在 PropertyManager 中通过在相应的文本框中输入 $X$、$Y$ 和 $Z$ 的值或指定参考平面来指定引力矢量。引力的大小必须单独输入。引力矢量的默认值为 $(0,-1,0)$，并且大小为 $9.81\mathrm{m/s}^2$（或者为当前激活单位的等效值）。

（7）约束映射　约束映射是指在 SOLIDWORKS 中零件之间的配合（约束）会自动映射为 SOLIDWORKS Motion 中的连接，这也是 SOLIDWORKS Motion 节约运动分析时间的主要原因之一。SOLIDWORKS 中有 100 多种配合或约束零件的方式。

（8）力　当在 SOLIDWORKS Motion 中定义各种力时，必须指定位置和方向。这些位置和方向源自所选择的 SOLIDWORKS 实体，实体可以是草图点、顶点、边或曲面。

## 0.4　总结

以上对 SOLIDWORKS Motion 运动仿真的简要介绍，仅是为后续课程的学习所做的铺垫。在后续章节中，会偶尔脱离软件的范畴，去讨论一些相关的运动仿真基本原理。

---

㊀ 即指动力源，可以是电动机等。

# 第1章 运动仿真及力

**学习目标**
- 使用装配体运动生成千斤顶装配体运动的动画
- 使用 SOLIDWORKS Motion 模拟千斤顶的物理性能,确定起升汽车所需的力矩

## 1.1 基本运动分析

本课程中,将使用 SOLIDWORKS Motion 进行一次基本的运动分析,以仿真千斤顶上的汽车重力,并确定起升汽车所需的力矩。千斤顶模型如图 1-1 所示。工程师可以利用这些信息选择合适的电动马达来驱动千斤顶。

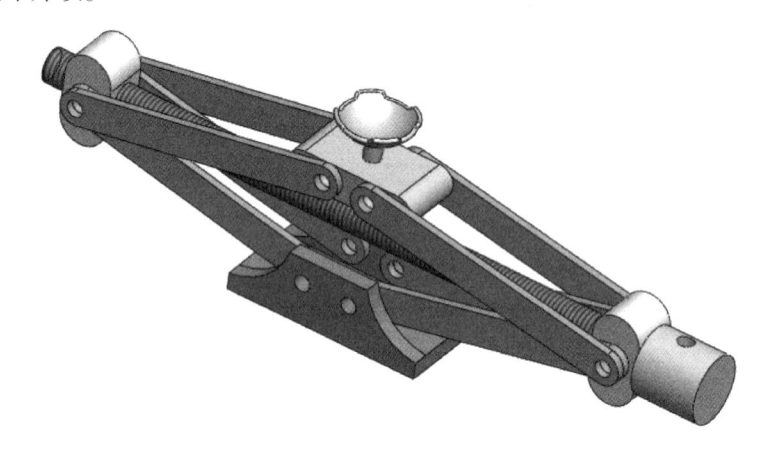

图 1-1 千斤顶模型

## 1.2 实例:千斤顶分析

千斤顶是一种升举重物的机构。可以利用千斤顶抬起一辆汽车,并对汽车进行维护。千斤顶液压机构的液压压力越大,便可以在越远的距离上提供越大的升力。这些千斤顶一般按最大提升能力划分等级(例如 1.5t 或 3t)。

因为这是第一次进行运动分析,本实例将不使用任何接触,并在配合的辅助下防止千斤顶倾斜。

### 1.2.1 问题描述

以 100r/min 的速度驱动千斤顶,使其承受 8900N 的力,用于模拟车辆的重力。确定千斤顶在运动范围内提升负载所需的力矩和功率。

## 1.2.2 关键步骤

- 生成运动算例：新建一个运动算例。
- 添加旋转马达：旋转马达用于驱动千斤顶。
- 添加引力：添加标准重力，确保千斤顶零部件的重量也被计算在内。
- 添加汽车的重力：汽车的重力将作为向下的力添加到支撑座"Support"上。
- 计算运动：系统默认的分析将持续5s，但此处将延长该时间，以使千斤顶可以完全展开。
- 图解显示结果：生成多个图解来显示所需的力矩和功率。

### 操作步骤

**步骤1 确保勾选了"SOLIDWORKS Motion"插件** 在【工具】/【插件】内，确保勾选了"SOLIDWORKS Motion"插件，如图1-2所示，单击【确定】。

扫码看视频

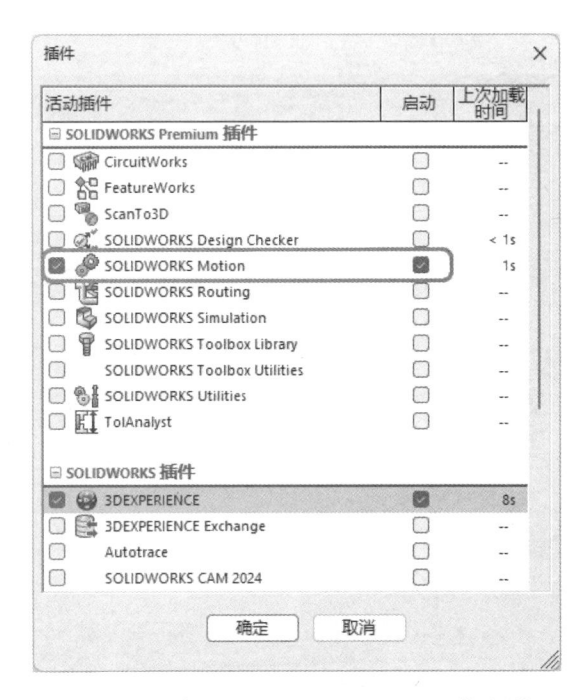

图1-2 勾选"SOLIDWORKS Motion"插件

**步骤2 打开装配体文件** 从文件夹"Lesson01\Case Studies\Car Jack"内打开装配体文件"Car_Jack"。

**步骤3 设置文档单位** SOLIDWORKS Motion使用SOLIDWORKS文档中的文档单位设置。单击【工具】/【选项】/【文档属性】/【单位】，在【单位系统】中选择【MMGS(毫米、克、秒)】。此处将设置长度单位为【毫米】，力的单位为【牛顿】，如图1-3所示。单击【确定】。

**步骤4 切换到运动算例页面** 切换至【Motion Study 1】选项卡。如果该选项卡没有显示，请勾选【视图】/【用户界面】/【MotionManager】，如图1-4所示。

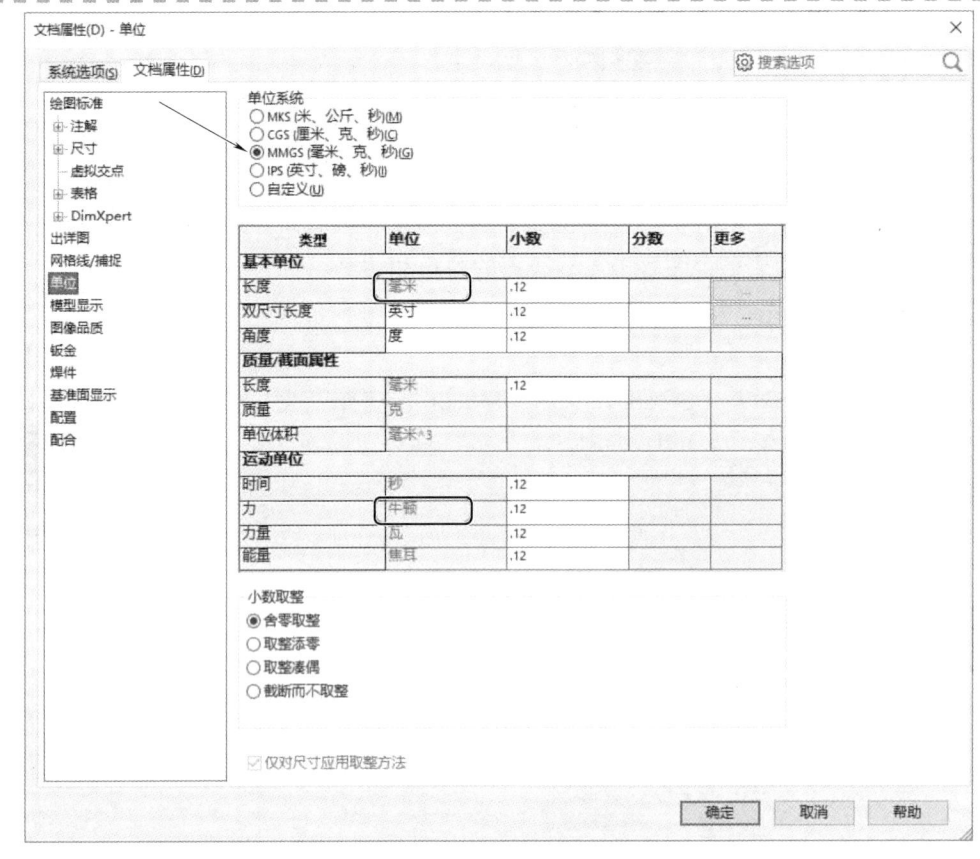

图 1-3 设置文档单位

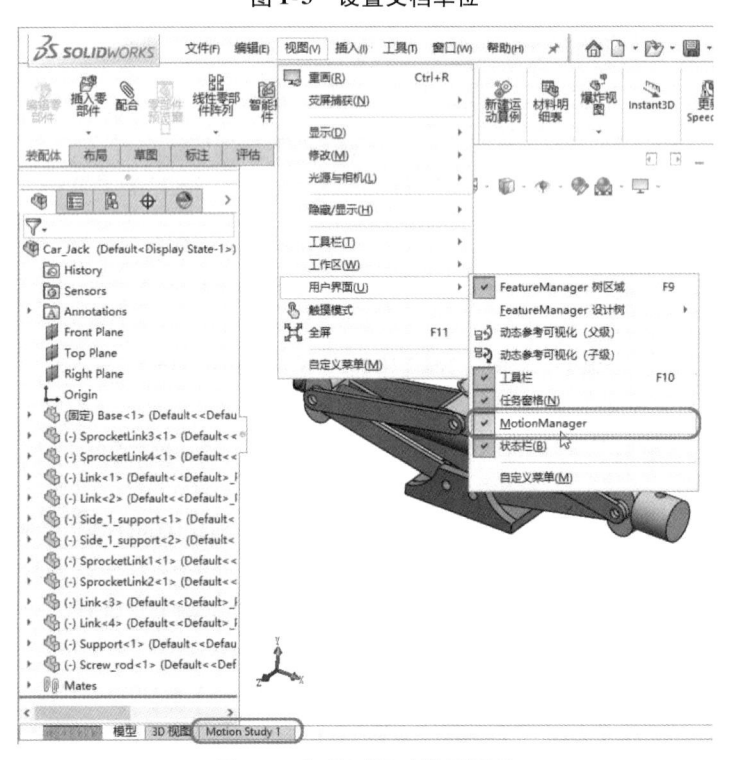

图 1-4 切换到运动算例页面

**步骤5 激活运动算例类型** 从可选的算例类型中选择【Motion 分析】,如图 1-5 所示。

图 1-5 运动算例类型

> 提示：【动画】用于创建以说明为目的的动画。【基本运动】用于创建对模型应用质量、引力和碰撞的动画。【Motion 分析】是一个完整、严格的刚体模拟环境，用于获取精确的物理数据和动画。

## 1.2.3 驱动运动

运动可以由引力、弹簧、力或马达来驱动。每一种类型都包含可以被调控的不同特性。

| 知识卡片 | 马达 | 马达可以创建线性、旋转或与路径相关的运动，也可以用于阻碍运动。用户可以通过不同的方法定义此运动。<br>● 等速：马达将以恒定的速度进行驱动。<br>● 距离：马达将移动一个固定的距离或角度。<br>● 振荡：振荡运动是指在特定距离上以指定的频率进行的往复运动。<br>● 线段：运动轨迹由最常用的函数进行构建，如线性、多项式、半正弦或其他。<br>● 数据点：由一组表格数值驱动的内插值运动。<br>● 表达式：通过已有变量和常量创建的函数进行驱动的运动。<br>● 伺服马达：用于对基于事件触发的运动实施控制动作的马达。 |
|---|---|---|
| | 操作方法 | ● MotionManager 工具栏：单击【马达】。 |

**步骤6 生成一个以 100r/min 的速度驱动 "Screw_rod" 的马达** 单击【马达】，在【马达类型】中选择【旋转马达】。在【零部件/方向】中选择零件 "Screw_rod" 的圆柱面，【马达方向】中将自动添加相同的面以指定方向。单击【反向】按钮以重新定向马达，将【要相对此项而移动的零部件】区域保留为空，这可以确保相对于全局坐标系指定马达方向。在【运动】内选择【等速】，然后输入 "100RPM"，如图 1-6 所示。

图 1-6 定义马达参数

> ⚠ **注意** 确保马达的方向与图中显示的方向保持一致。

单击 PropertyManager 中的图表，查看放大的结果，如图1-7所示。

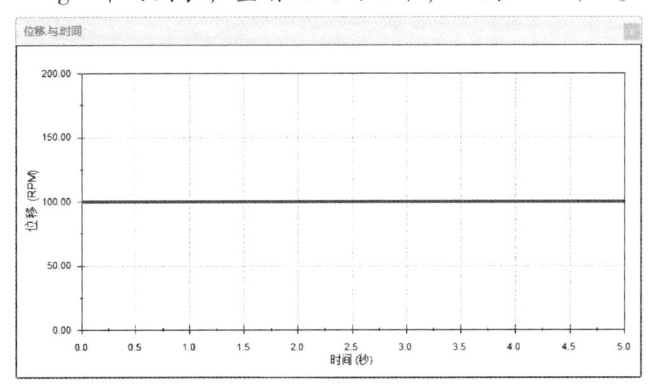

图 1-7 放大的结果

关闭图表，单击【确定】✓。

## 1.2.4 引力

| 知识卡片 | 引力 | 当零件的质量对仿真运动（如自由落体）有影响时，引力是一个重要的参数。在 SOLIDWORKS Motion 中，引力包含两个部分：<br>• 引力矢量的方向。<br>• 引力加速度的大小。<br>用户可以在【引力】的 PropertyManager 中指定引力矢量的方向和大小。可以通过选择 X、Y 和 Z 方向，或指定参考基准面来定义引力矢量，而引力的大小必须单独输入。引力矢量的默认方向是 Y 方向，默认值是 9806.65mm/s² （或为当前单位下的等效值）。|
|---|---|---|
| | 操作方法 | • MotionManager 工具栏：单击【引力】。|

**步骤7 对装配体加载引力** 单击【引力】，在【引力参数】的【方向参考】中选择【Y】。在【数字引力值】中输入数值 9806.65mm/s²，如图1-8所示。单击【确定】✓。

图 1-8 定义引力

## 1.3 力

力要素（包含力和力矩）用于影响运动模型中的零件和子装配体的动态行为，并且通常表现为作用于所分析装配体上的一些外部效应。

力可以阻止或引发运动，用户可以使用类似于定义马达时使用的函数（常量、步进、表达式或内插值）来定义力。SOLIDWORKS Motion 中的力可以划分为两种基本类型：

**1. 只有作用力**　单独施加的力或力矩代表的是外部对象和载荷对零件或子装配体的影响。加载到千斤顶上的车辆重力或作用在车身上的空气阻力，都是"只有作用力"的示例，如图 1-9 所示。

**2. 作用力与反作用力**　一对力或力矩，包含作用力与相应的反作用力。最典型的示例是弹簧的弹力，因为弹簧两端的力作用在同一条直线上。另一个示例是用自己的双手推动装配体的两个相对部分，这样便可以在运动分析中通过作用在同一条直线上的一对大小相等且方向相反的力（即作用力和反作用力）来表示人的作用。

图 1-9　只有作用力

## 1.3.1　外加力

力可以定义零件上的载荷或符合性，SOLIDWORKS Motion 提供了多种类型的力。

外加力是指在零件的特定位置定义的载荷力。用户必须通过指定一个恒定力数值或一个函数表达式来提供对力行为的描述。SOLIDWORKS Motion 中可用的外加力包括外加力、外加力矩、作用力/反作用力和作用力矩/反作用力矩。

【只有作用力】的方向可以是固定的，也可以相对于机构中任何零件的方向进行固定。外加力可用于模拟制动器、火箭及气动载荷等的输入。

## 1.3.2　力的定义

要定义力，则必须指定以下要素：
- 力所作用的零件或零件组。
- 力的作用点。
- 力的大小及方向。

| 知识卡片 | 力 | ● MotionManager 工具栏：单击【力】。 |
| --- | --- | --- |

## 1.3.3　力的方向

力的方向基于用户在【力的方向】中指定的参考零部件，如图 1-10 所示。下面通过三种情况讲解力的方向是如何随着所选参考零部件的变化而发生变化的。

（1）情况 1　基于固定零部件的力的方向，如果在【力的方向】中选择了固定零部件，则力的初始方向将在整个仿真过程中保持不变，如图 1-11 所示。

（2）情况 2　基于所选移动零部件（也是用户添加了作用力的零部件）的力的方向，如果将施加了力的零部件用作参考基准，则在整个仿真时间内，力的方向与该零部件的相对方向保持不变（也就是说，力将与用于定义方向的实体上的几何体保持对齐关系），如图 1-12 所示。

图 1-10　力的方向

（3）情况 3　基于所选移动零部件（该零部件不是添加作用力的零部件）的力的方向，如果将另一个移动的零部件用作参考基准，则力的方向将根据参考实体与移动实体的相对方向而变化。这种情况很难直观地看到。但如果用户将力施加到保持在某一位置的实体上，并使用旋转零部件作为参考基准，将会发现力会随着参考实体一起转动，如图1-13所示。

图1-11 基于固定零部件的力的方向

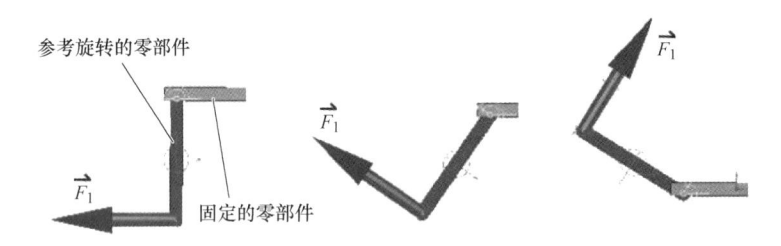

图1-12 基于所选移动零部件的力的方向1

图1-13 基于所选移动零部件的力的方向2

> **提示** 确保引力符号的方向沿着Y轴的负方向。

**步骤8 添加力** 添加8900N的力，以模拟千斤顶上汽车的重量。单击【力】。在【类型】中选择【力】，在【方向】中选择【只有作用力】。在【作用零件和作用应用点】中选择零部件"Support-1"的圆形边线，如图1-14所示，在【力的方向】中选择零部件"Base-1"的竖直边线。

> **提示** 默认的力的方向由【作用零件和作用应用点】中选择的圆形边线来定义，即垂直于边线的基准面。由于本示例中默认的方向是正确的，因此无须在【力的方向】中再选择边线，这样操作完全是出于教学的目的。

在【力函数】中选择【常量】，输入力的数值8900N，如图1-14所示。单击【确定】。

> **提示** 确保力的方向是向下的。

**步骤9 运行仿真** 单击【计算】，仿真将计算5s的时间。

**步骤10 运行8s的仿真** 将结束时间拖至8s处，如图1-15所示。单击【计算】。

图 1-14 指定力的方向和大小

图 1-15 更改时间

## 1.4 结果

运动算例得到的输出内容主要是一个参数相对于另一个参数(通常为时间)的图解。运动算例计算完毕后,则可以为各种参数创建图解。所有已存在的图解都将列于 MotionManager 设计树的底部。

**1. 图解类别** 用户可以生成以下类别的图解:
- 位移。
- 力量。
- 能量。
- 加速度。
- 速度。
- 其他数量。
- 动量。
- 力。

**2. 子类别** 用户可以按照以下类别生成图解:
- 跟踪路径。
- 摩擦力。
- 角位移。
- 线性位移。
- 接触力。
- 角加速度。
- 线性加速度。
- 角力矩。
- 马达力矩。
- 角速度。
- 角动能。
- 反力矩。
- 马达力。
- 质量中心位置。
- 摩擦力矩。
- 反作用力。
- 线性速度。
- 平移力矩。

- 平移动能。
- 总动能。
- 势能差。
- 俯仰。
- 滚转。
- 勃兰特角度。
- 能源消耗。
- 偏航。
- Rodriguez 参数。
- 投影角度。

**3. 调整图解大小** 用户可以通过拖动图解的任何边界或边角来调整其大小。

| 知识卡片 | 结果和图解 | • MotionManager 工具栏：单击【结果和图解】。 |
|---|---|---|

**步骤 11 图解显示提升车辆所需的力矩** 单击【结果和图解】。在【结果】的选取类别中设置为【力】，在子类别中选择【马达力矩】，在选取结果分量中选择【幅值】。在【选取旋转马达对象来生成结果】中选择创建的"旋转马达 1"，如图 1-16 所示。单击【确定】。

所需力矩图解出现在图形区域，如图 1-17 所示，所需力矩大约为 7244N·mm。

> **提示** 若选择了"旋转马达 1"，便会在图形区域出现三重轴。坐标系指明了马达的本地 $X$、$Y$ 和 $Z$ 轴，输出的数值可以显示为在这些轴上的分量。对于本例而言，需要的数据图解是与坐标系无关的幅值。下一章将重点介绍后处理的细节内容。

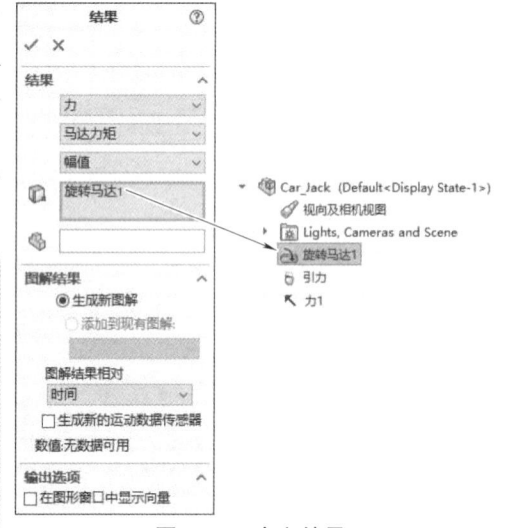

图 1-16 定义结果

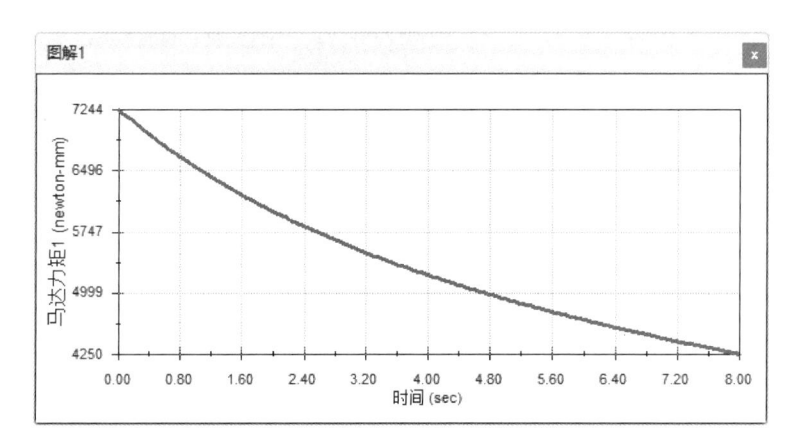

图 1-17 力矩图解

**步骤 12 图解显示起升 8900N 力所产生的能源消耗** 下面将新图解添加到现有图解中。单击【结果和图解】。

在【结果】中设置类别为【动量/能量/力量】，在子类别中选择【能源消耗】。在【选取马达对象来生成结果】中选取在步骤 11 中选择的"旋转马达 1"，在【图解结果】中选择【添加到现有图解】，并从下拉列表中选择"图解1"，如图 1-18 所示。单击【确定】。

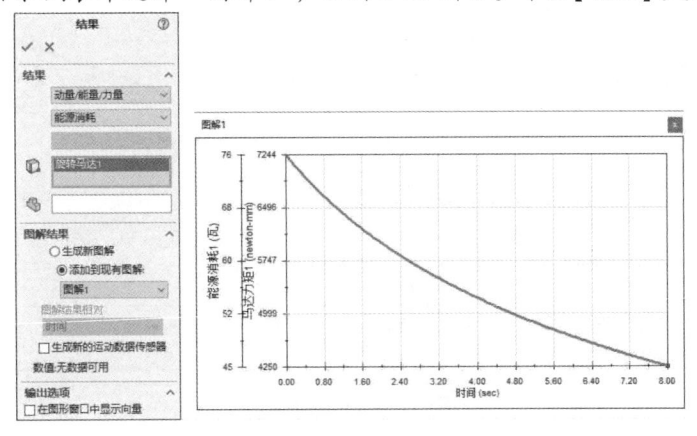

**图 1-18 能源消耗图解**

能源消耗为 76W。基于力矩和能源信息，可以选择一款马达并用于驱动"Screw_rod"，以替代人的手工劳动。

**步骤 13 播放动画** 单击【播放】。竖直的时间线同时显示在 MotionManager 和图解中，显示对应的时间。单击【停止】。

**步骤 14 图解显示"Support"竖直方向的位置** 单击【结果和图解】。

在【结果】中设置类别为【位移/速度/加速度】，在子类别中选择【线性位移】，在选取结果分量中选择【Y 分量】。在【选取单独零件上两个点/面或者一个配合/模拟单元来生成结果】中选取"Support"的顶面，如果没有选择第二个项目，则地面将作为默认的第二个零部件或参考。【定义 XYZ 方向的零部件(可选性)】区域保持空白，表明位移将以默认的全局坐标系为基准生成报告，如图 1-19 所示。单击【确定】。

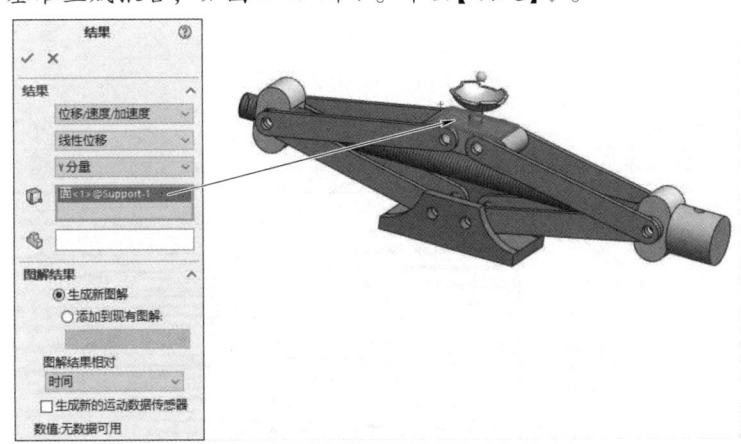

**图 1-19 定义竖直方向的位置结果**

> **提示** 位移是基于"Support"零件的原点进行测量的，在图 1-19 中显示为一个"小蓝球"，以区别于"Car_Jack"装配体的原点。结果将以默认的全局坐标系为基准生成报告。

图 1-20 表明"Support"零件的原点在全局 Y 坐标方向的改变量,因此在全局坐标 Y 轴正方向的线性位移为 51mm(212mm ~ 161mm)。

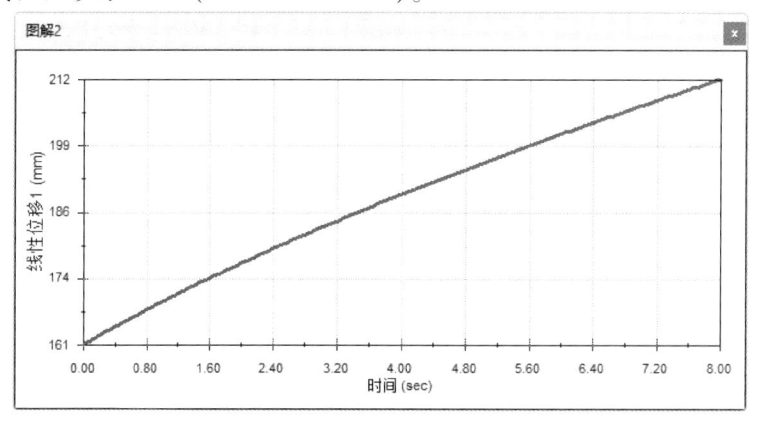

图 1-20 位移图解

**步骤 15 修改图解** 修改图解的横坐标以显示马达的角位移。在 MotionManager 树中,展开"Results"文件夹。右键单击"图解2"并选择【编辑特征】。在【图解结果】的【图解结果相对】中选择【新结果】,在【定义新结果】中选择【位移/速度/加速度】,在子类别中选择【角位移】,在结果分量中选择【幅值】。选择"旋转马达1"作为仿真元素,如图 1-21 所示。单击【确定】。

**步骤 16 查看图解** 图解结果有些粗糙,如图 1-22 所示,坐标点并未完全覆盖 $-180°$ ~ $180°$ 的范围。要想获得更好的图解,则必须保存更多的数据到磁盘中。

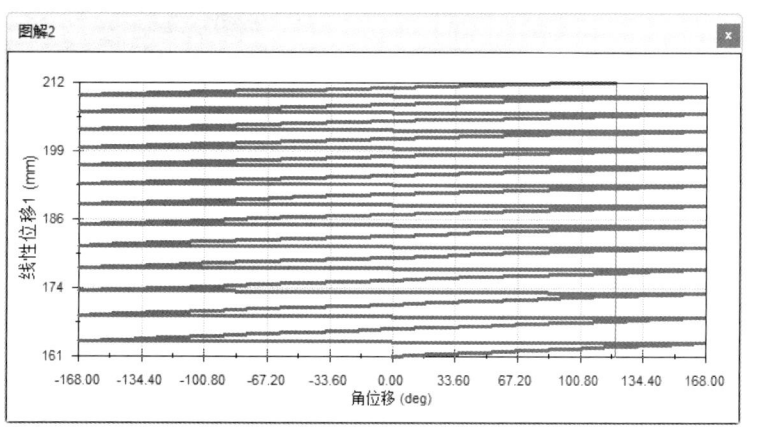

图 1-21 修改结果　　　　图 1-22 查看修改后的位移图解

| 知识卡片 | 算例属性 | SOLIDWORKS Motion 拥有一组特有的属性来控制算例计算和显示的方式。 |
|---|---|---|
| | 操作方法 | • MotionManager 工具栏：单击【运动算例属性】⚙。 |

| 知识卡片 | 每秒帧数 | 每秒帧数用于控制数据保存到磁盘的频率。每秒帧数越高，记录的数据越密集。 |
|---|---|---|
| | 操作方法 | • 在运动算例属性中展开【Motion 分析】，输入数值。也可使用数值框的箭头按钮或调节滑块。 |

**步骤17 修改运动算例属性** 单击【运动算例属性】⚙，更改【每秒帧数】为 100，如图 1-23 所示。单击【确定】✔。

**步骤18 计算算例** 单击【计算】。

这样就得到了更多的细节，角位移也近似在 -180°~180°之间发生变化，如图 1-24 所示。

图 1-23 修改运动算例属性　　图 1-24 位移图解

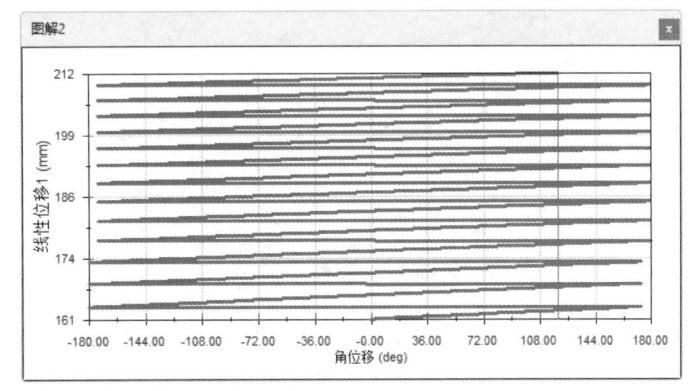

**步骤19 保存并关闭文件**

## 练习　3D 四连杆

图 1-25 所示为 3D 四连杆机构，该机构中只有 4 个零件。零件"Support"固定在地面上，零件"LeverArm"的转动会导致零件"SliderBlock"滑动。

本练习将应用以下技术：
- 基本运动分析。
- 结果。

零件"LeverArm"以恒定的 360(°)/s 的角速度转动。确定驱动该机构所需的力矩[⊖]大小，并从运动仿真的结果中图解显示出来。

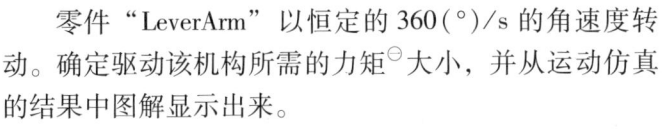

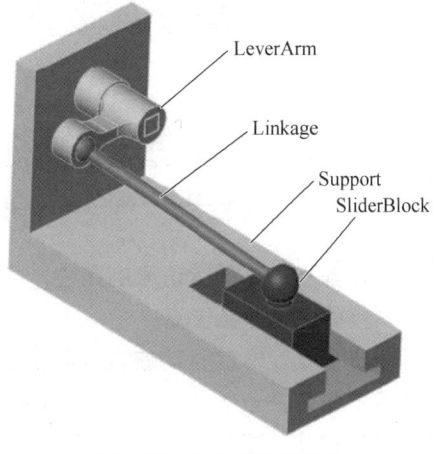

图 1-25 3D 四连杆机构

---

⊖ 此处指转矩，为与软件保持一致，采用"力矩"一词。——编者注

## 操作步骤

**步骤1 打开装配体文件** 从文件夹"Lesson01\Exercises\3D Fourbar Linkage"内打开装配体文件"3D fourbar linkage"。

**步骤2 确认固定和移动的零部件** 确定零件"Support"是固定的，而其他零部件是可以移动的，如图1-26所示。

**步骤3 选择运动算例** 在MotionManager中选择【Motion 分析】，默认的"Motion Study 1"将用于本次分析。

**步骤4 添加引力** 在Z轴负方向添加引力。

**步骤5 定义零件"LeverArm"的运动** 定义一个角速度为360 (°)/s的旋转马达，如图1-27所示。

图1-26 零部件属性

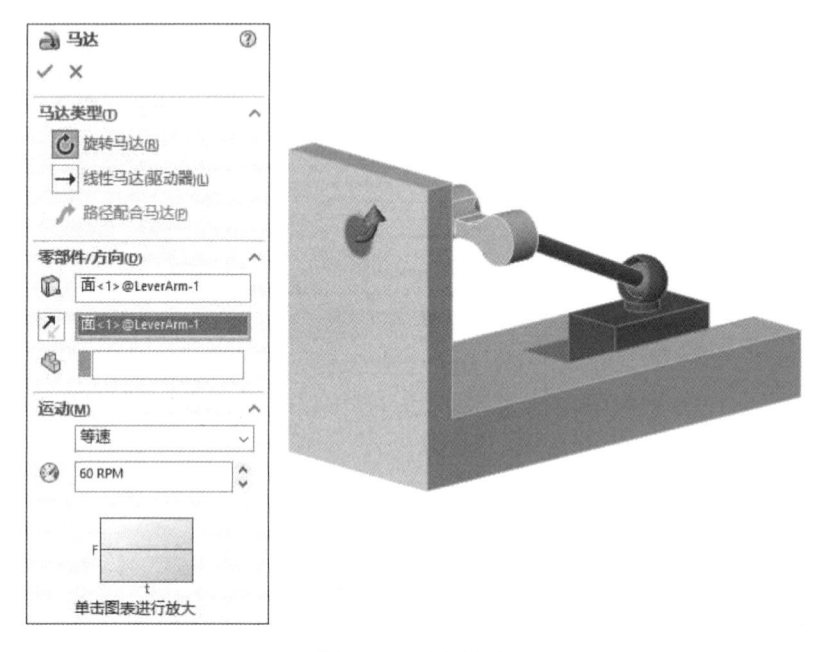

图1-27 定义马达

> **技巧** 可以在PropertyManager中直接输入"360 deg/sec"，系统会自动将其转化为每分钟转动量(r/min)。

**步骤6 设置运动算例属性** 设置【每秒帧数】为100，并将时间调整至4s处。

**步骤7 计算仿真**

**步骤8 确定驱动该机构所需的力矩和能源** 定义一个图解，显示力矩和所需能源与时间之间的函数关系，如图1-28所示。

**步骤9 显示零件"SliderBlock"的线性速度** 创建一个图解，显示零件"SliderBlock"的线性速度与时间之间的函数关系，如图1-29所示。

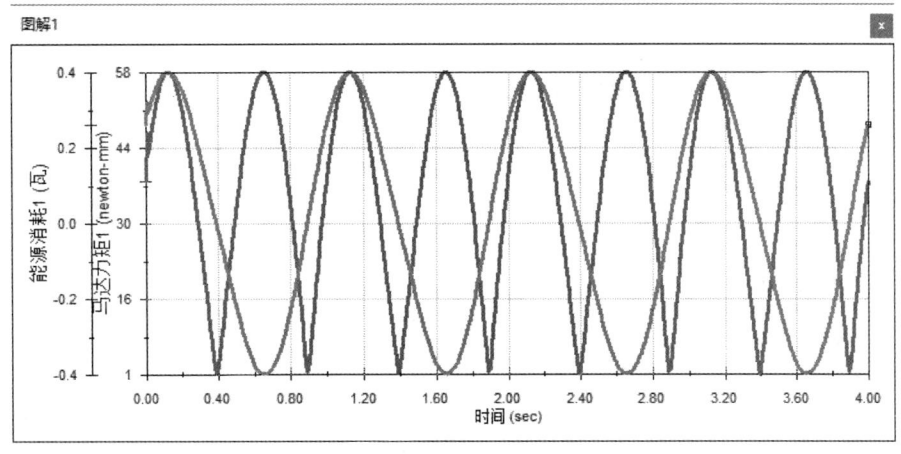

图 1-28 力矩和能源消耗图解

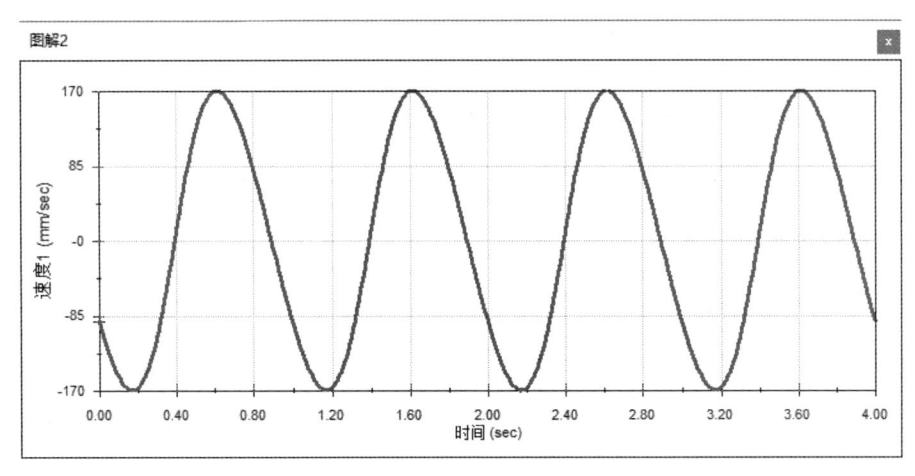

图 1-29 线性速度图解

**步骤10 修改图解** 修改图解的坐标，显示旋转马达的角位移。更改之后，图解将显示零件"SliderBlock"的速度相对于零件"LeverArm"角位移的变化，如图1-30所示。

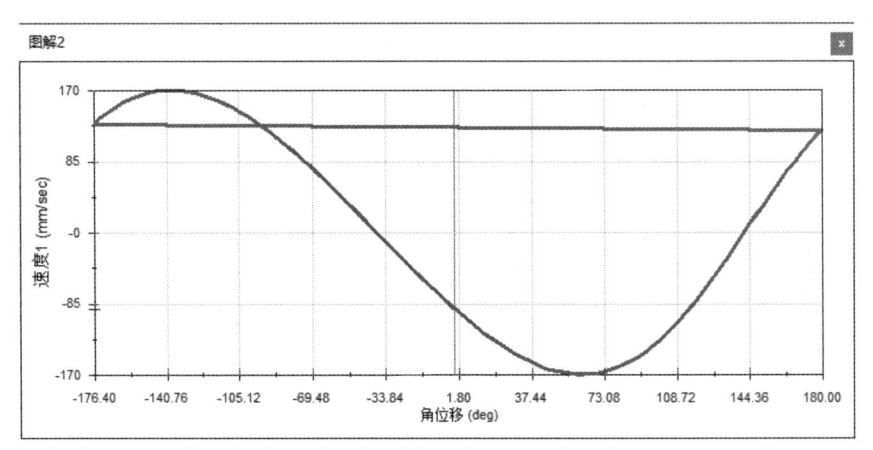

图 1-30 速度-角位移关系图解

**步骤11 保存并关闭文件**

# 第 2 章　建立运动模型及其后处理

**学习目标**
- 为运动仿真建立适当的 SOLIDWORKS Motion 模型
- 为 SOLIDWORKS Motion 算例生成本地配合
- 生成和修改图解以进行后处理

## 2.1　创建本地配合

在第 1 章中，在 SOLIDWORKS 中创建的配合可以直接在 SOLIDWORKS Motion 中用作接榫<sup>○</sup>。如果零部件未在 SOLIDWORKS 中进行配合，或用户希望在 SOLIDWORKS Motion 中检查不同的连接类型，则可以在 SOLIDWORKS Motion 分析中添加或修改配合。

## 2.2　实例：曲柄滑块分析

本章将为曲柄滑块模型创建一个机构，如图 2-1 所示，通过 SOLIDWORKS 的配合来近似地表示真实的机构连接。曲柄滑块模型有着广泛的工程应用，例如在蒸汽机或内燃机的气缸中。下面将在曲柄零件"Crank"上添加马达并进行仿真，然后对一些结果进行后处理以评估所需的力矩。

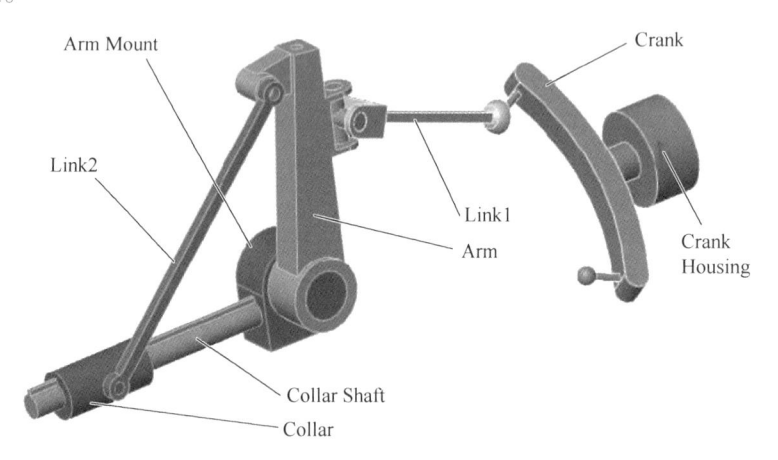

图 2-1　曲柄滑块模型

### 2.2.1　问题描述

将曲柄"Crank"以恒定转速(60r/min)进行驱动，确定转动曲柄零件所需的力矩。

---
○ 接榫是一种广义概念上的"接头"，可以是真实的接头，也可以是某种配合。——编者注

## 2.2.2 关键步骤

- 生成运动算例。
- 前处理：在激活运动算例的情况下对装配体添加本地配合。
- 运行仿真：计算这个运动。
- 后处理：图解并分析结果。

---

**操作步骤**

**步骤1 打开装配体** 打开文件夹"Lesson02\Case Studies\Crank Slider Mechanism"内的装配体文件"3dcrankslider"。

**步骤2 检查装配体** SOLIDWORKS Motion 假定所有在 SOLIDWORKS 中固定的零件都是接地零件，没有移动。而所有浮动的零件都是可移动零件，并且这些零件的移动受限于 SOLIDWORKS 的配合。

该装配体中没有任何配合，但是固定了3个零件，分别是"collar_shaft""arm_mount"和"crank_housing"，如图2-2所示。

其余零件需要用配合来约束它们的运动，以获得期望的机械系统。

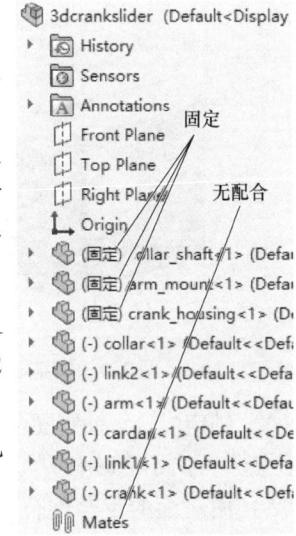

图2-2 检查装配体

---

## 2.3 配合

配合用于通过物理连接一对刚体来限制它们的相对运动。

> **提示** 刚体作为一个整体移动并起作用。在 SOLIDWORKS 中位于根目录层的零部件被认为是刚体，这也意味着 SOLIDWORKS 和 SOLIDWORKS Motion 将子装配体视为单个刚体。

配合可以划分为两大类：

1）通过物理连接一对刚体来限制它们相对运动的配合。例如铰链、同轴心、重合、固定、螺旋和凸轮等。

2）用于强制执行标准几何约束的配合。例如距离、角度和平行等。

下面列出了一些最常用的配合类型。如果想全面了解所有配合，请参考 SOLIDWORKS 帮助文件。

（1）**同轴心配合** 同轴心配合允许一个刚体相对于另一个刚体同时做相对旋转和相对平移运动。同轴心配合的起始点可以位于轴线上的任何位置，而刚体之间可以相对于该轴线进行转动和平移。例如，在气缸内活塞的滑动及转动，如图2-3所示。

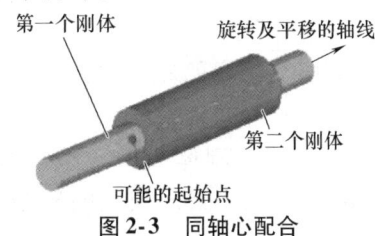

图2-3 同轴心配合

（2）**铰链配合** 铰链配合本质上是两个零部件之间平移受限的同轴心配合。

在 SOLIDWORKS Motion 中，使用铰链配合而不是采用同轴心加重合的组合，是因为机构的接榫为铰链，如图2-4所示。用户可以在【配合】PropertyManager 的【机械配合】选项卡中找到铰链配合。

（3）点对点重合配合　这类配合允许一个刚体绕着两个刚体的公共点相对于另一个刚体进行自由旋转。配合的原点位置决定了这个公共点，使得刚体可以以此为中心点相对于彼此进行自由旋转，例如球形关节，如图2-5所示。

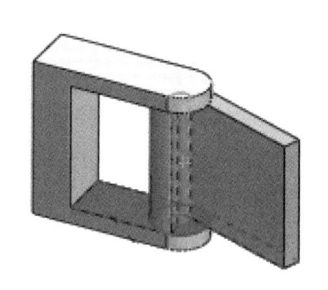

图2-4　铰链配合

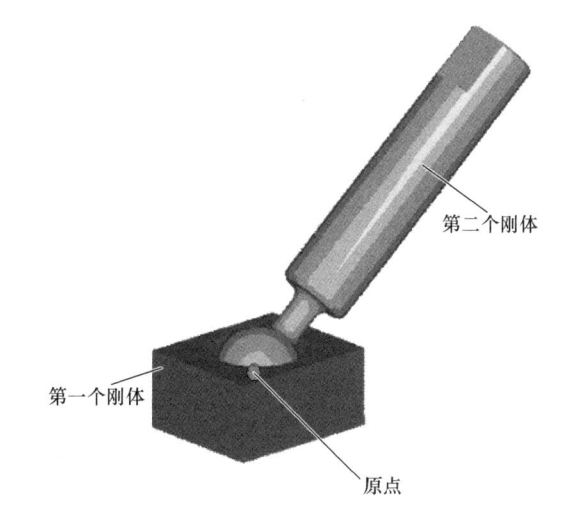

图2-5　点对点重合配合

（4）锁定配合　锁定配合将两个刚体锁定在一起，使得彼此之间无法移动。对于锁定配合而言，原点位置及方向不会影响仿真结果。将两个零件连接到一起的焊接便属于锁定配合，如图2-6所示。

（5）面对面的重合配合　该配合允许一个刚体相对于第二个刚体沿特定路径发生平移。刚体彼此之间只能平移，而不能旋转。

平移接榫相对于刚体的原点位置不会影响两个实体的运动，但是会影响反作用力或轴承载荷，如图2-7所示。

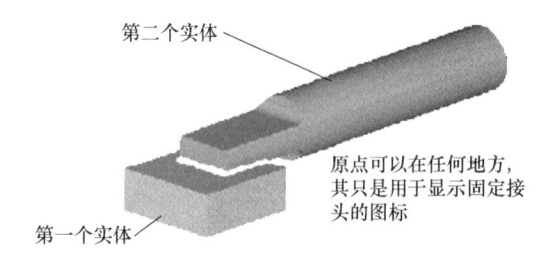

图2-6　锁定配合

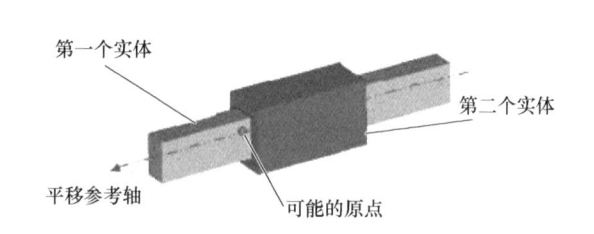

图2-7　面对面的重合配合

（6）万向节（即万向联轴器）配合　万向节配合能够将旋转从一个刚体传递到另一个刚体。该配合用于在转角处传递旋转运动，并在两个连接处成一定角度的相连杆件（例如汽车的传动轴）之间传递旋转运动。

万向节配合的原点位置表示两个刚体的连接点。两根轴线表示由万向节连在一起的两个刚体的中心线。请注意：SOLIDWORKS Motion 使用的转轴平行于用户指定的转轴，但是会穿过万向节配合的原点，如图2-8所示。

（7）螺旋配合　螺旋配合是指一个刚体相对于另一个刚体在平移的同时进行

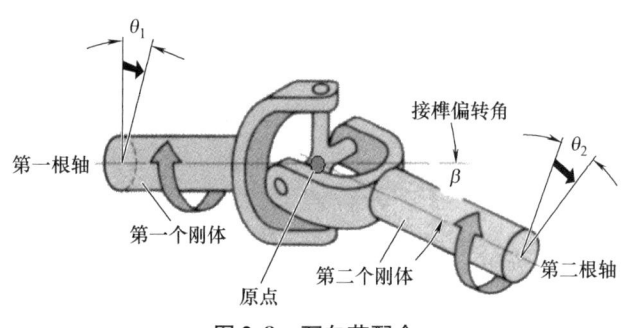

图2-8　万向节配合

旋转运动。在定义螺旋配合时，用户可以定义距离（螺距）。距离是指第一个刚体绕第二个刚体旋转一整圈所平移的相对位移。第一个刚体相对于第二个刚体的位移是第一个刚体绕轴线旋转的函数。每转一整圈，第一个刚体相对于第二个刚体沿平移轴的位移等于螺距值，如图2-9所示。

（8）点在轴线上的重合配合　此类配合允许一个零件相对于另一个零件进行一个平移和三个旋转运动。两个零件之间的平移运动仅限于轴线的方向。该点用于定义轴线上初始枢轴的位置，如图2-10所示。

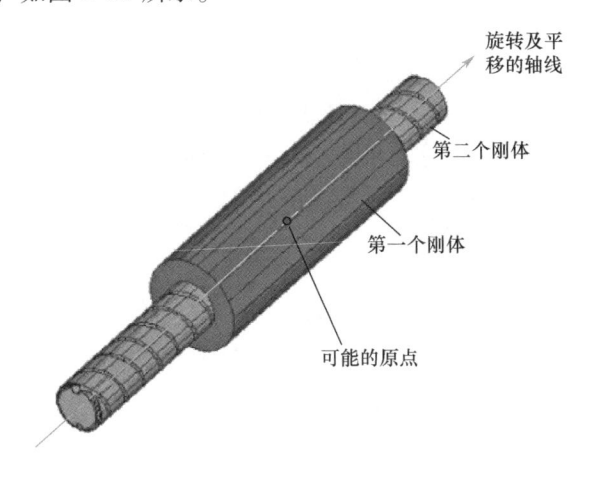

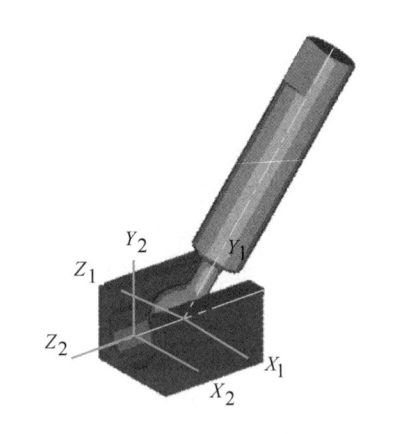

图 2-9　螺旋配合　　　　　　　　图 2-10　点在轴线上的重合配合

（9）平行配合　平行配合只允许一个零件相对于另一个零件进行平移运动，不允许旋转。在图2-11中，蓝色的"X-part"可以相对于地面沿X方向运动。红色的"Y-part"可以相对于"X-part"沿Y方向运动。"Z-part"可以相对于"Y-part"沿Z方向运动。最终，"Z-part"上的红、黄、蓝方块相对于地面会产生曲线运动，但始终会保持平行。

（10）垂直配合　垂直配合允许一个零件相对于另一个零件进行平移和旋转运动。它在零件上施加了单个旋转约束，因此零件的轴线保持垂直。此配合关系允许零件沿着任何一个Z轴进行旋转，但不允许在垂直于这两个Z轴的方向发生相对旋转，如图2-12所示。

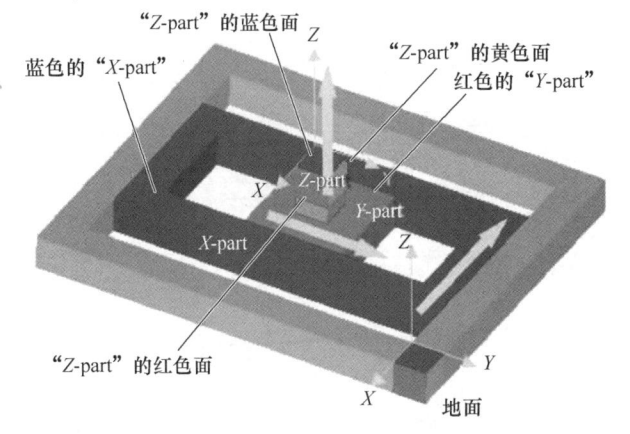

图 2-11　平行配合　　　　　　　　图 2-12　垂直配合

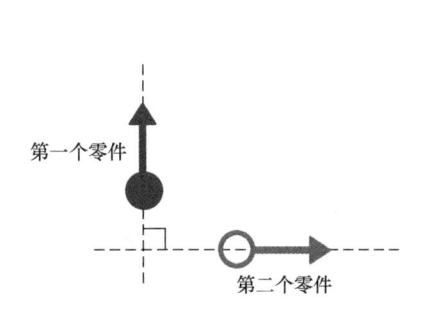

> **提示**　建议用户定义的配合最好能体现真实的机械连接，例如，机械铰链就应当使用铰链配合来模拟，而不是使用重合配合和同轴心配合的组合。

## 2.4 本地配合

在 SOLIDWORKS 中创建的配合可以转移到 SOLIDWORKS Motion 中，并用作机械接榫。如果在 SOLIDWORKS 中的装配体没有配合，或者希望定义区别于 SOLIDWORKS 配合的连接，则可以直接在运动算例中添加本地配合。本地配合只作用于添加了这些本地配合的算例。

要想添加本地配合，需要确保运动算例处于活动状态并添加配合。当运动算例处于活动状态时，添加的任何配合只会应用到此运动算例中。

步骤3　**确认文档单位**　确认文档的单位设置为【MMGS（毫米、克、秒）】。

步骤4　**创建运动算例**　右键单击【Motion Study 1】选项卡，选择【生成新运动算例】。将 MotionManager 工具栏中的【算例类型】设为【Motion 分析】。

步骤5　**移动零部件**　移动未固定的零部件以分离该装配体，如图2-13所示。这样操作是为了方便选取各个表面，并追踪已经添加配合的零部件。

步骤6　**生成本地配合**　单击【配合】，并在【机械配合】中选择【铰链】。在【同轴心选择】中选择杆和孔的两个圆柱面，在【重合选择】中选择杆和"crank_housing-1"的端面，如图2-14中箭头所示。

由于时间线处于激活状态，因此，新建的配合更改了曲柄在动画中开始点的位置，弹出的警告如图2-15所示。这符合我们的操作预期。单击【是】，再单击【确定】。

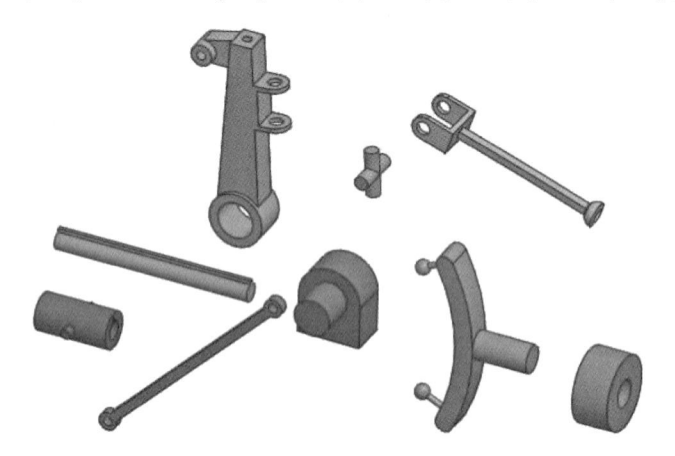

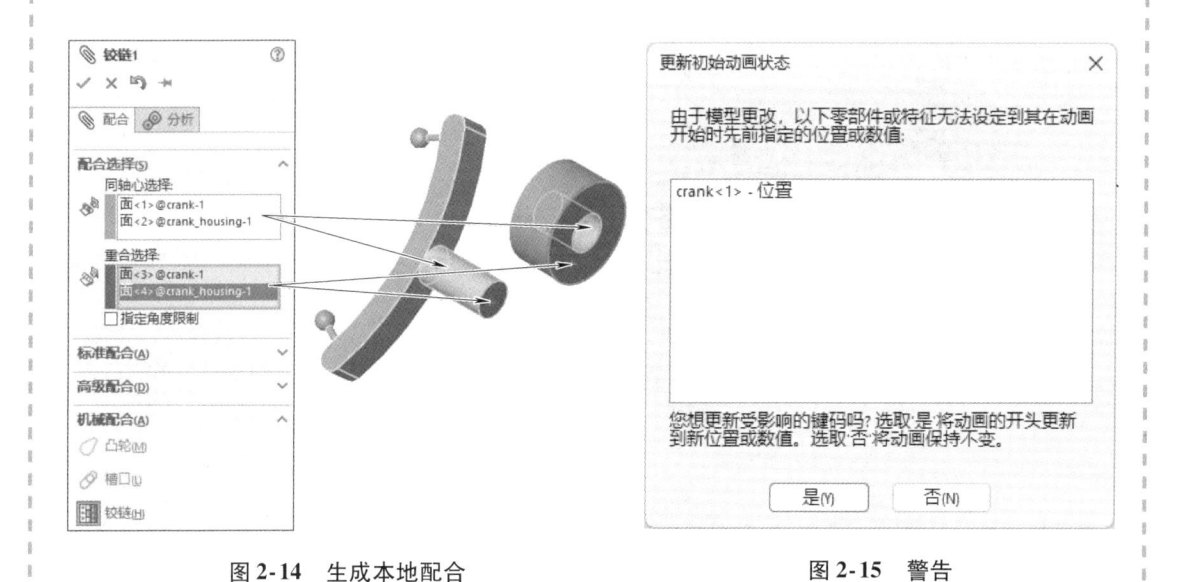

图 2-13　移动零部件

图 2-14　生成本地配合

图 2-15　警告

**步骤7　查看配合**　这个配合只会出现在 MotionManager 中，而不会出现在 FeatureManager 设计树中，如图 2-16 所示。

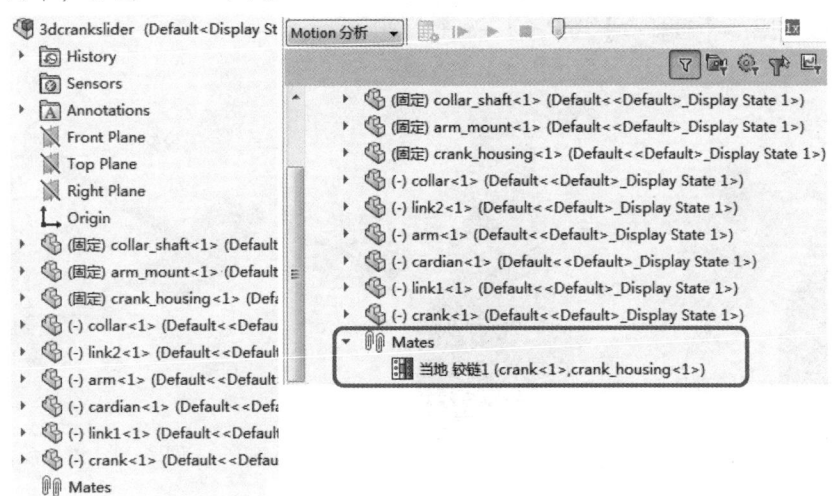

图 2-16　查看配合

**步骤8　添加其他配合**　单击【配合】，从【标准配合】中选择【同轴心】。在两个球面之间添加同轴心配合，球面位于图 2-17 所示的零件"Link1"和"crank"上。弹出警告后单击【是】，再单击【确定】。

**步骤9　添加"arm"与"arm_mount"的配合**　单击【配合】，从【机械配合】中选择【铰链】。添加一个铰链配合连接"arm"和"arm_mount"，如图 2-18 所示。弹出警告后单击【是】，再单击【确定】。

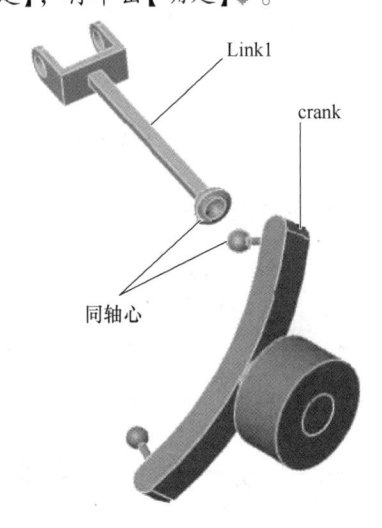

图 2-17　添加配合 1

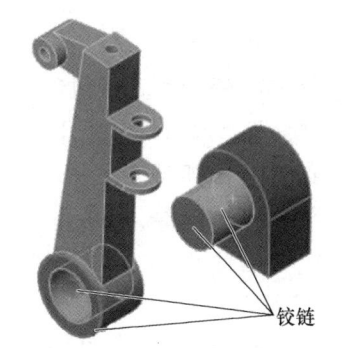

图 2-18　添加配合 2

**步骤10　添加"Link1"与"arm"的配合**　该连接需要使用两个【铰链】配合，第一个位于"Link1"和"cardian"之间，第二个位于"cardian"和"arm"之间，如图 2-19 所示。

**步骤 11　配合"Link2"**　使用【铰链】配合将"Link2"与"arm"连接。因为两个孔之间没有销穿过，所以重合配合时选择两个相接触的表面。在"Link2"的另一端与"collar"的销间添加【同轴心】配合，如图 2-20 所示。

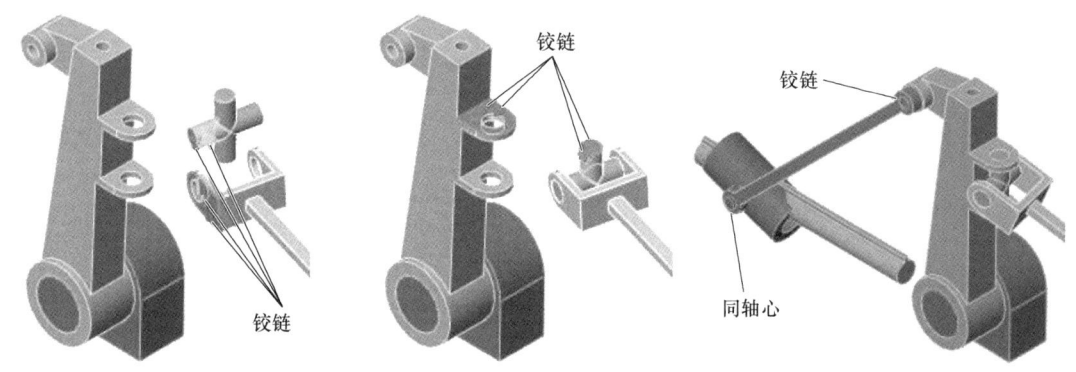

图 2-19　添加配合 3　　　　　　　　　图 2-20　添加配合 4

**步骤 12　添加"collar"与"collar_shaft"的配合**　在每个零件的圆柱面之间添加一个【同轴心】配合。

**步骤 13　测试装配体**　旋转"crank"，确认零部件能够按照预期进行移动。查看FeatureManager 设计树和 MotionManager 树，所有配合都应该只出现在 MotionManager 树中。

> 提示　在装配体中移动零部件会使本例中获得的结果与实际获得的结果略有不同。

**步骤 14　添加引力**　单击【引力】，添加 Y 轴负方向的引力，单击【确定】。

**步骤 15　计算**　调整装配体时间为5s，单击【计算】。

**步骤 16　播放仿真**　设定播放速度为25%，单击【播放】，如图 2-21 所示。"crank"将来回摆动，这是因为引力使得零部件的势能和动能彼此转换。因为没有考虑摩擦，所以零件将无休止地运动下去。

图 2-21　播放仿真

**步骤 17　设置时间栏到0s**　为了在0s时刻添加马达，需要将时间栏设定为0s。

**步骤 18　添加马达**　生成一个驱动"crank"的马达。单击【马达】，在【马达类型】中选择【旋转马达】，在【马达位置】中选择零件"crank"的圆柱面，如图 2-22 所示。

默认选择的【马达方向】对于本分析而言是正确的。确认马达的方向与图 2-22 中显示的一致。

在【运动】中选择【马达类型】为【数据点】，该命令会调出【函数编制程序】窗口。

确定【值(y)】和【自变量(x)】分别设定为【位移(度)】和【时间(秒)】。

图 2-22　添加马达

## 2.4.1 函数编制程序

函数编制程序可用于创建马达和力的函数方程式。

【函数编制程序】可以使用预定义的【线段】、一系列离散的【数据点】或数学【表达式】,来创建函数方程式。图 2-23 所示为【函数编制程序】对话框。

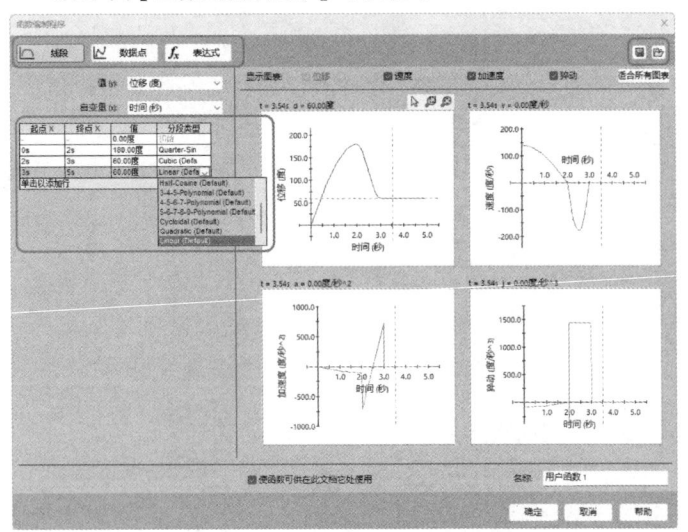

图 2-23 【函数编制程序】对话框

| 知识卡片 | 函数编制程序 | ● 线段:在【线段】视图中,用户需要同时选择自变量(以时间为代表)和因变量(位移、速度或加速度)。对于每个指定的时间间隔,从初始值到最终值之间的过渡由预定义的轮廓曲线控制。线性(Linear)、三次(Cubic)、四分之一正弦(Quarter-Sine)、半余弦(Half-Cosine)、3-4-5 多项式(3-4-5 Polynomial)等轮廓曲线已经被集成到程序之中。在建立函数时,图形窗口将显示位移、速度、加速度和猝动(加速度的时间导数)的相应变化。注意:用户可以保存并从储存的位置重新获取函数。<br>● 数据点:离散的数据点集可以通过 *.csv 文件导入或手动输入。本章将介绍相关内容,其功能和选项与输入的插值类型相似。<br>● 表达式:借助预定义的数学函数、变量和常量以及现有运动算例结果等,使用表达式来创建函数。与前面两类情况一样,该函数也可以保存在指定的位置。 |
|---|---|---|
| | 操作方法 | ● 快捷菜单:在【马达】或【力/扭矩】PropertyManager 的【运动】或【力函数】组框内选择【线段】、【数据点】或【表达式】。 |

**步骤 19 输入数据点** 在本示例中将直接加载一个文件,而不是逐个输入这些数据。本教程已经准备好了一个 Excel 文件。找到文件夹"Case Study\Crank Slider Mechanism"下的文件"crank rotation.csv",并检查该文件。其只包含两列数字,分别代表时间和位移。

单击【输入数据】,找到并选择"crank rotation.csv"文件,单击【打开】。文件中的数值会直接插入到【时间(秒)】和【值】列中。选择【Akima 样条曲线】作为【插值类型】,如图 2-24 所示。

> **提示** 【函数编制程序】对话框会自动更新位移、速度、加速度和猝动的图解。数据点描述了角位移相对于时间的线性递增,属于简谐运动。

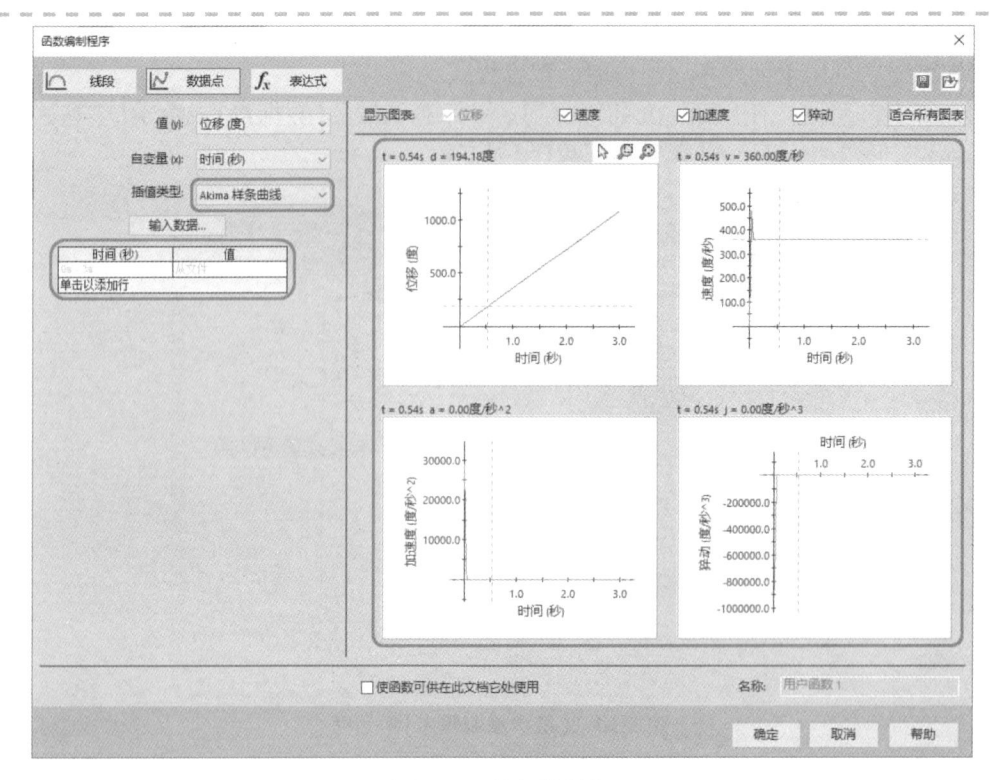

图 2-24 输入数据点

单击【确定】，完成对配置文件的定义并退出【函数编制程序】对话框。单击【确定】✓。

**步骤20 重命名马达** 将马达特征重命名为"Motor-crank"。

## 2.4.2 输入数据点

通过输入的数据点，用户可以使用自己的运动数据来控制运动的位移、速度或加速度。可输入到 SOLIDWORKS Motion 的数据点必须是文本文件（*.txt）或以逗号分隔数值的文件（*.csv）。文件的每行应当只包含一个数据点。数据点由两个数值组成，即时间和该时间点对应的值。逗号或空格可用于分隔两个数值。除了这些限制以外，这个文件在本质上是自由格式的。SOLIDWORKS Motion 允许使用不限数量的数据点，数据点的最小数量为4个。

数据点模板中的第一列【自变量(x)】通常为时间，但也可以使用其他参数，例如循环角度、角位移等；第二列【值(y)】可以是位移、速度或加速度。这些数据可以手工输入，也可以直接导入。

除了线性插值外，还有两种样条曲线拟合选项可以平滑数据：Akima 样条曲线（AKISPL）和立方样条曲线（CUBSPL）。推荐用户使用立方样条曲线，这样即使数据点分布不均，仍然可以得到较好的结果。Akima 样条曲线生成的速度更快，但是当数据点分布不均匀时效果不佳。

**步骤21 运行仿真** 将时间设置到5s，单击【计算】。

**步骤22 图解显示力矩** 生成一幅图解，显示转动机构所需的力矩。单击【结果和图解】，选择【力】、【马达力矩】及【幅值】定义图解。选择"Motor-crank"作为模拟单元，如图 2-25 所示。单击【确定】✓。

**步骤23　查看图解**　在【运动算例属性】中增加【每秒帧数】选项的值，通过记录更多的数据点来改善图解的质量。力矩图解如图2-26所示。

图2-25　定义力矩图解

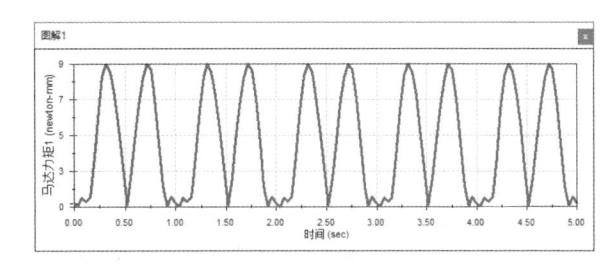

图2-26　查看力矩图解

**步骤24　图解显示能量**　生成一幅图解，显示转动机构所需的能量。单击【结果和图解】，选择【动量/能量/力量】和【能源消耗】定义图解。选择"Motor-crank"作为模拟单元，如图2-27所示。单击【确定】。能量图解如图2-28所示。

图2-27　定义能量图解

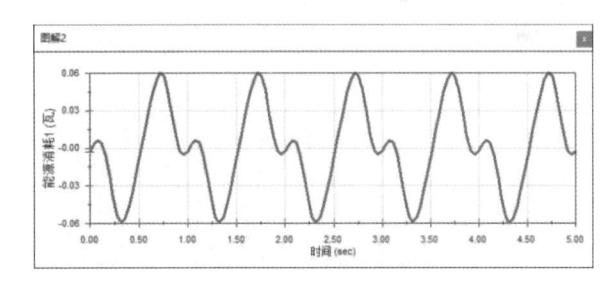

图2-28　查看能量图解

> 提示　在掌握了运行转速、力矩或能量的情况下，用户可以选择合适的马达来驱动系统。

## 2.5　功率

功率（能量）是指做功的速率，或在1s内所做功的总量。力作用在距离位移上产生功，力矩作用在角位移上产生功。对于旋转马达而言，有以下关系：

$$P = M \times \omega \tag{2-1}$$

式中　$P$——功率，单位为W；

$M$——力矩，单位为N·m；

$\omega$——角速度，单位为rad/s。

通过前面生成的能量图解可以轻松验证最大力矩 $M = 10\text{N·mm} = 0.01\text{N·m}$。
用户可以通过生成角速度的图解来轻松验证 $\omega = 360(°)/\text{s} = 2\pi\text{rad/s}$。所以最终的最大功率为

$$P = (0.01 \times 2\pi)\text{W} \approx 0.063\text{W}$$

图中显示的能量为0.06W，这是因为默认只使用两位有效数字的精度。

通常电动马达的额定值用最大功率和力矩表示，但也经常使用替代单位。

如果角速度的单位为r/min，则：

$$P = \frac{M \times 2\pi \times \omega}{60} \tag{2-2}$$

如果使用英马力(horsepower)，则将使用下面的转换：
$$1\text{hp} = 33000\text{lbf} \cdot \text{ft/min} = 745.7\text{W}$$

当使用英制单位表示机械马力(mechanical horsepower)时，计算功率的公式为

$$P = \frac{M \times 2\pi \times \omega}{33000} = \frac{M \times \omega}{5252.1} \tag{2-3}$$

式中　$P$——功率，单位为 hp；

　　　$M$——力矩，单位为 lbf·ft；

　　　$\omega$——角速度，单位为 r/min。

虽然机械马力在美国的某些行业（例如汽车行业）中很常见，但在欧洲和亚洲也使用了类似的度量标准，即米制马力(Metric horsepower)。米制马力的定义为
$$1\text{ 米制马力} = 735.5\text{W}$$

由于定义马力的方式比较模糊，现在已经不再推荐使用此单位了。

---

**步骤25　运行算例**　将【每秒帧数】更改为"100"，重新计算该算例。

**步骤26　查看结果**　力矩的值和未添加【重合】配合时基本相同。图解看上去更加平滑，这是因为使用了4倍的数据点，如图2-29所示。

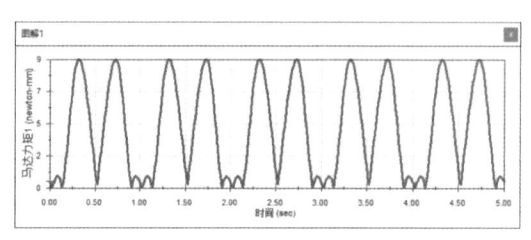

图 2-29　查看图解

**步骤27　图解显示反作用力**　单击【结果和图解】，新建一个图解，显示马达的反作用力。选择【力】、【反作用力】及【幅值】定义该图解。在此装配体中，定义的第一个铰链位于"crank"和"crank_housing"之间。因为"crank_housing"是固定的，配合就必须传递反作用力。

在【模拟单元】中选择第一个铰链配合。由于所选的配合连接了两个零件，因此存在两个相等且反向的力作用在该配合上。必须选择两个零件中的其中一个来生成此力的图解。

在【模拟单元】中选择零件"crank-1"的任意表面作为第二个部分。勾选【在图形窗口中显示向量】复选框，如图2-30所示。单击【确定】。

> 提示：必须从 MotionManager 设计树中选择该配合。由于该配合为本地配合，所以不会显示在 FeatureManager 设计树中。

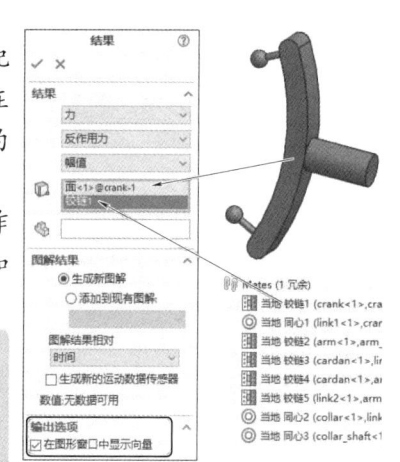

图 2-30　定义反作用力图解

**步骤28  出现警告**  这时将收到关于冗余约束的警告,如图2-31所示。冗余约束可能会对配合的力(由配合定义的机械连接的力)产生重大影响,具体内容将在本教程后面的部分进行讨论。但此机构中得到的合力是正确的,因为这个装配体中出现的冗余并不会对图2-32所示的力产生影响。单击【否】。

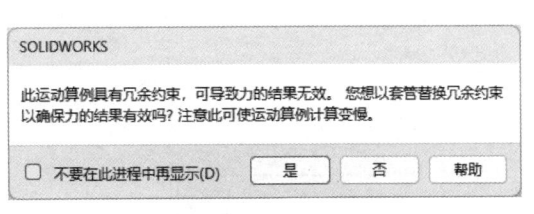

图 2-31  警告

**步骤29  查看图解**  播放这个仿真,查看反作用力的变化,如图2-32所示。

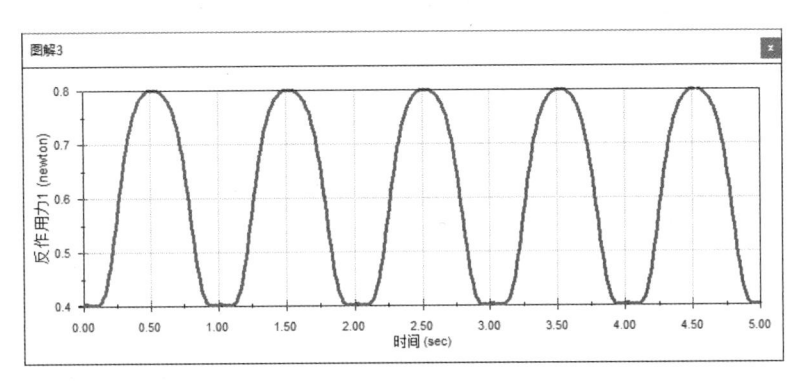

图 2-32  查看反作用力图解

从右视图中观察到的结果如图2-33所示。

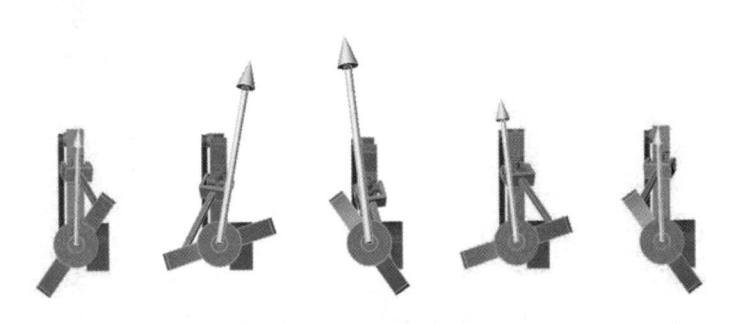

图 2-33  右视图结果

## 2.6  图解显示运动学结果

回顾第1章的内容可以知道,从结果的PropertyManager中可以得到很多输出数据,包括绝对数值或相对于装配体另一个零部件的相对数值。然而在大多数情况下,默认的输出是基于顶层装配体的全局坐标系的,但用户可以很容易地将数值转换到其他选定的局部坐标系中。

### 2.6.1  绝对数值和相对数值的对比

如果想在图解中得到绝对数值,则在【模拟单元】区域中选择部件(配合、马达、零件等),如图2-34所示;如果想在图解中得到相对数值,则在【模拟单元】区域中添加参考部件,如图2-35所示。

图 2-34 选择部件

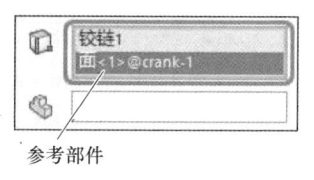

图 2-35 添加参考部件

参考部件

提示 必须将参考部件选定为列表中的第二个部分。

### 2.6.2 输出坐标系

通常情况下，输出的结果是基于装配体的全局坐标系的。然而，对于某些仿真部件（例如配合和马达），其默认的输出是基于所选零部件的局部坐标系的。

若要得到非默认坐标系下的图解，需要在【定义 XYZ 方向的零部件】选项中选择所需的零部件，则所有数值都将转换到所选零部件的坐标系中，如图 2-36 所示。

提示 所选的坐标系由在图形区域中显示的三重轴表示，如图 2-37 所示。

图 2-36 选择零部件

图 2-37 局部坐标系

下面将以四个图解来显示在全局坐标系和局部坐标系中的绝对和相对的结果。

**步骤 30 全局坐标系中零部件的绝对结果** 生成一个图解，以显示"arm"线性位移的 $X$ 分量。单击【结果和图解】，选择【位移/速度/加速度】、【线性位移】及【X 分量】定义这个图解。在【模拟单元】中选择零部件"arm"的任意一个表面，如图 2-38 所示。单击【确定】。

提示 如果选择了一个表面，则图解将显示零件原点相对于全局坐标系中装配体原点的线性位移，零件原点用蓝色小球表示。

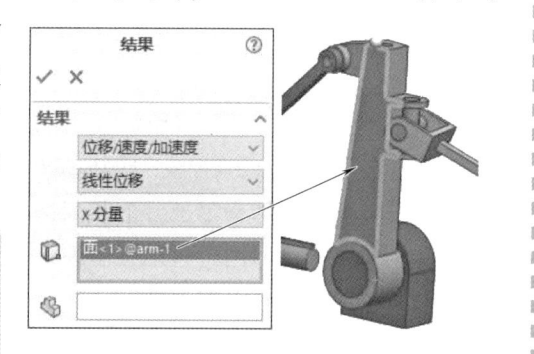

图 2-38 定义线性位移图解

由于输入的是简谐运动，因此输出也是一个振荡运动，如图2-39所示。

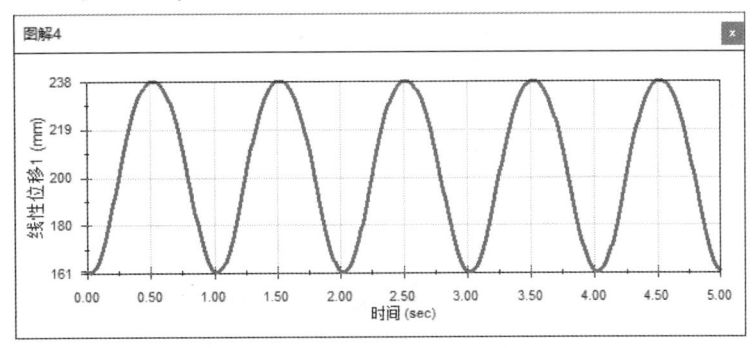

图 2-39　查看线性位移图解 1

**步骤31　转换到局部坐标系中零部件的绝对结果**　生成一个图解，以显示"arm"在局部坐标系下线性位移的 X 分量。编辑前面图解的定义，选择"arm"作为【定义XYZ方向的零部件】，如图2-40所示。单击【确定】✓。

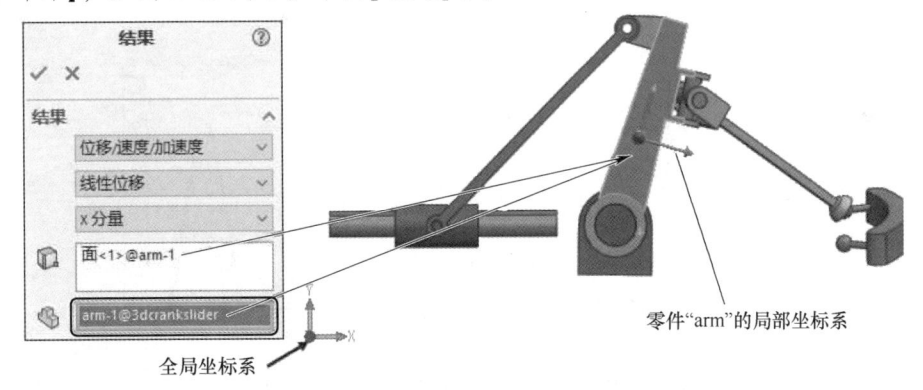

图 2-40　编辑线性位移图解 1

> **提示**　零件"arm"上的坐标轴现在表示输出的局部坐标系与全局坐标系已经不一致了。此外应注意到，当播放运动时，局部坐标系中的输出相对于全局坐标系发生了平移和旋转。
>
> 图2-41显示了零件原点相对于装配体原点的线性位移在零件坐标系下的转换。或者可以理解为步骤30中的数值在零件"arm"的坐标系下进行了转换。

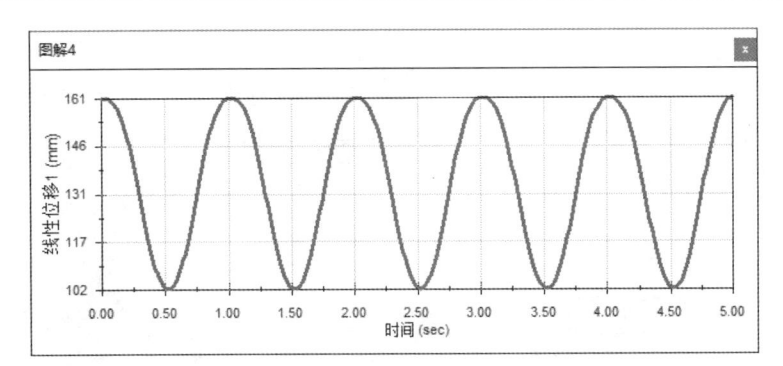

图 2-41　查看线性位移图解 2

**步骤32 全局坐标系中零部件的相对结果** 生成一个图解，以显示"arm"相对于零件"collar"线性位移的 $X$ 分量。编辑上一个图解的定义，清除【定义XYZ方向的零部件】选项中的内容。选择零件"collar"作为【模拟单元】选项中的第二个部件，如图2-42所示。单击【确定】✔。

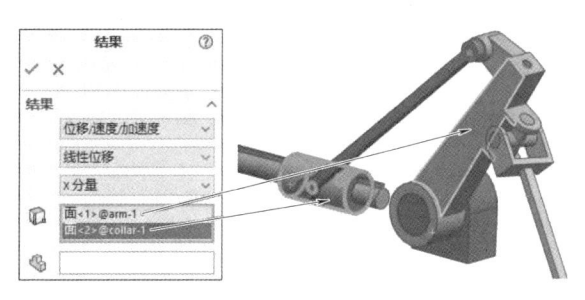

图2-42 编辑线性位移图解2

从图2-43中可以看到，位移产生了不同的振荡特征，因为"arm"的位移是基于全局坐标系的(步骤30)。

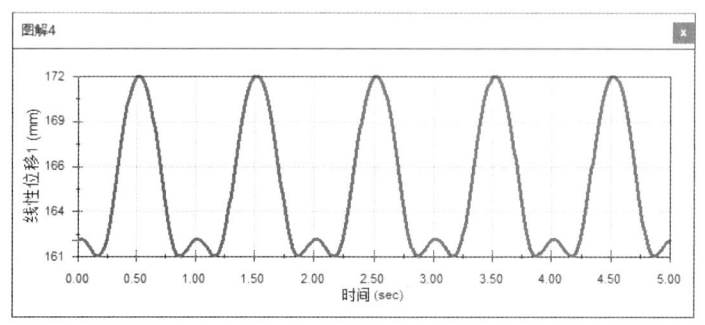

图2-43 查看线性位移图解3

提示 图2-43显示了"arm"原点相对于全局坐标系下"collar"零件原点的线性位移。

**步骤33 局部坐标系中零部件的相对结果** 生成一个图解，以显示"arm"相对于零件"collar"线性位移的 $X$ 分量。在"Link1"的局部坐标系下转换结果。编辑上一个图解的定义，选择"Link1"作为【定义XYZ方向的零部件】选项中的内容，如图2-44所示。

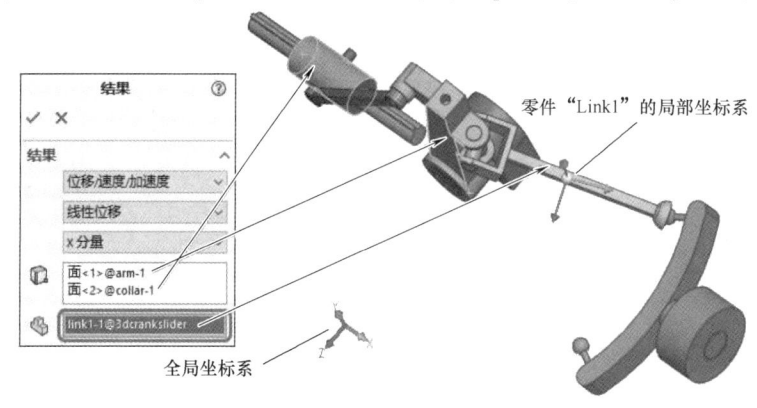

图2-44 编辑线性位移图解3

> 提示　零件"Link1"上的三重轴表示输出的局部坐标系与全局坐标系已经不一致了。

图 2-45 所示为步骤 32 中绘制的数值在零件"Link1"坐标系下进行转换后的结果。

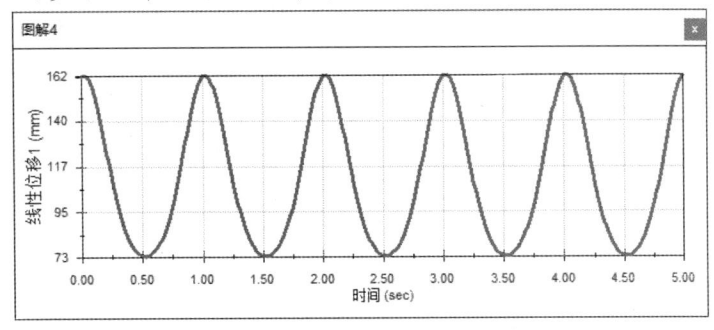

图 2-45　查看线性位移图解 4

### 2.6.3　角位移图解

用户可以通过创建角位移图解来测量马达、配合、3 点或一个零部件相对于另一个零部件的角位移。因为角位移不是矢量，所以只能表示大小。

前面的部分介绍了生成零部件运动学结果图解的方法。在下面的步骤中，将对其他模拟单元（配合、马达等）生成各种后处理的图解。对于大多数模拟单元而言，默认的输出坐标系是该单元的局部坐标系。

**步骤 34　定义配合的角位移**　生成一个图解，以显示零件"Link1"和"cardian"之间铰链配合的角位移。单击【结果和图解】，选择【位移/速度/加速度】、【角位移】及【幅值】来定义该图解。选择零件"Link1"和"cardian"之间的本地铰链配合作为【模拟单元】，如图 2-46 所示。单击【确定】。

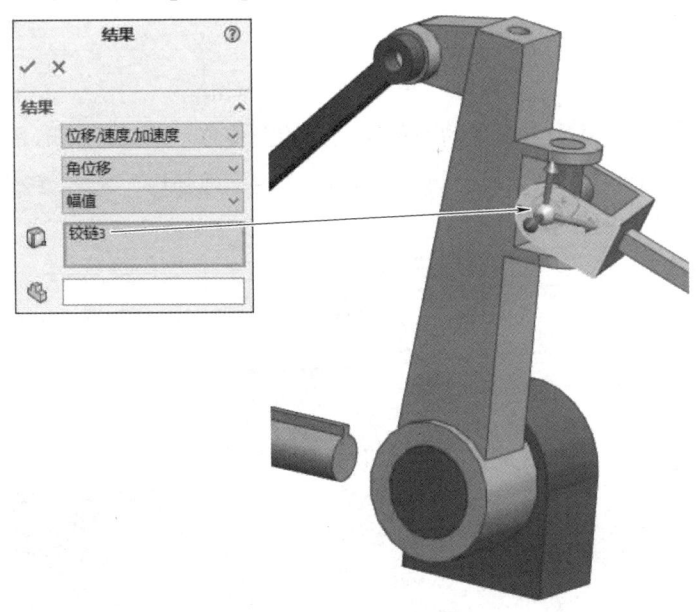

图 2-46　定义角位移图解 1

⚠️ **注意**　三重轴位于铰链上的位置表明输出的坐标系是铰链配合的局部坐标系，只能得到大小数值。如图 2-47 所示，此图解显示了零件"Link2"在竖直方向的转动量约为 1.3°。

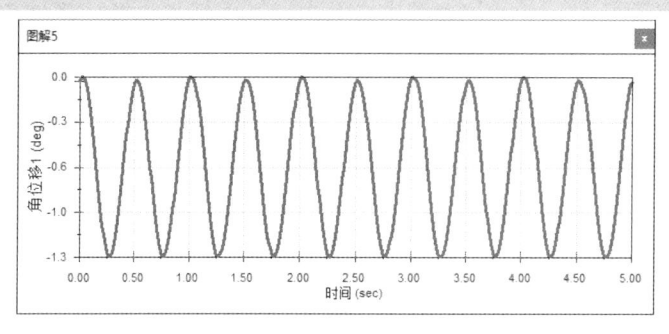

图 2-47　查看铰链的角位移图解

**步骤 35　定义马达的角位移**　为了方便学习角位移图解中其他选项的作用，这里将修改现有的图解，而不是新建图解。

在"Results"文件夹下，右键单击最后一个图解，选择【编辑特征】。删除铰链配合，选择运动部件"Motor-crank"作为模拟单元。单击【确定】✓。

图 2-48 显示了马达的简谐运动，角位移从 0° 变化到 +180°，然后再回到 -180°。图 2-48 中的斜率是常数。

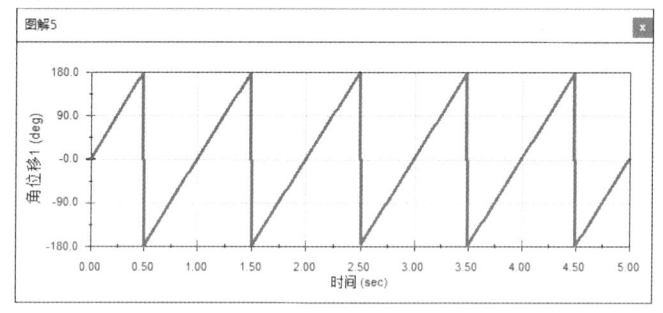

图 2-48　查看马达的角位移图解

**步骤 36　图解显示由 3 点确定的两条线之间的角位移**　生成一个新图解，以显示由 3 点确定的两条线之间的角位移。单击【结果和图解】，选择【位移/速度/加速度】、【角位移】及【幅值】来定义该图解。

在【模拟单元】中，先选择图 2-49 所示的两个点，然后选择边线。

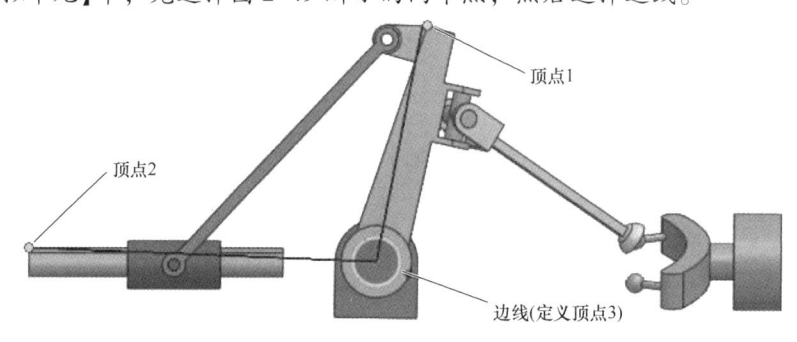

图 2-49　3 顶点位置

勾选【在图形窗口中显示向量】复选框，如图2-50所示。这将显示3个所选点之间的连线。单击【确定】✓。

**步骤37　查看图解**　图2-51中显示的角度源于两条直线的夹角，一条直线由顶点1和顶点3定义，另一条直线由顶点2和顶点3定义（因此顶点3确定了中心点）。注意：在当前示例中，角运动限制在84°~121°之间。

图2-50　定义角位移图解2

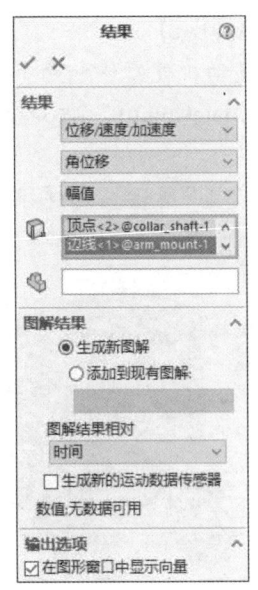

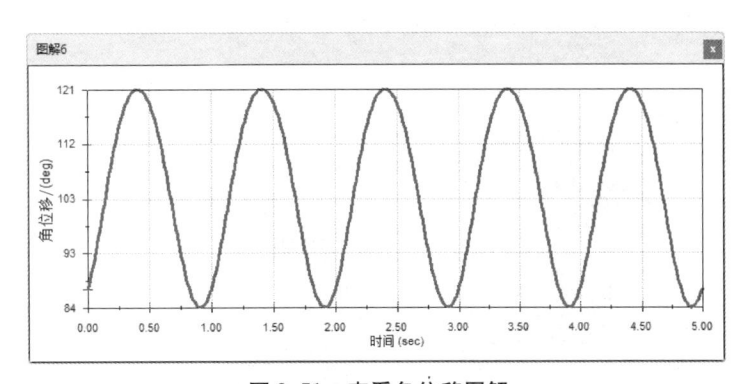

图2-51　查看角位移图解

## 2.6.4　角速度及角加速度图解

与角位移类似，用户也可以对马达、配合及一个零部件相对于另一个零部件生成角速度图解。此时可以使用幅值及所有3个坐标分量。

**步骤38　图解显示角速度和角加速度**　用户可自己生成几个角速度和角加速度图解，尝试在全局坐标系和局部坐标系下绘制绝对数值和相对数值。

**步骤39　保存并关闭文件**

## 练习2-1　活塞

在本练习中，将手动创建本地配合，并对一个仅受引力作用的单缸发动机进行运动仿真，然后对结果生成图解，并检查装配体的干涉。活塞模型如图2-52所示。

本练习将应用以下技术：
- 创建本地配合。
- 角位移图解。

扫码看视频

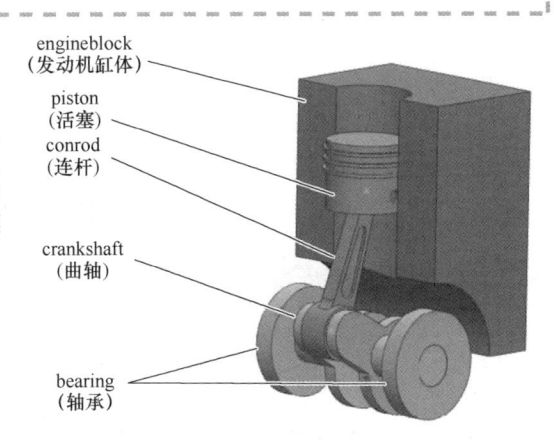

图2-52　活塞模型

**操作步骤**

**步骤1  打开装配体文件**  打开文件夹"Lesson02\Exercises\Piston"内的装配体文件"Piston"。

**步骤2  设置算例的类型**  切换至【Motion Study 1】选项卡,设置【算例类型】为【Motion 分析】。

**步骤3  确认文档的单位**  确认文档的单位为【MMGS(毫米、克、秒)】。

**步骤4  查看零部件的固定和浮动状态**  检查整个装配体,发动机气缸体和两个轴承都是固定的,活塞、曲轴和连杆都是浮动的,如图2-53所示。"MateGroup1"内是空的,因为没有配合。

**步骤5  移动零部件**  将浮动的零部件从原位置移开,如图2-54所示。这样操作是为了方便选择面来创建本地配合。

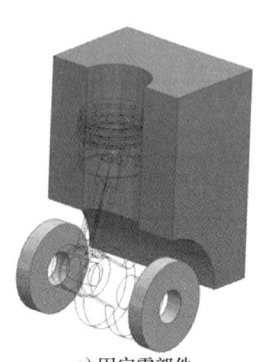

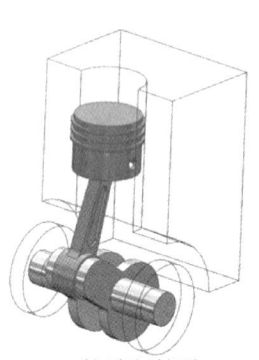

a) 固定零部件    b) 浮动零部件

图 2-53  查看零部件状态          图 2-54  移动零部件

**步骤6  添加本地配合**  添加以下本地配合:
- 在曲轴"crankshaft"和轴承"bearing<2>"之间添加铰链配合,如图2-55所示。

> **提示**  曲轴"crankshaft"和轴承"bearing<1>"之间也可以定义第二个铰链配合,这对整个仿真的运动结果并没有任何影响。

- 在曲轴"crankshaft"和连杆"conrod"之间添加铰链配合,如图2-56所示。

图 2-55  添加铰链配合 1           图 2-56  添加铰链配合 2

- 在活塞"Piston"和发动机气缸体"engineblock"圆柱面之间添加同轴心配合，如图2-57所示。
- 在连杆"conrod"上部圆孔和活塞"Piston"的一个活塞销孔之间添加同轴心配合。因为并没有创建活塞销的模型，所以此处使用同轴心配合进行替代，如图2-58所示。

图2-57 添加同轴心配合1　　　　　图2-58 添加同轴心配合2

**步骤7 添加引力** 在【引力参数】的【方向参考】中，选择【Y向】。在【数字引力值】中输入数值9806.65mm/s²。

**步骤8 设置运动算例属性** 设置算例属性，【每秒帧数】设置为100。

**步骤9 运算2.5s内的仿真** 将结束时间调整为2.5s并进行计算。

**步骤10 检查运动** 以25%的速度从头播放此算例。活塞和连杆的质量将导致活塞试图移至下止点。由于没有考虑摩擦，模型将只发生摆动，因为系统总的能量是守恒的，如图2-59所示。

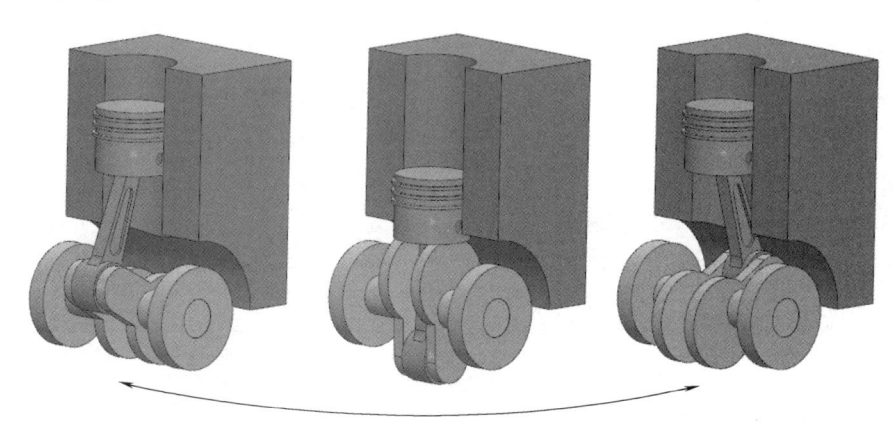

图2-59 检查运动

因为装配体可以自由运动，所以无法判断不同零部件之间是否存在干涉。在第3章中，将演示如何在SOLIDWORKS Motion中检查干涉。

**步骤11 图解显示结果** 生成一个图解，以显示曲轴"crankshaft"的角位移。

图2-60所示的图解看上去可能有些奇怪，但仔细分析可以发现零部件只是在来回摆动。

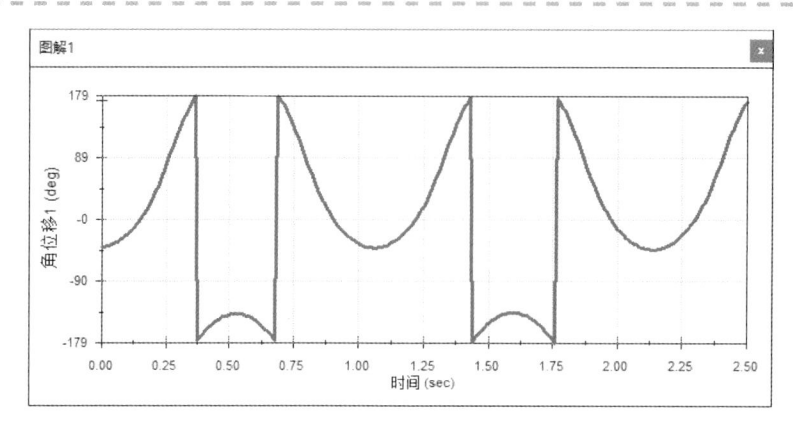

图 2-60 查看曲轴的角位移图解

**步骤 12 生成铰链配合的角位移图解** 为曲轴"crankshaft"和轴承"bearing"之间的铰链配合另生成一个角位移的图解,如图 2-61 所示。

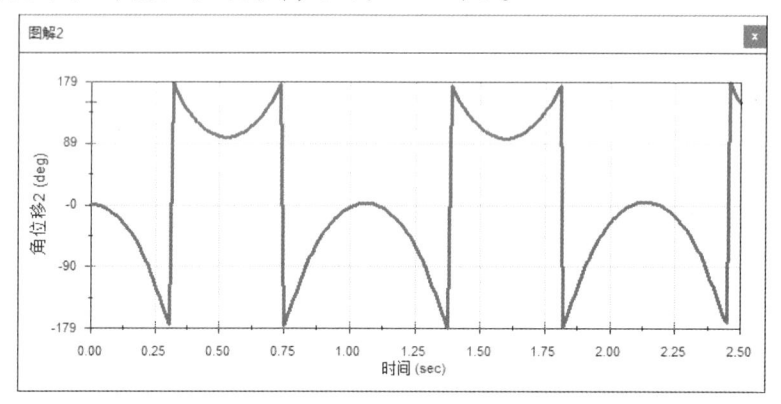

图 2-61 查看铰链配合的角位移图解

该图解看上去和前面关于曲轴的图解相似,只是数值的符号相反,并且图形从 0°开始。这是因为在默认情况下,配合、马达和弹簧特征的位移图解是基于局部坐标系的。

**步骤 13 图解显示线性位移** 生成一个图解,以显示活塞在全局坐标系下的线性位移。图解以 $Y$ 分量为参考,因为这是气缸体轴线的方向。

图解显示为一个近似的简谐运动,如图 2-62 所示。

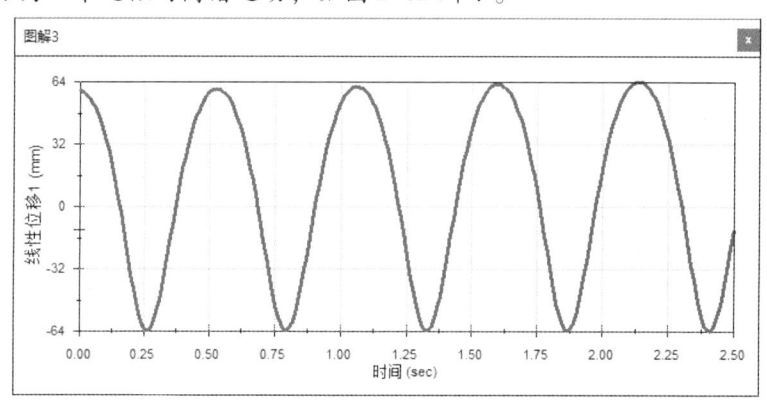

图 2-62 查看活塞在全局坐标系下的线性位移图解

**步骤14 转换线性位移图解** 将图2-62所示的线性位移图解转换至曲轴的局部坐标系中。因为曲轴的局部坐标系是旋转的，所以图解中的数值将如图2-63所示变化。

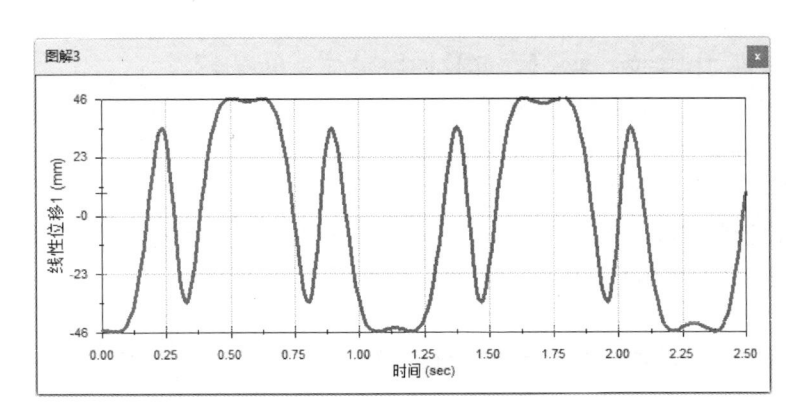

图 2-63 查看活塞在曲轴局部坐标系下的线性位移图解

**步骤15 保存并关闭文件**

## 练习2-2 跟踪路径

在本练习中，将使用由表格数据驱动的马达来控制笔式绘图机进行工作。笔式绘图机如图2-64所示。

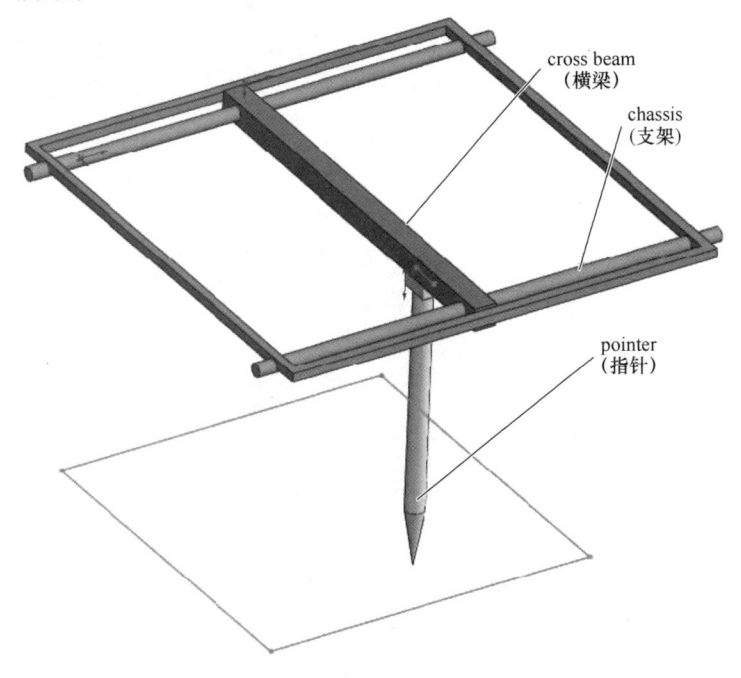

图 2-64 笔式绘图机

扫码看视频

本练习将应用以下技术：
- 创建本地配合。
- 输入数据点。

### 操作步骤

**步骤1 打开装配体文件** 打开文件夹"Lesson02\Exercises\Trace Path"内的装配体文件"pant1"。

**步骤2 设置文档单位** 单击【工具】/【选项】/【文档属性】/【单位】,并选择【MMGS(毫米、克、秒)】。

**步骤3 新建算例** 新建一个运动算例,确保算例类型为【Motion 分析】。

**步骤4 检查装配体** 现有的配合允许横梁沿着支架的导轨移动,而且指针可以沿着横梁移动,如图2-65所示。目前缺少可以防止指针绕横梁转动的配合。

**步骤5 添加旋转马达** 为了防止指针转动,将使用一个旋转马达。

选择"pointer"中的"Axis1"作为零部件。在【运动】中选择【距离】,设定位移为0°,并从0.00s变化到20.00s,如图2-66所示。单击【确定】。

图 2-65 检查装配体

**步骤6 添加线性马达** 第一个线性马达用于驱动横梁沿支架移动。文件夹"Exercises\Trace Path"包含两个 csv 文件:"movx.csv"和"movy.csv"。这些文件包含两组数字:第一组数字代表时间,第二组数字代表位置。

> ⚠ **注意** 每一组数字中的时间间隔都是非常均匀的。这允许用户使用 Akima 插值类型。

添加一个【线性马达】,选择如图2-67所示的表面。选择【数据点】以打开【函数编制程序】对话框。选择【位移】值,单击【输入数据】,使用"movy.csv"文件。单击【确定】。

图 2-66 定义马达

图 2-67 选择运动数据1

> **提示** 从三重轴上可以看到，所选的面将会沿着 Y 方向运动，因此需要使用文件"movy.csv"，而不是"movx.csv"。

**步骤 7 添加另一个线性马达** 添加另一个线性马达，使用文件"movx.csv"，驱动指针沿着横梁移动。选择图 2-68 所示的表面，将马达的方向设定为 X 轴的负方向。选择【数据点】以打开【函数编制程序】对话框，选择【位移】值，单击【输入数据】，使用"movx.csv"文件，单击【确定】以退出【函数编制程序】对话框。单击【确定】✓。

**步骤 8 运行算例** 运行此算例 20s 的时间。

**步骤 9 生成跟踪路径** 新建一个结果，选择【位移/速度/加速度】和【跟踪路径】。选择指针的端点，勾选【在图形窗口中显示向量】复选框，以查看绘制的形状，如图 2-69 所示。

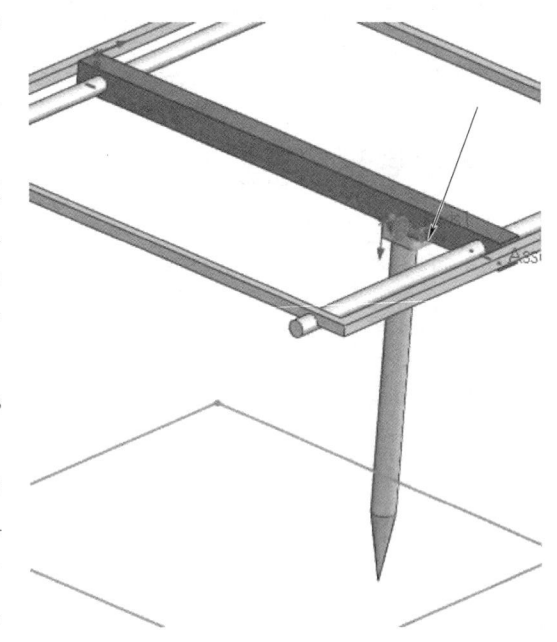

图 2-68 选择运动数据 2

图 2-69 生成跟踪路径

> **提示** 在第 6 章中将进一步介绍跟踪路径图解，以生成凸轮的轮廓。

**步骤 10 保存并关闭文件**

# 第3章 接触、弹簧及阻尼简介

**学习目标**
- 零部件的干涉检查
- 对零部件应用接触
- 指定实体接触的摩擦
- 在装配体中添加带阻尼的弹簧

## 3.1 接触及摩擦

本章将介绍抛射器在装载和抛射弹体时的运动情况。本章中的部分零部件并不通过配合或接头进行连接,而是根据它们与其他组件的接触而加入限制。通过定义接触条件并计入零部件之间的摩擦,可以将这些动态的零部件放置到运动系统中。

## 3.2 实例:抛射器

曲柄通过传动带和传动带轮驱动抛射器长臂转动到弹体能够装填的位置。曲柄的运动还会通过齿轮传动装置传递到触发机构,释放弹体并允许弹簧将弹体推至弹匣中。

当松开曲柄时,配重块将使长臂发生转动并将弹体抛射出去,如图 3-1 所示。

### 3.2.1 问题描述

曲柄转动 2.75 圈以填充抛射器。齿条的运动将触动扳机,并将弹体送入弹匣中。齿轮传动装置将转动长臂,并在配重块的作用下将弹体从长臂中抛射出去。需要确定转动曲柄和装载弹体所需的力矩,并确定加载弹簧的位移、速度和力。

### 3.2.2 关键步骤

- 生成运动算例:这将是一个全新的运动算例。
- 应用摩擦:将摩擦添加到已

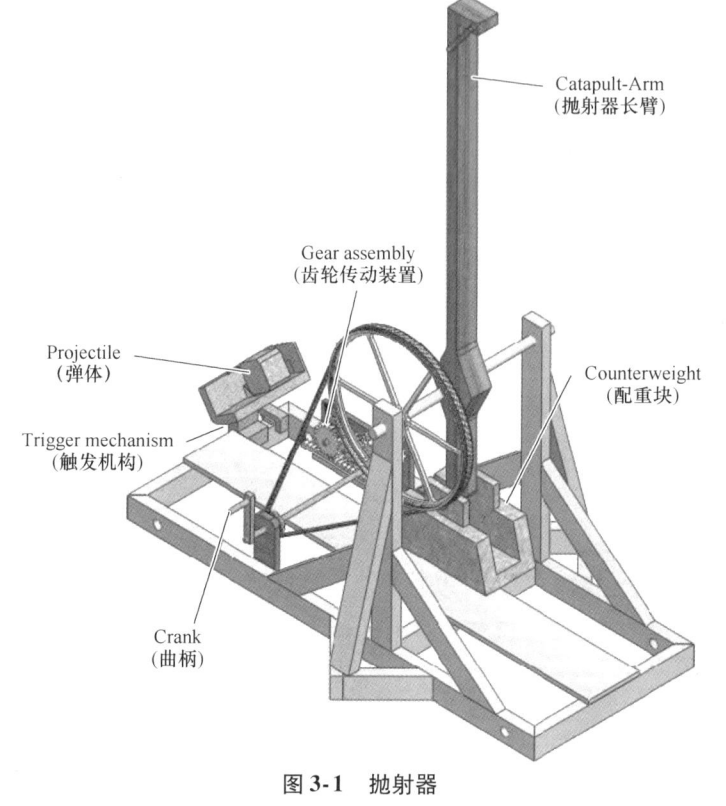

图 3-1 抛射器

有的 SOLIDWORKS 配合中。
- 应用接触：将接触添加至动态零部件中。
- 添加弹簧：并不需要在运动仿真中使用弹簧模型，只需创建一个以数学方式表示弹簧的运动单元。
- 应用引力：抛射器的操作是在标准重力环境下进行的。
- 计算仿真。
- 图解显示结果：将生成多个图解，以显示所需的力矩和能量。

扫码看视频

**操作步骤**

**步骤1 打开装配体文件** 从文件夹"Lesson03\Case Studies\Catapult"内打开"Catapult-assembly"装配体。

**步骤2 检查装配体** 曲柄转动可以实现两个目的：一是通过传动带和带轮转动长臂；二是通过齿轮齿条触发并释放弹体，如图3-2所示。齿轮齿条传动包含6个齿轮和1个齿条，如图3-3所示。当齿条移动时，它将接触到触发机构并提升起零件"projectile holder door"，如图3-4所示。转动手摇曲柄可以看到这些配合是如何工作的。通过【撤销】可将曲柄设置回到初始位置。

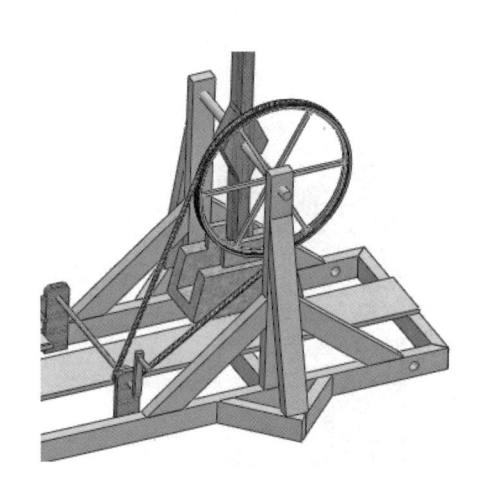

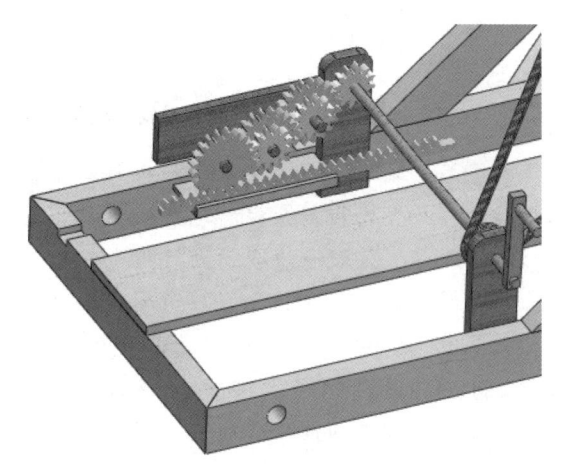

图 3-2 模型细节　　　　　　图 3-3 齿轮齿条传动

**步骤3 确认文档单位** 确认文档单位，应设定为【MMGS（毫米、克、秒）】。

**步骤4 生成运动算例** 右键单击【Motion Study 1】选项卡，选择【生成新运动算例】。确保 MotionManager 中的【算例类型】设定为【Motion 分析】。

**步骤5 添加马达** 为了转动曲柄，需要在手柄末端添加一个马达，本例希望在3s之内转动曲柄2.75 圈。单击【马达】，在【马达位置】和【方向】选项中选择曲柄的边线，如图3-5和图3-6所示。

在【马达类型】中选择【旋转马达】，在【运动】中选择【距离】。在【位移】中输入990°（2.75 圈×360°），在【持续时间】中输入3.00s。单击【确定】。

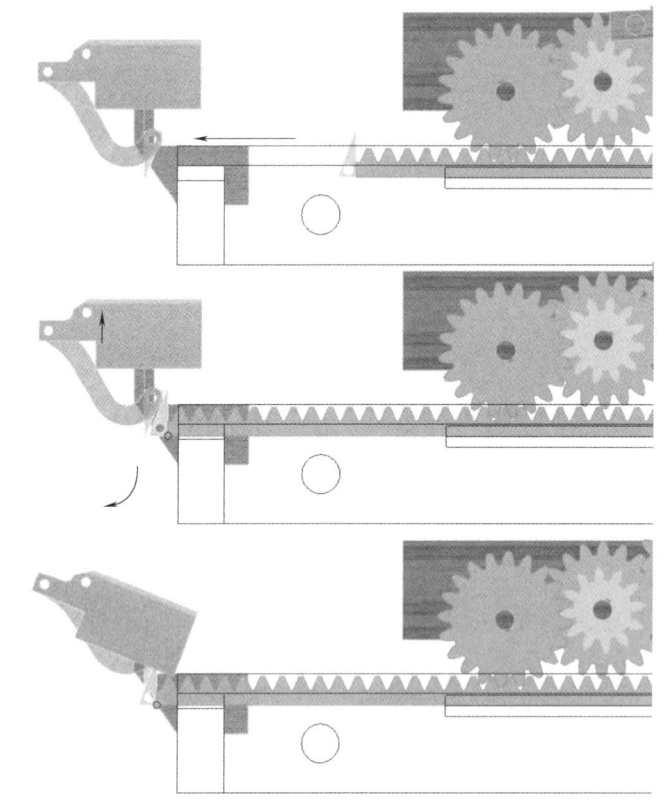

图 3-4 齿条接触到触发机构

图 3-5 定义马达

**步骤 6 禁用马达** 马达转动 3s 之后，希望在弹体移至弹匣时抛射器保持在装填位置。之后需要松开马达，使配重块驱动抛射器。

整个仿真将运行 5s，为了在时间栏上更加容易选择，在 MotionManager 的右下角单击【整屏显示全图】，直到稍大于 5s 的范围覆盖了 MotionManager 的整个时间栏。

在 MotionManager 中选择"旋转马达 1"。在时间栏的 3.4s 处单击右键，并选择【关闭】，如图 3-7 所示。这将在 3.4s 处生成一个键码来压缩此马达，使其在之后的时间内不产生任何影响。

图 3-6 局部细节

图 3-7 禁用马达

**技巧** 如果用户把此键码放在了错误的时间点上，则可以手动把它拖放到 3.4s 处。

**步骤7　设置运动算例属性**　将【每秒帧数】设置为50。

**步骤8　计算**　单击【计算】。和预期的一样,马达在3s内转动曲柄2.75圈。3~3.4s内,马达保持曲柄和长臂位置不变,处于准备发射阶段,最终在3.4s时松开曲柄。由于没有明确定义运动,机构在开始时发生的移动也会超出预期。因此,必须在运动模型中再添加一些键码单元。

**步骤9　分析运动**　在MotionManager中右键单击【视向及相机视图】,并选择【禁用观阅键码播放】,如图3-8所示。切换到前视图,并放大装配体的左端。以慢动作再次播放该仿真,发现两个触发器会彼此穿过对方,如图3-9所示。

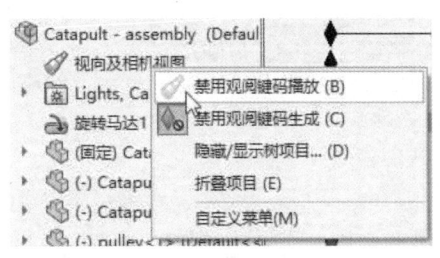

图3-8　启用【禁用观阅键码播放】

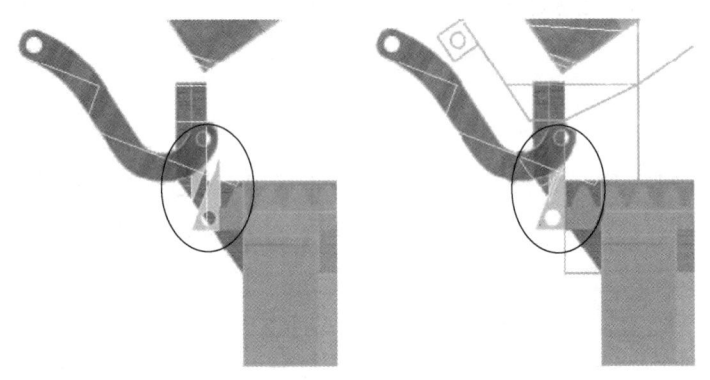

图3-9　运动分析

为了避免发生这种情况,必须在它们之间添加接触。在定义接触之前,先介绍一种用于自动检查干涉的功能。

## 3.2.3　检查干涉

利用SOLIDWORKS的干涉检查工具虽然可以检查零部件之间的干涉,但却只能检查零部件间静态位置的干涉。在SOLIDWORKS Motion中,用户可以检查在每个零部件运动轨迹中的干涉。

| 知识卡片 | 检查干涉 | 快捷菜单：在MotionManager中右键单击顶层的零部件,并选择【检查干涉】。 |
|---|---|---|

**步骤10　检查干涉**　在MotionManager中右键单击"Catapult-assembly",并选择【检查干涉】。选择两个触发器,单击【立即查找】。

**步骤11　检查结果**　两个触发器从第132帧(对应的时间是2.620s)开始发生干涉,而且干涉一直持续到最后一刻,如图3-10所示。选择第一个干涉并单击【细节】,可以看到干涉的详细信息,如图3-11所示。关闭【随时间延长查找干涉】对话框。

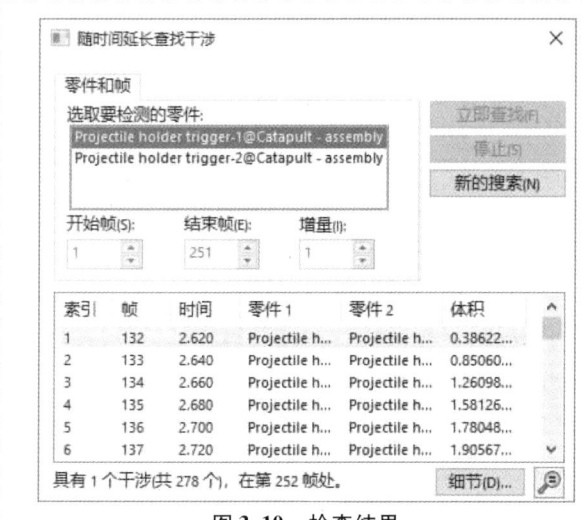

图 3-10 检查结果

图 3-11 干涉细节

## 3.3 接触

用户可以在多个实体或曲线之间定义接触来防止其相互穿透。这里只讲解如何定义实体间的接触，并讨论摩擦。对接触的定义及其参数更详细的介绍，将会在后面的章节进行。

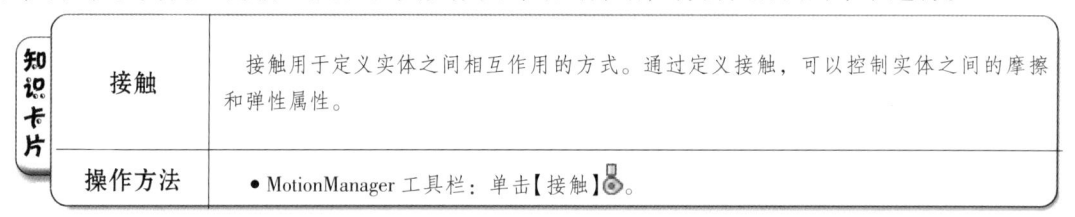

| 知识卡片 | 接触 | 接触用于定义实体之间相互作用的方式。通过定义接触，可以控制实体之间的摩擦和弹性属性。 |
| --- | --- | --- |
| | 操作方法 | • MotionManager 工具栏：单击【接触】🔗。 |

**步骤 12 添加接触** 单击【接触】🔗，选择两个 "Projectile holder trigger" 零件。

在【接触类型】中选择【实体】。除了摩擦外，保持所有接触参数为默认值，这些数值将在第 4 章重点讨论。

确认勾选了【材料】复选框，并将两个材料都设置为【Steel (Dry)】。

运行仿真时不考虑这两个零件之间的摩擦（取消勾选【摩擦】复选框），如图 3-12 所示。单击【确定】✔。

**步骤 13 计算** 单击【计算】🖩。

**步骤 14 检查触发器** 通过运行仿真可以看到，齿条机构上的触发器将碰到 "Projectile holder door" 上的触发器，并将其压下。

图 3-12 定义接触 1

## 3.4 接触组

实体之间的接触可以通过多个单独的定义(每个定义仅用于两个实体)或一个(或几个)定义来包含所有实体。后者将考虑所有所选实体之间的接触,从而自动生成多个接触对。这个过程很容易定义,但要考虑到在获取所有接触对时,可能会对计算有较高的要求。

带接触组的接触定义会忽略同一组中零件之间的接触,但是会考虑跨组的所有成对实体之间的接触,可最多定义两个接触组。

| 知识卡片 | 使用接触组 | 接触组允许将接触的实体放入两个单独的组中。这两个组之间的所有接触组合都会被考虑。 |
|---|---|---|
| | 操作方法 | • MotionManager 工具栏:单击【接触】,在【选择】组框内勾选【使用接触组】复选框。 |

**步骤15 定义其他接触** 还需要定义下列接触:
- Projectile- Projectile holder door。
- Projectile holder- Projectile。
- Projectile holder pusher- Projectile。

如果使用前面步骤中讲述的方法,将生成3个单独的定义。然而,在本例中只需使用一个接触组定义就能满足要求。

单击【接触】,在【接触类型】中选择【实体】,在【材料】中选择【Steel(Dry)】,取消勾选【摩擦】复选框。在【选择】中勾选【使用接触组】复选框。

在【组1】中选择"Projectile",在【组2】中选择"Projectile holder"、"Projectile holder door"和"Projectile holder pusher",如图3-13所示。单击【确定】。

> **提示** PropertyManager 显示将在计算中考虑 3 个接触对。

图 3-13 定义接触 2

## 3.5 接触摩擦

当定义接触时,根据模型的不同,有3种摩擦选项可供使用:
- 静态摩擦[⊖]。
- 动态摩擦[⊖]。
- 无。

---
⊖ 即静摩擦。
⊖ 即动摩擦。

一旦用户决定了在接触中采用的摩擦类型，则必须评估其静态和/或运动速度以及摩擦因数。库仑摩擦力是基于静摩擦因数和动摩擦因数这两个不同的因数计算的。

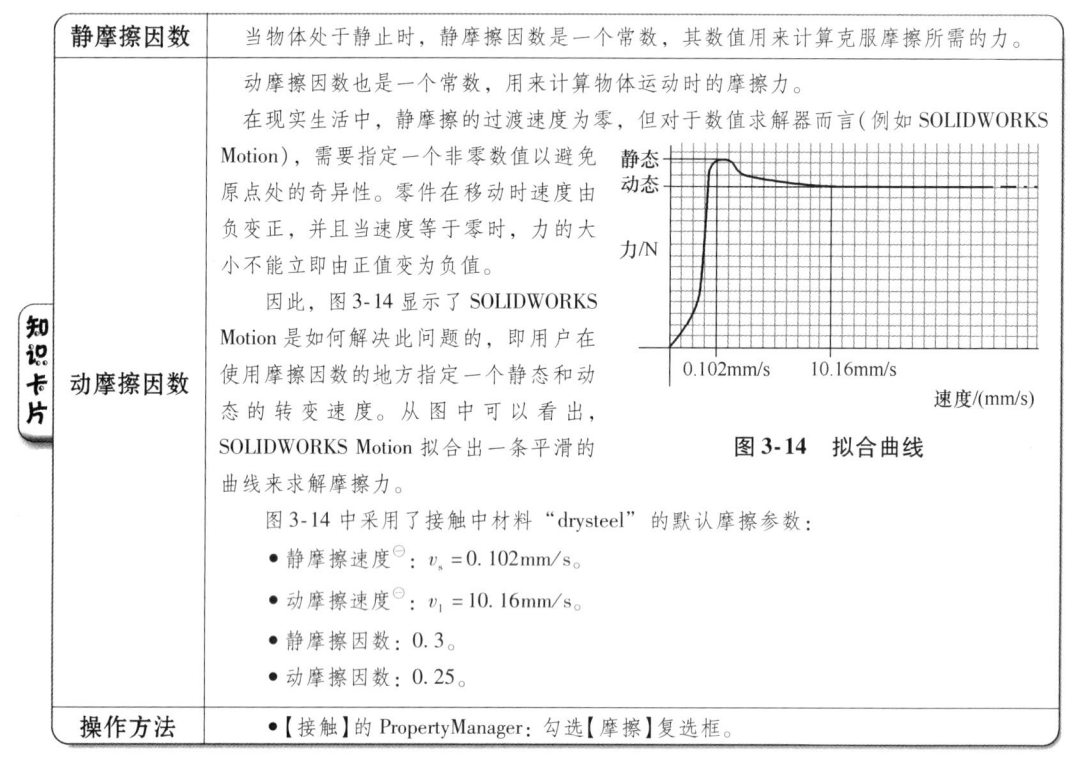

| 知识卡片 | 静摩擦因数 | 当物体处于静止时，静摩擦因数是一个常数，其数值用来计算克服摩擦所需的力。 |
|---|---|---|
| | 动摩擦因数 | 动摩擦因数也是一个常数，用来计算物体运动时的摩擦力。<br>在现实生活中，静摩擦的过渡速度为零，但对于数值求解器而言（例如SOLIDWORKS Motion），需要指定一个非零数值以避免原点处的奇异性。零件在移动时速度由负变正，并且当速度等于零时，力的大小不能立即由正值变为负值。<br>因此，图3-14显示了SOLIDWORKS Motion是如何解决此问题的，即用户在使用摩擦因数的地方指定一个静态和动态的转变速度。从图中可以看出，SOLIDWORKS Motion拟合出一条平滑的曲线来求解摩擦力。<br>图3-14 拟合曲线<br>图3-14中采用了接触中材料"drysteel"的默认摩擦参数：<br>● 静摩擦速度㊀：$v_s = 0.102$ mm/s。<br>● 动摩擦速度㊀：$v_1 = 10.16$ mm/s。<br>● 静摩擦因数：0.3。<br>● 动摩擦因数：0.25。 |
| 操作方法 | | ●【接触】的PropertyManager：勾选【摩擦】复选框。 |

**步骤16　生成更多接触组**　生成"Projectile"和"Catapult-Arm"两个零件之间的接触组。

在【材料】中选择【Steel（Dry）】，勾选【摩擦】复选框，取消勾选【材料】复选框，将【动态摩擦因数】和【静态摩擦因数】都更改为0.15，如图3-15所示。单击【确定】✓。

提示　取消勾选【材料】复选框才能打开【摩擦】区域进行编辑。【弹性属性】中的接触特征取决于【材料】中的选择项。在第4章中将会介绍【弹性属性】。

图3-15　定义接触3

㊀ 设定值。

## 3.6 平移弹簧

平移弹簧表示在一定距离内沿特定方向作用在两个零件之间的、与位移有关的力。

当定义弹簧时，用户能够很容易地改变力与位移的相关性，即通过从列表中选择函数类型将线性更改为其他预定义的关系，这使得用户可以选择力与位移的关系。SOLIDWORKS Motion 支持下列力与位移的关系：

$x$，$x^2$，$x^3$，$x^4$，$1/x$，$1/x^2$，$1/x^3$

用户可以指定弹簧在两个零件之间的位置。SOLIDWORKS Motion 是基于两个零件的相对位移、弹簧刚度和自由长度来计算弹簧弹力的，如图 3-16 所示。

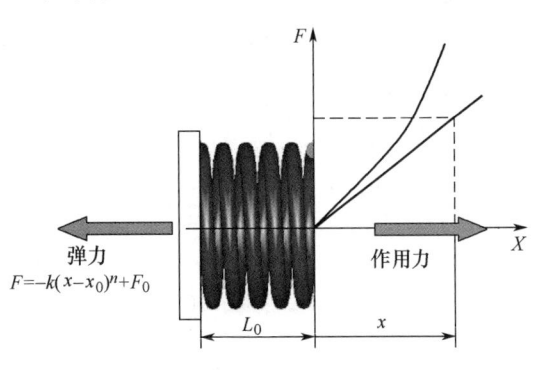

图 3-16 平移弹簧

当弹簧弹力为负值时，弹簧相对于自由长度而言处于拉伸状态。

> 提示：当因未指定方向而导致端点重合时，弹簧弹力会变得不确定。

弹簧弹力的大小与刚度和初始力有关，弹簧关系式为

$$F = -k(x - x_0)^n + F_0 \tag{3-1}$$

式中　$x$——定义弹簧的两个位置之间的距离；
　　　$k$——弹簧的刚度系数（始终大于 0）；
　　　$F_0$——弹簧的参考力（预载荷）；
　　　$n$——指数（例如，如果弹簧弹力为 $kx^2$，则 $n=2$。指数 $n$ 的有效值有 -4、-3、-2、-1、1、2、3、4）；
　　　$x_0$——参考长度（在预载荷下时，始终大于 0）。

- 正值的力会使两个零件产生排斥。
- 负值的力会使两个零件相互吸引。

> 提示：为了生成弹簧定义中并不支持的非线性力特性的弹簧，用户必须使用一组作用力和反作用力，这样才能输入非线性力方程式。

| 知识卡片 | | |
|---|---|---|
| | 弹簧 | 在零部件之间可以添加线性和扭转两种弹簧。用户可以指定【弹簧力表达式指数（线性至 ±4）】和【刚度系数】。 |
| | 操作方法 | • MotionManager 工具栏：单击【弹簧】🗝。 |

## 3.7 平移阻尼

平移阻尼被视为一种阻抗单元，用来"消除"外力造成的振荡。通常情况下，阻尼和弹簧一起使用来"抑制"由弹簧产生的任何振荡或振动。

在现实中，实体乃至弹簧都内含结构阻尼，并且可以使用阻尼单元来表示。阻尼器所产生的力取决于两个确定端点之间的瞬时速度矢量。

> **提示**
> 为了生成阻尼器定义中并不支持的非线性力特性的阻尼器，用户必须使用一组作用力和反作用力，在作用力和反作用力中输入基于力实体两点之间速度的非线性力方程式。

对平移阻尼单元而言，力的方程式预定义为 $F = cv^n$，其中 $c$ 为预定义的阻尼系数，$v$ 为两个端点之间的相对速度，$n$ 为指数。例如，若阻尼力 $F = -cv^2$，则 $n = 2$（有效值为 $-4$、$-3$、$-2$、$-1$、$1$、$2$、$3$、$4$），如图 3-17 所示。

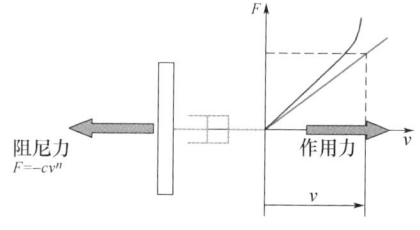

图 3-17 平移阻尼

| 知识卡片 | 阻尼 | 可以在机构的零部件之间添加阻尼。此外，线性和扭转这两种弹簧都可以具有阻尼属性，这样便将弹簧和阻尼结合在了一起。<br>和弹簧一样，用户可以指定阻尼力表达式指数（线性下至±4）和阻尼系数。 |
|---|---|---|
| | 操作方法 | • MotionManager 工具栏：单击【阻尼】。 |

**步骤 17 添加弹簧** 为了将弹体送至抛射器长臂，必须添加一根弹簧。弹簧将预先加载一个载荷以将弹体停留在闸门 "Projectile holder door" 的背面。当闸门下落时，弹体被推入到位。

单击【弹簧】，并确认选择了【线性弹簧】类型。选择图 3-18 所示的两个面，设置【弹簧参数】以生成一个线性弹簧，设定【弹簧常数】为 0.15N/mm，【自由长度】为 13.00mm。

勾选【阻尼】复选框，添加【阻尼常数】为 0.01N/(mm/s)。在【显示】组框中，设置【弹簧圈直径】为 4.00mm，【圈数】为 5，【线径】为 0.50mm，如图 3-19 所示。单击【确定】。

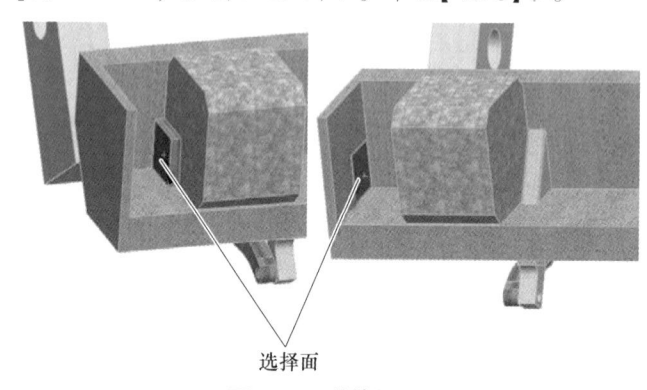

图 3-18 弹簧位置

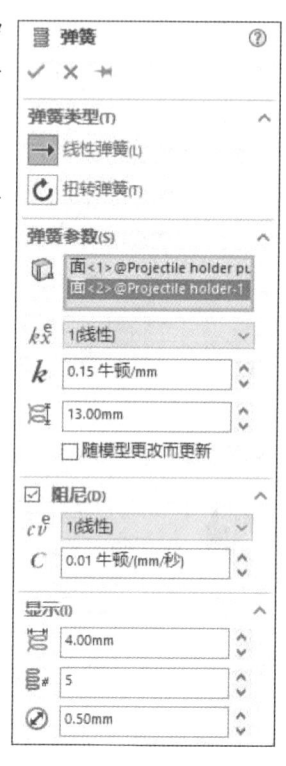

图 3-19 定义弹簧

> **提示**
> 在【显示】区域中输入的数值只用作图形参数。

**步骤 18 计算** 单击【计算】。当求解仿真时，弹体飞脱到空间，抛射器长臂没有发射，并且配重块也未保持水平。这是由于遗漏了一个关键要素——重力。

**步骤 19 添加引力** 单击【引力】，指定引力方向为 $Y$ 轴负向。单击【确定】。

**步骤20 计算** 单击【计算】。这次，抛射器长臂被摇下，直至到达装载位置，并被马达控制停留在此处。而触发器会将闸门打开，弹体在弹簧的作用下被推至抛射器长臂。在3.4s时马达停止工作，配重块在重力的作用下摆动抛射器长臂并发射弹体。

## 3.8 后处理

现在仿真已经计算完毕，下面便可以针对一些感兴趣的参数来生成图解。

扫码看视频

**步骤21 生成马达力矩图解** 单击【结果和图解】，使用【力】、【马达力矩】及【幅值】定义该图解。在【旋转单元】中选择"旋转马达1"。单击【确定】。

3~3.4s存在振荡，如图3-20所示。这一内容将在第4章后处理中介绍，像这样的峰值一般都是近似的。

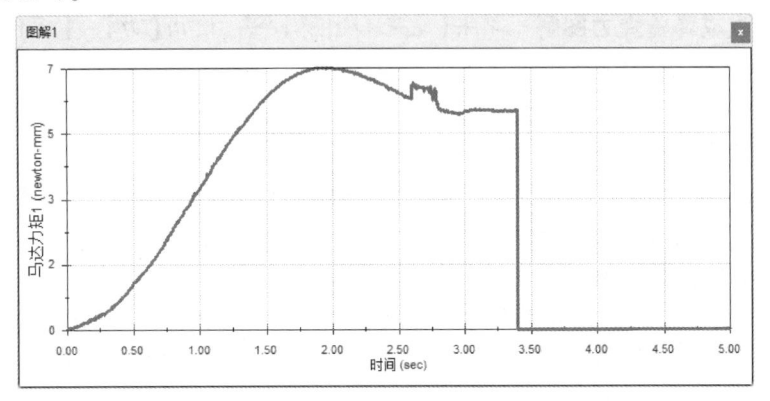

图3-20 查看马达力矩图解

**步骤22 生成弹簧位移图解** 单击【结果和图解】，使用【位移/速度/加速度】、"线性位移"及【幅值】定义该图解。选择"线性弹簧1"作为模拟单元。单击【确定】。

弹簧从6mm伸长到13mm，如图3-21所示。在设定时，指定了弹簧未压缩的长度为13mm。

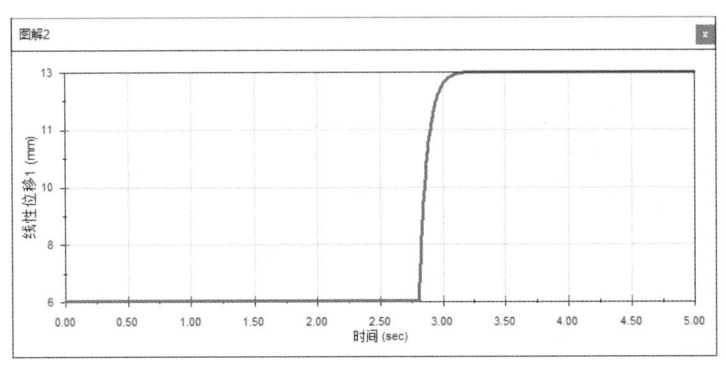

图3-21 查看弹簧位移图解

**步骤23 生成弹簧速度图解** 单击【结果和图解】，使用【位移/速度/加速度】、【线性速度】及【幅值】定义该图解。选择"线性弹簧1"作为模拟单元。单击【确定】。从图3-22中可以看到，弹簧的最高速度约为99mm/s。

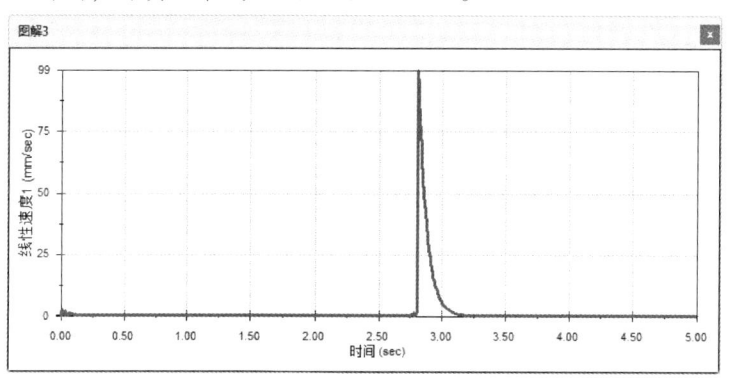

图3-22 查看弹簧速度图解

**步骤24 生成弹簧弹力图解** 单击【结果和图解】，使用【力】、【反作用力】及【幅值】定义该图解。选择"线性弹簧1"作为模拟单元。单击【确定】。

**步骤25 弹出警告** 与第2章类似，此处将弹出关于冗余约束的警告，如图3-23所示。冗余约束可能对配合力（机械连接且配合中的力是由配合定义的）产生很大影响，这将在后续的课程中介绍。在此机构中得到的合力是正确的，单击【否】。

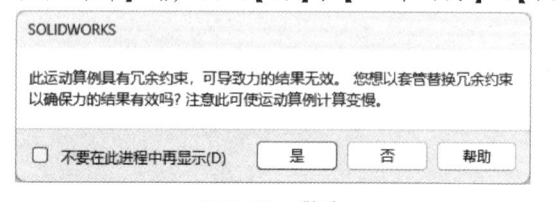

图3-23 警告

**步骤26 检查图解** 从图解中可以看到最大的弹簧力为1.1N，还可以看到弹簧推动弹体的时间仅为0.1s，如图3-24所示。

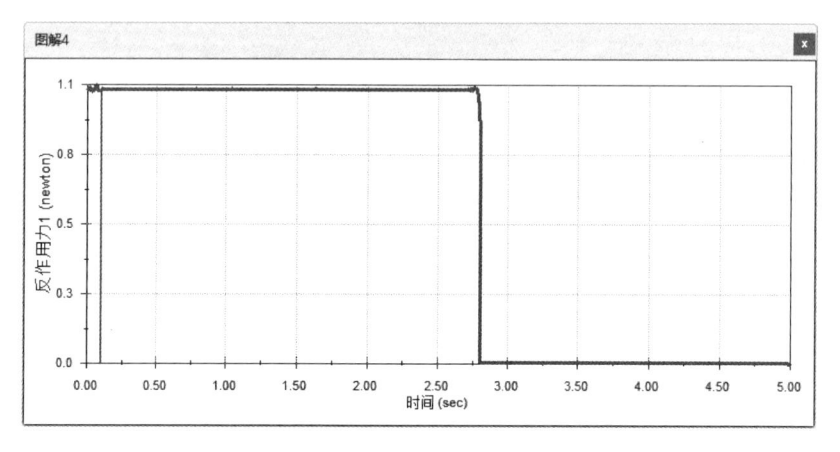

图3-24 查看弹簧力图解

## 3.9 带摩擦的分析（选做）

在这一部分中将研究接触摩擦对弹体运动的影响。下面将使用刚完成的算例在弹体和弹匣之间添加摩擦。

步骤27 **复制算例** 复制现有的运动算例,并将其重命名为"Larger Friction"。

步骤28 **添加摩擦** 编辑包含弹体"Projectile"和弹匣"Projectile holder"的接触组。勾选【摩擦】复选框,保留材料【Steel(Dry)】的默认值。勾选【静态摩擦】复选框。

步骤29 **设置运动算例属性** 单击【运动算例属性】,将【每秒帧数】设为100。单击【高级选项】按钮,将【积分器类型】更改为【WSTIFF】。单击【确定】。

> 提示 在第4章将讨论积分器。

步骤30 **运行仿真** 单击【计算】。

步骤31 **动画显示结果** 单击【播放】。

从动画中可以发现,由于增加了摩擦,弹体不会滑入抛射器长臂中,如图3-25所示。

步骤32 **保存并关闭文件**

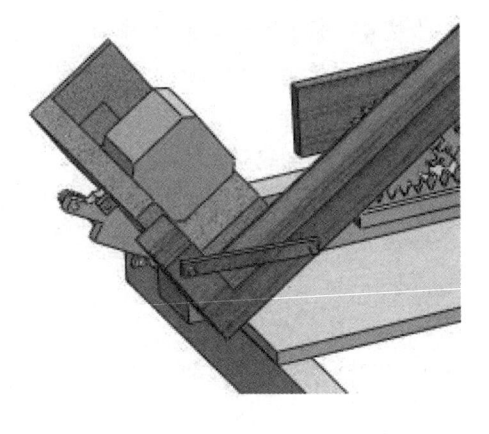

图3-25 动画显示

## 练习3-1 甲虫

在本练习中,将使用一个带振荡马达的机械甲虫来演示摩擦对零件运动的影响,如图3-26所示。在练习中将运行两次算例,第一次不考虑摩擦,第二次则考虑摩擦。

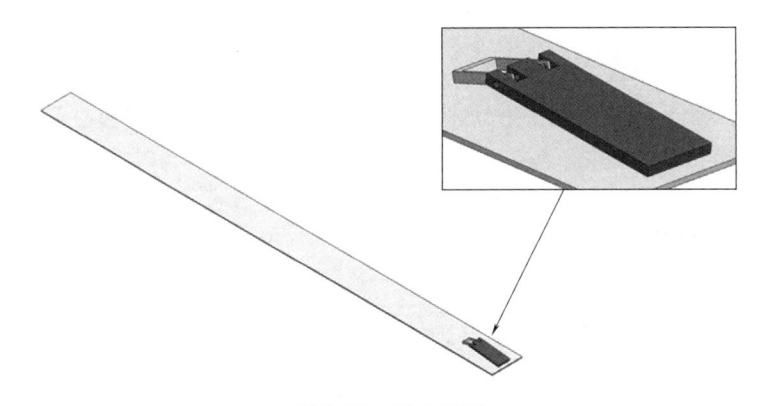

图3-26 甲虫模型

本练习将应用以下技术:
- 接触摩擦。

**操作步骤**

步骤1 **打开装配体文件** 从文件夹"Lesson03\Exercises\Bug-Friction"内打开装配体文件"Bug Assembly"。该装配体包含一块平板和一只由两个薄片构成的机械甲虫。本练习的目的是通过腿部零件"Leg"的运动,使甲虫沿着平板移动。在躯体零件"Base"和平板的中心基准面之间存在【重合】配合,这保证甲虫可以沿着平板的中心线持续移动下去。

扫码看视频

步骤2 **查看文档单位** 单击【工具】/【选项】/【文档属性】/【单位】，确认在【单位系统】中选择了【MMGS（毫米、克、秒）】。

步骤3 **新建算例** 新建一个运动算例，确认选择了【Motion 分析】。

步骤4 **添加引力** 在Y轴负方向添加【引力】。

步骤5 **添加接触** 使用接触组，在"Plane"和甲虫的两个零件（"Leg"和"Base"）之间添加实体接触。在【材料】中选择【Rubber（Dry）】，不勾选【摩擦】复选框。

步骤6 **添加马达** 在腿部零件"Leg"处添加一个振荡的旋转马达。定义马达时选择图3-27所示的边线，设置马达以5Hz的频率和30°的角位移进行移动。

步骤7 **计算** 计算2s内的运动。马达能够正确振荡，但由于没有摩擦，甲虫未发生移动，如图3-28所示。

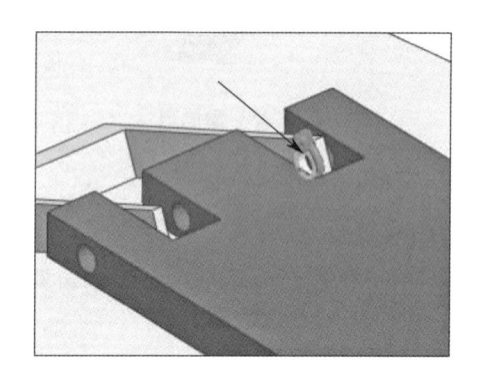

图 3-27　定义马达　　　　图 3-28　计算结果

步骤8 **添加摩擦** 编辑接触并勾选【摩擦】复选框，将【动摩擦因数】设定为指定材料【Rubber(Dry)】的值。勾选【静态摩擦】复选框，并使用默认的数值。

步骤9 **重新计算** 计算20s内的运动。由于添加了摩擦，甲虫将沿着平板移动。

步骤10 **保存并关闭文件**

## 练习3-2　闭门器

在学校或办公室等公共建筑设施内的门上，通常装有闭门器，以确保门在打开后会自动关闭。为了保证门不被过快地关闭和撞击，在闭门器的内部添加了一个弹簧阻尼，如图3-29所示。

**项目分析**：在本练习中，将使用MotionManager为闭门器添加一个内部弹簧和阻尼，然后使用SOLIDWORKS Motion来生成图解，以显示弹簧和阻尼对门的运动所产生的影响，并通过调节参数来达到所需的结果。

本练习将应用以下技术：
- 平移弹簧。
- 平移阻尼。

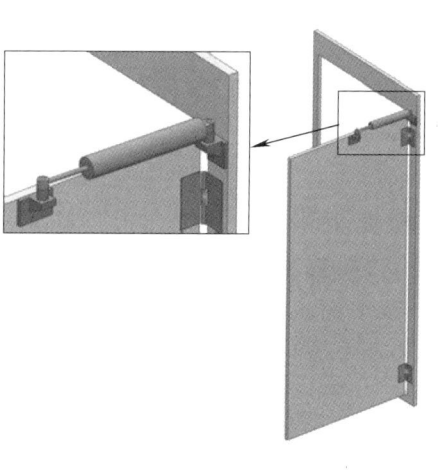

图 3-29　闭门器

## 操作步骤

**步骤1 打开装配体文件**
从文件夹"Lesson03 \ Exercises \ Door closer"内打开装配体文件"door"。

**步骤2 查看文档单位** 单击【工具】/【选项】/【文档属性】/【单位】，确认在【单位系统】中选择了【MMGS（毫米、克、秒）】。

**步骤3 新建算例** 新建一个运动算例，并确认选择了【Motion 分析】。

**步骤4 创建线性弹簧** 使用图 3-30 所示的圆形边线，在"gas-piston"和"gas-cylinder"之间定义一个线性弹簧。用户必须选择边线而不是表面，否则程序不会识别中心。弹簧必须与圆柱对齐。

将【弹簧常数】设定为 1N/mm，【自由长度】设定为 180mm，【阻尼常数】使用 5N/（mm/s）。在【显示】的 PropertyManager 中输入合适的数值。单击【确定】。

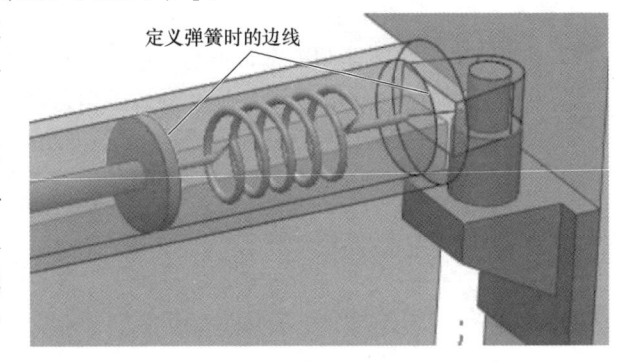

图 3-30 定义弹簧

> **提示** 可以更改闭门器中"gas cylinder"的透明度，以便于选取定义线性弹簧的内部零件。

> **提示** 弹簧弹力会导致门突然关闭，使用阻尼则可以避免此情况发生。

**步骤5 运算运动分析** 运算 40s 内的运动。

**步骤6 图解显示门的速度** 生成一个图解，以显示门（质量中心）的速度大小。可以看到，门关闭得太快（用时大约在 24s 之内），并在完全停止之前穿过门框，如图 3-31 所示。

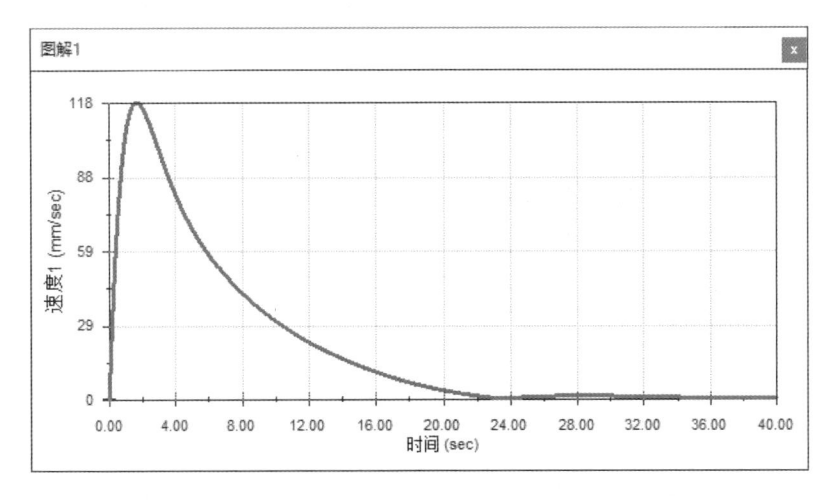

图 3-31 查看门的速度图解

由于不希望关门如此快速，而且也不想让门穿过门框并从反方向打开，因此需要重新定义弹簧和阻尼常数。

**步骤7　复制算例**

> 提示　也可以简单地在刚生成的运动算例中修改这些常数。为了对比两组常数设置的结果，此处将复制初始的运动算例，并在复制的算例中进行修改。

**步骤8　重新定义带阻尼的弹簧**　将【弹簧常数】的数值从1.00N/mm提高至2.00N/mm。将【阻尼常数】的数值从5.00N/(mm/s)提高至10.00N/(mm/s)。

**步骤9　计算运动分析**　计算并图解显示门的速度，如图3-32所示。

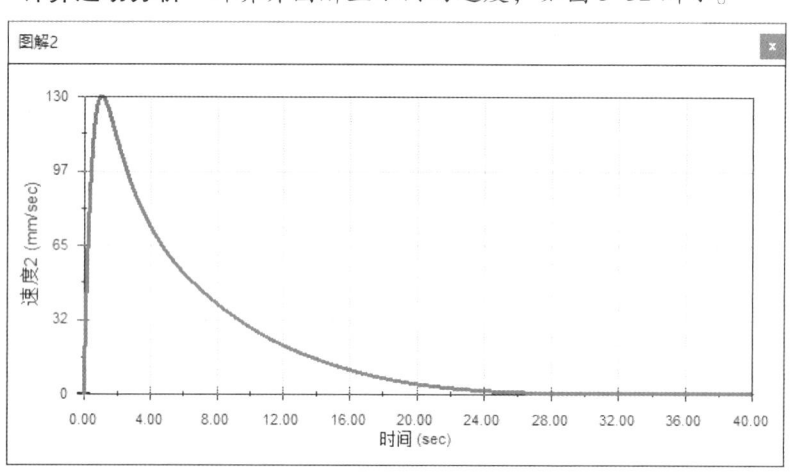

图3-32　查看修改阻尼后门的速度图解

**步骤10　对比结果**　单击刚完成的任意一个运动算例，对比这两个算例的结果，可以看到，在第二个算例中，门关闭的速度较慢，并且在没有穿过门框的情况下完全停止。

从两个仿真的数据来看，选择恰当的弹簧和阻尼常数，可以使门按预期关闭，而不会产生突然关闭并撞击的现象。

# 第4章 实体接触

**学习目标**
- 理解实体接触的定义及几何描述
- 使用表达式来指定力和马达的大小
- 分析解决方案不正确或接触解决方案失败的原因
- 使用替代的数值积分器

## 4.1 接触力

本章的目的是熟悉实体接触的定义并了解它们在 SOLIDWORKS Motion 中的局限性和用途。通过利用各种数学函数来指定位移和其他算例特征的表达式,可以获得关闭闩锁时所需要的力。

## 4.2 实例:拖车挂钩

图 4-1 所示是一种安装在车辆底盘上用于牵引的拖车挂钩装配体。该装配体使用闭锁机构连接到铰接球上。当将拖车连接器的操纵杆翻转到锁定状态位置时,夹具被拉到挂钩球的底部。对于拖车挂钩机构,需要确定关闭闩锁所需的力。

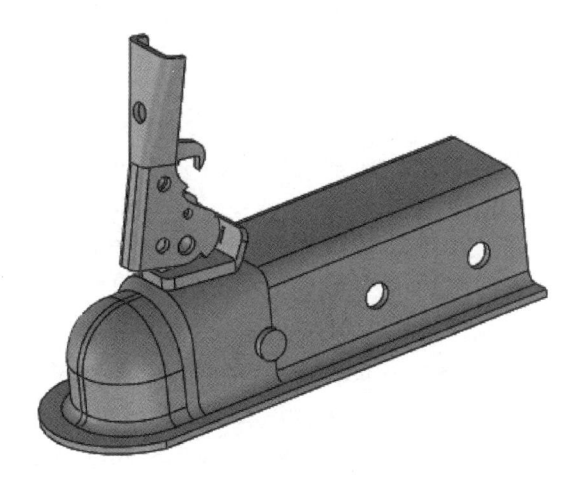

图 4-1 拖车挂钩

扫码看视频

**操作步骤**

**步骤1 打开装配体文件** 打开文件夹 "Lesson 4 \ Case Studies \ Latching_mechanism" 内的 "Trailer-Hitch" 装配体文件。

步骤2　**激活运动算例**　已经创建了一个新的"Trailer Hitch"运动算例，激活此算例。

步骤3　**确认单位**　确认文档单位设置为【MMGS(毫米、克、秒)】。

步骤4　**检查装配体**　装配体中有几个配合，但并非所有零部件都有足够的配合以使零件根据最终装配体的机械运动而移动。操纵杆"Lever"零件与垂直杆"Vertical Lever"并不同心，如图4-2所示。

步骤5　**添加同轴心配合**　单击【配合】，在操纵杆"Lever"与垂直杆"Vertical Lever"之间添加【同轴心】配合，如图4-3所示。这是一个本地配合，如果在Motion Manager中选择【模型】选项卡，操纵杆"Lever"仍然可以移动。

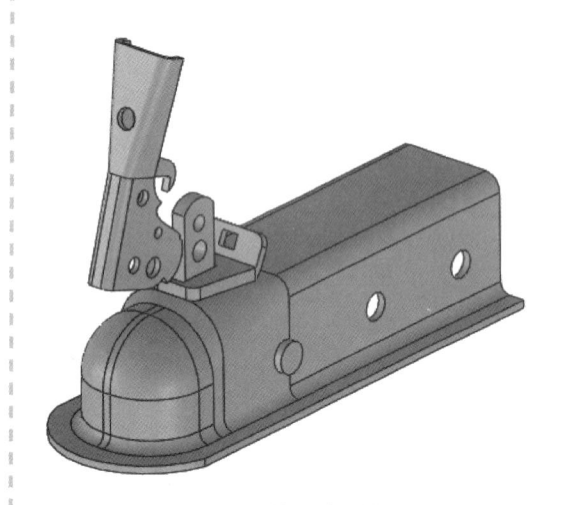

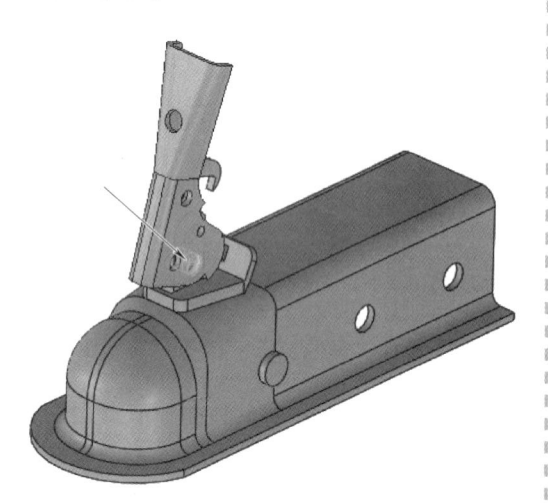

图4-2　检查装配体　　　　　　　　图4-3　添加同轴心配合

## 4.2.1　使用马达限定运动

添加配合的另一种方法是添加马达。使用这种方法的优势可能不会立即体现，但为了演示此方法，将在本运动模型中使用它。

使用马达来代替配合的原因之一是它不会对运动模型带来其他多余的约束，这将有助于减少冗余约束的数量。冗余约束将在"第9章　冗余"中讲解。

步骤6　**限制"Vertical Lever"的线性移动1**　单击【马达】，在【马达类型】中选择【线性马达(驱动器)】。将马达连接到如图4-4所示的表面。在【运动】中选择【距离】，并设置为0mm。设置【开始时间】为0.00s，【持续时间】为5.70s。单击【确定】。

步骤7　**限制"Vertical Lever"的线性移动2**　单击【马达】，在【马达类型】中选择【线性马达(驱动器)】。将马达连接到如图4-5所示的表面。在【运动】中选择【距离】，并设置为0mm。设置【开始时间】为0.00s，【持续时间】为5.70s。仿真将运算6s，因此该马达将在整个仿真过程中阻止"Vertical Lever"的横向移动。单击【确定】。

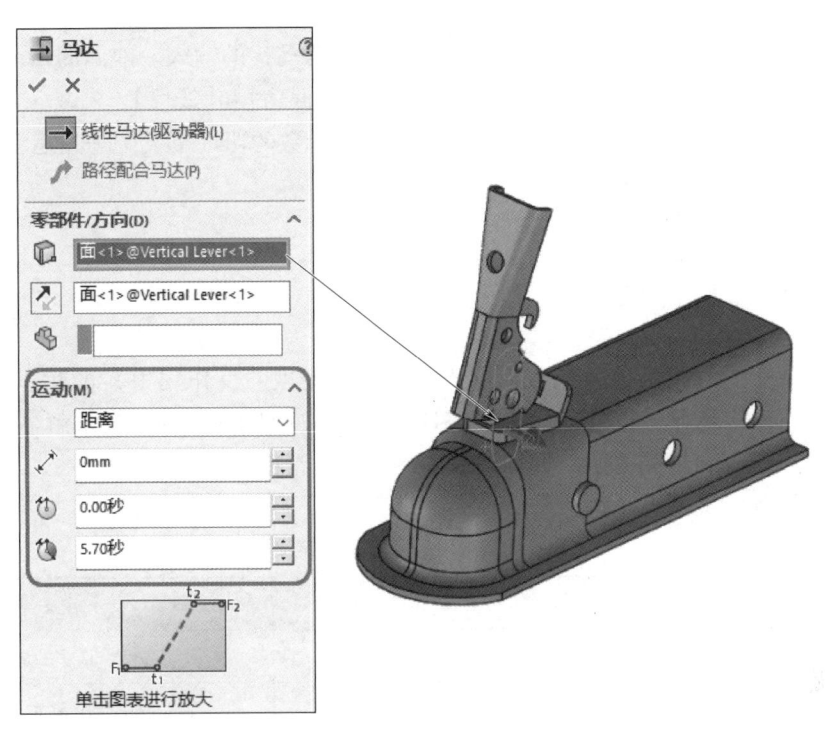

图 4-4 限制"Vertical Lever"的线性移动 1

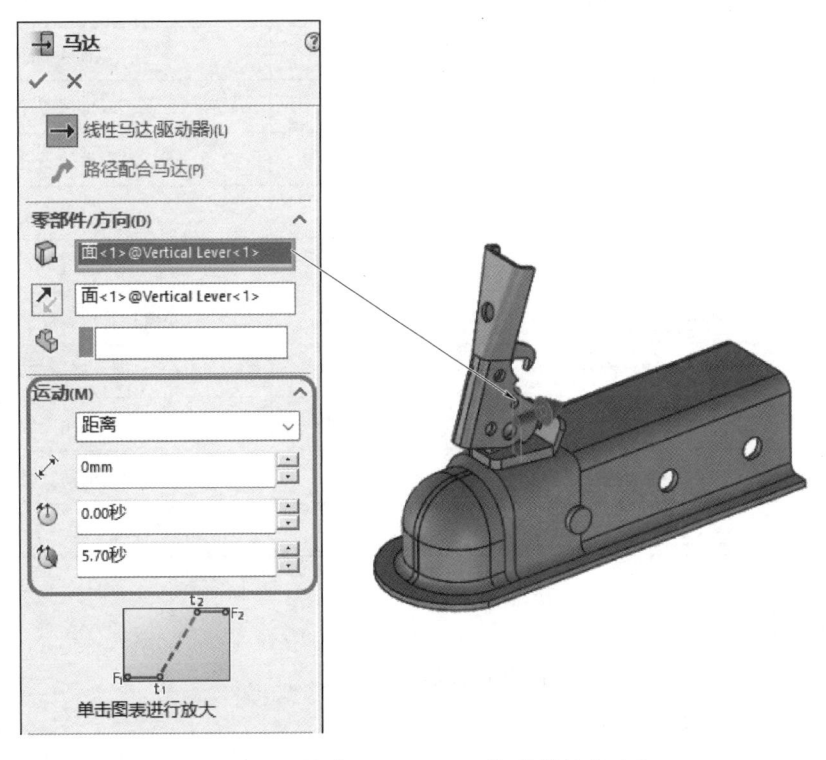

图 4-5 限制"Vertical Lever"的线性移动 2

## 4.2.2 马达输入和力输入的类型

SOLIDWORKS Motion 允许用户以多种不同的方式设置马达的输入。前面的章节中使用了【等速】、【距离】和【数据点】，此外还可以选择【表达式】、【振荡】和【线段】。

【表达式】可用于定义一个轮廓，此轮廓在各种数学函数的协助下支配马达运动。

## 4.2.3 函数表达式

用户可以使用函数表达式来定义以下项目的输入大小：
- 马达。
- 力。

函数可能取决于时间或其他系统数据（例如位移、速度、反作用力）的状态。函数可以由简单常数、运算符号、参数，以及诸如步进(STEP)和谐波(SHF)等可用的求解器函数进行任意的有效组合而成。函数和相关语法的详细列表请参考在线帮助。

常用的函数及其定义见表4-1。

表4-1 常用的函数及其定义

| 函数 | 定义 | 函数 | 定义 |
| --- | --- | --- | --- |
| ABS | 绝对值（a） | MIN | a1 与 a2 中的最小值 |
| ACOS | 反余弦(a) | MOD | a1 除以 a2 的余数 |
| AINT | 不大于(a)的最接近整数 | SIGN | 将 a2 符号转移到 a1 量值 |
| ANINT | （a）的最接近整数 | SIN | 正弦(a) |
| ASIN | 反正弦(a) | SINH | 双曲正弦(a) |
| ATAN | 反正切(a) | SQRT | a 的平方根 |
| ATAN2 | 反正切(a1,a2) | STEP | 平滑后的步进函数 |
| COS | 余弦(a) | TAN | 正切(a) |
| COSH | 双曲余弦(a) | TANH | 双曲正切(a) |
| DIM | a1 与 a2 的正差 | DTOR | 角度换算成弧度的换算因子 |
| EXP | e 的(a)次幂 | PI | 圆周率 |
| LOG | 自然对数(a) | RTOD | 弧度换算成角度的换算因子 |
| LOG10 | 以 10 为底的对数(a) | TIME | 当前仿真时间 |
| MAX | a1 与 a2 中的最大值 | IF | 有条件地定义一个函数表达式 |

## 4.2.4 力的函数

定义力时可以用到以下6种类型的力的函数：
- **等速**：设置一个常数。
- **距离**：通过初始值、开始步长时间、最终值和结束步长时间定义一个步长。
- **振荡**：通过幅度、频率、平均数和相移定义此值。
- **线段**：通过线性、多项式、半正弦或其他常用函数的线段组合来定义此值。

- **数据点**：从数据点的表格取得数值，并在这些数据点之间进行插值，得到一条样条曲线。
- **表达式**：使用公式定义此值。

## 4.3 步进函数

步进函数规定了在具有平滑过渡的两个数值（例如位移、速度、加速度或力的大小）之间的给定量。在过渡前后，位移、速度或加速度的大小是常数。

例如，考虑图 4-6 中的示例，其中，$d_0$ 代表位移的初始值，$d_1$ 代表位移的最终值，$t_0$ 代表开始步长的时间，$t_1$ 代表结束步长的时间。

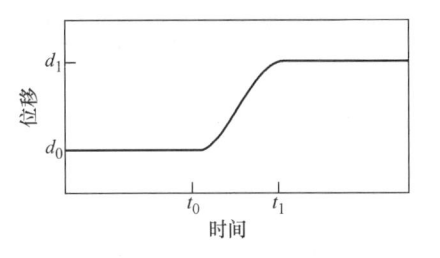

图 4-6 步进函数

**步骤 8 创建旋转马达以驱动"Lever"** 单击【马达】，在【马达类型】中选择【旋转马达】。在【马达位置】或【马达方向】的任意一个区域中选择闩锁的圆形面，如图 4-7 所示。此马达将模拟人手操作"Lever"来打开或关闭闩锁的动作。

在【运动】区域选择【表达式】，这将打开【函数编制程序】对话框。

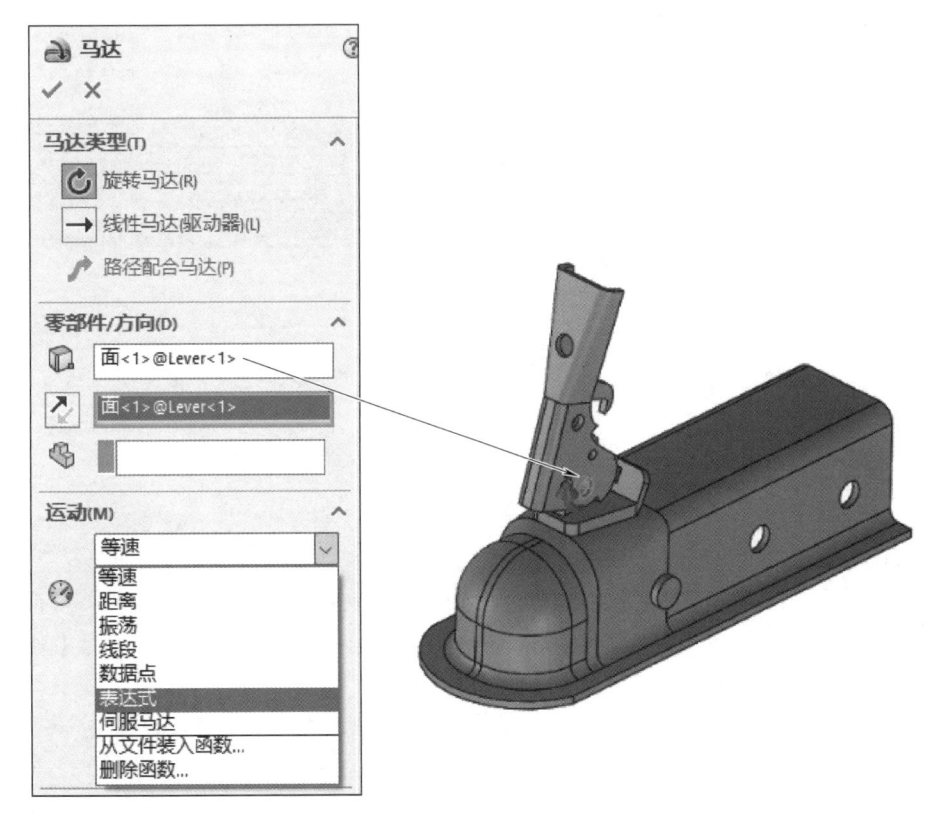

图 4-7 创建旋转马达以驱动"Lever"

**步骤 9 创建马达表达式** 在【函数编制程序】对话框中，确保选择了【表达式】按钮。选择【数学函数】作为输入类型，双击【STEP(x,x0,h0,x1,h1)】以插入该步进函数。修改函数表达式为"STEP (Time, 0, 0, 5, 85)"，如图 4-8 所示。

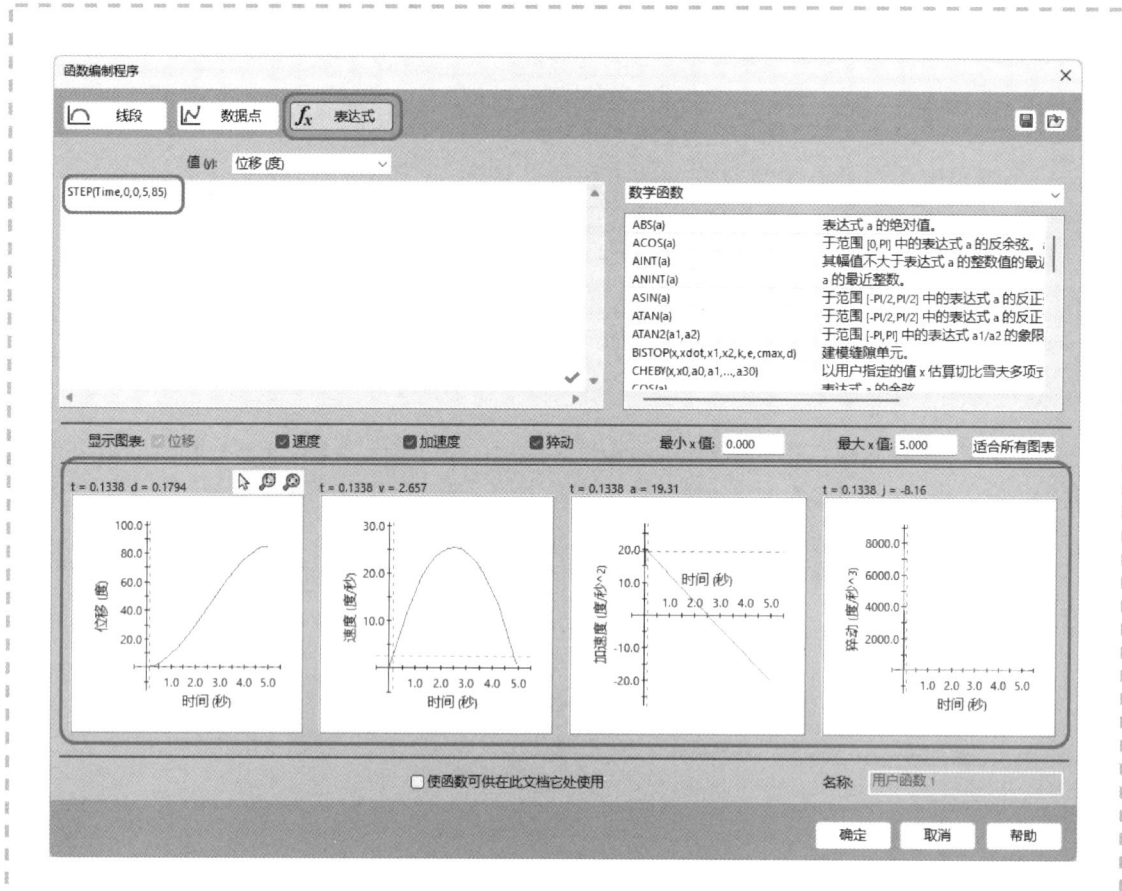

图 4-8 创建马达表达式

> **提示** 变量 Time 可以直接输入，或者将输入类型更改为【变量和常量】后双击【Time】。

> **提示** 【函数编制程序】对话框的图形窗口将自动更新位移、速度、加速度和猝动的图解。

单击【确定】，以完成表达式的定义和关闭【函数编制程序】对话框。单击【确定】✓，完成对【马达】特征的定义。

> **提示** 上述表达式将在 0~5s 之间把"Lever"部件旋转 85°。

**步骤 10 定义弹簧和阻尼** 现在需要定义一个带阻尼的弹簧，以产生拉力将闩锁拉紧。单击【弹簧】■，选择【线性弹簧】，将【弹簧常数】设置为 2.00N/mm，并在图 4-9 所示的位置创建弹簧。注意到弹簧的自由长度将自动添加到【自由长度】区域中。

保持【自由长度】的默认值。勾选【阻尼】复选框，指定大小为 0.10N/(mm/s)。单击【确定】✓。

图 4-9 定义弹簧和阻尼

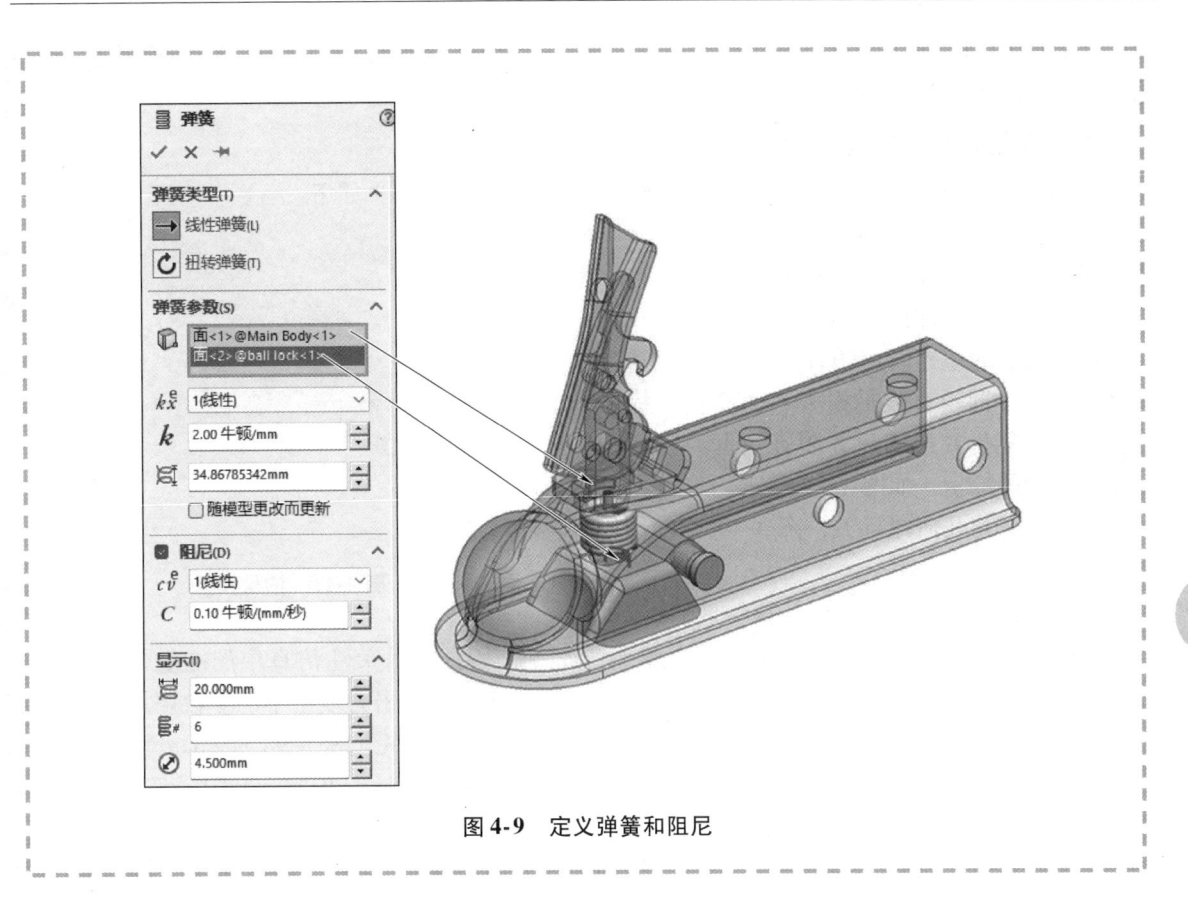

## 4.4 接触：实体

SOLIDWORKS Motion 在两个或多个实体间以及两条曲线（一个接触对）之间定义了接触。在定义实体之间的接触时，无论用户选择了零件的哪种特征，其对应的实体都将被选定，并用于接触分析。在求解过程中，软件将在每一帧计算零件的边界框。一旦边界框发生干涉，则会在两个零件之间进行更加精细的干涉计算，而且会从干涉体积的重心计算冲击力并应用到两个实体中。这一过程的原理如图 4-10 所示。

图 4-10 接触原理

在了解 SOLIDWORKS Motion 如何处理接触之前，必须重申此模块的最初假定：所有参与运动仿真的零件都是刚体。接触条件用于模拟两个或多个碰撞零件（现实生活中并不是刚性的）的撞击。几乎无一例外的是，所有冲击都将产生相对较高的速度，从而导致弹塑性变形，并伴有严重的局部应变，而且局部几何体（接触区域的几何体）也会发生显著变化。因此，有必要使用近似方法。

SOLIDWORKS Motion 允许使用两种不同的方法来定义接触参数：恢复系数（泊松模型）和冲击属性（冲击力模型）。

### 4.4.1 恢复系数（泊松模型）

恢复系数（泊松模型）：基于对恢复系数 $e$ 的使用，关系式定义如下

$$v'_2 - v'_1 = e(v_1 - v_2) \tag{4-1}$$

式中　$v_1$ 和 $v_2$——球体撞击前的速度；

　　　$v'_1$ 和 $v'_2$——球体撞击后的速度。

恢复系数的边界值为 $(0,1)$，其中 1 代表完全弹性的撞击，即没有能量损失；而 0 代表完全塑性撞击，即零件在撞击后黏附在一起，并且损失了最大可能的能量，如图 4-11 所示。

恢复系数与几何体有关，图 4-11 中使用的球体仅用于演示。

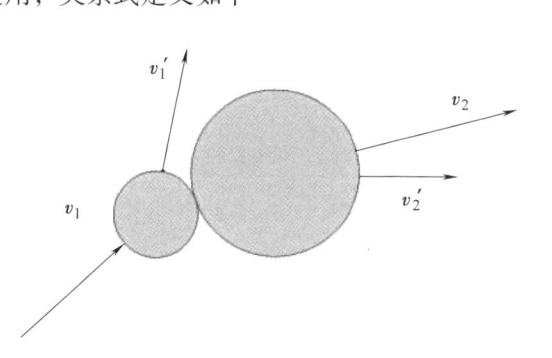

图 4-11　泊松模型

泊松模型不需要指定阻尼系数（冲击力模型需要，这将在后面进行讨论），并且对能量耗散计算准确。因此，若关注仿真中的能量耗散，推荐使用此模型。此外，确定泊松模型的参数和恢复系数 $e$ 比确定冲击力模型中的参数更加直接。在很多情况下，可以使用标准化的方法来测量恢复系数（参考 ASTM F1887-98 Standard Test Method for Measuring the Coefficient of Restitution (COR) of Baseballs and Softballs），也可以通过多种表格进行查找。

此模型不适合用于持续撞击（接触在长时间内发展的碰撞），在持续撞击情况下应该使用冲击力模型。

### 4.4.2 冲击属性（冲击力模型）

冲击属性（冲击力模型）：SOLIDWORKS Simulation 中的冲击属性允许使用式（4-2）来计算接触力

$$F_{\text{contact}} = k(x_0 - x)^e - cv \tag{4-2}$$

式中　$k$——接触刚度；

　　　$e$——弹力指数；

　　　$c$——阻尼系数，$c_{\max}$ 为最大可能的阻尼系数。

与恢复系数的情况一样，这些参数同时与材料和几何体相关，而且无法在材料表中找到。下面将更加详细地描述冲击力模型的参数。

很明显，要想得到上述参数是比较困难的，因此必须引入有效的简化方法。上面得到的推论是，碰撞特性（冲击力、碰撞区域的加速度等）的解只能是近似的。它们的精确解只能借助更加高级的计算方法来确定，例如使用 SOLIDWORKS Simulation Premium 非线性动力学模块的解决方案，但这对计算而言要求很高。

需要注意的是碰撞区域的"冲击力"和"加速度"这些术语代表接触开始的接触数值，接触的同时将产生极大的减速力，也就是冲击或碰撞。碰撞持续的时间通常非常短暂。一定时间之后，当冲击或碰撞的零部件相互接触并且结果的动力学特征不再重要时，接触力是很准确的，并可以通过 SOLIDWORKS Motion 获取。本章最后将演示这些内容。

总之，如果运动仿真的一个重要目的是获得冲击数据（冲击力、碰撞区域的加速度等），则需要花费一定的时间来获取上述参数，或者必须使用更高级的分析模型。通常情况下，用户对碰

区域的精确结果不感兴趣，而是需要确定大型系统的运动或动力属性。然后将近似值用于接触特征，可以有效地进行系统运动学和动力学的精确求解。

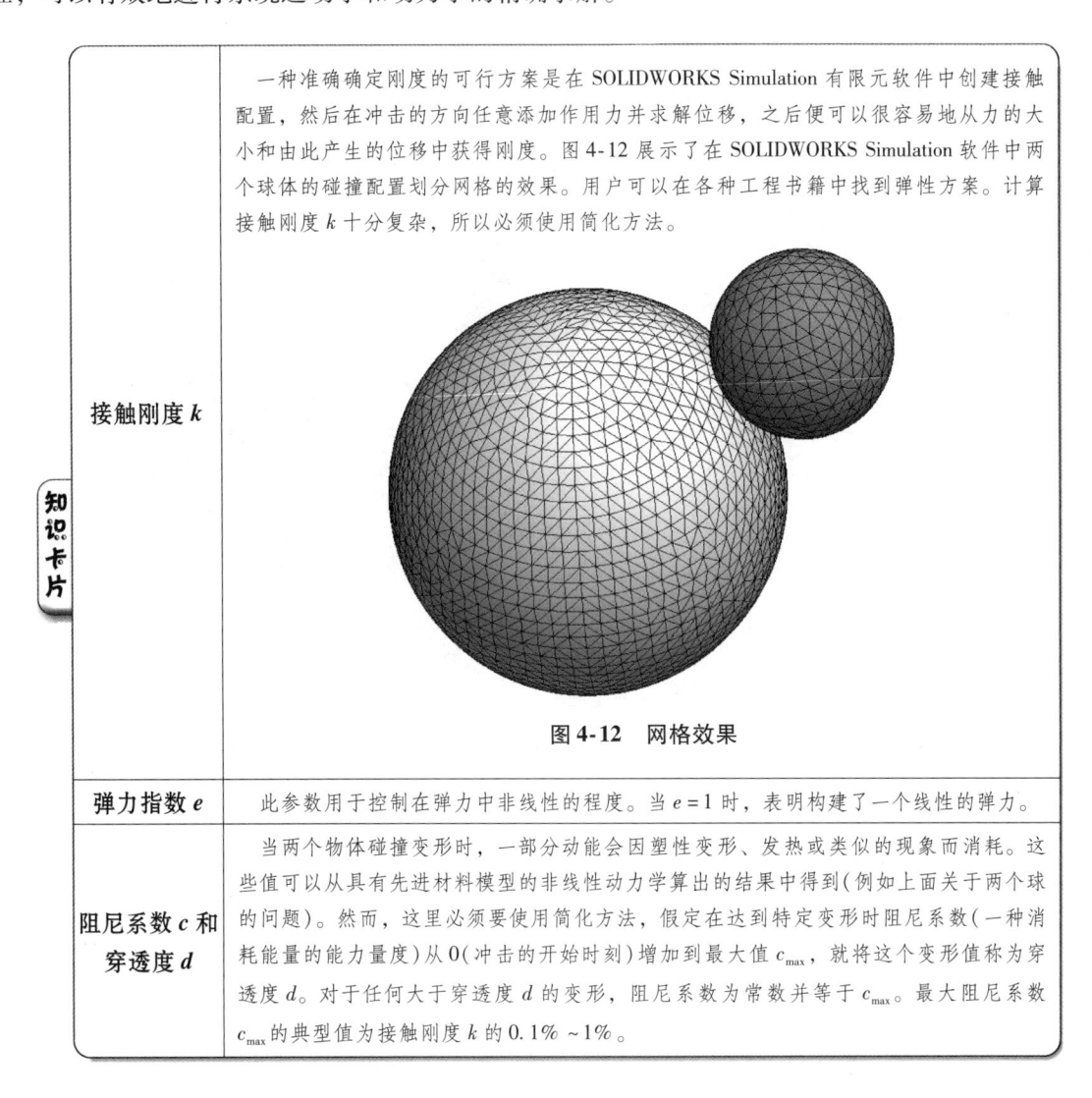

| | |
|---|---|
| 接触刚度 k | 一种准确确定刚度的可行方案是在 SOLIDWORKS Simulation 有限元软件中创建接触配置，然后在冲击的方向任意添加作用力并求解位移，之后便可以很容易地从力的大小和由此产生的位移中获得刚度。图 4-12 展示了在 SOLIDWORKS Simulation 软件中两个球体的碰撞配置划分网格的效果。用户可以在各种工程书籍中找到弹性方案。计算接触刚度 k 十分复杂，所以必须使用简化方法。<br><br>图 4-12 网格效果 |
| 弹力指数 e | 此参数用于控制在弹力中非线性的程度。当 e=1 时，表明构建了一个线性的弹力。 |
| 阻尼系数 c 和穿透度 d | 当两个物体碰撞变形时，一部分动能会因塑性变形、发热或类似的现象而消耗。这些值可以从具有先进材料模型的非线性动力学算出的结果中得到（例如上面关于两个球的问题）。然而，这里必须要使用简化方法，假定在达到特定变形时阻尼系数（一种消耗能量的能力量度）从 0（冲击的开始时刻）增加到最大值 $c_{max}$，就将这个变形值称为穿透度 d。对于任何大于穿透度 d 的变形，阻尼系数为常数并等于 $c_{max}$。最大阻尼系数 $c_{max}$ 的典型值为接触刚度 k 的 0.1%~1%。 |

为了帮助用户得到冲击属性，SOLIDWORKS Motion 的接触库给出了一些接触材料配置（注意其中没有明确定义几何体）的近似值。如果用户使用的零件材料成分与库中的类似，则可以在接触中使用这些数值作为基准。但如果需要得到更精确的冲击结果，则必须输入准确的冲击参数。

**步骤 11　定义"Lever"和其他零部件的接触**　单击【接触】，在【接触类型】中选择【实体】，选择【Steel(Dry)】作为【材料】。在【选择】中勾选【使用接触组】复选框，并选择如图 4-13 所示的零件。单击【确定】。

**步骤 12　定义引力**　单击【引力】，在 Z 轴的负方向定义引力。单击【确定】。

**步骤 13　定义"Ball lock"和其他零部件的接触**　使用相同的方法定义以下零件之间的接触：

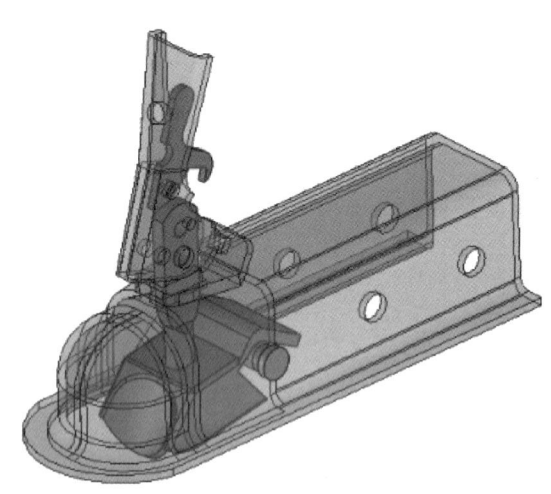

图4-13 定义"Lever"和其他零部件的接触

- Ball lock—Vertical lever
- Ball lock—Pin
- Ball lock—Nut

结果如图4-14所示。

**步骤14 在"Pin"和"Main Body"之间添加实体接触** 使用相同的方法在"Pin"和"Main Body"之间添加实体接触，如图4-15所示。使用【Steel(Dry)】作为两个实体的材料。

**步骤15 定义"Latch hook"和其他零部件的接触** 使用相同的方法定义以下零件之间的接触：

- Latch hook—Main body
- Latch hook—Support

结果如图4-16所示。

**步骤16 将运动算例的时间设置为5.7s**

**步骤17 关闭平行配合** 在运动算例窗格的5s处，关闭"Latch hook"与"Lever"的平行配合。

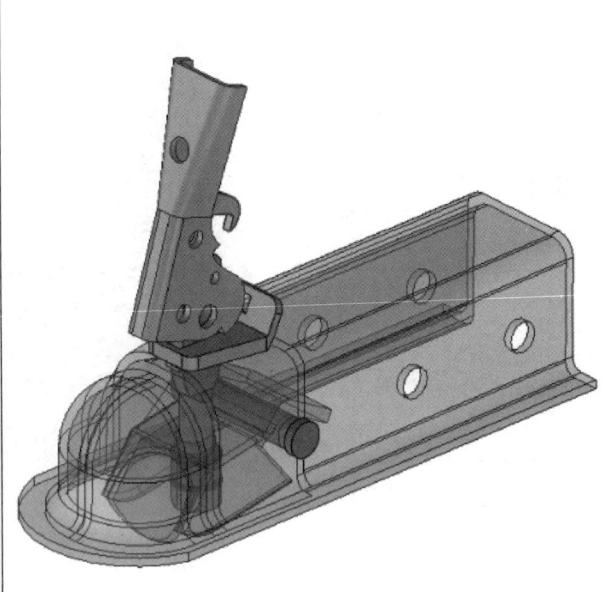

图 4-14 定义"Ball lock"和其他零部件的接触

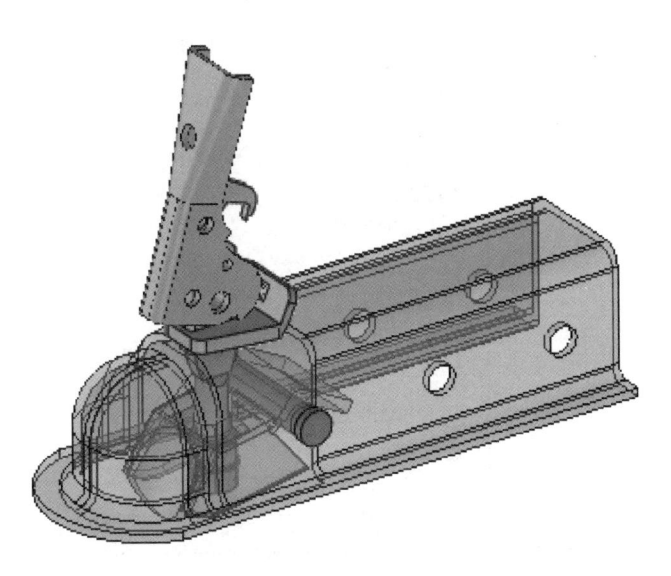

图 4-15 在"Pin"和"Main Body"之间添加实体接触

**步骤 18 设置运动算例属性** 单击【运动算例属性】，确认【每秒帧数】设定为默认值 25。将【3D 接触分辨率】的滑块移至最左侧，即设置为最低分辨率，如图 4-17 所示。单击【确定】。

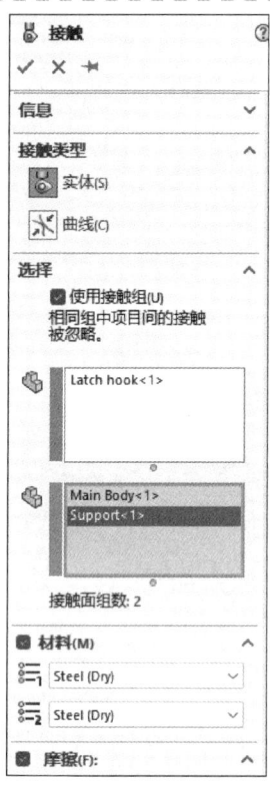

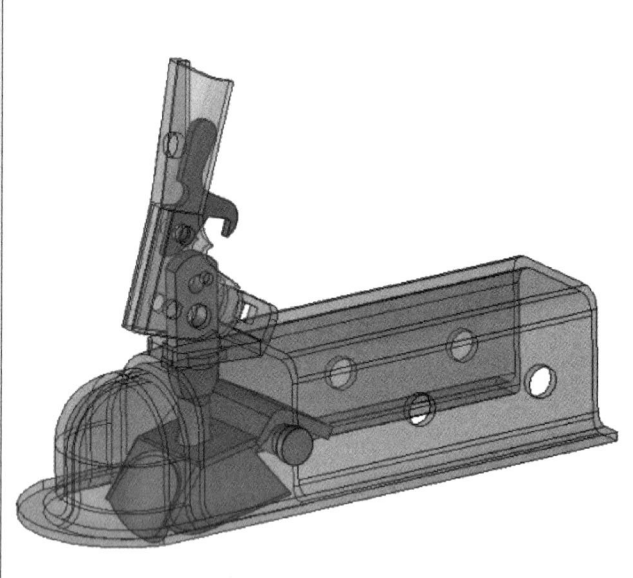

图 4-16 定义"Latch hook"和其他零部件的接触

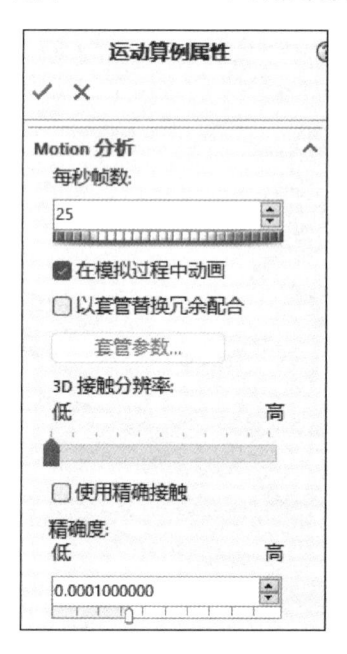

图 4-17 设置运动算例属性

> **提示** 接触分辨率参数将在后续章节中介绍。用户可以设置不同的接触分辨率来查看其效果。

**步骤19  运算5.7s内的仿真**  将时间栏的关键帧设置为5.7s，单击【计算】。求解过程失败，并在错误窗口中显示消息，如图4-18所示。

图 4-18  错误消息

如果解算器持续运行到5.7s，则接触的结果也不精确。导致这种结果的原因可能有以下几种：
- 积分器（解算器）的时间步长太大，在这种情况下可能无法检测到接触。
- 精度设置的太高或太低。
- 接触的几何描述不够充分。

## 4.5 接触的几何描述

SOLIDWORKS Simulation 有两种方式来处理接触实体的几何体。

### 4.5.1 网格化几何体(3D接触)

接触实体的表面被划分为多个三角形的网格单元来简化外形描述。网格的密度（即接触几何分辨率）由算例属性中的【3D接触分辨率】控制。因为这种描述非常有效，而且通常情况下也足够准确，所以网格化几何体是系统的默认选择。但过于粗糙的描述可能产生不准确的结果，甚至可能无法捕捉到接触，这也是本例求解失败的原因。

### 4.5.2 精确化几何体(精确接触)

如果网格化几何体的描述不能解决问题(求解不充分或不能得到解)，则可以勾选【使用精确接触】复选框，系统将采用物体表面的精确描述。由于这是最为精确的描述，会占用较多的计算机资源，因此需要谨慎使用。如果接触实体的特征较复杂或处理类似于点状的几何体时，请使用此选项。

图 4-19 显示了两种不同水平分辨率下的网格化几何体和精确化几何体。

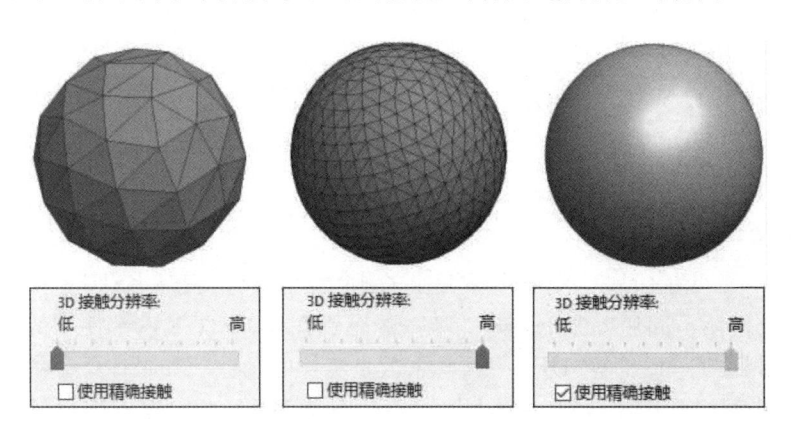

图 4-19  接触的几何描述

**步骤20 修改算例属性** 修改算例属性，以提高网格化几何体的精度。单击【运动算例属性】⚙，设置【3D接触分辨率】到50，如图4-20所示。单击【确定】✔。

**步骤21 运算仿真** 求解失败，并显示相同的错误信息，如图4-18所示。如果解算器持续运行到5.7s，则接触的结果也不精确。解决此问题的方法之一是提高或降低解算的精确度。

如果零件移动得太快，则应更加频繁地评估雅可比值。若雅可比值已经设置为最大值，则可以通过在【运动算例属性】/【高级选项】中减小【最大积分器步长大小】来达到此目的。

图4-20 修改算例属性

## 4.6 积分器

一组耦合的微分代数方程式（DAE）定义了SOLIDWORKS Motion中模型的运动方程，这些方程的解可以通过对这些微分方程进行积分而获得，这些解在每个时间步长内也能够满足代数约束方程。求解的速度取决于这些方程中数值的刚度，方程的刚度越大，则求解越慢。

当一组常微分方程的高频特征值和低频特征值之间存在较大分布时，该方程被定性为在数值上是刚性的，并且高频特征值被过阻尼。由于求解微分方程的常规方法运算效率低下且相当耗时，所以需要特殊有效的积分法来求解数值为刚性的微分方程。

SOLIDWORKS Motion解算器提供了三种刚性积分法来计算运动。

### 4.6.1 GSTIFF

GSTIFF积分器由C. W. Gear开发，它是一种变量阶序、变量步长大小的积分方法。这是SOLIDWORKS Motion默认的解算器。当为各种运动分析问题计算位移时，使用GSTIFF积分器是快速且精确的。

### 4.6.2 WSTIFF

WSTIFF是另一种变量阶序、变量步长大小的刚性积分器，它与GSTIFF在公式和行为方面非常相似，两者都使用了向后差分的公式。唯一的区别在于GSTIFF内部使用的系数是基于恒定步长的假设计算得到的，而在WSTIFF中这些系数是步长的函数。如果在积分的过程中步长突然改变，GSTIFF在求解过程中将会有一个小的误差，而WSTIFF可以在不损失任何精度的情况下解决这个问题。因此问题在WSTIFF中可以处理得更加平顺。当存在不连续的力、不连续的运动或诸如在模型中具有3D接触等突发事件时，都会发生步长大小的突然改变。

## 4.6.3 SI2_GSTIFF

SOLIDWORKS Motion 中提供的 SI2_GSTIFF 积分器是 GSTIFF 积分器的变体。该积分器可以更好地控制运动方程中的速度和加速度的误差。

如果运动足够平稳，SI2_GSTIFF 得到的速度和加速度结果比使用 GSTIFF 或 WSTIFF 所得到的结果要更加精确，即使对于具有高频振荡的运动也是如此。SI2_GSTIFF 对于较小步长的计算也更加精确，但是速度较慢。

更多信息请参阅本教程的"附录 A"。

**步骤22 修改算例属性** 此处将降低精确度，以便让解算器能够处理跨过中心时的解。单击【运动算例属性】，设置【每秒帧数】为200，以保存更多的实例数据到硬盘上。勾选【使用精确接触】复选框，将【精确度】为 0.001，如图 4-21 所示。单击【确定】。

**步骤23 运算仿真** 单击【计算】。这次仿真将正常运行，但可能需要几分钟才能完成。操纵杆被旋转了，但得到的是不正确的结果，如图 4-22 所示。

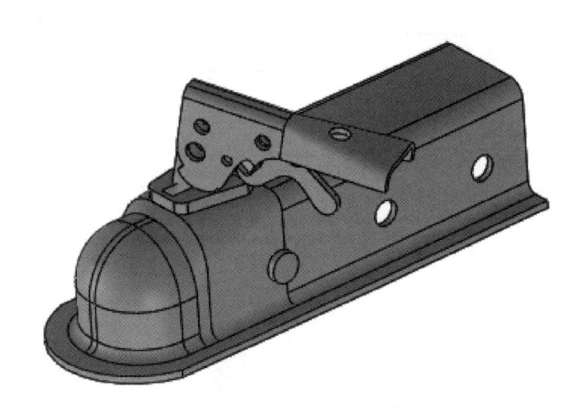

图 4-21 修改算例属性　　图 4-22 运算仿真的结果

**步骤24 编辑算例属性** 单击【运动算例属性】，取消勾选【使用精确接触】复选框，将【精确度】提高到 0.0001。单击【高级选项】，选择【WSTIFF】作为【积分器类型】，并减小【最大积分器步长大小】为 0.01，减小【最小积分器步长大小】为 0.1，如图 4-23 所示。单击【确定】以关闭【高级 Motion 分析选项】对话框。单击【确定】以关闭【运动算例属性】。

**步骤25 运算仿真** 单击【计算】。这次仿真计算完成，并得到了正确的结果，如图 4-24 所示。

**步骤26 图解显示闭锁力矩** 新建图解，使用【力】、【马达力矩】和【幅值】定义图解。选择闭锁用的旋转马达作为【模拟单元】，结果如图 4-25 所示。

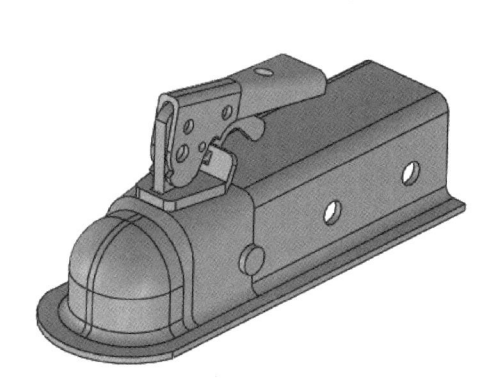

图 4-23 编辑算例属性

图 4-24 运算仿真的结果

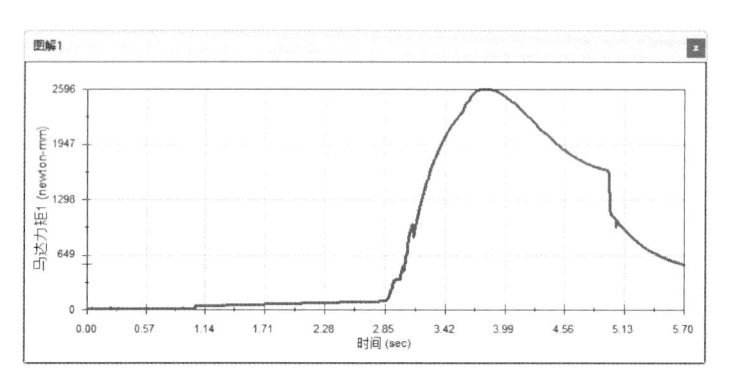

图 4-25 图解显示闭锁力矩

**步骤 27　查看图解**　可以看到大约在 3.8s 处的最大力矩为 2596N·mm。在得到转动闩锁的力矩后,便可以用力矩除以闭锁力所作用的距离来计算出所需的力。

**步骤 28　确定距离**　在【工具】菜单中单击【测量】,测量闩锁的顶端与马达所作用的轴心之间的距离约为 98.625mm,如图 4-26 所示。

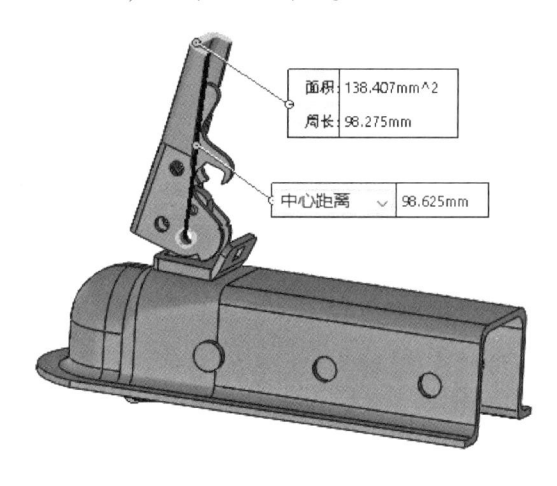

图 4-26 测量距离

**步骤 29　计算所需的力**　所需力的大小为 2596N·mm/98.625mm ≈ 26.3N。

## 练习4-1 搭扣锁装置

搭扣锁装置用于临时连接两个或两个以上的零件，如图4-27所示。中心闩锁将用于固定"Carriage"零件，以免被弹簧顶开。对于此搭扣锁装置，需要确定：当搭扣锁闭合时，搭杆"Spring Lever"和锁扣"Keeper"所产生的接触力；关闭搭扣锁所需要的力。

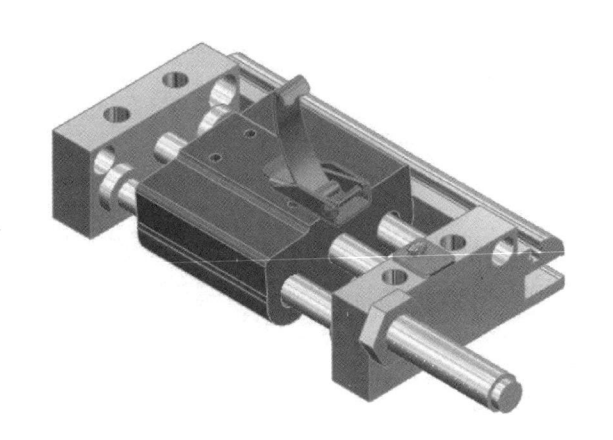

图4-27 搭扣锁装置　　　　　　扫码看视频

本练习将应用以下技术：
- 实体接触。
- 马达输入和力输入的类型。

### 操作步骤

**步骤1 打开装配体文件** 打开文件夹"Lesson04\Exercises\Latching mechanism"内的装配体文件"Full Latch Mechanism"。

**步骤2 确认单位** 确认文档单位为【MMGS（毫米、克、秒）】。

**步骤3 新建运动算例** 将算例命名为"Latch Forces"，设置【分析类型】为【Motion分析】。

> **提示** 下面将使用参考点。为了使用参考点，应确保所有零部件已经解析。

**步骤4 对装配体添加引力** 在X轴的负方向上添加引力。

**步骤5 使搭扣锁居中** 在"Base"和"Series Lever"的前视基准面之间添加【重合】配合。

**步骤6 限制搭杆的线性位移** 如图4-28所示。

**步骤7 限制"Carriage"转动** 如图4-29所示。

**步骤8 创建旋转马达以驱动搭扣锁轴线** 如图4-30所示。使用的表达式形式为"STEP(Time,0,0,1,90)+STEP(Time,1.5,0,3,-90)"。

**步骤9 定义弹簧和阻尼** 如图4-31所示。

**步骤10 定义"latch"和"latch keeper"** 如图4-32所示。

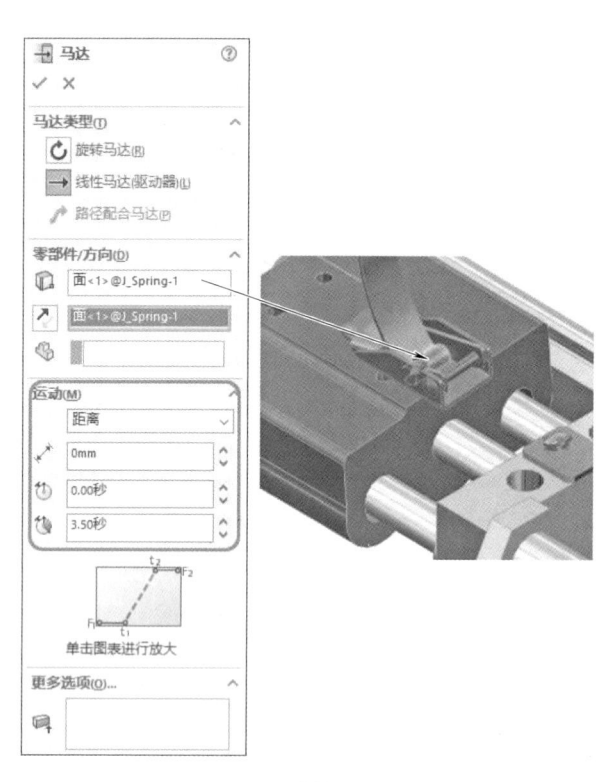

图 4-28 限制搭杆的线性位移

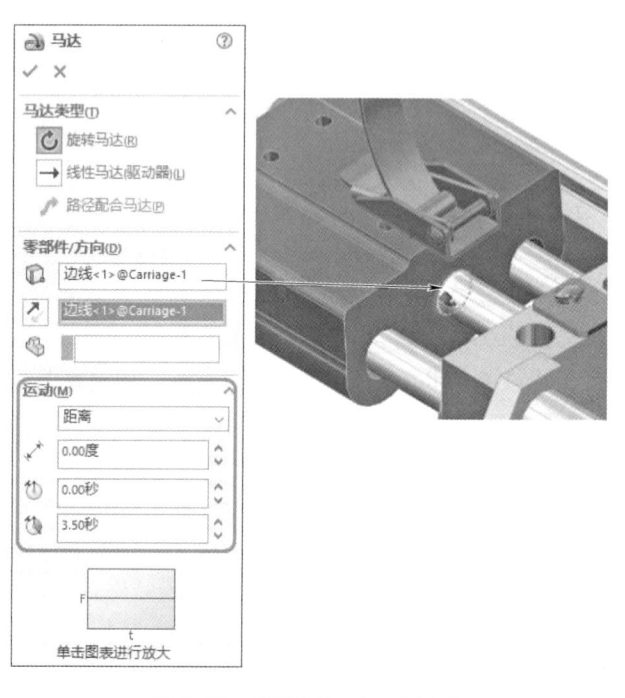

图 4-29 限制"Carriage"转动

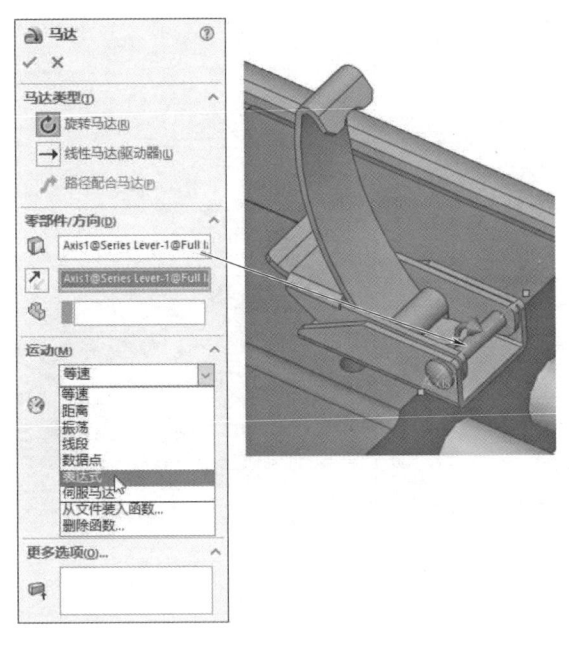

图 4-30 创建旋转马达以驱动搭扣锁

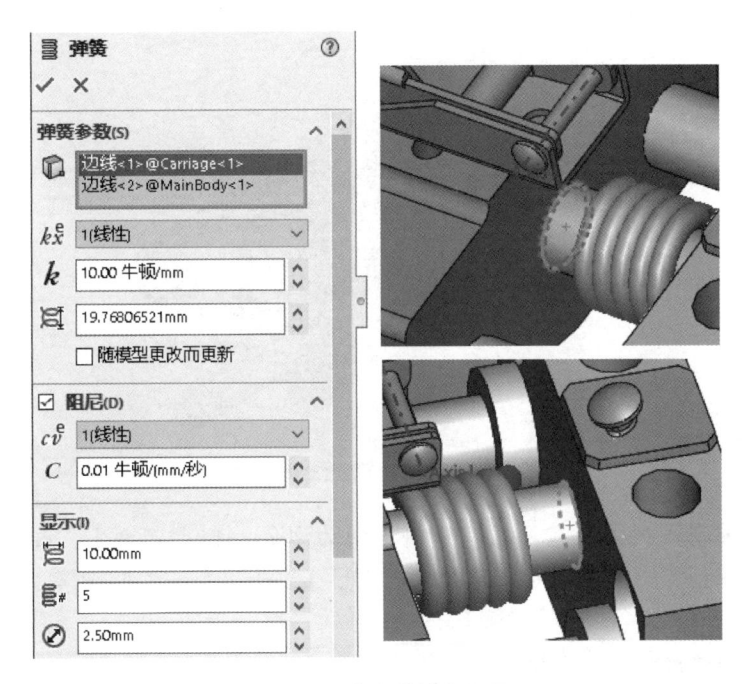

图 4-31 定义弹簧和阻尼

**步骤 11 定义运动算例属性** 确认【每秒帧数】设定为默认值 25。将【3D 接触分辨率】的滑块移至最左侧，即设置为最低分辨率。同时将【精确度】滑块移至最左侧，以设置为最低精确度。单击【确定】✔。

**步骤 12 运行算例** 结果完整，但是不正确，如图 4-33 所示。

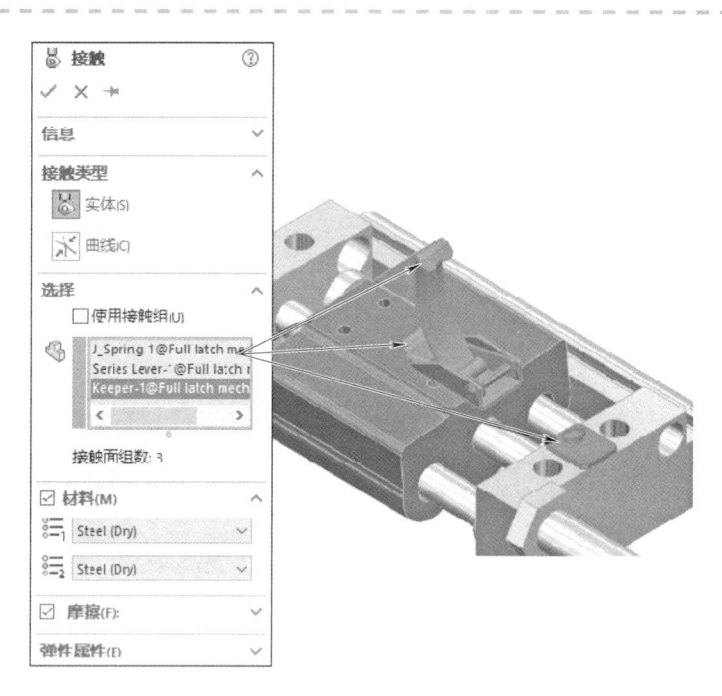

图 4-32 定义接触

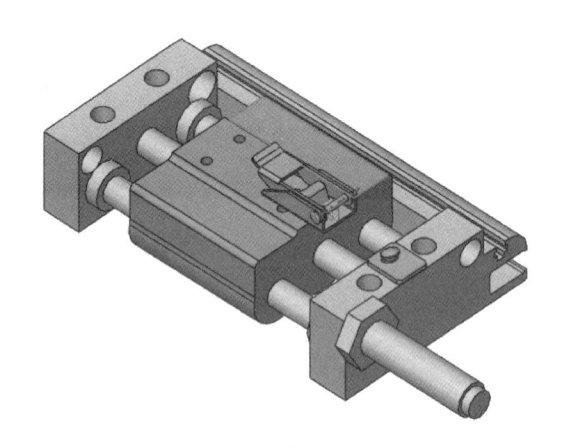

图 4-33 算例结果

**步骤 13 编辑算例属性** 设置【每秒帧数】为 200,将【精确度】设置为 0.001。单击【高级选项】,在【积分器类型】中选择【WSTIFF】,并将【最大积分器步长大小】降至 0.0005,如图 4-34 所示。单击【确定】。

**步骤 14 运行算例** 这次结果完整且正确。

**步骤 15 图解显示接触力** 图解显示锁杆和锁扣之间的接触力,按图 4-35 所示选择两个表面。

**步骤 16 查看图解** 如图 4-36 所示。

**步骤 17 修改并查看图解** 如图 4-37 所示。

**步骤 18 创建并修改力矩图解** 可以看到在大约 2.08s 处的最大力矩为 95N·mm,如图 4-38 所示。

第4章 实体接触

图4-34 【高级Motion分析选项】对话框

图4-35 接触位置

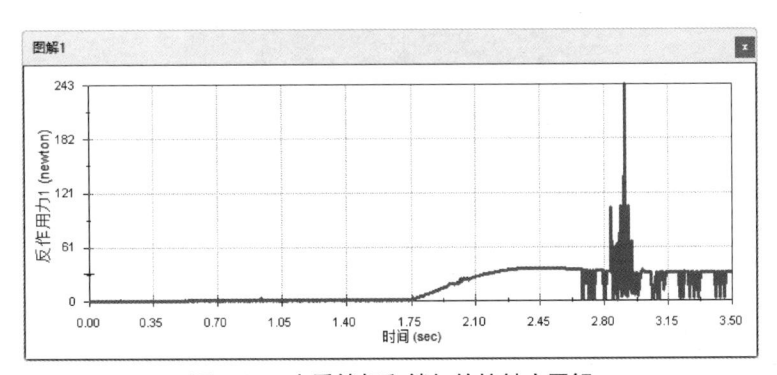

图4-36 查看锁杆和锁扣的接触力图解

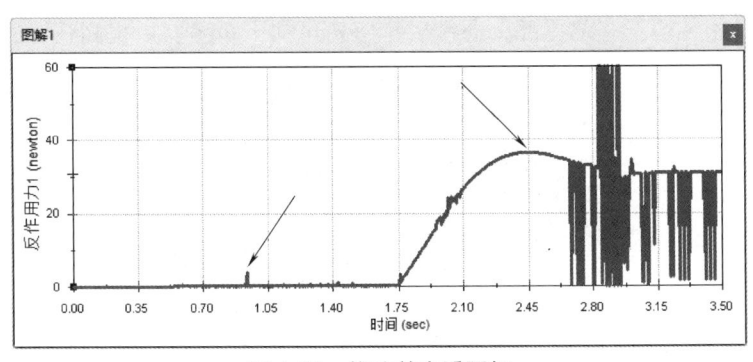

图4-37 修改并查看图解

**步骤19 确定距离** 在【工具】菜单中单击【测量】。测量锁的端线至马达作用的轴线之间的距离，如图4-39所示。

**步骤20 计算所需的力** 所需力为95N·mm/25.04mm＝3.8N

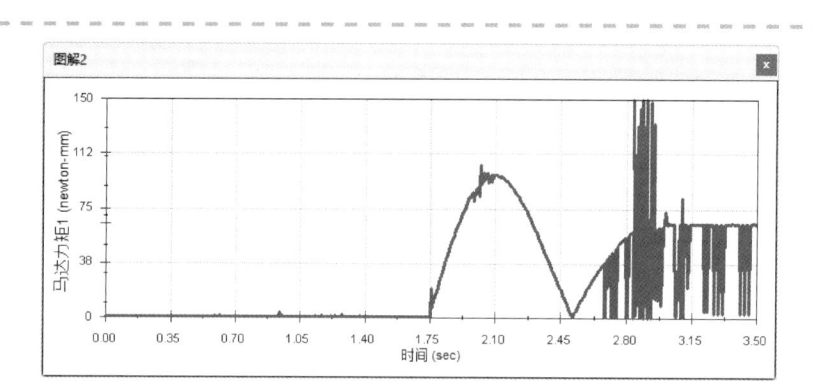

图 4-38 查看力矩图解

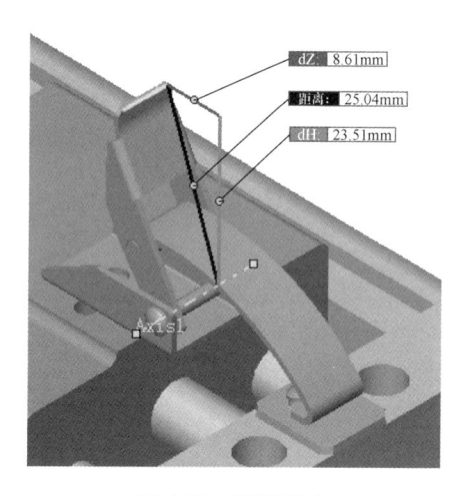

图 4-39 测量距离

## 练习 4-2 掀背气动顶杆

许多汽车都被设计为掀背式的，这种形式和旅行车类似，但拥有更小的尺寸，如图 4-40 所示。掀背车允许货物装填至车的尾部，通常后排座椅可向下折叠，以提高行李舱的空间。

图 4-40 行李舱掀背

本练习将应用以下技术：
- 实体接触。
- 马达输入和力输入的类型。

掀背车的关键是掀背门本身，掀背门通过向上摆动的铰链连接到车上，并由气动顶杆进行支撑和辅助。为了在 SOLIDWORKS Motion 中得到相同的结果，将对装配体应用马达，确定气动顶杆作用在门上的力。

## 操作步骤

**步骤1　打开装配体文件**　从文件夹"Lesson04\Exercises\Hatchback"内打开装配体文件"HATCHBACK"。

**步骤2　确认单位**　确认文档单位被设定为【MMGS（毫米、克、秒）】。

**步骤3　新建运动算例**　将这个新算例命名为"Hatchback Steel"，并设置【分析类型】为【Motion 分析】。

> 提示　这里将使用参考点。为了使用参考点，应确保所有零部件都为还原状态。

**步骤4　对装配体添加引力**　在 Y 轴负方向添加引力。

**步骤5　对装配体添加力**　使用【只有作用力】将力加载到气动顶杆中，以模拟气动顶杆中的压力（假设活塞在打开时气动顶杆中的压力保持不变）。下面将定义"Left_Cylinder"的力。

如图 4-41 所示，施加一个大小为 420N、【只有作用力】的线性力。确保力应用到了指定的点，而且力的方向以圆柱体作为参考。这种方法可以保证力的方向始终沿着气动顶杆的轴线。

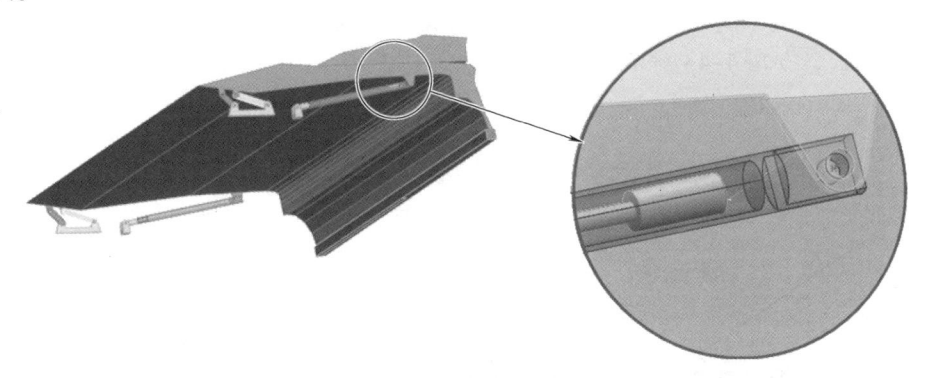

图 4-41　添加作用力

在【力函数】下方确认选择了【常量】，并在 $F_1$ 区域中输入 420N，单击【确定】✔，如图 4-42 所示。

> 提示　确保力的方向如图 4-42 所示。

**步骤6　重复操作**　对"Right_Cylinder"重复步骤5的操作。

> 提示　用户可以修改 SOLIDWORKS 中零件的质量属性，但通常情况下不应对此进行修改，因为大多数 SOLIDWORKS 中的零件反映的都是真实的设计意图，它们的质量属性也是自动计算的。
> 
> 当指定质量属性后，它们将覆盖专门应用于零部件材料的相关属性。

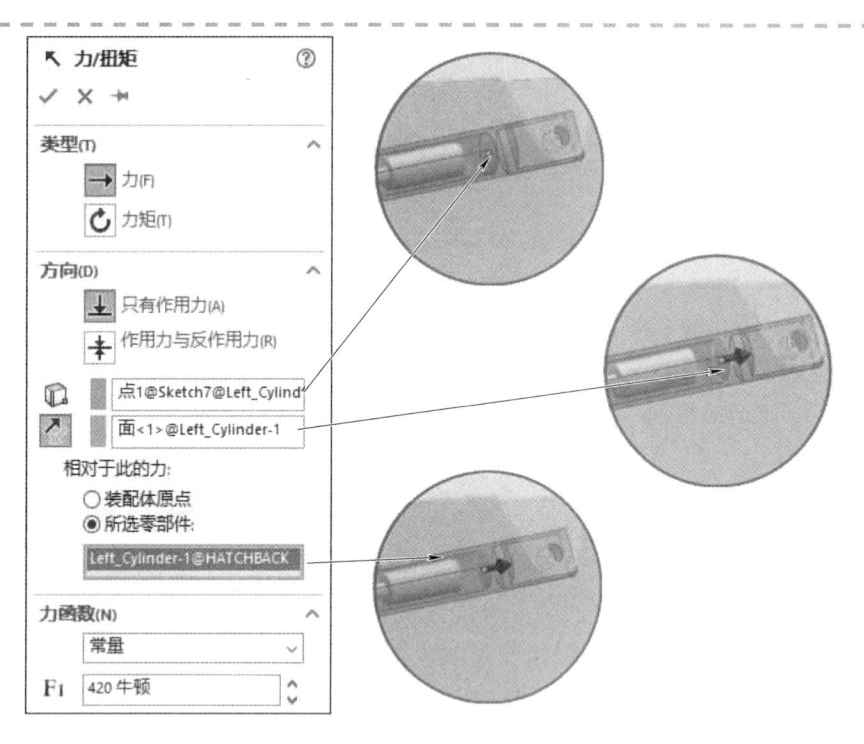

图4-42 定义力

**步骤7 调整"Lid1"的质量属性** 在【工具】/【评估】中选择【质量属性】,将弹出【质量属性】对话框。在【所选项目】栏中单击右键,并选择【消除选择】。在装配体视图窗口单击"Lid1",如图4-43所示。

图4-43 调整"Lid1"的质量属性

勾选【包括隐藏的实体/零部件】复选框,设置【覆盖质量】为13000g,单击【确定】。

**步骤8 调整仿真的持续时间** 设置算例持续时间为2s。

**步骤9 设置算例属性** 将【Motion分析】中的【每秒帧数】设置为100。

**步骤10  定义左侧的接触**  在"Left_Cylinder-1"和"Left_Piston-1"之间定义接触条件。两者的【材料】都选择【Steel（Dry）】，如图4-44所示。保持其他接触选项为默认值。

**步骤11  定义右侧的接触**  对右侧重复步骤10的操作，在"Right_Cylinder-1"和"Right_Piston-1"之间创建接触。

**步骤12  运行仿真**  单击【计算】，掀背装置将正确打开。

**步骤13  图解显示气动杆位置**  对"Left_Cylinder-1"的【质量中心位置】创建一个 $Y$ 分量的图解，如图4-45所示。

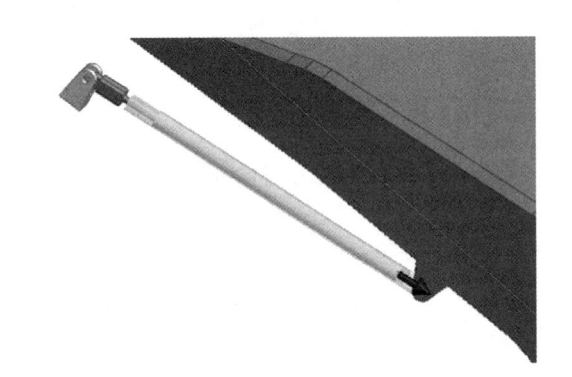

图 4-44  定义接触

图 4-45  质量中心位置

**步骤14  查看图解**  注意到该图解创建在默认的全局坐标系下，初始的 $Y$ 值为 $-63\,\text{mm}$，最终的 $Y$ 值为 $287\,\text{mm}$。还观察到初始振动发生在大约 $0.3\,\text{s}$ 处，紧接着装配体完全打开并停止运动，如图4-46所示。

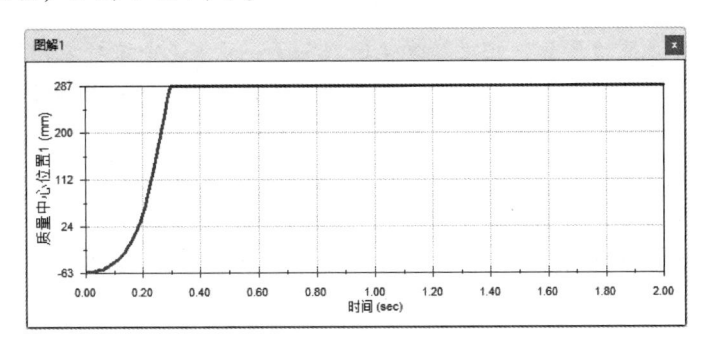

图 4-46  查看气动杆 $Y$ 分量的图解

**步骤15  定义接触力图解**  和本章前文中讨论的一样，只采用一般的接触参数就可以得到近似的接触力值。新建一个图解，显示气动顶杆和缸筒（因为装配体是对称的，可以使用两侧的任意一侧）之间的接触力大小，如图4-47所示。

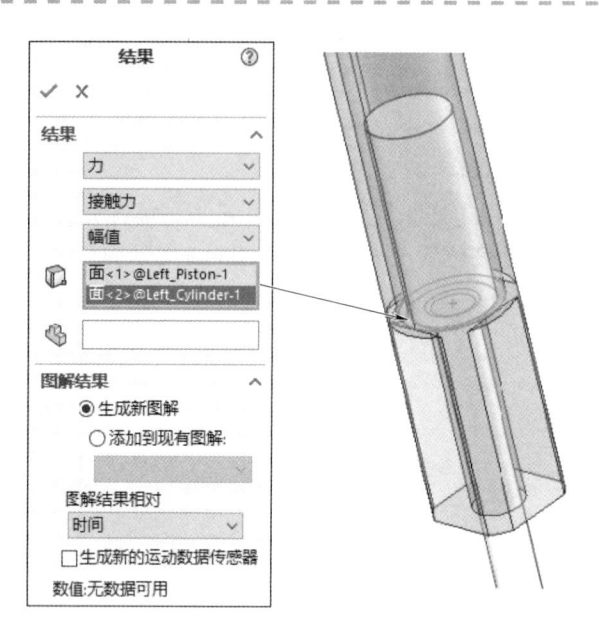

图 4-47 定义接触力图解

**步骤 16 查看图解** 图 4-48 中的尖角表示气动顶杆和缸筒之间的碰撞。

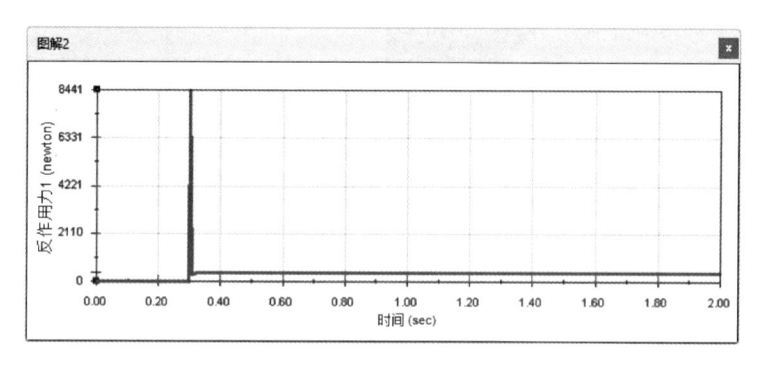

图 4-48 查看接触力图解

鉴于接触输入特征的质量,在碰撞发生时接触力的大小(峰值对应的 8441N)只能理解为一个近似值。进一步观察可以发现,当运动停止时接触力达到恒定的静态值。为了得到这个静态值,需要修改图解的范围。

**步骤 17 修改图解格式** 修改接触力的图解,以便读取该静态值。从图 4-49 中可以观察到,在运动停止时将满足力的平衡,而且在此阶段的接触力大约为 370N。静态结果的精度既不受所选冲击模型的影响,也不受所选冲击模型参数的影响,因此可以判定静态结果是准确的。

前面已经多次说明,接触弹性属性对最终的冲击接触力和碰撞区域的加速度影响很大。在大多数情况下只能提供近似的特征,因此最终的冲击力和冲击物体的运动特征都是近似的。下面将修改接触弹性属性并研究它们对结果的影响。

**步骤 18 复制算例** 复制算例 "Hatchback Steel",命名为 "Hatchback Aluminum"。
**步骤 19 更改接触材料** 将两个接触的接触材料更改为【Aluminum(Dry)】。

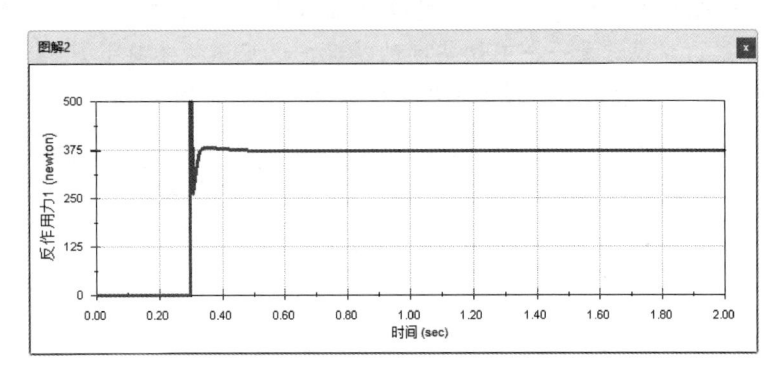

图 4-49 修改后的接触力图解

**步骤 20　运行算例**

**步骤 21　查看位移图解**　由于最小和最大位置都相同，而且图表的大概形状也非常相似，装配体在 0.33s【对比在材料为 Steel（Dry）时的 0.3s】时停止运动，如图 4-50 所示。

由于接触弹性属性会影响碰撞区域的加速度和碰撞过程中的能量消耗，首次冲击后的最终速度会有所不同，因此装配体将在不同（这次是稍后）的时刻停止运动。

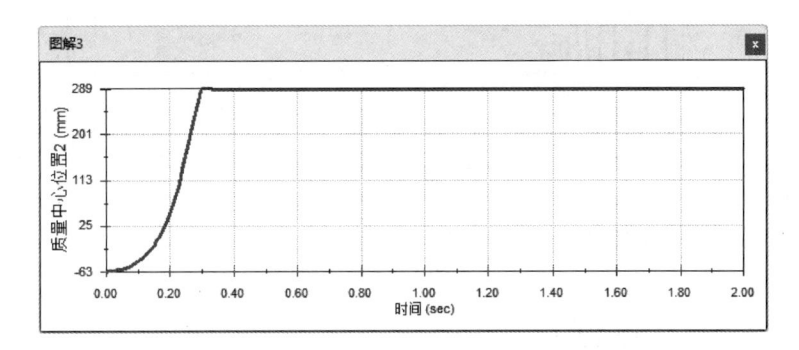

图 4-50　查看位移图解

**步骤 22　查看接触力图解**　如图 4-51 所示，峰值的最大值与之前不同，为 35011N，但是这些绝对值并不能作为参考。然而和预期的一样，运动停止后静态值的大小与上一算例中得到的结果几乎相等，为 370N。

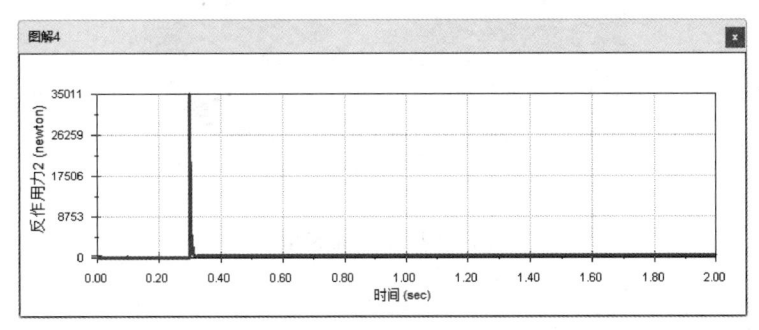

图 4-51　查看接触力图解

**步骤23　新建算例**（可选步骤）　重复上面的步骤，将接触属性更改为【Rubber (Dry)】。查看结果，发现这是一个不切实际的情况，这里不得不延长算例的时间为至少5s，即运动停止的时间。"Lid"将弹起多次后才最终停止，如图4-52所示。

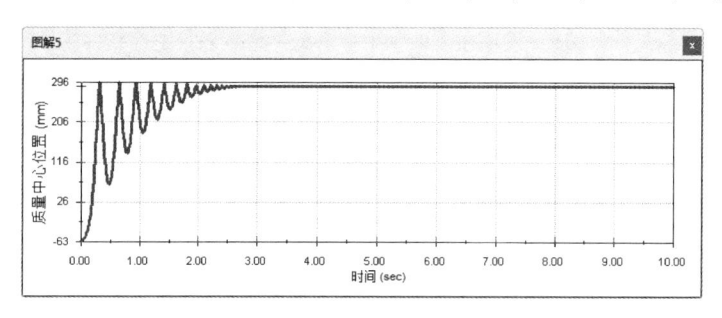

图4-52　查看位移图解

接触力的静态值为375N，与上述结果非常接近，如图4-53所示。

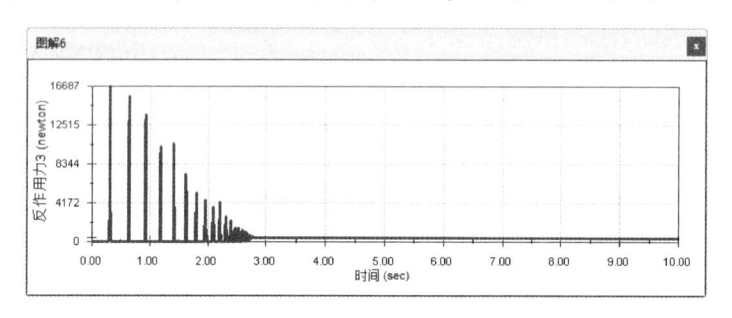

图4-53　查看接触力图解

**步骤24　保存并关闭文件**

## 练习4-3　传送带（无摩擦）

图4-54所示传送带包含多个分段面板，并沿着轨道移动。

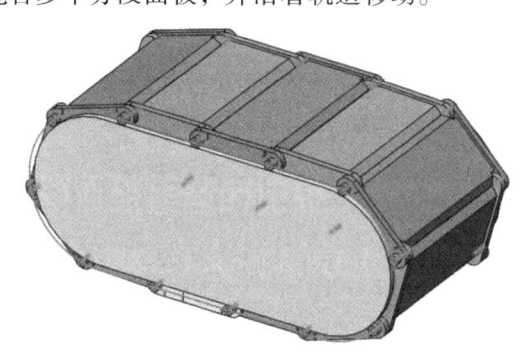

图4-54　传送带模型

本练习将应用以下技术：
- 函数表达式。

本练习的目标是使用由函数控制的力驱动传送带以0.62m/s的速度运动。在练习的第一部分中，将以一个作用力移动传送带；在第二部分中，将把这个力替换为一个路径的运动。

## 操作步骤

**步骤1 打开装配体文件** 从文件夹"Lesson04\Exercises\Conveyor Belt"内打开装配体文件"Conveyor_Belt"。

**步骤2 查看装配体** 该装配体含有使传送带正确运转所需的所有配合。在转轮和闭环的传送带表面之间存在多个【凸轮】配合以创建相切的条件。

> **提示** SOLIDWORKS Motion 也支持 SOLIDWORKS 其他的高级配合,例如齿轮配合和限制配合。

**步骤3 确认单位** 确认文档单位为【MKS(米、公斤、秒)】。

**步骤4 生成运动算例** 新建一个运动算例,将其命名为"Conveyor"。

**步骤5 施加力** 以在"plate-1"上创建一个力作为开始,模拟加载的作用力,推动传送带上的面板。在"plate-1"上应用大小为100N的常量且只有作用力的线性力。确保力的方向与图4-55显示的一致,并且其方向必须参考同一个面板(即力的方向必须随面板的移动而改变)。

**步骤6 定义运动算例属性** 设置【每秒帧数】为100,并将【精确度】滑块移至最右侧,如图4-56所示。确认选择了【GSTIFF】积分器。

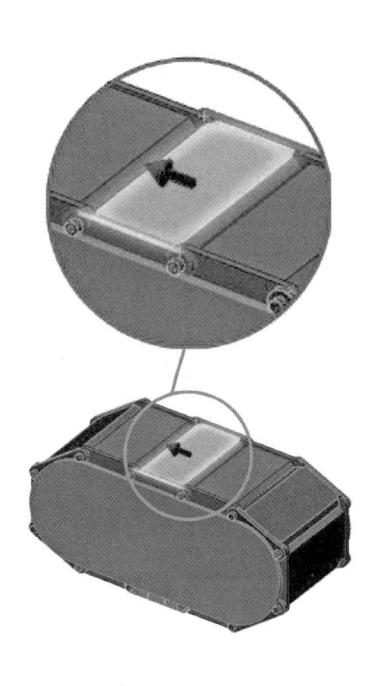

图 4-55 定义力

图 4-56 定义运动算例属性

**步骤7 运行仿真** 设置算例持续时间为5s,运行仿真。

**步骤8 图解显示"plate-1"的速度** 传送带面板的速度呈线性递增,如图4-57所示。现在要维持传送带面板以0.62m/s的速度匀速运动。

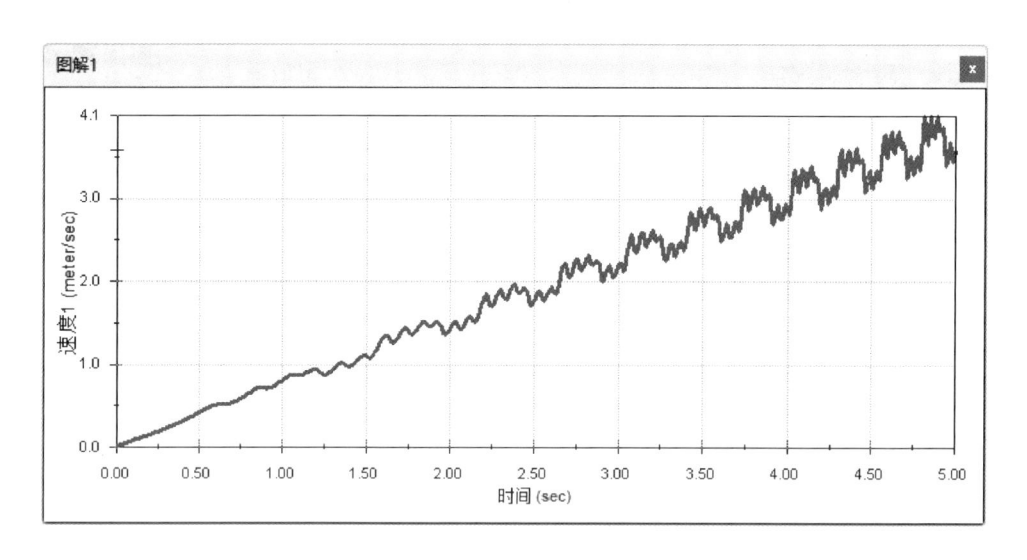

图4-57 查看图解1

> **提示** 更改力的定义,使其随传送带实际速度与期望传送带速度之差的函数而变化。基于这个速度差,力的大小及方向将根据下列表达式来使传送带加速或减速:
>
> 力 = 增益值 × (预期速度 − 当前速度) = 增益值 × (0.62 − 当前速度)
>
> 如果当前速度低于预期速度,将加载一个正的作用力以加速。如果当前速度高于预期速度,将加载一个负的作用力以减速。增益值则用于控制使传送带加速或减速的力。

**步骤9 修改力** 将力的大小从常量100N修改为函数表达式"100 * (0.62 − {速度1})",如图4-58所示。

> **提示** 为了将{速度1}特征输入【表达式】域中,可以在【运动算例结果】列表中双击【速度1】特征。

**步骤10 运行仿真**

**步骤11 查看图解** 图解显示速度维持在了0.62m/s,但达到此速度时太慢,如图4-59所示。下面将提高增益值来缩短达到预期速度的时间。

**步骤12 修改力** 编辑力并更改方程式为"500 * (0.62 − {速度1})"。

**步骤13 运行仿真**

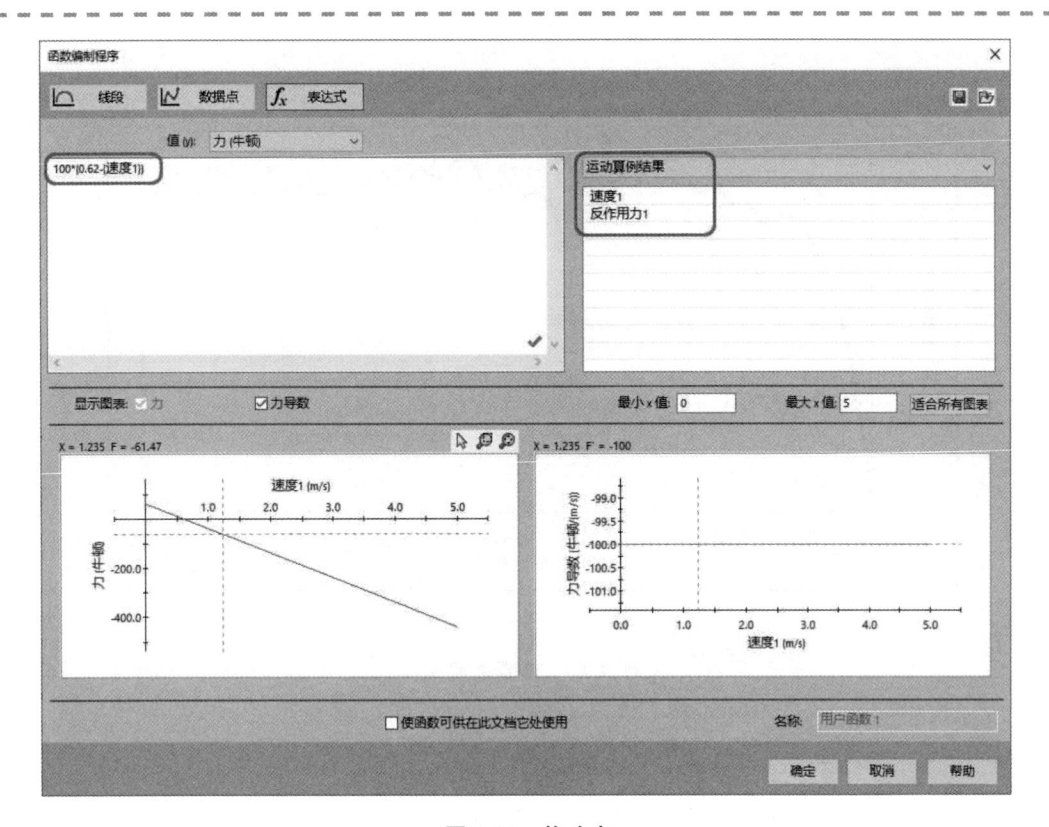

图 4-58 修改力

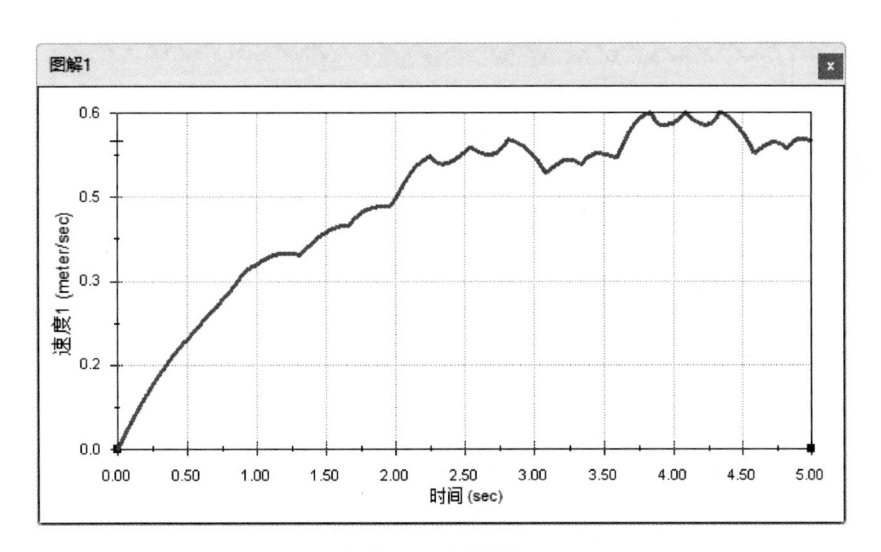

图 4-59 查看图解 2

**步骤 14  查看图解**  这次传送带用了 1s 便达到了预期速度,并在随后力变化时也保持这个速度,如图 4-60 所示。但是速度的变化太大,对制造过程而言是不可接受的。此时可以进一步增加增益值来使图解更加平顺。

**步骤 15  修改力**  再次修改力,使增益值的大小为 5000,然后再次运行该分析。

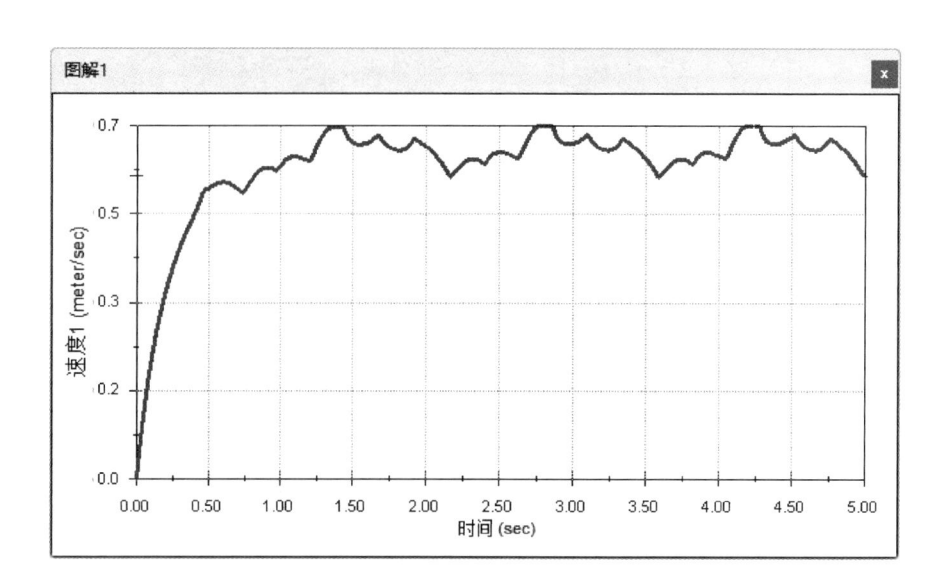

图 4-60 查看图解 3

**步骤 16 查看图解** 这次的图解更加平顺了，如图 4-61 所示。

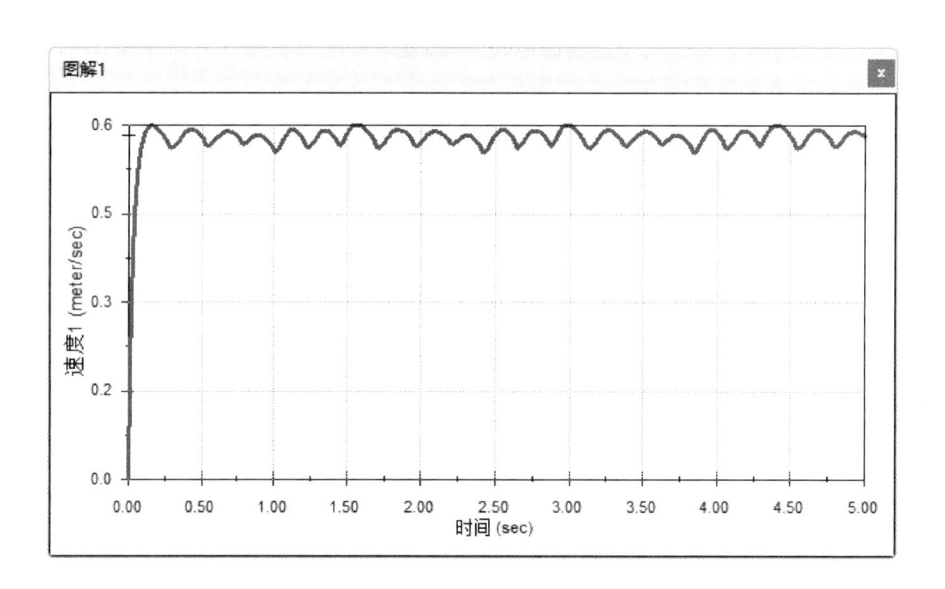

图 4-61 查看图解 4

**步骤 17 图解显示输入力** 如图 4-62 所示，力的初始值非常高，这是为了从零的初始速度开始加速。当传送带达到预期速度 0.62m/s 时，力的大小降低到趋于零。

如果不采用力作为输入，则还有另一种方法可以保证传送带保持匀速，即采用路径配合运动。这种方法将在本练习的下一部分进行演示。

图 4-62 查看图解 5

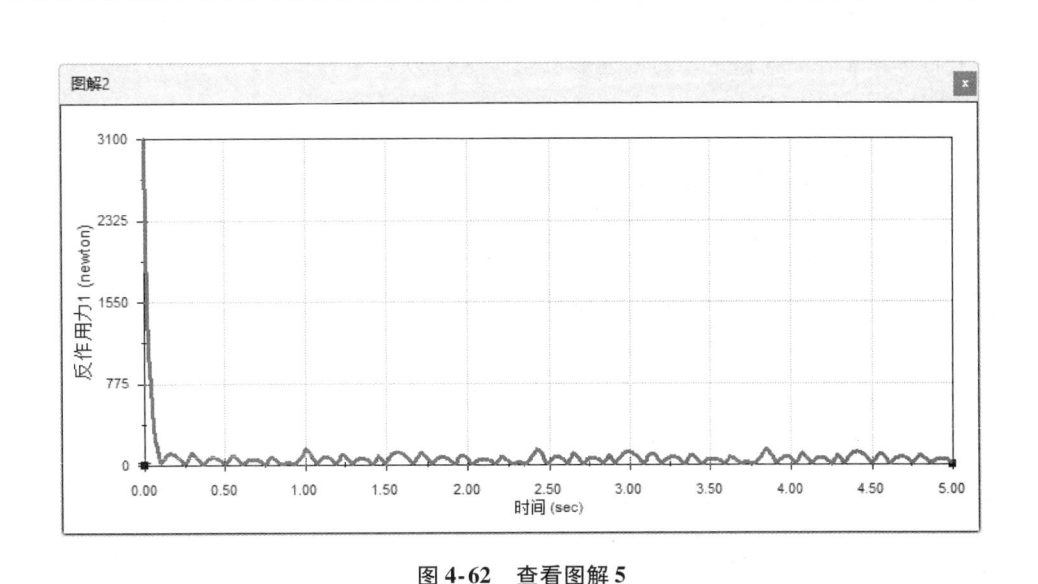

- **路径配合马达** 路径配合马达特征描述了指定点沿路径的运动。这要求在 SOLIDWORKS Motion 中定义路径配合马达之前，必须先在 SOLIDWORKS 中创建路径配合。

**步骤 18 生成运动算例** 复制已有运动算例 "Conveyor"，并将新的运动算例命名为 "Path Mate"。

**步骤 19 定义路径配合** 在加载驱动力的面板上选择其中一个滚轮，删除凸轮配合，如图 4-63 所示。在 SOLIDWORKS 特征树中显示 "Sketch1" 特征。在滚轮中心点和由 "Sketch1" 确定的路径之间定义一个新的路径配合。

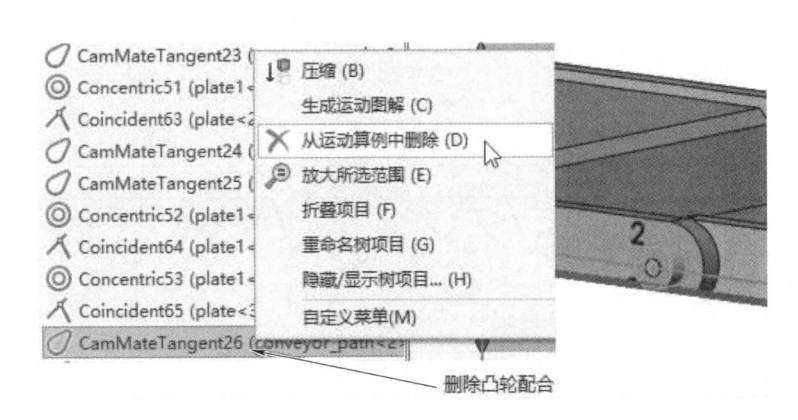

图 4-63 删除凸轮配合

保持所有路径配合的约束为默认值【自由】，如图 4-64 所示。

> **提示** 路径配合约束设定为【自由】是因为装置在余下的凸轮配合特征的作用下是完全约束的。

**步骤20 定义路径配合马达** 定义【路径配合马达】,在【路径配合】属性框中选择上一步定义的路径配合。确保运动的方向和驱动传送带力的方向一致。

选择【等速】并输入 0.62m/s,如图 4-65 所示。单击【确定】。

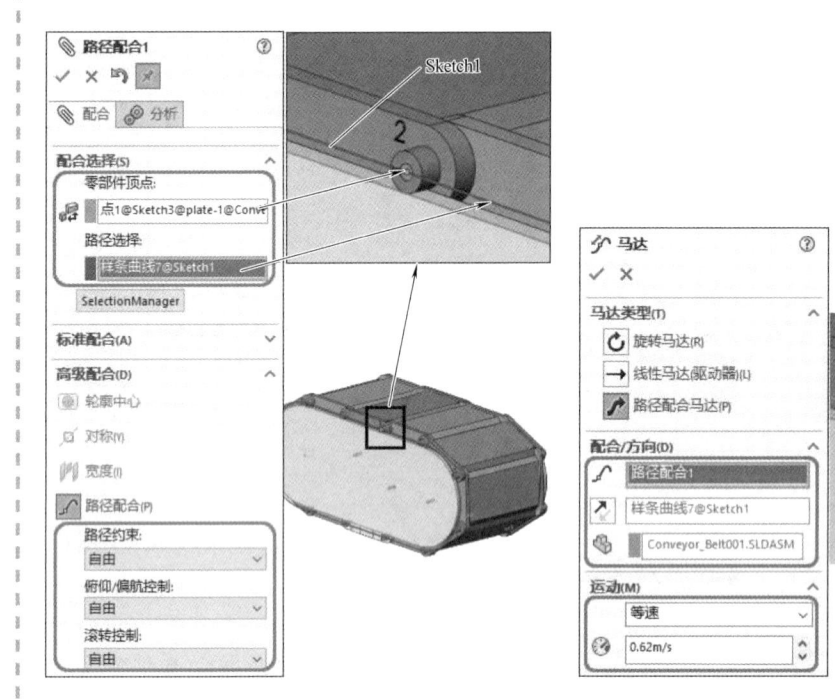

图 4-64 定义路径配合

图 4-65 定义路径配合马达

**步骤21 删除力** 删除力特征和力的图解。现在不需要这个特征了,因为运动是由马达驱动的。

**步骤22 运行仿真**

**步骤23 查看速度图解** 这次的图解更加平滑,如图 4-66 所示。注意到速度是振荡变化的。在步骤20中指定了等速0.62m/s,也希望面板最终的速度保持不变。

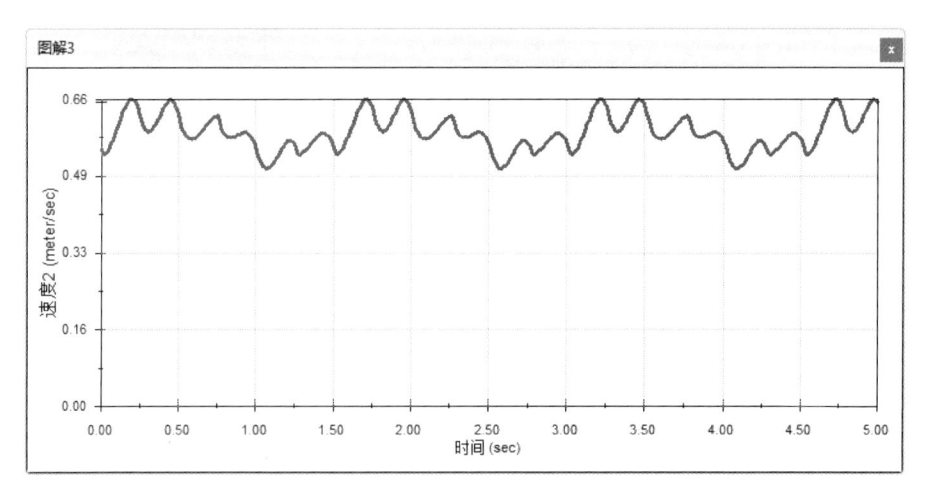

图 4-66 查看图解 6

**步骤24 保存并关闭文件**

## 练习4-4 传送带（有摩擦）

本练习的传送带和"练习4-3"中采用的模型是相同的，如图4-67所示。本练习将运行相同的算例，但是这次要包含摩擦，并查看力和速度的变化。

本练习的目标是在由函数控制的力的作用下，驱动传送带以0.62m/s的速度运动。

本练习将应用以下技术：
- 函数表达式。
- 精确化几何体。

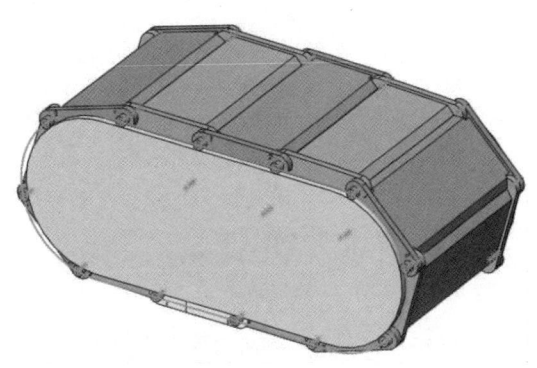

图4-67 传送带

### 操作步骤

**步骤1 打开装配体文件** 从文件夹"Lesson04\Exercises\Conveyor Belt\with contact"内打开装配体文件"Conveyor_Belt"。

**步骤2 查看装配体** 第一个重合配合用于保证面板的其中一个销的顶面与传送带的端盖位于同一平面。这可以防止传送带面板左右移动。这里还有很多同轴心和重合的配合，用于将相邻的面板连在一起。其余的配合为【凸轮】配合，以在转轮和闭环的传送带路径之间创建相切关系。下面将不使用【凸轮】配合，而使用实体接触来代替。【压缩】所有的【凸轮】配合。

**步骤3 确认单位** 确认文档的单位为【MKS(米、公斤、秒)】。

**步骤4 生成运动算例** 新建一个运动算例，并命名为"Solid body contact"。

**步骤5 添加接触** 在每个转轮和模型的左侧板(应用凸轮配合的相同一侧)之间添加一个实体接触。一共有12个接触面组，勾选【使用接触组】复选框可以一次性定义这些接触。

在【材料】组框内选择【Steel (Greasy)】，使静态和动态摩擦都保持默认值，如图4-68所示。

> **提示** 这里只在装配体的左侧创建了接触。在装配体的另一侧也可以定义接触，以更加真实地模拟此问题。然而，与前面使用凸轮配合的算例类似(只在一侧定义配合以避免冗余)，本练习将只保持一侧有接触。最终的接触合力必须除以2。冗余的知识将在以后的章节中讲解。

**步骤6 添加引力** 在Y轴负方向添加引力。

**步骤7 添加驱动力** 对"plate1<3>"添加一个5000N的常量力，类似于练习4-3中的操作。首先需要添加这个常量力，之后才能得到速度图解，并用于函数表达式中以控制力。

这里需要一个相对较大的力来使传送带运动。在前面的练习中，由于没有摩擦力，任何力都可以使传送带运动。

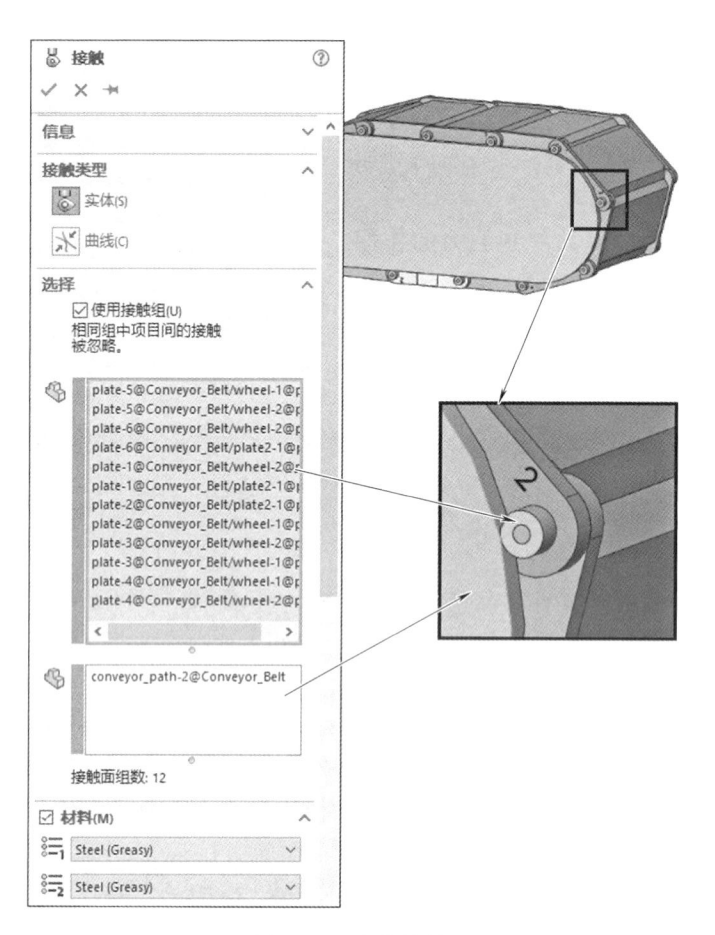

图 4-68 定义接触

**步骤8 添加本地配合** 传送带底部有两个名为 "plate_adjust_p1" 的零件，用于拉紧传送带。添加一个【锁定】配合，以使这两个零件相对彼此保持不动，如图4-69所示。

**步骤9 定义运动算例属性** 此算例对接触精度非常敏感，因此需要使用【精确接触】。同时设置【每秒帧数】为100，并将积分器设定为【WSTIFF】。

**步骤10 运行算例** 设置算例持续时间为2s，并运行算例。

图 4-69 添加本地配合

**步骤11 播放动画** 以25%的速度播放动画，观察传送带的运动。

**步骤12 图解显示结果** 图解显示 "plate1" 的速度大小，如图4-70所示。速度不会像之前一样以线性递增，因为作用的摩擦力会阻碍输入力，使得带接触的运动更加复杂。

> **提示** 为了提高效率，可以在任何时刻中断计算。这次计算的意义仅在于让用户可以定义一个在下列表达式中使用的速度图解。

**步骤13 编辑力** 使用方程式将力改变为速度的函数 "5000*(0.62-{速度1})"。

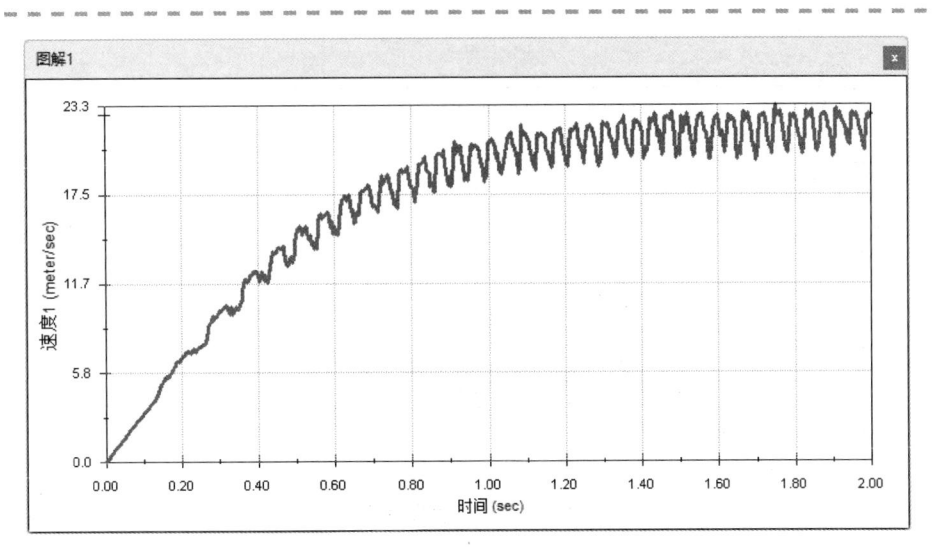

图 4-70 查看图解 1

**步骤 14　运行分析**

**步骤 15　查看速度图解**　速度接近 0.62m/s，但变化幅度较大，如图 4-71 所示。

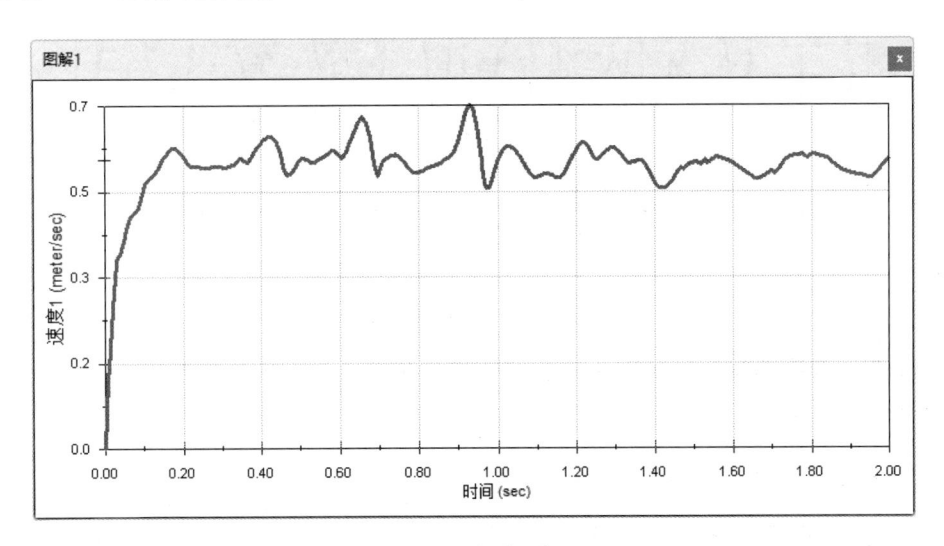

图 4-71 查看图解 2

**步骤 16　图解显示力的大小**　使用【力】、【反作用力】及【幅值】新建一个图解，然后选择"力1"作为模拟单元。这时会出现一个警告消息提示冗余约束，单击【否】。和前面的算例相反，力并不会降低为零，这是因为有摩擦力的作用，如图 4-72 所示。

**步骤 17　编辑图解**　将 Y 轴最大值修改为 600N，以方便观察振荡的结果，如图 4-73 所示。

**步骤 18　增加力**　编辑力，将增益值提高到 50000，函数表达式为"50000 * (0.62 - {速度1})"。

**步骤 19　运行分析**

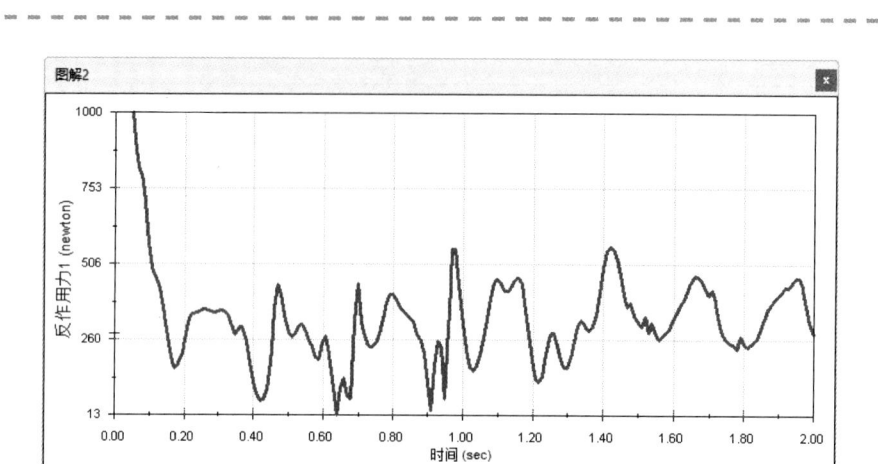

图 4-72 查看图解 3

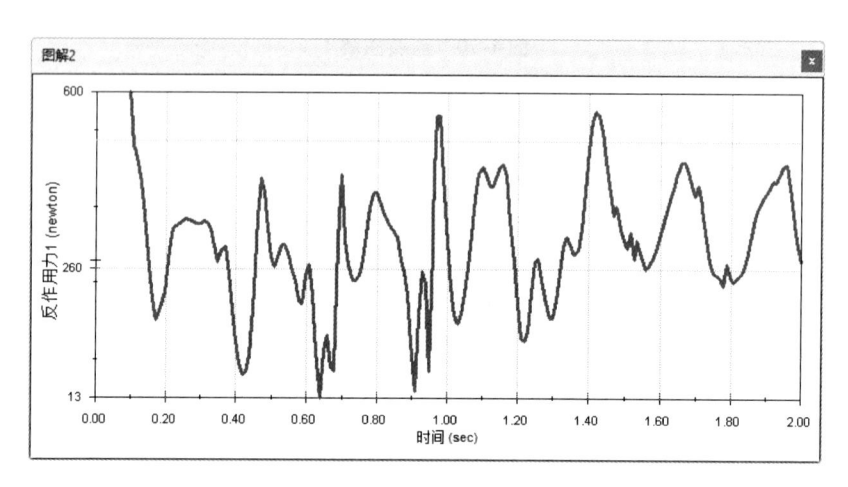

图 4-73 查看图解 4

**步骤 20 查看图解** 现在速度几乎保持为 0.62m/s，如图 4-74 所示。力的变化也类似，如图 4-75 所示。

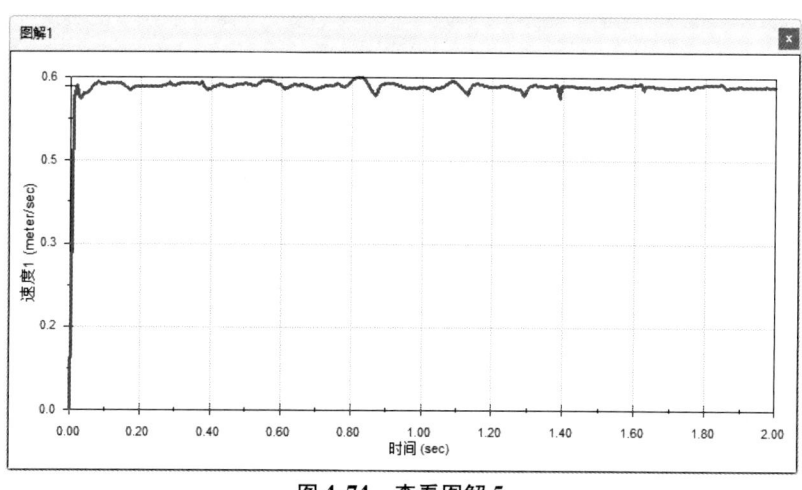

图 4-74 查看图解 5

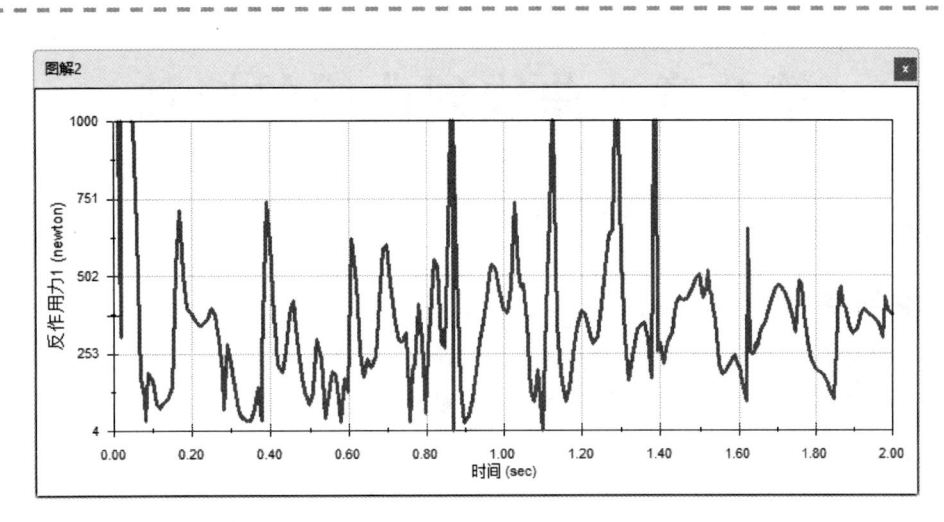

图 4-75 查看图解 6

**步骤 21** 保存并关闭文件

# 第 5 章 曲线到曲线的接触

**学习目标** 
- 理解接触的定义和描述
- 使用表达式描述力和马达的大小
- 分析出现错误结果或接触求解失败的原因
- 使用其他积分器

## 5.1 接触力

本章的目标是熟悉曲线到曲线接触的定义。第 4 章已经详细讨论了实体与实体的接触，本章将以这些知识为基础进行讲解。

## 5.2 实例：槽轮机构

槽轮机构通常用在放映机上，使每一帧都曝光 1s 的时间。该机构可以将主动轮的连续旋转变为从动轮的间歇性转动，如图 5-1 所示。

对于槽轮机构，需要确定：
- 由主动轮产生的接触力 $T$。
- 从动轮的转动随时间的变化。

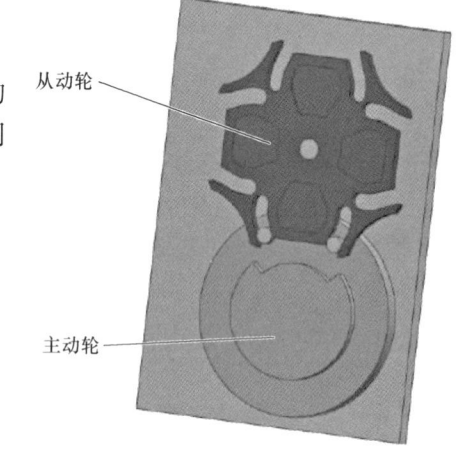

图 5-1 槽轮机构

**操作步骤**

**步骤 1 打开装配体文件** 打开文件夹 "Lesson05\Case Studies\Stargeneva" 内的装配体文件 "stargeneva"。

**步骤 2 查看装配体** 主动轮 "driving wheel" 和从动轮 "driven wheel" 靠两个铰链配合连接在底板 "base" 上。这两个轮之间没有配合关系，它们之间的相互作用将借助曲线到曲线的接触来实现。

**步骤 3 确认单位** 确认文档单位设定为【MMGS(毫米、克、秒)】。

**步骤 4 生成运动算例** 将算例命名为 "curve to curve contact"。确保在 MotionManager 工具栏中将【算例类型】设置为【Motion 分析】。

## 5.3 曲线到曲线接触的定义

曲线到曲线的接触可以由两条曲线进行定义,其中的任何一条曲线都可以是闭环的或保持开环。曲线几何体被近似地表示为离散的点集。用户可以指定接触为持续的(不允许曲线分离)或间歇的(曲线可以发生分离)。

曲线到曲线的接触支持摩擦和两种接触模型(即泊松模型和冲击力模型),这两种接触模型在第 4 章中做过详细介绍。

| 知识卡片 | 曲线到曲线的接触 | 用于定义两条曲线相互作用的方式。在接触定义中,用户可以控制实体之间的摩擦和弹性属性。 |
|---|---|---|
| | 操作方法 | • MotionManager 工具栏:单击【接触】,在【接触类型】中选择【曲线】。 |

**步骤 5  定义从动轮和主动轮的接触 1**   在从动轮和主动轮左把手之间定义一个间歇性的曲线到曲线的接触。单击【接触】,选择【接触类型】下的【曲线】。在【选择】下方单击【SelectionManager】,并将其设置为【标准选择】,如图 5-2 所示。在主动轮中选择如图 5-3 所示的曲线作为曲线 1。切换【SelectionManager】至【选择组】设置,如图 5-4 所示。选择图 5-5 所示的曲线,单击【相切】按钮。定义从动轮边线的相切闭合组将自动产生。

图 5-2 标准选择

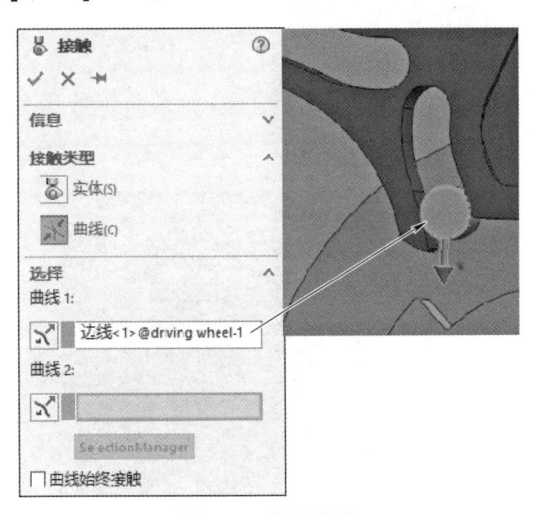

图 5-3 选择曲线

图 5-4 选择组

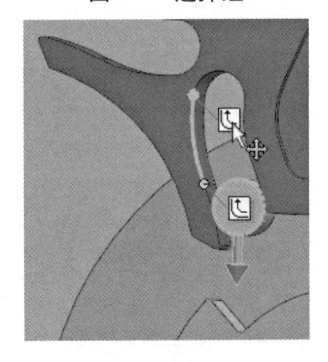

图 5-5 选择相切

在【SelectionManager】中单击【确定】以结束选择过程。这将构建出第二条曲线,并且闭合组也将显示在【曲线 2】中。在【材料】下方指定两部分材料均为【Steel(Dry)】。确认勾选了【摩擦】复选框并使用默认数值,如图 5-6 所示,确认在【曲线 2】选项中闭合组外法线的方向。曲线的方向可以通过【向外法向方向】进行更改。

单击【确定】。

> **提示**
> 确保【曲线始终接触】复选框未被勾选,因为两条曲线只是间歇性接触。

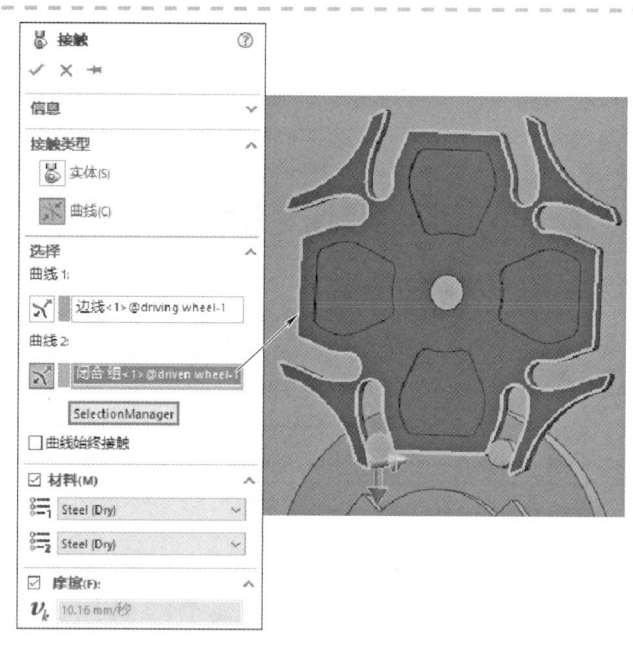

图 5-6 闭合组

**步骤 6 定义从动轮和主动轮的接触 2** 按照相同的步骤，在图 5-7 所示的曲线之间指定一个间歇性的曲线到曲线的接触。使用与步骤 5 相同的接触参数。

> **提示** 确保曲线的方向是正确的。

**步骤 7 定义从动轮和主动轮的接触 3** 在从动轮的线段（见图 5-8）和主动轮的闭合组之间继续定义间歇性的曲线到曲线的接触。

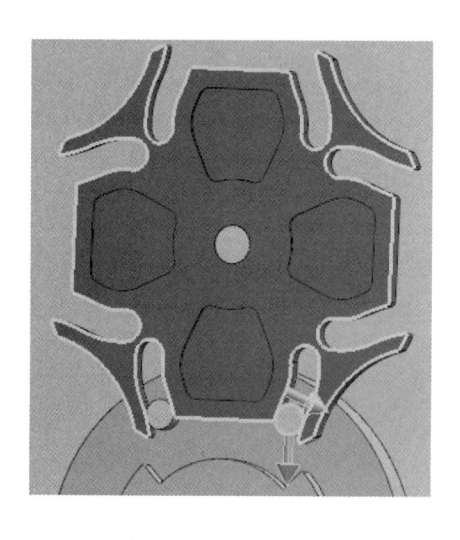

图 5-7 定义接触 1　　　　　　　　　图 5-8 定义接触 2

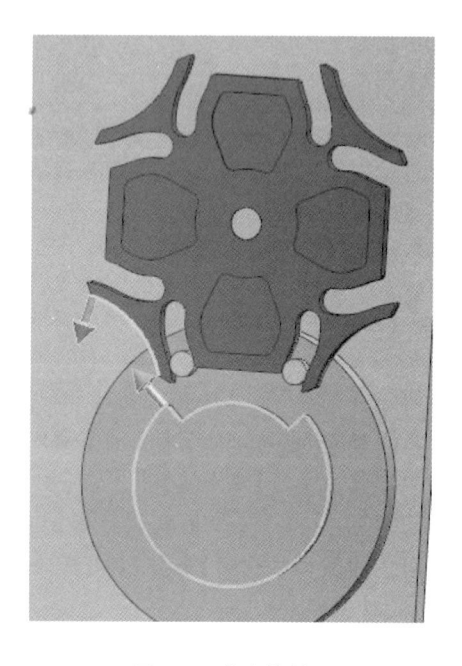

使用与步骤5相同的接触参数。

> **提示** 确保曲线的方向是正确的。

**步骤8 定义从动轮和主动轮的接触4~6** 在余下3个从动轮的线段(见图5-9)和主动轮的闭合组之间定义间歇性的曲线到曲线的接触。

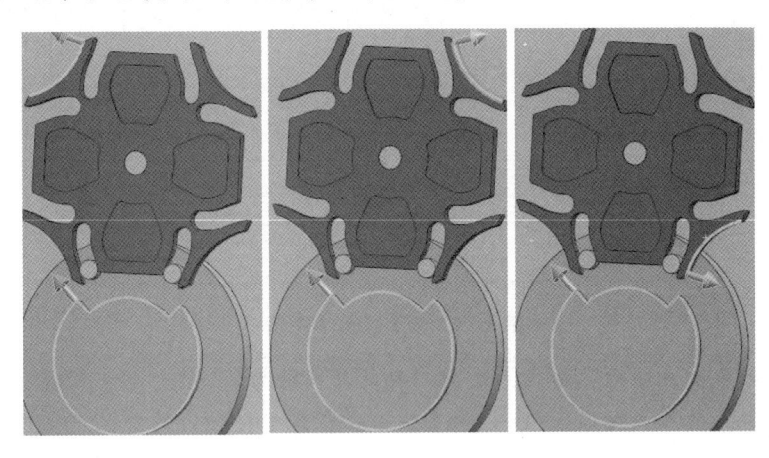

图5-9 定义接触3

> **提示** 最后4个接触组有多种定义方法,例如在两个闭环曲线之间的单个定义。尽管这也是有效的定义,但最好使用简单的曲线来定义接触,而不是一条非常复杂的曲线。

**步骤9 添加驱动马达** 在主动轮上添加一个旋转马达,以360(°)/s的速度驱动。

**步骤10 定义运动算例属性** 设置【每秒帧数】为100,如图5-10所示。

> **注意**【3D接触分辨率】选项只适用于实体之间的接触。

**步骤11 运行仿真** 设置仿真时间为4.235s,单击【计算】。

**步骤12 图解显示接触力** 图解显示从动轮和主动轮左把手之间的接触力。使用【力】、【接触力】和【幅值】定义此图解。在选取域中,选择 Motion FeatureManager 中的"曲线接触1"项目,如图5-11所示。单击【确定】。

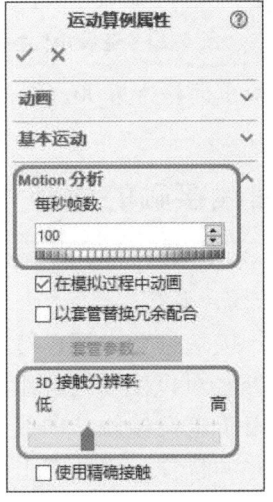

图5-10 定义运动算例属性    图5-11 定义接触力图解

与在实体接触中得到的接触力结果类似,曲线到曲线的接触产生的接触力显示出多个尖锐的峰值,如图5-12所示,这来自接触刚度的近似值,因此应忽略。

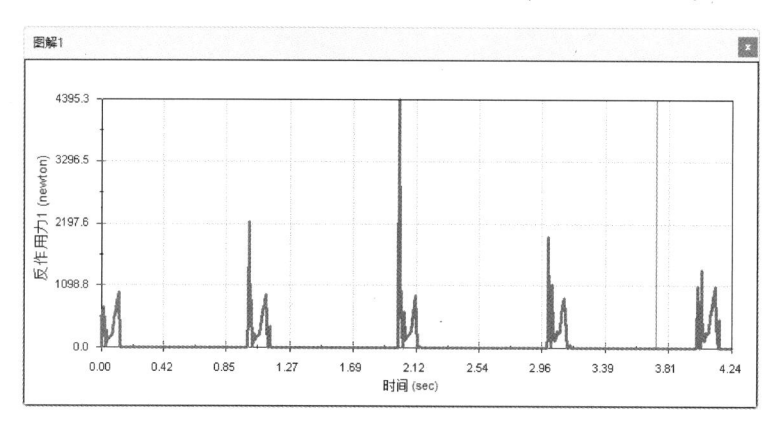

图 5-12 查看接触力图解

这需要使用非线性动力学解决方案来精确计算接触力。同样,更改图解的极限不会对接触力产生有意义的静态结果(这与在第4章中存在静态接触力的情况一样)。

**步骤13 图解显示从动轮的旋转** 图解显示从动轮旋转随时间变化的情况,如图5-13所示。

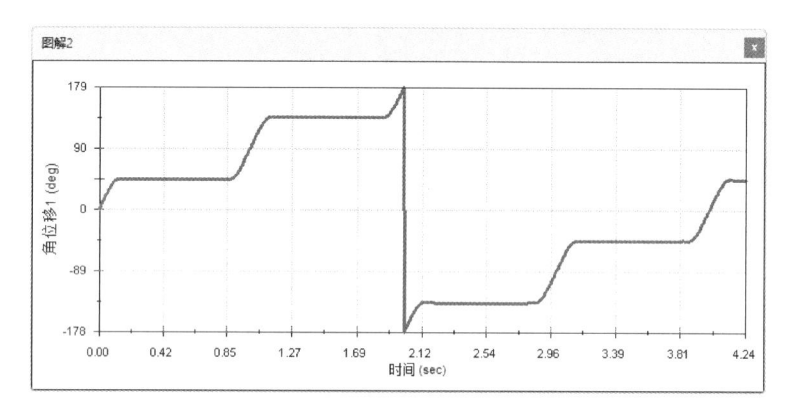

图 5-13 查看角位移图解

上面的图解显示了从动轮输出的转速为 90 (°)/s,或在4s之内转动了360°。

## 5.4 实体接触和曲线到曲线接触的比较

第4章和本章介绍了SOLIDWORKS Motion中的两种接触类型:实体接触和曲线到曲线接触。那么如何确定这两种接触所适用的场合呢?

大多数接触问题最好采用实体接触进行求解,特别是当系统的结果取决于作用在目标上的外力(动态系统)时。如果接触路径可以使用闭合组或开口曲线描述,则可以使用曲线到曲线的接触进行求解。然而,如果用于定义接触的曲线包围了整个物体,尤其是当它们又非常复杂时,实体接触可能仍然是较好的选择。因此,上面讲到的槽轮机构仍然可以采用实体接触进行求解。

## 5.5 实体接触求解

下面将使用实体接触求解此装配体。

---
**操作步骤**

**步骤 1 使用实体接触求解问题** 使用实体接触再次求解这个仿真,对接触指定合适的几何体描述。求解完毕后,请比较曲线到曲线接触和实体接触两种类型求解所得结果的异同。

**步骤 2 保存并关闭文件**

---

## 练习 传送带(带摩擦的曲线到曲线的接触)

本练习和练习 4-3、练习 4-4 中使用的传送带模型是相同的,只是在前面两个练习中使用实体接触进行求解,而本练习将使用曲线到曲线的接触进行求解,如图 5-14 所示。

图 5-14 传送带

本练习将应用以下技术:
- 函数表达式。
- 精确化几何体。

在本练习中,将使用曲线到曲线的接触来替代实体接触进行求解,并比较二者产生的结果。本练习的目标是使用函数控制的力将传送带的速度维持在 0.62m/s。

---
**操作步骤**

**步骤 1 打开装配体文件** 从文件夹 "Lesson05\Exercises\Conveyor Belt" 内打开装配体文件 "Conveyor_Belt"。该装配体包含 "练习 4-4 传送带(有摩擦)" 中完成的文件集,其中使用了实体接触来模拟凸轮相切的条件。

扫码看视频

**步骤 2 复制算例** 复制算例 "Solid body contact" 到一个新算例中,并将其命名为 "curve to curve contact"。

**步骤 3 删除所有实体接触**

**步骤 4 定义曲线到曲线的接触** 在模型的左侧(在步骤 3 中删除的实体接触的同一侧),在每个轮的边界曲线和模型 "conveyor_path" 边界曲线之间添加一个曲线到曲线的接触。同样,这将生成 12 个接触组。

单击【接触】，选择图5-15所示的两条边线。如果需要，可以使用【向外法线方向】来调整方向。

在【材料】处选择【Steel(Greasy)】，保持静态和动态摩擦的默认数值不变。单击【确定】。

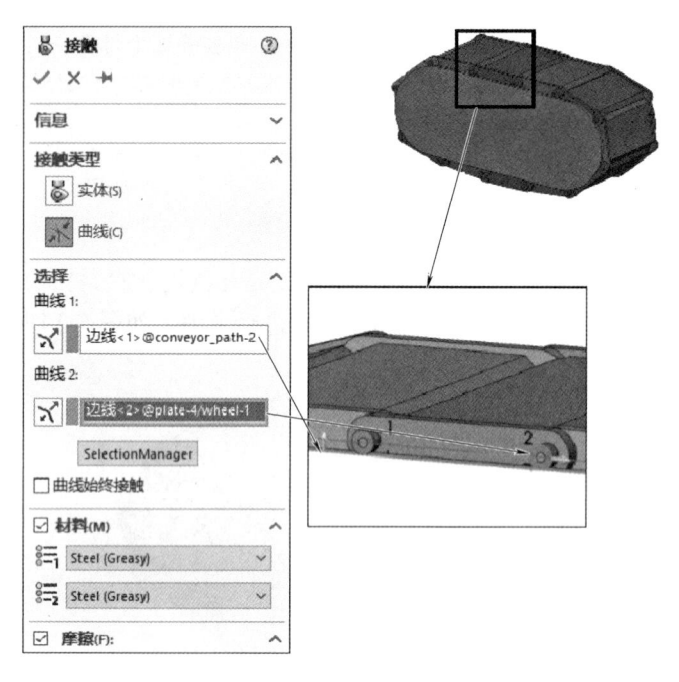

图 5-15　定义接触

**步骤5　检查力设置**　按图5-16所示设置检查力。

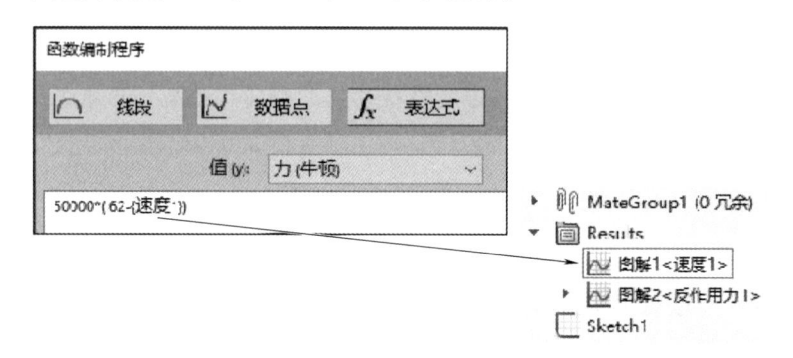

图 5-16　检查力设置

**步骤6　定义运动算例属性**　设置【每秒帧数】为100，在【高级选项】中选择【WSTIFF】积分器。

**步骤7　运行算例**　设置算例持续时间为2s，运行算例。

**步骤8　播放动画**　以25%的速度播放动画，观察传送带的运动。

**步骤9　图解显示结果**　图解显示"plate1"的速度大小。速度并不像之前一样线性地递增，这是因为摩擦力阻碍了输入力的作用，并且带接触的运动会更加复杂，如图5-17所示。

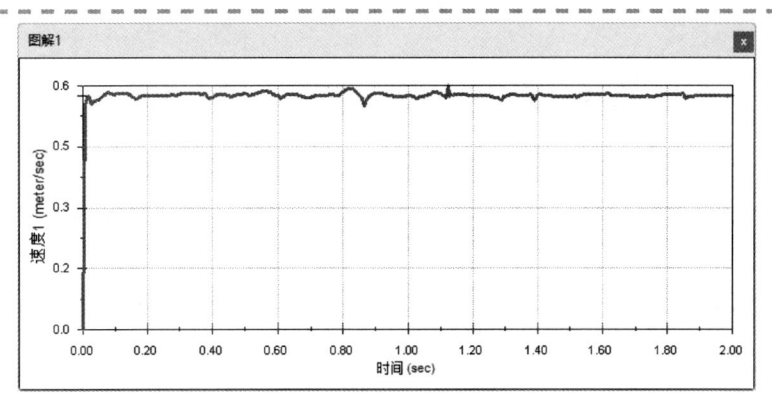

图 5-17 查看图解

将上面的结果与练习 4-4 中的结果进行比较，可以发现它们是非常相似的。

**步骤 10** 保存并关闭文件

# 第 6 章 凸 轮 合 成

**学习目标** 
- 使用样条曲线控制马达
- 生成点的跟踪路径以获取凸轮轮廓
- 使用凸轮轮廓生成 SOLIDWORKS 零件

## 6.1 凸轮

SOLIDWORKS Motion 可以根据表格数据或输入诸如 STEP 等函数的方式来创建凸轮轮廓。用户可以通过所需的运动驱动从动件,然后利用从动件的运动创建凸轮轮廓以进行后续的加工。

## 6.2 实例:凸轮合成

本实例将根据输入从动件的一组位移数据来生成凸轮的轮廓,如图 6-1 所示。

### 6.2.1 问题描述

生成一个凸轮,该凸轮将基于图 6-2 所示的曲线驱动从动件。

图 6-1 凸轮 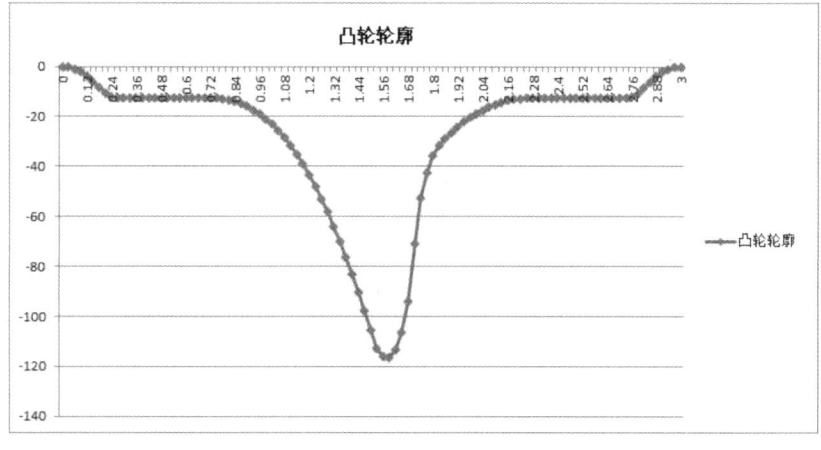   图 6-2 运动曲线

## 6.2.2 关键步骤

为了生成凸轮，需要遵循以下步骤：
1）定义从动件的运动：这可以依靠一组表格数据，并通过马达驱动从动件来完成。
2）生成跟踪路径：跟踪路径是与凸轮曲面的外形完全一致的。
3）将曲线作为草图输入 SOLIDWORKS：跟踪路径可以作为一条曲线输入 SOLIDWORKS，并可以当作草图使用。
4）拉伸草图以生成凸轮。

---

**操作步骤**

**步骤1　打开装配体**　打开文件夹"Lesson06\Case Studies\Cam Synthesis"内的装配体文件"Cam Synthesis"，该装配体由未定义的凸轮和从动件组成，如图6-3所示。

扫码看视频

**步骤2　确认文档单位**　确认单位被设置为【MMGS（毫米、克、秒）】。

**步骤3　创建运动算例**　将新的运动算例命名为"cam study"。

图6-3　打开装配体

---

## 6.2.3 生成凸轮轮廓

当凸轮部件旋转360°时，从动件的运动由路径轮廓指定，以便生成一个凸轮轮廓。

**步骤4　定义驱动凸轮的马达**　添加一个旋转马达来驱动凸轮轴，恒定速度为120（°）/s。这将保证每3s转动一次凸轮，如图6-4所示。

**步骤5　查看轮廓数据**　在文件夹"Lesson06\Case Studies\Cam Synthesis"内打开文件"Cam Input.xls"，其中包含凸轮从动件的 X 坐标及 Y 坐标，如图6-5所示。

文件还包含一个根据该表格数据所生成的凸轮轮廓图解。查看后关闭该文件。

| | A | B |
|---|---|---|
| 1 | 0 | 0 |
| 2 | 0.03 | -0.22602 |
| 3 | 0.06 | -0.90851 |
| 4 | 0.09 | -2.06117 |
| 5 | 0.12 | -3.70754 |
| 6 | 0.15 | -5.88229 |
| 7 | 0.18 | -8.55564 |
| 8 | 0.21 | -10.6689 |
| 9 | 0.24 | -12.0429 |
| 10 | 0.27 | -12.659 |
| 11 | 0.3 | -12.7001 |
| 12 | 0.33 | -12.7 |
| 13 | 0.36 | -12.7 |
| 14 | 0.39 | -12.7 |
| 15 | 0.42 | -12.7 |
| 16 | 0.45 | -12.7 |
| 17 | 0.48 | -12.7 |
| 18 | 0.51 | -12.7 |
| 19 | 0.54 | -12.7 |

图6-4　定义马达　　图6-5　轮廓数据

**步骤6 定义驱动从动件的马达** 在"Follower"的顶面添加一个线性马达,确保定义的方向如图6-6所示。选择【数据点】以打开【函数编制程序】对话框,在【值(y)】中选择【位移(mm)】,在【自变量(x)】中选择【时间(秒)】,在【插值类型】中选择【Akima样条曲线】。单击【输入数据】并选择文件"Cam Input.csv"。此文件包含Excel文件中的 $X$ 坐标和 $Y$ 坐标数据。

**步骤7 添加引力** 在 $Y$ 轴负方向添加引力。

**步骤8 更改算例属性** 更改算例属性,设置【每秒帧数】为100。

**步骤9 运行算例** 设置算例持续时间为3s,运行算例。

图6-6 马达方向

## 6.3 跟踪路径

SOLIDWORKS Motion 允许用户图形化地显示运动零件上任意一点所遵循的路径(称为跟踪路径),在练习2-2中已使用过这一特征。本章将使用它来生成凸轮的轮廓。

用户可以在【选取一个点】组框中选择用于生成跟踪曲线的零件,如图6-7所示。

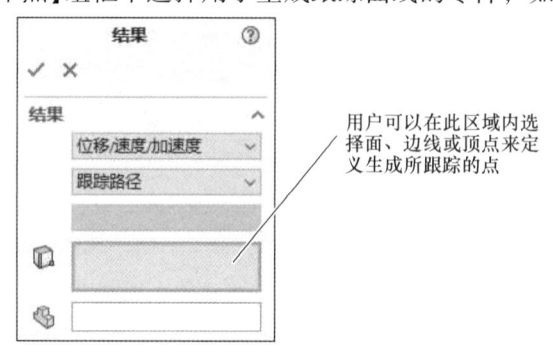

图6-7 跟踪路径

用户还可以选择一个参考零部件,以定义跟踪路径的参考坐标系。默认的参考坐标系是由全局坐标系定义的全局参考坐标系。

> **知识卡片**
> 
> 跟踪路径
> 
> • MotionManager 工具栏:单击【结果和图解】,选择【位移/速度/加速度】和【跟踪路径】。

**步骤10 生成用于定义凸轮轮廓的跟踪路径** 在 MotionManager 工具栏中单击【结果和图解】,选择【位移/速度/加速度】和【跟踪路径】,选择"Follower-1"上的顶点来定义凸轮轮廓,选择"cam-1"上的曲面来定义参考零部件,如图6-8所示。

保持【定义 XYZ 方向的零部件（可选性）】为空，单击【确定】✓以显示跟踪路径，如图 6-9 所示。

请注意凸轮轮廓是如何生成的。下面将直接从 SOLIDWORKS Motion 复制这个跟踪路径曲线到 SOLIDWORKS 零件中。

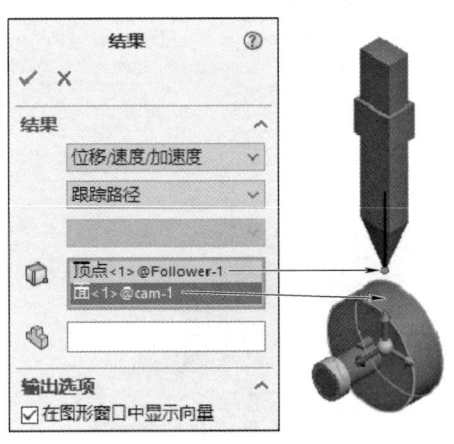

图 6-8 定义跟踪路径　　　　图 6-9 显示跟踪路径

## 6.4 输出跟踪路径曲线

现在得到了凸轮的形状，然后就可以在 SOLIDWORKS 中使用该路径来创建凸轮本身了。跟踪路径曲线可以输出到 SOLIDWORKS 零件中。

| 知识卡片 | | |
|---|---|---|
| 从跟踪路径生成曲线 | 跟踪路径曲线可以用于在 SOLIDWORKS 零件中生成曲线以创建几何体。这可以通过两种方法实现：<br>● 在参考零件中从路径生成曲线<br>如果零件已经存在，跟踪路径曲线可以直接输入到这个已经存在的零件中。<br>● 在新零件中从路径生成曲线<br>如果尚未创建零件，则可以直接使用此命令完成。 | |
| 操作方法 | ● MotionStudy 设计树：右键单击"结果"文件夹下的跟踪路径图解，选择【从跟踪路径生成曲线】命令。 | |

**步骤 11　复制跟踪路径曲线到 SOLIDWORKS 零件**　右键单击"结果"文件夹下的跟踪路径图解，选择【从跟踪路径生成曲线】/【在参考零件中从路径生成曲线】命令，如图 6-10 所示。

**步骤 12　打开凸轮零件**　在单独的窗口中打开凸轮零件"cam"。

图 6-10 复制跟踪路径曲线

曲线已经作为一个新的特征插入到零件中，如图 6-11 所示。选择【解除压缩】↑⁶，单击"曲线 1"。

**步骤 13　拉伸轮廓**　在前视基准面上新建一幅草图。在 SOLIDWORKS FeatureManager 中选择"曲线 1"。在【草图】工具栏中单击【转换实体引用】，将曲线投影到草图平面。同时选择凸轮轮廓的圆柱外侧边线，使用【转换实体引用】将此边线投影到当前草图中。单击【拉伸凸台/基体】，使用两侧对称条件拉伸草图，并指定深度为 50mm，如图 6-12 所示。

确保没有勾选【合并结果】复选框。

图 6-11　打开凸轮零件　　　　　图 6-12　拉伸轮廓

**步骤 14　保存并关闭零件**　返回到主装配体。

在本章的最后部分，将使用 3D 接触再次运算这个仿真，以验证凸轮的轮廓是否准确。这需要在从动件和凸轮之间生成实体接触，在旋转马达的作用下驱动凸轮运动，并停止从动件的线性马达。

**步骤 15　添加实体接触**　在从动件和凸轮之间添加【实体接触】，【材料】均指定为【Steel（Greasy）】，不勾选【摩擦】复选框。

**步骤 16　移除从动件的驱动**　右键单击"线性马达 1"，并选择【压缩】。

**步骤 17　定义运动算例属性**　在【运动算例属性】中勾选【使用精确接触】复选框。只要存在点接触，都应当使用精确接触。

**步骤 18　运行仿真**　请注意从动件是如何随凸轮轮廓上下移动的。

**步骤 19　查看运动**　切换至后视图。图 6-13 所示即为 1.7s 处的位置，注意到从动件并未与凸轮接触。这个间隔缘于从动件的动量。在此时间点之前，从动件被凸轮驱动抬高。凸轮的轮廓要求从动件快速更改方向，但唯一保证从动件相接触的因素只有引力。

在现实中，最终会在从动件顶部添加额外的组件以强制与凸轮发生接触。

**步骤 20　图解显示从动件的竖直位移**　生成从动件质心位置的【Y 分量】位移图解，并与 Excel 文件中的图解进行比较。为清楚起见，将 Excel 文件中的图解进行了翻转。两个图解具有相同的形状，如图 6-14 所示。

图 6-13 运动位置

a) Excel 文件中的图解

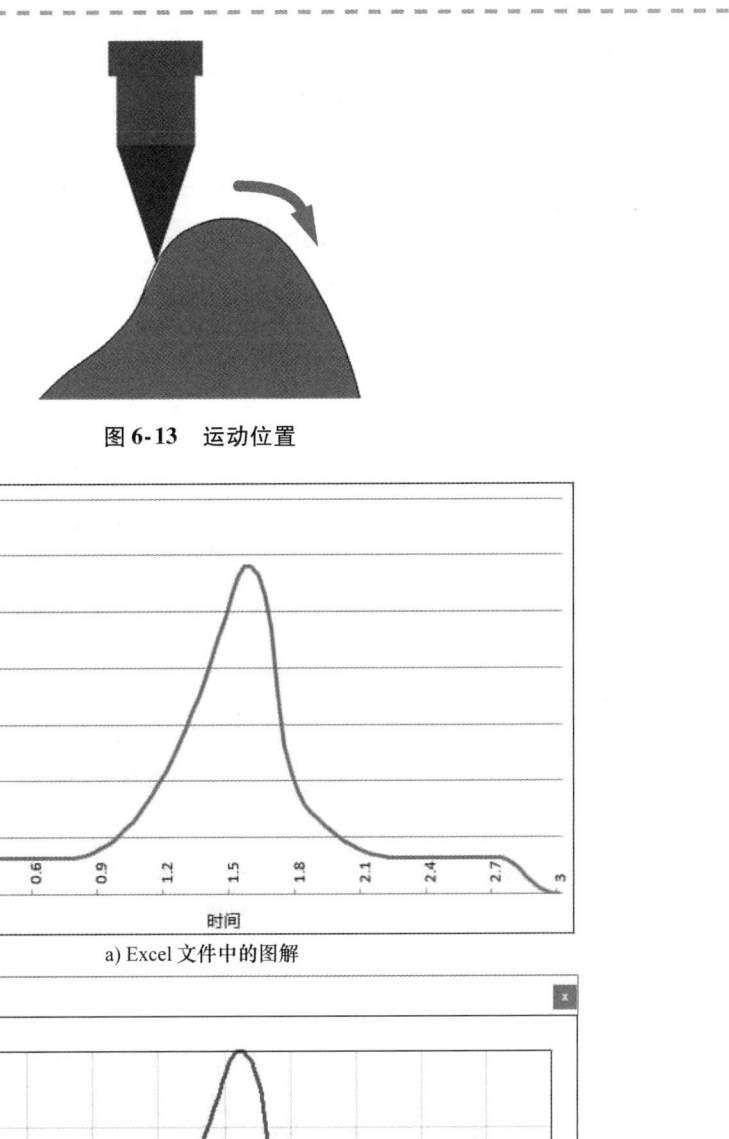

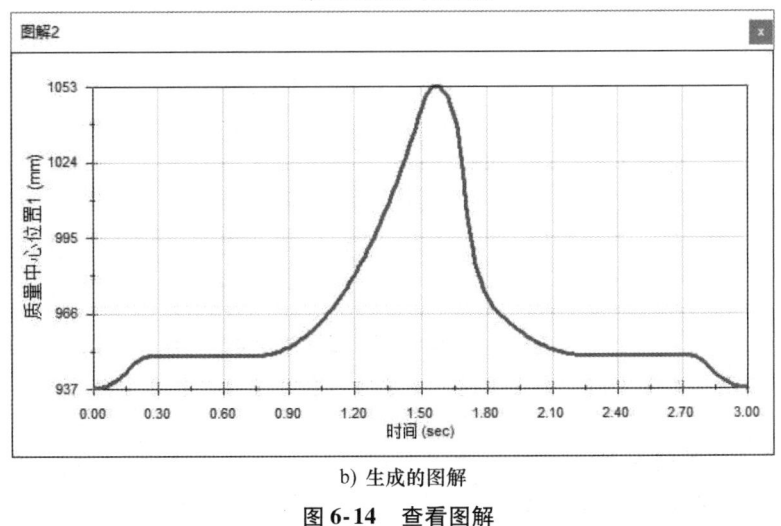

b) 生成的图解

图 6-14 查看图解

## 6.5 基于循环的运动

在机械设计中，自变量 TIME 通常并不是最合适的选择。在一个周期之内设计所有任务可能会更加便捷。一般情况下，周期的持续量被设定为 360°。

| 基于循环的运动 | 基于循环的运动允许用户方便地修改机械设计中动作的持续时间或生产效率。 |
|---|---|
| 操作方法 | • 在【函数编制程序】对话框中，设置输入类型为【变量和常量】，并选择【CycleAngle】，如图6-15所示。然后在【运动算例属性】中设置循环的持续时间，如图6-16所示。<br><br>图6-15 变量和常量<br><br>图6-16 设置运动算例属性 |

**步骤21 编辑旋转马达** 编辑步骤4中创建的"旋转马达1"。在【运动】下方选择【线段】以打开【函数编制程序】对话框。在【函数编制程序】对话框中，确保选择了【线段】，如图6-17所示。

保持【值(y)】为【位移(度)】，设定【自变量(x)】为【循环角度(度)】。添加一行，并在【起点X】和【终点X】下分别输入0°和360°作为循环角度。

输入360°作为旋转位移的最终值。设置【分段类型】为【Linear (Default)】。

## 第6章 凸轮合成

> **提示** 确保旋转位移的初始值为0°。

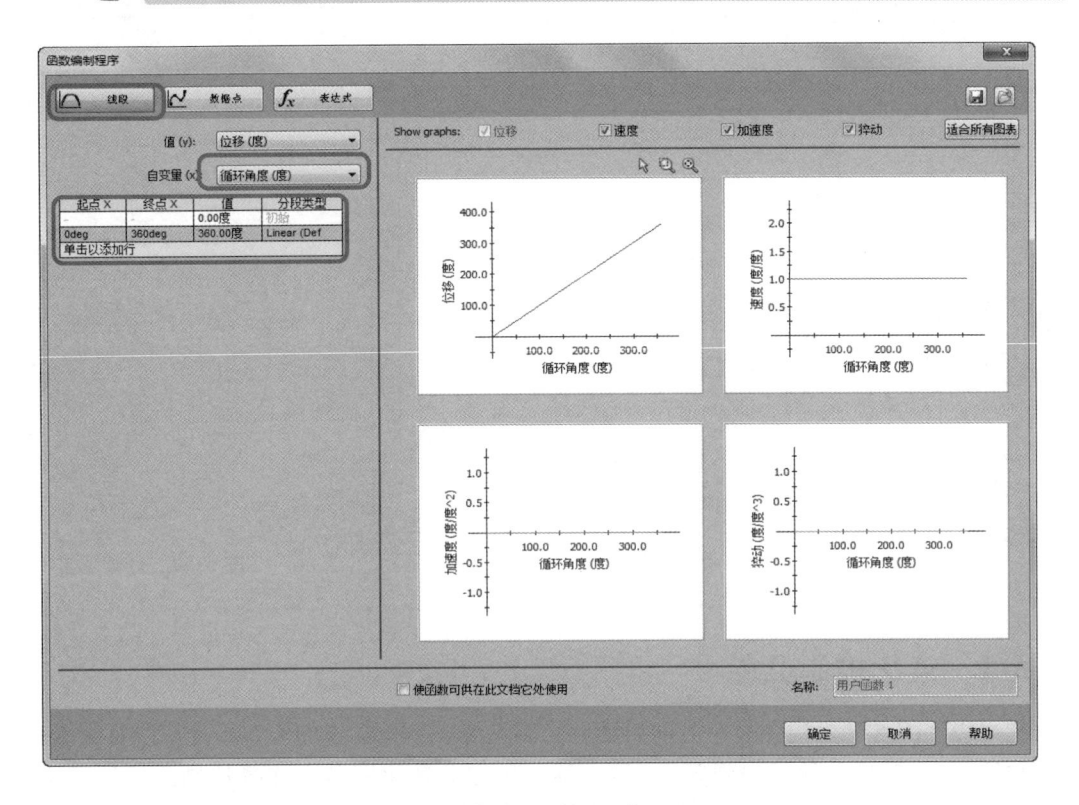

图 6-17 【函数编制程序】对话框

4个图表中显示了位移线性递增,速度保持恒定,而加速度和猝动都为0。在360°的循环角度中完成360°的旋转,表明每个输出周期旋转一圈。

> **提示** 下一步将指定循环角度(或输出周期)的持续量。

单击【确定】以关闭【函数编制程序】对话框。单击【确定】✔以保存【马达】新的定义。

**步骤22 设置算例属性** 设置【循环时间】为3s,如图6-18所示。单击【确定】✔。

**步骤23 运行仿真**

**步骤24 分析结果** 从动件的最终运动与步骤20中的运动相同。这符合预期,因为两次仿真都是相同的,前者使用时间作为自变量进行求解,而后者使用循环角度作为自变量进行求解。

**步骤25 调整循环时间为1.5s**

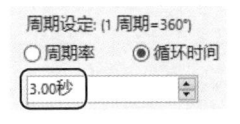

图 6-18 循环时间

**步骤26 运行仿真**

**步骤27 分析结果** 凸轮现在会在3s(算例持续的时间)内转动两圈,如图6-19所示。但查看跟踪路径时可以发现,从动件与凸轮会发生分离,如图6-20所示,这是不允许发生的。因此,循环时间设定为1.5s对于这个机构而言太短了。

**步骤28 保存并关闭文件**

图 6-19 查看结果

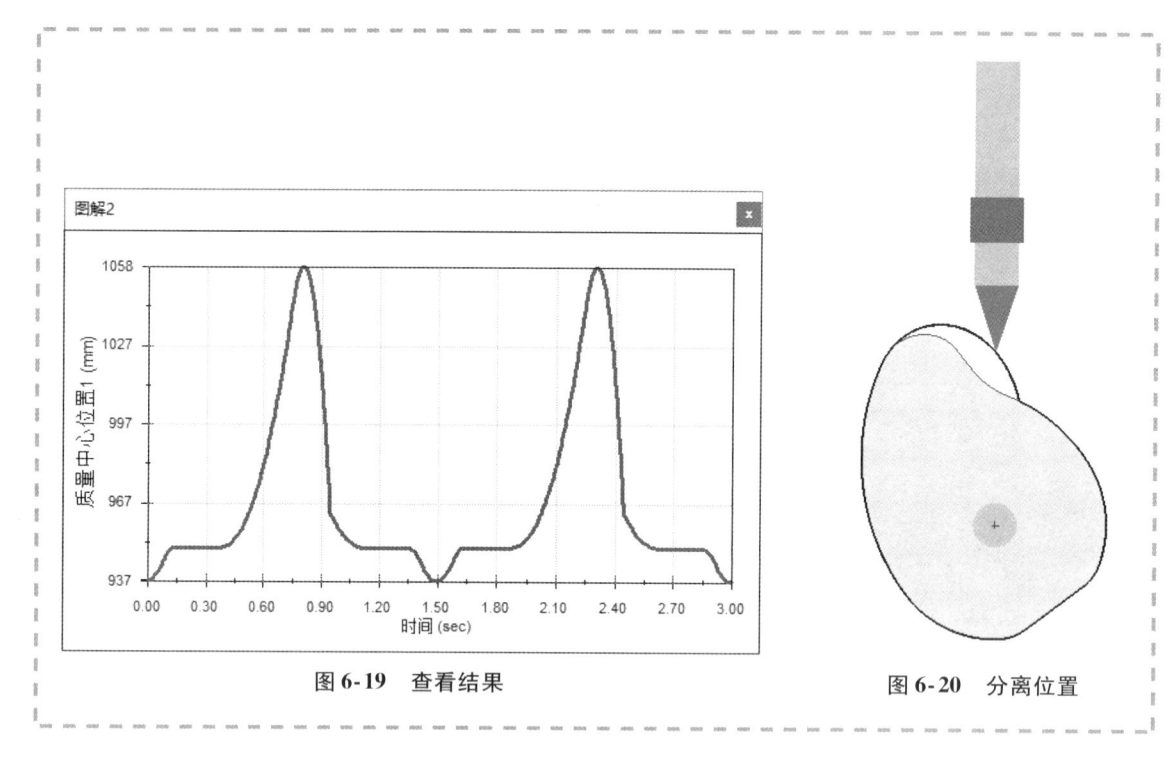

图 6-20 分离位置

## 练习 6-1 连续控制凸轮

用户可以使用各种机构在多个方向启动和控制系统。一种常规的方案是使用弹簧将机构返回到原始位置（如发动机中的气门弹簧）。另一种替代方案是使用名为连续控制凸轮的凸轮系统，如图 6-21 所示。在下面的练习中，将先使用传统的扭转弹簧来创建一个简单的机构，然后再创建一个凸轮来替换系统中的扭转弹簧。这时，机构只会由凸轮系统驱动。

本练习将应用以下技术：
- 生成凸轮轮廓。
- 跟踪路径。
- 从跟踪路径生成曲线。

该项目中已经设计了一个凸轮，其可以驱动连接件按预期运动。当凸轮转动时，它将通过接触推动连接件以逆时针方向运动，如图 6-22 所示。本练习的第一部分将对连接件应用一个扭力弹簧来使其保持接触。

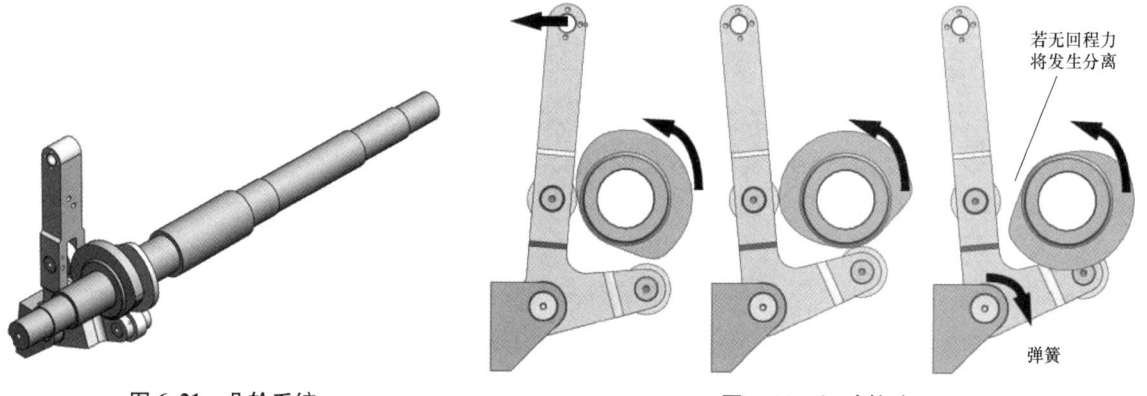

图 6-21 凸轮系统

图 6-22 运动轨迹

## 操作步骤

**步骤1 打开装配体文件** 打开文件夹"Lesson06\Exercises\Desmodromic Cam"内的装配体文件"Desmodromic Cam"。第一个凸轮"cam1"已经创建完毕,并通过凸轮配合与从动件"roller1"配合在一起。

**步骤2 确认单位** 确认装配体的单位设定为【MMGS(毫米、克、秒)】。

**步骤3 创建新算例** 新建一个运动算例。

图 6-23 马达方向

**步骤4 约束轴向运动** 当前轴可以自由地沿轴向运动。添加一个线性马达以防止轴"shaft"的任何轴向运动,如图 6-23 所示。设置【持续时间】为 10s。

**步骤5 添加旋转马达** 在轴上添加一个旋转马达,使其在 10s 之内旋转 360°。

**步骤6 检查凸轮配合** 在 SOLIDWORKS 中检查配合,注意到在"cam1"和从动件"roller<1>"之间存在一个凸轮配合,如图 6-24 所示。这个配合用于动画是可以接受的,但用于分析则显得不现实,因为这将强迫两个曲面保持在一起,但实际上会存在分离的情况。

**步骤7 运行算例** 设置算例的时长为 10s 并运行。算例运行后将显示所需的运动。

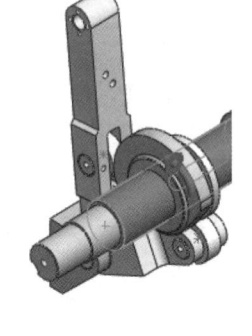

图 6-24 凸轮配合

**步骤8 移除凸轮配合** 在 FeatureManager 设计树中压缩凸轮配合。

> **提示** 在压缩配合前,用户必须将时间线拖回到 0s 的位置。

**步骤9 运行算例** "cam1"仍会转动,但是连接件"link"不会再移动,因为在"cam1"和上面的从动件"roller<1>"之间没有连接。

**步骤10 添加弹簧** 爆炸展开装配体以便更加容易地选择"link"上的曲面。添加一个扭转弹簧保证凸轮机构保持连在一起。将【弹簧常数】设置为 10.00N·mm/(°),【自由角度】设置为 30.00°,如图 6-25 所示。当从前视图观看时,方向应为顺时针方向。

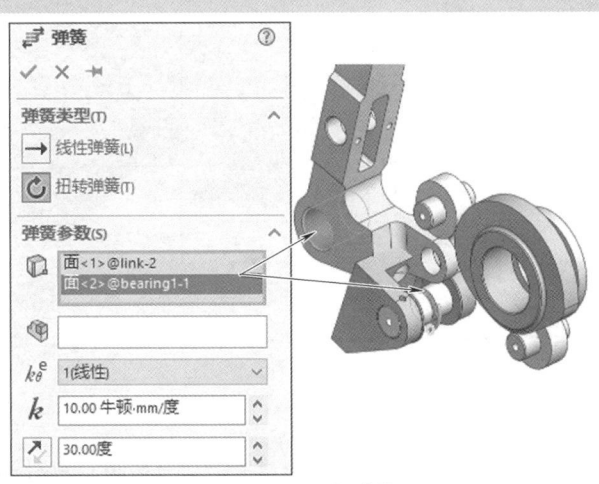

图 6-25 添加弹簧

> **提示** 【自由角度】定义了无负载扭转弹簧相对于当前配置的方向。

**步骤11　添加接触**　在"cam1"和上面的从动件"roller<1>"之间添加实体接触。指定【材料】为【Steel(Greasy)】，并勾选【摩擦】复选框。

**步骤12　运行算例**　运动正确，在低速下也能正常工作。

如果在高速下运行这个系统，可能会碰到一些问题，即弹簧无法确保从动件与凸轮紧密接触。如果发生分离，则从动件会在凸轮上发生跳动，得到的运动将与设计的初衷相违背。

为了强制接触，需要设计第二个凸轮。从前视图来观察系统可以发现，第一个凸轮可以通过接触使连接件逆时针转动，但连接件的顺时针转动取决于弹簧。在接下来的部分，将使用第二个凸轮来替代弹簧，该凸轮可以使连接件以顺时针方向转动。两个凸轮一起工作，可确保在凸轮和从动件之间发生接触。

**步骤13　压缩扭转弹簧**

> 提示　在压缩弹簧时必须将时间线拖回至0s处。

**步骤14　删除接触并解压缩凸轮配合**　使用跟踪路径功能来生成第二个凸轮路径。因为需要在整个旋转中维持接触，将采用凸轮配合来强制接触。删除"cam1"与它的从动件"roller<1>"之间的接触。在FeatureManager设计树中解压缩凸轮配合。

**步骤15　运行算例**

**步骤16　跟踪图解**　新建图解以生成第二个凸轮的曲线。这时需要选择第二个从动件"roller"的中心点，用户可以通过选择"roller"的边线来定义中心点。同时选择"cam2"的表面，如图6-26所示。

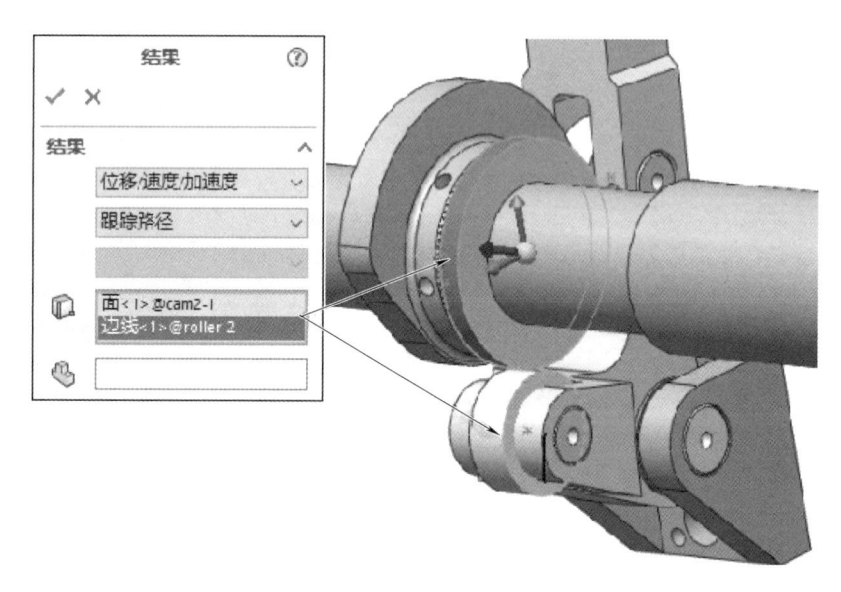

图6-26　定义图解

**步骤17　查看图解**　现在得到了基本的路径，但是路径太大了，这是因为跟踪了第二个从动件"roller<2>"的中心。

第 6 章 凸轮合成

测量第二个从动件"roller<2>",如图 6-27 所示。得到的尺寸为 52mm,因此将"cam2"的尺寸减小一半,即 26mm。

**步骤 18 输出曲线到参考零件**

**步骤 19 打开零件** 在单独的窗口中打开零件"cam2"。

**步骤 20 拉伸新的凸轮** 在零件的前视基准面上创建一个草图。

基于已有零件的外部边线,在草图中使用【转换实体引用】来生成一个圆。

利用跟踪曲线生成一条向内等距、尺寸为 26mm 的曲线。

将新的"cam2"拉伸 10mm,以使两个实体刚好重合,勾选【合并结果】复选框,结果如图 6-28 所示。

**步骤 21 添加接触** 返回至装配体窗口。现在将使用两个凸轮驱动运动来运行算例。【压缩】凸轮配合。在每个凸轮和对应的从动件之间添加接触,如图 6-29 所示。在【材料】中选择【Steel(Greasy)】,并勾选【摩擦】复选框。

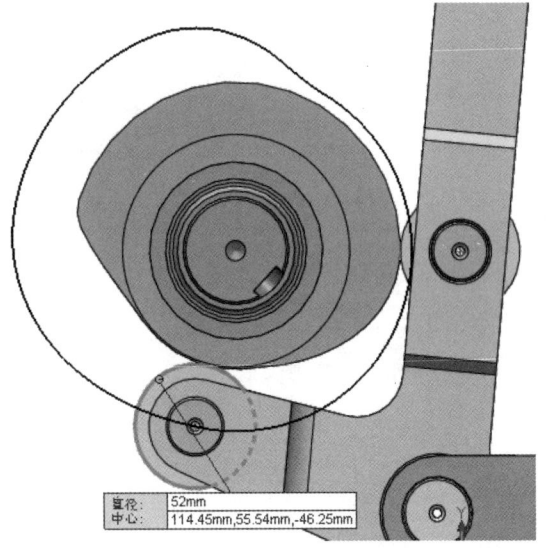

图 6-27 测量尺寸

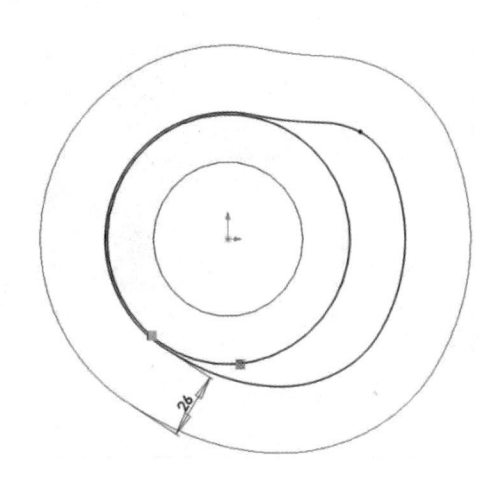

图 6-28 拉伸凸轮

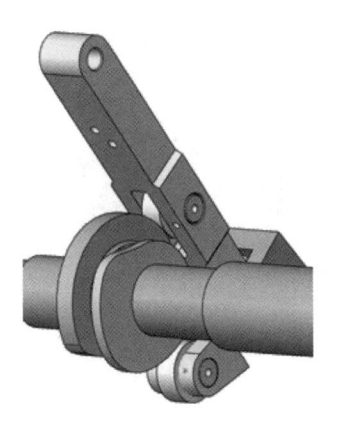

图 6-29 添加接触

**步骤 22 运行算例**

**步骤 23 查看结果** 两个凸轮在整个旋转过程中始终与它们的从动件保持接触,其中一个负责连接件的逆时针转动,而另一个负责连接件的顺时针转动。

> 技巧⚙ 使用【二视图-竖直】可以在轴转动时观察前后视图,如图 6-30 所示。

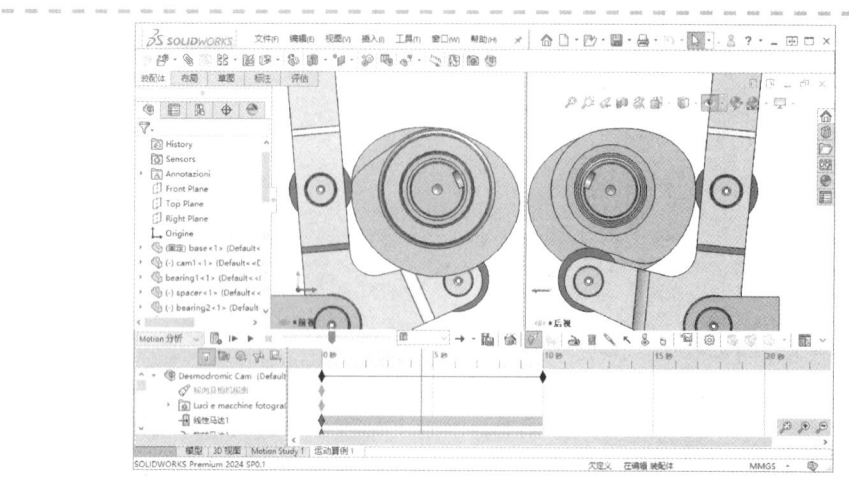

图 6-30 前后视图

步骤 24 保存并关闭文件

## 练习 6-2 摆动凸轮轮廓

本练习将生成一个多片凸轮，用于控制滑块的运动，如图 6-31 所示。齿轮在旋转过程中，附带着一个传动盘和滑块导向板，如图 6-32 所示。

图 6-31 多片凸轮 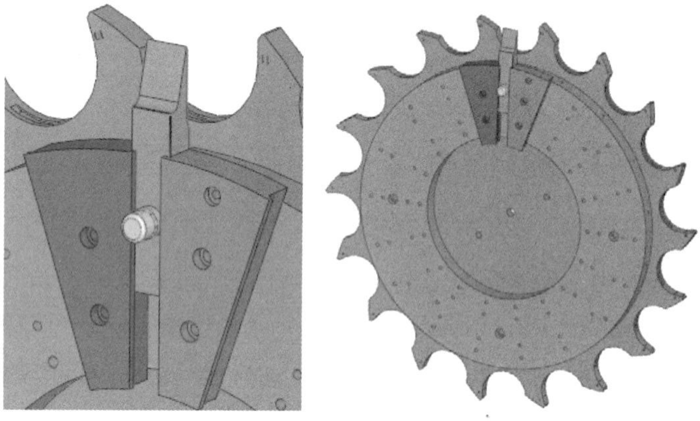　　　　　　　　　图 6-32 模型细节

在滚轴的作用下，滑块将在两个凸轮盘之间沿一条路径上、下移动。当内部的凸轮盘转动时，该系统可使滑块沿径向向外移动；当外部的凸轮盘转动时，该系统可使滑块沿径向向内滑动，如图 6-33 所示。

本练习将应用以下技术：
- 生成凸轮轮廓。
- 跟踪路径。
- 从跟踪路径生成曲线。

装配体以 8000(°)/s 的速度旋转。每转一周，滚轴将按照附带文件中提供的预定义时间表进行径向移动。本练习将根据已有文件中提供的预定义运动路径，从现有零件创建凸轮，路径曲线如图 6-34 所示。

图 6-33 零部件位置　　　　　　　　图 6-34 路径曲线

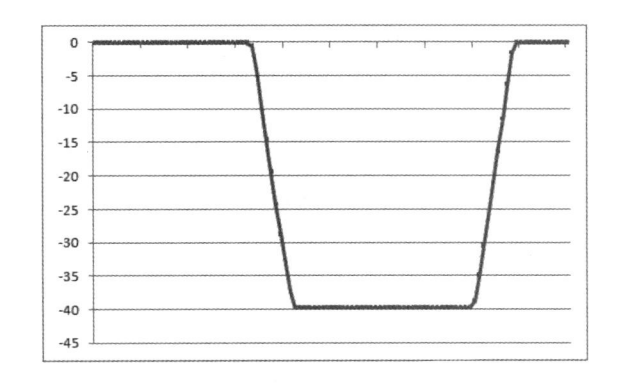

### 操作步骤

**步骤 1　打开装配体文件**　从文件夹 "Lesson06\Exercises\Rocker Cam Profile" 内打开装配体文件 "rocker cam profile exercise"。

**步骤 2　查看装配体**　如果隐藏 "toothed wheel" 和 "drive_plate" 装配体，则可以看到两个凸轮盘处在适当的位置，但是凸轮路径还没有定义，如图 6-35 所示。

**步骤 3　确认单位**　确认装配体单位被设定为【MMGS（毫米、克、秒）】。

**步骤 4　新建算例**　新建一个运动算例。

**步骤 5　定义滑块运动**　在 "rocker" 的底面添加一个线性马达。运动必须指定为相对于另一个零部件，因此需要选择图 6-36 所示的导向板 "699-0431"。

图 6-35 凸轮位置　　　　　　　　图 6-36 定义马达

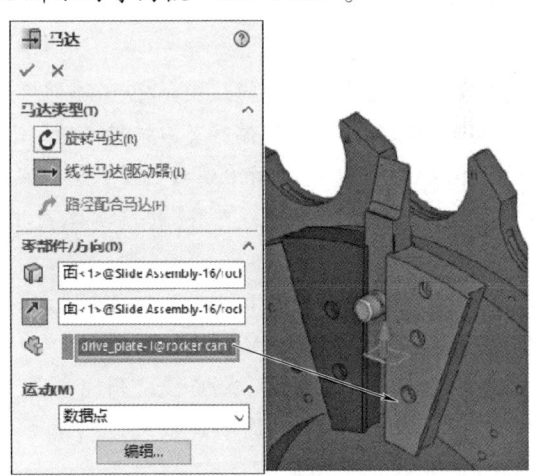

选用【数据点】和【位移】并加载文件 "Slide Translation Motion.csv"。在【插值类型】中选择【立方样条曲线】。确保方向是沿径向向外的。

> **提示**　为了方便定义，可以隐藏 "Plate CAM Assembly"。

**步骤6　定义旋转**　对"drive_plate"装配体(或零件"699-0414")添加一个旋转马达。设定马达以8000(°)/s的速度等速旋转。当从俯视图观察时,旋转应沿逆时针方向。

**步骤7　定义运动算例属性**　由于仿真的时间很短,所以需要一个较高的帧率来保证拥有足够的点数,以得到平滑的结果。设置运动算例属性,将【每秒帧数】设定为2500。

**步骤8　运行算例**　设置时长为0.045s。在8000(°)/s的速度下,这刚好对应装配体转动了一整圈。

**步骤9　定义结果图解**　在"rocker"的滚轴"699-0413"中心生成一个跟踪路径,如图6-37所示。

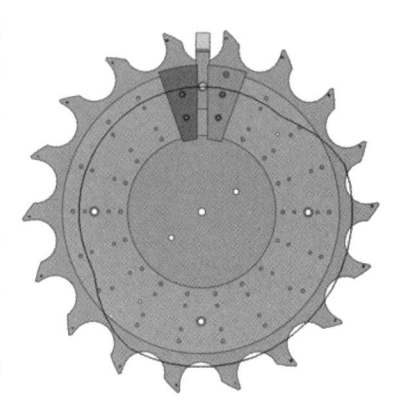

图 6-37　生成跟踪路径

> **提示**　如果曲线看上去不够光滑,可在【工具】/【选项】中提高图像品质。

**步骤10　生成曲线**　不用选择任何对象,右键单击跟踪路径图解,选择【从跟踪路径生成曲线】/【在参考零件中从路径生成曲线】。因为这里未做任何选择,这条曲线将作为一个特征显示在装配体的FeatureManager设计树中。

**步骤11　建模**　现在将单独处理装配体的零部件,因此不需要停留在运动算例中。切换至【模型】选项卡。

**步骤12　隐藏零部件**　在装配体中创建凸轮路径。将不受影响的零件隐藏,可更容易看清操作过程。隐藏"toothed wheel""Slide Assembly"和"drive_plate"装配体。

**步骤13　编辑零件**　选择"Plate Cam Assembly"下的零件"699-0416",单击【编辑零件】。

**步骤14　编辑草图**　编辑"Base-Extrude"下的"Sketch3",这是定义零件外侧面的圆形草图。这里将把跟踪路径曲线偏移至滚轴直径的一半,并用偏移后的曲线来替代这个草图。

在FeatureManager设计树中选择曲线(该曲线将位于零件和装配体的上面)。利用前面步骤中生成的跟踪路径曲线,使用【转换实体引用】来创建一条曲线,并设置属性为【作为构造线】。

单击【等距实体】并输入6mm(滚轴直径的一半)作为偏移量。确保偏移的方向向内,如图6-38所示。单击【确定】完成偏移,删除草图中最初的圆。退出草图和零件编辑模式,轮廓形状如图6-39所示。

**步骤15　编辑外侧凸轮**　编辑"Plate Cam Assembly"中的零件"699-0417"。在面向"699-0417"零件的表面上(使用下视图查看时更靠近的面),使用相同的步骤创建草图。此次是向外偏移6mm。拉伸一个切除特征并指定深度为8.8mm,如图6-40所示。退出零件编辑模式。

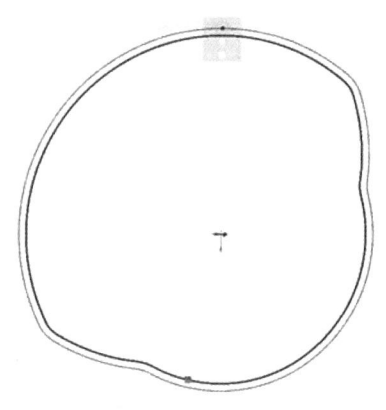

图 6-38　编辑草图

图 6-39 轮廓形状　　　　　　　　　图 6-40 拉伸切除

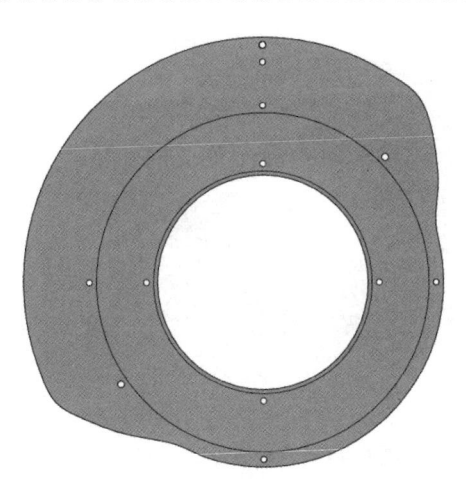

**步骤 16　确定内径**　测量从外侧凸轮板的中心到图 6-41 所示顶点之间的距离,这和生成"keeper"上轮廓曲线的半径相同。

高亮显示"距离"并按 < Ctrl + C > 组合键复制数值至粘贴板,因为在下一步中会使用此值。

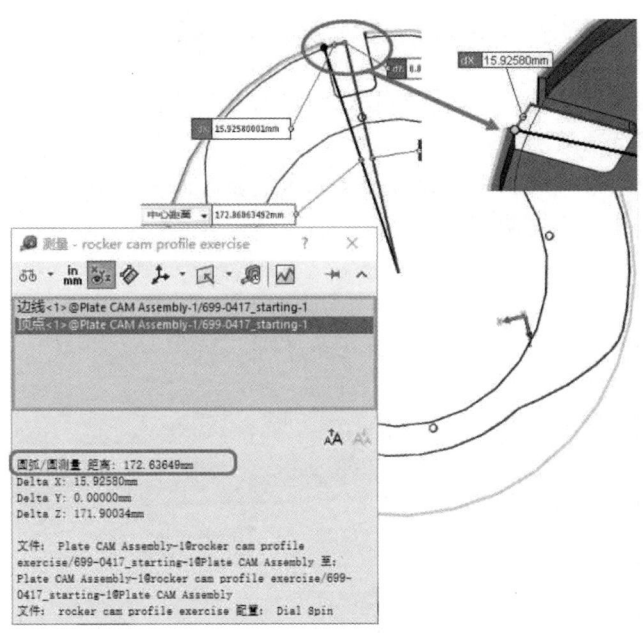

图 6-41 测量尺寸

**步骤 17　显示零件**　返回【编辑装配体】模式并显示零件"keeper"。"keeper"是用于在装配滚轴时允许进入的锁片。

**步骤 18　编辑草图**　编辑"Boss-Extrude1"的草图。双击圆弧半径的尺寸并粘贴来自粘贴板的测量距离,如图 6-42 所示。

**步骤 19　查看完成的凸轮**　返回到装配体中查看已创建的凸轮,此时得到的是一条平滑的凸轮路径,如图 6-43 所示。

图 6-42 编辑草图　　　　　　　　图 6-43 凸轮路径

**步骤 20　新建运动算例**　复制现有运动算例到一个新的算例中，将新的算例命名为"with contacts"。

**步骤 21　压缩线性马达**　在新建的运动算例中压缩线性马达特征。

**步骤 22　定义接触**　在所有必要的零部件之间创建实体接触。设置【材料】为【Steel (Greasy)】，取消勾选【摩擦】复选框。

> **技巧** 用户可以方便地使用接触组来减少定义的数量。

**步骤 23　设置算例属性**　勾选【使用精确接触】复选框。

**步骤 24　计算运动算例**

**步骤 25　分析结果**　确认设计的凸轮装配体是否提供了滚轴所需的运动。

**步骤 26　保存并关闭文件**

# 第7章 运动优化

**学习目标**
- 定义传感器以监视运动算例的结果
- 定义设计算例中使用的参数
- 定义设计算例以优化运动算例中的特征

## 7.1 运动优化概述

优化是一种找出最佳设计的过程,即在设计变量允许的数值变化范围内进行可行的组合,以确定相对于所选目标的最佳设计。优化设计取决于加载的约束,诸如模型尺寸、马达、弹簧常量和速度等参数都可以用于优化。

## 7.2 实例:医疗检查椅

诊所或医院中的医疗检查椅如图7-1所示。它必须稳固、易于使用并具有美感,同时必须符合某些医学标准,并能够使病人尽可能地舒适。对医护人员而言,高度和倾角的调整必须易于操作。由于空间的限制以及对电源的要求,座椅的整体尺寸必须控制到足够小,各个单独的零部件应该轻量化。

图7-1 医疗检查椅

扫码看视频

扫码看视频

本章将运行一次优化算例,以确定固定在医疗检查椅上的驱动器的尺寸。

### 7.2.1 问题描述

医疗检查椅需要能在一定范围内移动，但同时需要限制驱动器的尺寸以提高或降低座椅的高度。座椅的移动范围为 0.3~0.6m。构成提升机构的零部件尺寸在一定范围内是可变的。在优化算例中，这些尺寸是设计变量，座椅的最大和最小高度等约束由运动数据传感器监视，目的是最大限度地减小由传感器监测的驱动器的力。

### 7.2.2 关键步骤

1）生成运动算例：这将是一个全新的运动算例。
2）添加线性马达：线性马达将提高和降低座椅的高度。
3）添加引力：将添加标准重力，以便在计算时考虑座椅零部件的质量。
4）定义接触：在特定零部件之间添加接触。
5）计算运动：运行分析仿真 4s，完成一次座椅的升高和降低过程。
6）图解显示结果：通过生成的各种图解来查看位移及所需的功率，并通过定义传感器对其进行监测。
7）生成设计算例并定义参数：这个算例将基于可变参数和施加的约束条件来定义需要优化的内容。
8）后处理结果：查看最终的设计，确保设计满足要求。

---

**操作步骤**

**步骤1 打开装配体文件** 从文件夹"Lesson07\Case Studies"内打开装配体文件"Medical_chair"。

**步骤2 加载 SOLIDWORKS Simulation 和 SOLIDWORKS Motion 插件**

**步骤3 确认单位** 确认文档的单位设置为【MKS（米、公斤、秒）】。

**步骤4 新建运动算例** 右键单击【Motion Study 1】选项卡并选择【生成新运动算例】命令，将算例命名为"Chair motion"。确保在 MotionManager 的【算例类型】中选择了【Motion 分析】。

> **提示** 与其他运动参数（例如马达、接触等）类似，用户也可以启用或禁用装配中的配合。下面将通过禁用其中一个配合来练习此功能。

**步骤5 设置仿真时间** 设置仿真时间为 4.1s。

**步骤6 禁用配合** 展开运动算例树上的"Mates"文件夹，找到"Coincident12"。右键单击 0.1s 处的时间线并选择【压缩】。这将会在 0.1s 处生成一个压缩该配合的键码，因此在这个时间点之后不再起作用。

**步骤7 生成驱动"Piston"的马达** 单击【马达】，在【马达类型】中选择【线性马达（驱动器）】，在【零部件/方向】中选择零件"Piston"的圆柱面，如图 7-2 所示。单击【要相对此项而移动的零部件】选项并选择"Motor"零部件。

选择【线段】，弹出【函数编制程序】对话框。在【值(y)】处保留【位移(m)】，并设置【自变量(x)】为【时间(秒)】。在表格中输入图 7-3 所示的数值。

单击【确定】以关闭【函数编制程序】对话框。单击【确定】以保存对【马达】的定义。

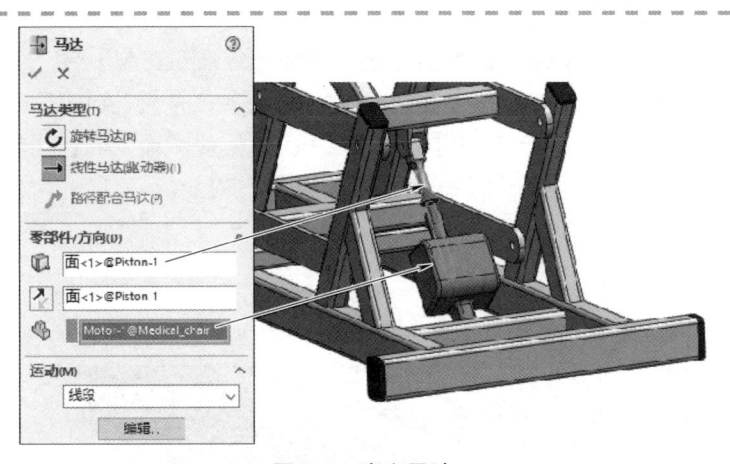

图 7-2 定义马达

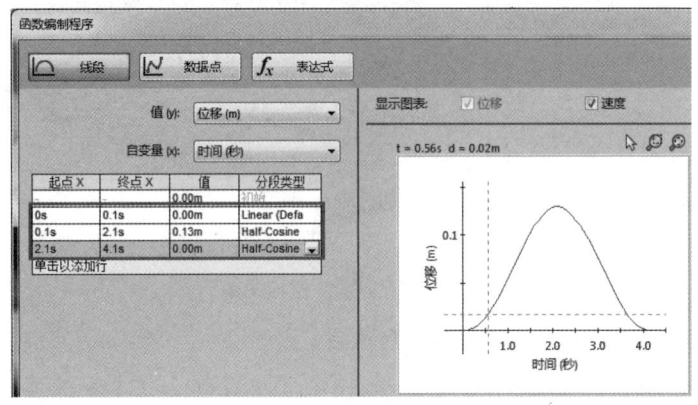

图 7-3 输入数值

**步骤 8 对装配体添加引力** 在 MotionManager 工具栏中，单击【引力】。在【引力参数】的【方向参考】中选择【Y】。设定【数字引力值】为 9.81m/s$^2$，如图 7-4 所示。单击【确定】。

**步骤 9 运行仿真** 单击【计算】。

图 7-4 定义引力

## 7.3 传感器

传感器可监测所选零件和装配体的属性，属性可以来自几种不同的类型，如质量属性、Simulation 数据和 Motion 数据等。Motion 数据传感器可以用于监测结果数值，例如位移、速度、加速度和力等。

用户可以设置当传感器数值偏离设置极限或达到特定的最大或最小值时，发出警告提示。

| 知识卡片 | 传感器 | 在设计算例中可以使用传感器来运行优化算例或评估特定的设计方案。 |
|---|---|---|
| | 操作方法 | • SOLIDWORKS FeatureManager：右键单击【传感器】，并选择【添加传感器】。<br>• CommandManager：【评估】/【传感器】。 |

**步骤10 图解显示"chair"的竖直位置** 单击【结果和图解】。在【结果】中选择【位移/速度/加速度】作为类别，在【子类别】中选择【线性位移】，在【结果分量】中选择【Y分量】。在【选取单独零件上两个点/面】中选择"Couch"的底面，在【定义XYZ方向的零部件】中选择"Base_frame"，如图7-5所示。单击【确定】。

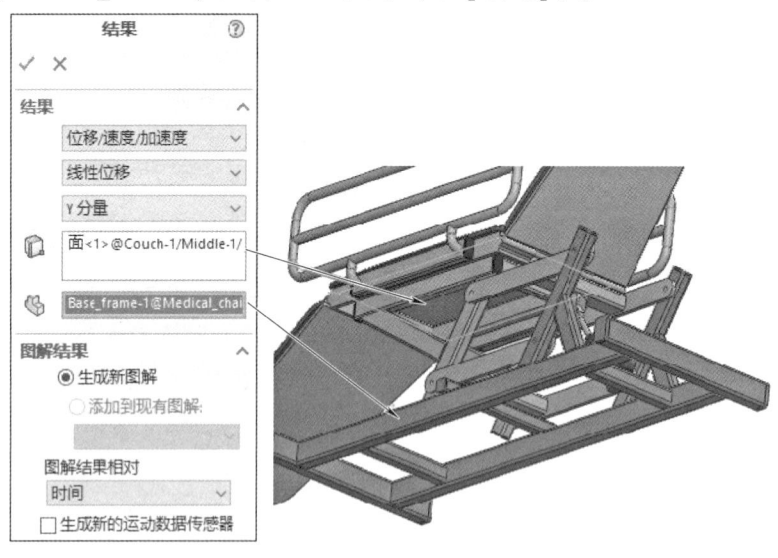

图7-5 定义线性位移图解

将图解重命名为"Chair Y"，如图7-6所示。

**步骤11 为最大位移添加传感器** 单击【传感器】。在【传感器类型】中选择【Motion数据】，在【运动算例】中选择【Chair motion】，在【运动算例结果】中选择【Chair Y】。在【属性】中设置【准则】为【模型最大值】，注意不勾选【提醒】复选框，如图7-7所示。单击【确定】。

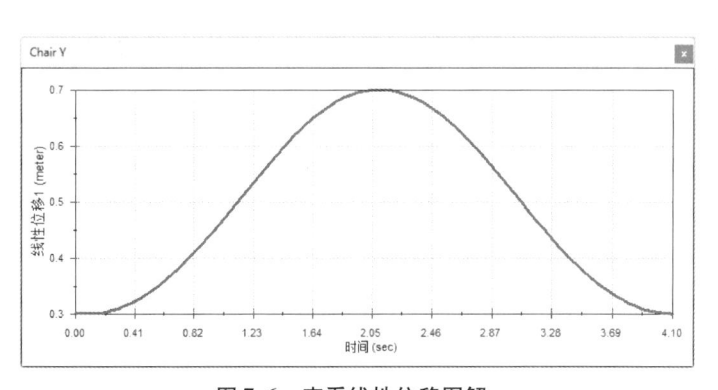

图7-6 查看线性位移图解　　图7-7 定义传感器

> **提示** 【提醒】可以通知用户传感器数值偏离了指定的范围。不勾选此复选框是因为在优化算例中将自动显示相违背的约束。

**步骤12 重命名传感器** 在SOLIDWORKS FeatureManager中展开【传感器】文件夹，将上一步中创建的传感器重命名为"Max Displacement"。

**步骤 13　为最小位移添加传感器**　单击【传感器】，在【运动算例】中选择【Chair motion】，在【运动算例结果】中选择【Chair Y】。在【属性】中设置【准则】为【模型最小值】，并确保不勾选【提醒】复选框，如图7-8所示。

单击【确定】。将传感器重命名为"Min Displacement"。

**步骤 14　图解显示抬升座椅所需的力**　在 Motion Manager 工具栏中单击【结果和图解】。

在【结果】的类别中选择【力】，在【子类别】中选择【马达力】，在【结果分量】中选择【幅值】。在【选取平移马达对象来生成结果】中选择步骤7中生成的马达。该马达可以从 MotionManager 树中选取，如图7-9所示。

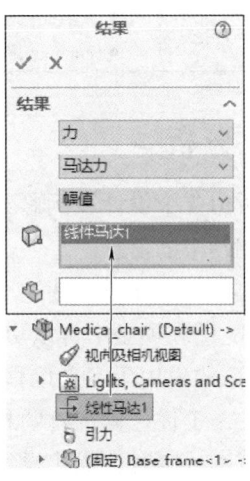

图 7-8　定义传感器　　　　　图 7-9　定义马达力图解

将图解重命名为"Motor Force Plot"。所需力的大小约为2106N，如图7-10所示。

**步骤 15　为最大力添加传感器**　单击【传感器】，在【传感器类型】中选择【Motion 数据】，在【运动算例】中选择【Chair motion】，在【运动算例结果】中选择【Motor Force Plot】。在【属性】中设置【准则】为【模型最大值】，并确保不勾选【提醒】复选框，如图7-11所示。

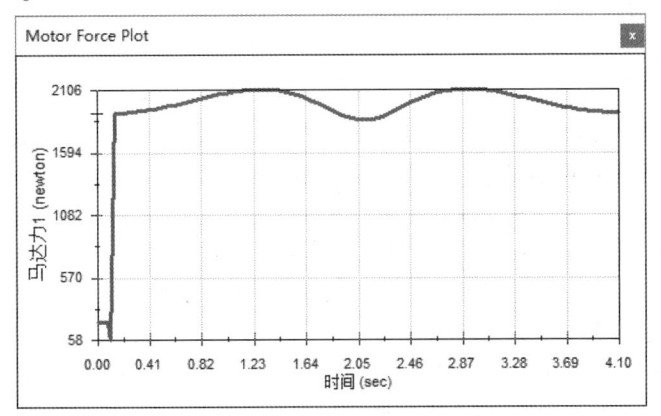

图 7-10　查看马达力图解　　　　图 7-11　定义传感器

单击【确定】，将传感器重命名为"Motor Force"。

| 知识卡片 | 设计算例 | 使用设计算例可以方便地利用马达、几何体形状、弹簧和阻尼等设计变量分析装配体，然后可以将诸如位移、速度和加速度等结果绘制成设计变量的函数图解。<br>设计算例分以下两步进行定义：<br>1）必须指定各种参数（设计变量）。<br>2）生成设计算例，在算例中指定参数的传感器(组合)及其数值 |
|---|---|---|
| | 操作方法 | • 菜单：【插入】/【设计算例】/【添加】。<br>• CommandManager：【评估】/【设计算例】🔑。 |

| 知识卡片 | 参数 | 参数或设计变量是在设计算例中可以改变的数值，以研究装配体的行为。它们也可以用于优化算例，通过指定一系列的设计约束来优化设计。用户可以使用大多数参数，如马达、几何特征、弹簧和阻尼、接触等。 |
|---|---|---|
| | 操作方法 | • 菜单：【插入】/【设计算例】/【参数】。<br>• CommandManager：【评估】/【设计算例】/【参数】。 |

## 7.4 优化分析

优化分析由 3 个设计算例参数定义：变量、约束和目标。优化分析使用之前定义的算例来获取关于运动和约束的信息。

在操作之前，先介绍一些用于优化分析的术语：

1）变量。即在模型中可以更改的数值，可使用参数来定义。

2）约束。约束用于定义位移、速度等的允许范围，可以定义最小值和最大值。约束缩小了优化的空间。一个优化算例有两种可能的结果：第一种是达到了设计变量的极限，当设计变量达到其允许的范围极限时，优化设计便位于设计变量的边界；第二种可能的结果是满足了约束，此时优化设计位于临界约束的边界上。临界约束是指激活的约束，例如，位移达到了极限。

3）目标。也称为优化准则或优化目标，即定义优化的目标。

**步骤16　生成设计算例**　单击【设计算例】🔑，将"设计算例1"重命名为"Chair Optimization"。设计算例的界面出现在屏幕的底部。它提供了两个视图样式：

- 变量视图。以变量的形式输入参数。
- 表格视图。显示每个变量的一组不连续数值。

整体变量是指可以用于方程式的数值或模型尺寸。模型中的所有整体变量显示在 FeatureManager 设计树中的【方程式】文件夹中。在优化算例中，可将驱动系统的整体变量用作变量，而将从动的整体变量用作约束。用户若想了解更多信息，请参考 SOLIDWORKS 在线帮助。

**步骤17　定义参数并添加为变量**　在【变量视图】中单击【变量】下方的【添加参数】，系统将自动弹出【参数】对话框。在【类别】中选择【整体变量】。在【参考】中设置【整体变量】为【Scissor_length = 0.5】。【数值】中将自动显示"0.5"，而【链接】区域中将显示"∗"，这表明它与模型尺寸或方程式相关。在【名称】中输入"Scissor_length"，单击【应用】，如图7-12所示。单击【确定】以关闭【参数】对话框。

在下拉列表中指定【范围】，并在【最小】和【最大】数值框中分别输入"0.4"和"0.6"，如图7-13所示。

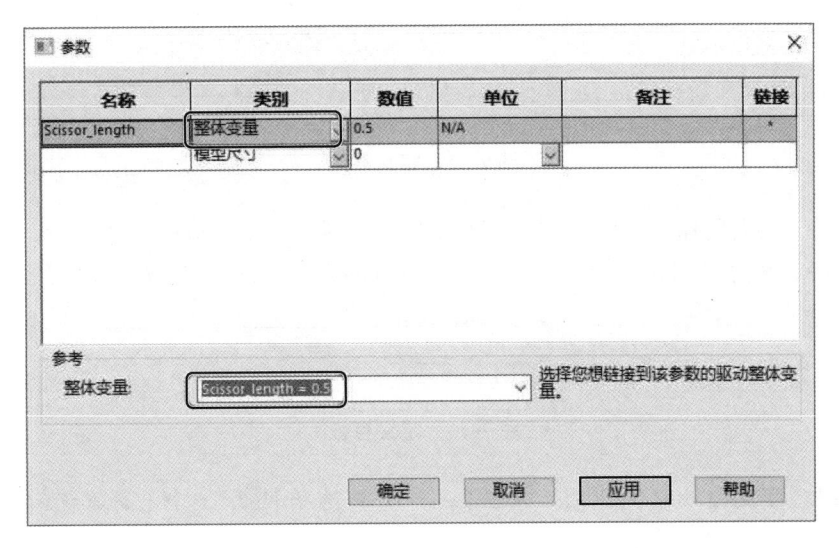

图 7-12 定义变量 1

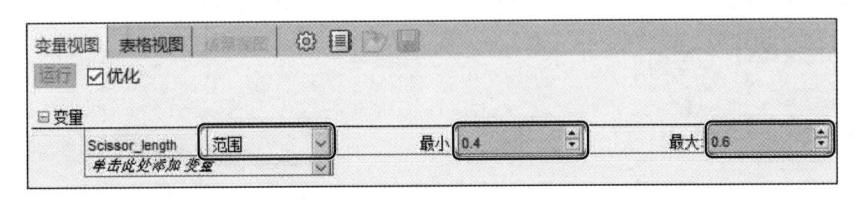

图 7-13 输入最小、最大数值

**步骤 18　定义变量并输入数值**　添加第二个变量，定义参数名称为"Scissor_height"，在【整体变量】中选择【Scissor_height = 0.2】。

在【范围】的【最小】和【最大】值中分别输入"0.15"和"0.3"。

添加第三个变量，定义参数名称为"Piston_offset"，在【整体变量】中选择【Piston_offset = 0.5】。

在【范围】的【最小】和【最大】值中分别输入"0.5"和"0.7"，如图 7-14 所示。到此已经完成了对设计算例中变量的定义。

图 7-14 定义变量 2

**步骤 19　定义约束**　从【约束】的下拉菜单中选择【Min Displacement】作为第一个约束。从下拉列表中选择【小于】并输入数值"0.375m"。

选择【Max Displacement】作为第二个约束。选择【大于】并输入数值"0.6m"。两个约束将自动加载参考算例"Chair motion"，如图 7-15 所示。这样便完成了设计算例中对约束的定义。

图 7-15 定义约束

**步骤20 定义目标** 从【目标】的下拉菜单中选择【Motor Force】作为目标，并选择【最小化】。同样，参考算例被自动设置为"Chair motion"，如图7-16所示。

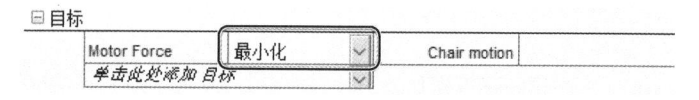

图 7-16 定义目标

**步骤21 定义设计算例选项** 单击【设计算例选项】，选择【高质量（较慢）】，如图7-17所示。单击【确定】。

**步骤22 运行设计算例** 单击【运行】按钮，如图7-18所示。

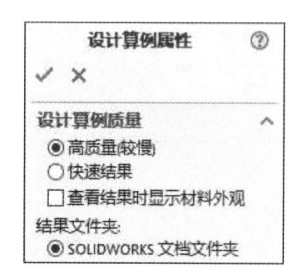

图 7-17 定义设计算例属性

图 7-18 运行设计算例

提示 确保勾选了【优化】复选框。

**步骤23 优化设计** 当算例运行完成时，【结果视图】选项卡处于激活状态，设计算例对话框显示的是全局结果。设计算例通过15个步骤才得到一个收敛解。

对每个特定的迭代，都可以看到每个变量、约束和目标的数值，如图7-19所示。直角方框列显示的是优化设计，圆角方框列表示迭代未满足所有的设计约束。

| | | 当前 | 初始 | 优化 | 迭代1 | 迭代2 | 迭代3 | 迭代4 |
|---|---|---|---|---|---|---|---|---|
| Scissor_length | | 0.400420 | 0.500000 | 0.400420 | 0.600000 | 0.600000 | 0.400000 | 0.400000 |
| Scissor_height | | 0.229668 | 0.200000 | 0.229668 | 0.300000 | 0.150000 | 0.300000 | 0.150000 |
| Piston_offset | | 0.699729 | 0.500000 | 0.699729 | 0.600000 | 0.600000 | 0.600000 | 0.600000 |
| Min Displacement | < 0.375m | 0.3748m | 0.34911m | 0.3748m | 0.43571m | 0.30581m | 0.43571m | 0.30581m |
| Max Displacement | > 0.6m | 0.7352m | 0.7352m | 0.7352m | 0.7352m | 0.7352m | 0.7352m | 0.7352m |
| Motor Force | 最小化 | 1466.56牛顿 | 2105.95牛顿 | 1466.56牛顿 | 1655.5牛顿 | 2788.71牛顿 | 1393.25牛顿 | 2125.57牛顿 |

图 7-19 结果视图

**步骤24 查看最终设计** 在表格第一行，如果单击【初始】、【优化】或任何一个【迭代】，都会显示模型的结果。通过显示这些图解，可以比较优化之前、优化之后和优化过程中的模型。

在优化设计中，剪刀架的长度由 0.5m 降到 0.400420m，剪刀架的高度由 0.2m 增加到 0.229668m，活塞的偏移量由 0.5m 增加到 0.699729m，如图 7-20 所示。

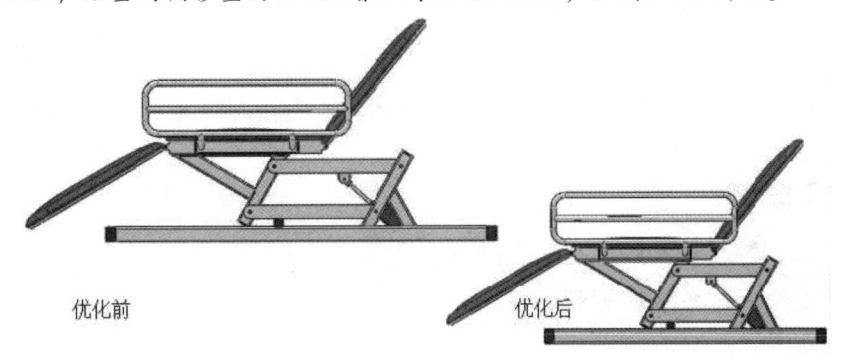

图 7-20　结果对比

**步骤 25　检查优化结果**　通过单击对应的列，用户可以查看每个迭代的结果。单击【优化】列，涉及的运动算例将会更新，以反映这次优化设计。

单击"Chair motion"算例选项卡，显示马达力的图解，如图 7-21 所示。

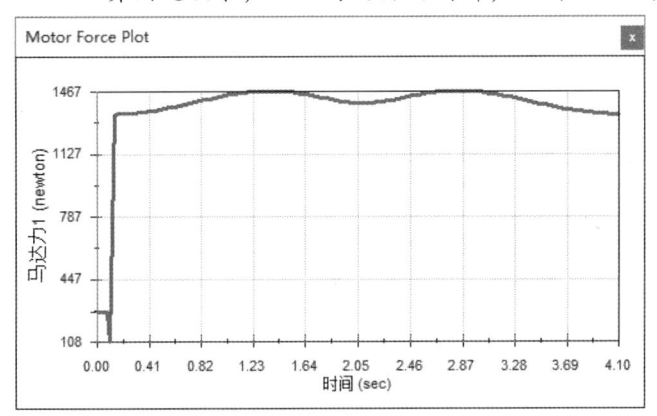

图 7-21　查看图解

所需的力从 2106N 降至 1467N，大约降低了 30%。

> **注意**　在继续下一步之前，SOLIDWORKS 模型的几何体已经发生了改变。因此不应该对生产用的零件文件进行优化分析，而应该使用零件或装配体的本地副本进行。

**步骤 26　保存并关闭文件**

# 第 8 章 柔 性 接 头

**学习目标**
- 了解柔性连接器（套管）
- 生成高级图解

## 8.1 柔性接头简介

在物理世界中，没有物体是绝对刚性的，因为材料具有弹性和塑性变形的能力。前面介绍的配合是将物体模拟为刚性的，这与实际不符。在本章中，将从刚性配合开始，然后将它们转为柔性配合，以使模拟更加真实。

## 8.2 实例：带刚性接头的系统

车辆在具有减速带的跑道上行驶，减速带的高度为 50mm，间隔为 2100mm。车辆行驶速度为 60km/h。设置一个悬架转向系统并测试其工作情况。

该模型是带有转向机构的短-长臂（SLA）悬架子系统的几何体，如图 8-1 所示。

### 8.2.1 问题描述

这个算例的目标是检查车轮在颠簸过程中竖直移动 50mm 时前束角的变化，以及方向盘转动的角度为 45°、0° 和 −45° 时，车轮呈现的前束角度。

首先采用刚性接头

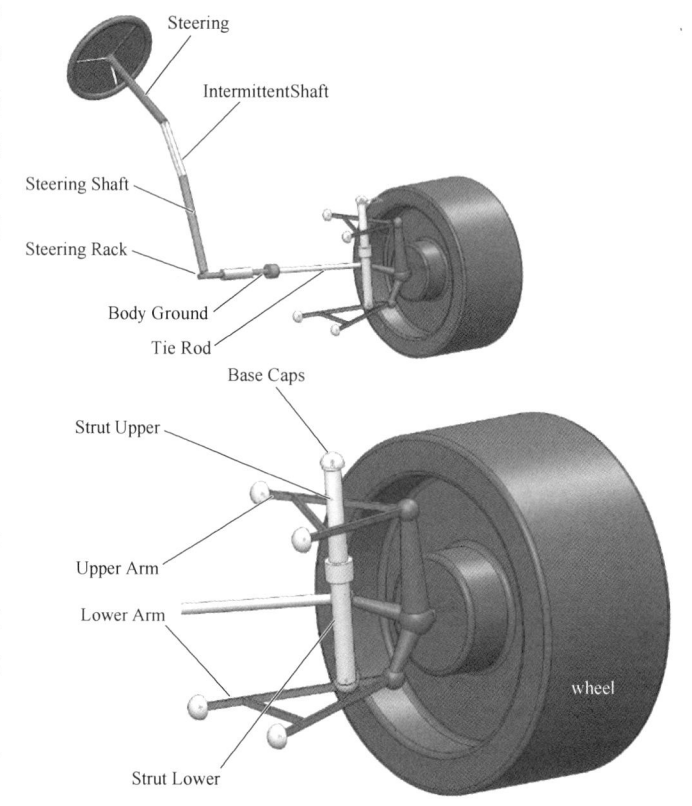

图 8-1 悬架子系统

计算 3 个角度下的算例,然后将接头更改为柔性,再重新计算这个算例以进行比较。

## 8.2.2 关键步骤

为了分析此悬架子系统,需要通过以下几个步骤:
1) 创建配合。确保所有必需的机械配合已经包含在装配体中。
2) 定义运动。添加一个由频率驱动的线性马达,频率源自车辆速度和减速带的间隔。
3) 图解显示结果。图解显示轮胎的偏转角和竖直位移的关系。
4) 修改接头。将接头从刚性修改为柔性。
5) 重新运行算例。将算例结果与之前采用刚性接头的算例结果进行对比。

**操作步骤**

**步骤 1 打开装配体文件** 打开文件夹"Lesson08\Case Studies\Suspension-Steering System"中的装配体文件"Steering_Suspension_System"。

**步骤 2 查看装配体** 在创建运动算例之前,需要检查装配体,并确定各部件是如何连接的。

在"Mates"文件夹下有一个"Angle"配合,查看此配合。该配合用于控制方向盘的角度,后续将使用这个角度作为算例中的参数,因为可以使用该配合将方向盘旋转至特定的角度。

竖直移动轮胎并进行转动。注意到下臂没有连接到下支柱。同时看到轮胎可以转动,即便方向盘由于配合而不会转动。

6 个"Base_Caps"(支柱的顶部以及每个臂各含两个)被固定而无法移动,如图 8-2 所示。

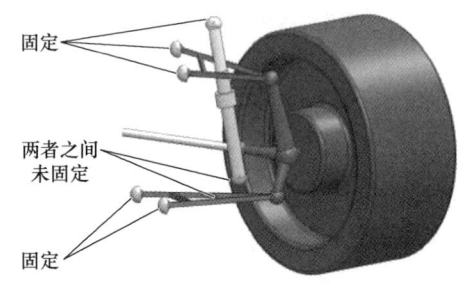

图 8-2 零部件状态

**步骤 3 准备应用配合** 在装配体中添加两个配合:一个齿条小齿轮配合将转向齿条连接到转向轴;另一个锁定配合将支柱的底部连接到下臂。

> **注意** 在应用这些配合之前,轮胎需要恢复至原始零位置。

不保存并直接关闭此装配体,然后再重新打开文件以恢复至初始点,或使用【重装】将硬盘上的装配体复制到内存。

**步骤 4 连接"Base_Caps <5>"至"Lower_Arm"** 在零件"Lower_Arm"和"Base_Caps <5>"之间添加一个【锁定】配合。现在这两个零件被刚性地连接在一起。

**步骤 5 浮动"Base_Caps <5>"** 打开这个装配体时,"Base_Caps <5>"是【固定】的,现在已经和"Lower_arm"建立了【锁定】配合,所以必须移除【固定】配合才能保证悬架运动。右键单击"Base_Caps <5>",并选择【浮动】。

**步骤 6 在"Steering_Shaft"和"Steering_rack"之间生成齿条小齿轮配合** 在通过蜗轮连接的"Steering_shaft"和"Steering_rack"之间添加一个【齿条小齿轮】配合。当零件"Steering"(连接着"Steering_Shaft")转动 7°时,零件"Steering_rack"的行程为 1mm。选择【齿条行程/转数】并输入 51.43mm[(360°/7°)×1mm/r = 51.43mm/r]。

勾选【反转】复选框以更改至正确的方向,如图 8-3 所示。单击【确定】。

图8-3 定义配合

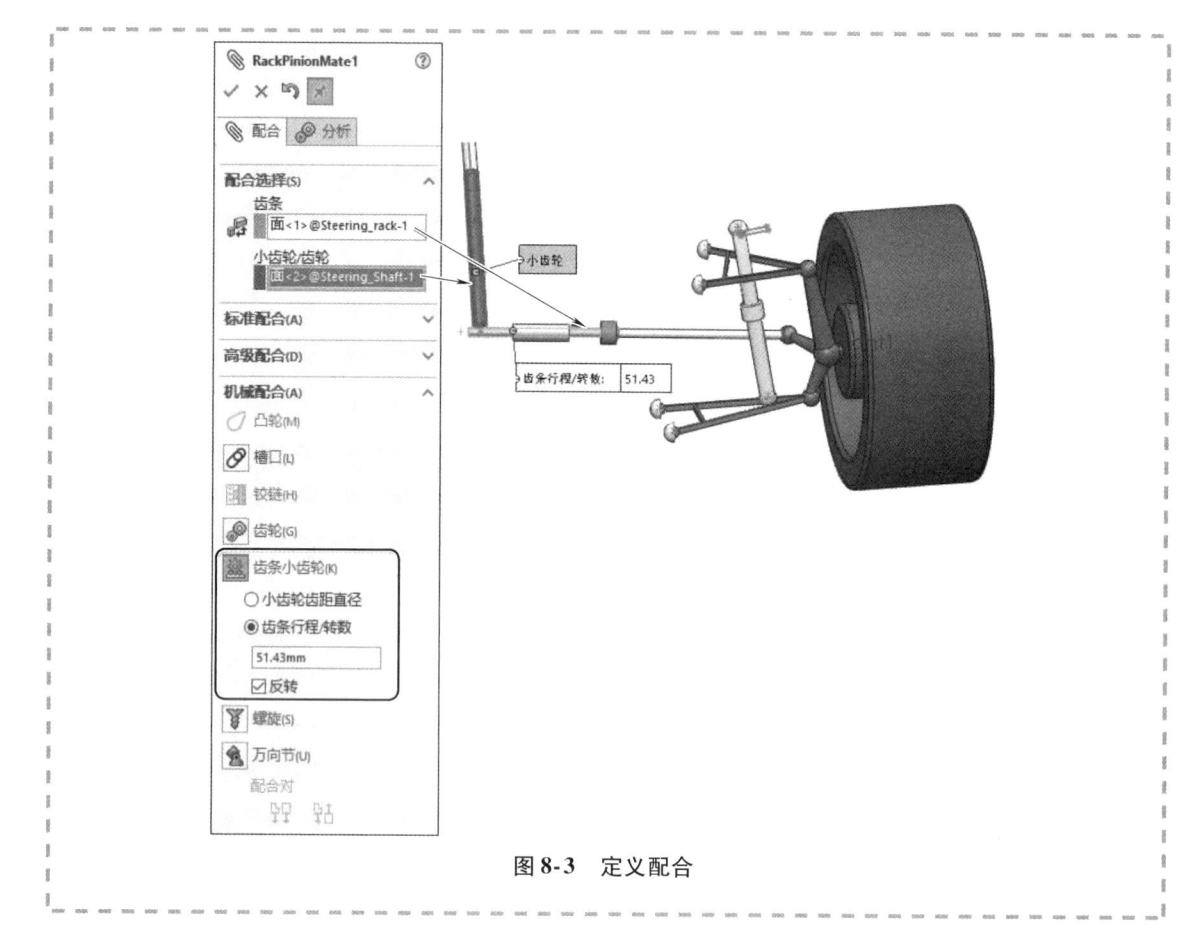

### 8.2.3 车轮输入运动的计算

将简单的谐波函数运动施加到车轮上以模拟这个情形。为了达到这一目标，需要基于输入条件提前完成一些初步的计算。对于谐波函数，需要找到频率和幅值（在本示例中是指减速带50mm的高度）。

可以根据减速带的间距（2100mm）和速度（60km/h）来计算频率。

频率 = 速度/间距 = (60km/h)/2100mm = (16666.67mm/s)/2100mm = 7.94Hz。

要求的峰间值幅度为50mm。

**步骤7 生成运动算例** 新建一个运动算例，并将其命名为"Tire"。

**步骤8 创建输入运动** 下面将添加一个马达，目的是根据车辆以指定的速度驶过减速带的频率来驱动车轮竖直运动。单击【马达】，指定【马达类型】为【线性马达（驱动器）】。选择轮毂中心点作为马达的位置。在【马达方向】中选择零件"wheel"的上视基准面(Top Plane)。

> **注意** 用户必须使用零件"wheel"的上视基准面，而不是该零件的其他基准面。

在【运动】中选择【振荡】，将【位移】设定为50mm，【频率】设置为7.94Hz，保持【相移】为0°，如图8-4所示。

单击【确定】。

**步骤9** 在"Strut_Lower"和"Strut_Upper"之间添加弹簧和阻尼 定义一个弹簧,连接顶部支柱的点(使用矩形草图的角点)和底部的边线。单击【弹簧】,设置【弹簧常数】为60.00N/mm,设置【自由长度】为405mm。添加线性阻尼并指定【阻尼常数】为0.46N/(mm/s)。在【显示】组框中设定【弹簧圈直径】为60mm,【圈数】为10,【丝径】为10mm,如图8-5所示。单击【确定】。

**步骤10** 设置算例属性 设置算例属性,将【每秒帧数】设定为500。

**步骤11** 运行算例 运行算例0.12s,这是输入频率7.94Hz对应的一个周期。

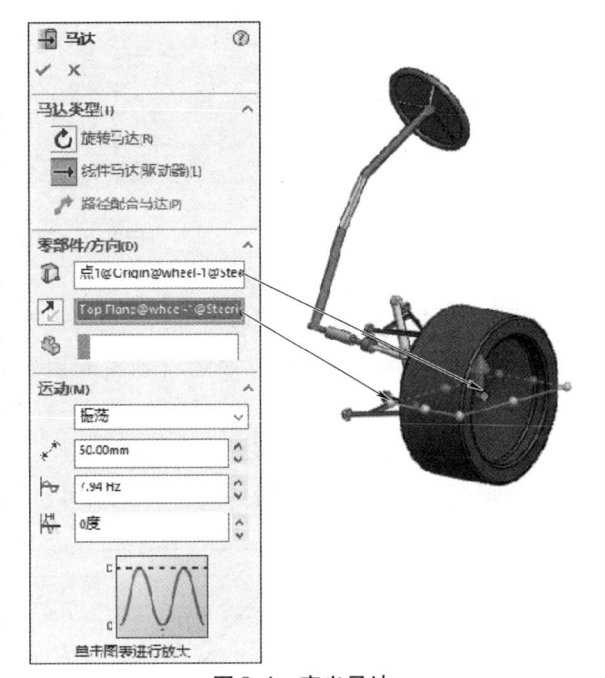

图8-4 定义马达

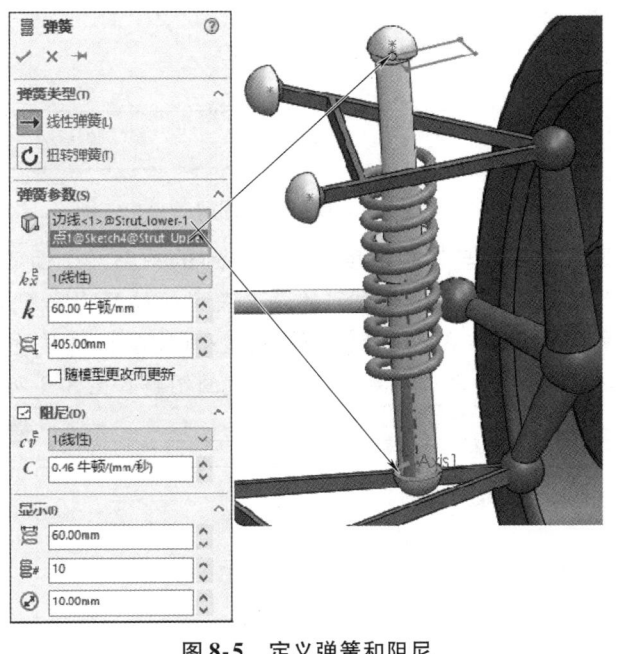

图8-5 定义弹簧和阻尼

## 8.2.4 理解前束角

从车的正上方看,如果车轮前端向内倾(呈内八字形),则称为"内束(toe-in)";如果车轮前端向外张(呈外八字形),则称为"外张(toe-out)",如图8-6所示,箭头表示汽车的行驶方向。这个值可以用度(°)为单位的前束角(车轮前端和车辆中线的夹角)或以轮距差(车轮前端和后端距离的差)表示。前束角的设置会影响汽车的性能,主要包括轮胎的磨损、直线行驶的稳定性和转弯时的处理特性。

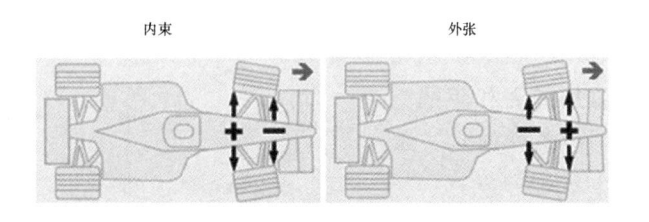

图 8-6 前束角

**步骤 12　播放动画**　慢速播放算例以观察运动，如果选择了【循环】，则将连续播放。

**步骤 13　图解显示偏航**　单击【结果和图解】，选择【其他数量】、【俯仰/偏航/滚转】及【偏航】。

在【选择一个零件面来生成结果】中选择零件"wheel"的轮胎面，这将显示零件"wheel"质心的偏航图解。单击【确定】。从该图解可以轻易确定前束角，如图 8-7 所示。

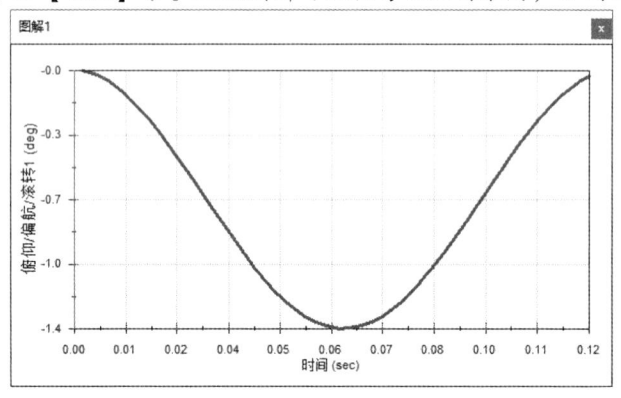

图 8-7　查看偏航图解

**步骤 14　图解显示前束角与车轮高度（$Y$ 向位移）的关系**　上面的图解并不重要，因为真正重要的是前束角和主轴竖直位移之间的函数关系。编辑上一图解。在【图解结果相对于】内选择【新结果】，之后再依次选择【位移/速度/加速度】、【质量中心位置】及【$Y$ 分量】，选择相同的车轮表面，单击【确定】。生成的图解如图 8-8 所示。

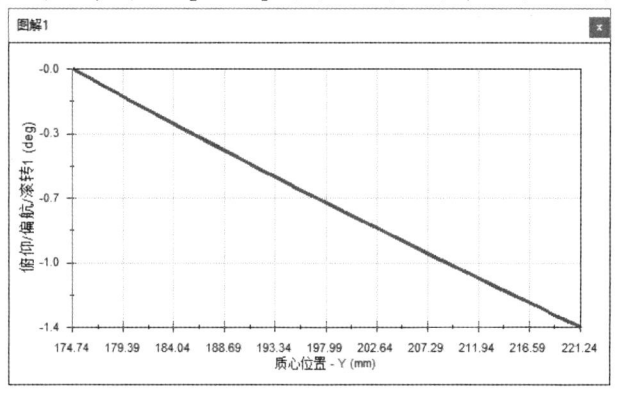

图 8-8　查看前束角与车轮高度的图解

**步骤 15　查看图解**　因为存在刚性接头，所以两条线彼此重叠：一条线对应车轮上升，另一条线则对应车轮下降。

## 8.3 套管

在前面的算例中，所有接头都是模拟为刚性的，而这不符合实际。在本章的后面部分，将更改接头为柔性，以更真实地模拟现实情况。

在模型上添加套管对象来模拟物理悬架上的柔性配合。套管单元允许在一定自由度下变形，但连接件被认定为刚性时，并不会考虑这种情况。在本章中，要注意"Lower_Arm"和"Base_Caps"是如何通过两个同轴心配合连接到一起的。为了模拟"Lower_Arm"和"Base_Caps"之间的柔性连接，可以使用套管来替代这两个配合。

汽车设计中的典型套管由钢-钢、聚氨酯或尼龙组成。这些套管的刚度和阻尼特性由 SAE 试验法测量获得，并取决于车辆的类型。

与刚性连接进行对比，各向异性的套管会极大地影响用户模型的运动学（外倾角、前束角）和动力学（接头、冲击力）结果。在下面的仿真中将使用各向同性的套管。

**步骤16 查看模型中的配合** 重新查看连接到"Lower_Arm"和"Upper_Arm"零件的配合，注意它们是如何连接到"Base_Caps"的。"Base_Caps"是连接到汽车结构框架的，在配合中不存在松弛。然而，在现实生活中会存在一些松弛，或在摆臂和"Base_Caps"之间存在一定作用。为了体现这种松弛，将使用柔性连接器，即套管。

**步骤17 在"Base_Caps"和"Arms"之间创建套管** 这里需要在本地编辑全局配合，因此必须保持在【运动算例】选项卡的同时，进入 SOLIDWORKS FeatureManage 设计树中编辑配合。找到 4 个同轴心配合，即"Base_Caps 1"与 4 个上下臂之间的配合，按顺序依次编辑每个配合。

如图8-9所示，切换至【分析】选项卡，对每个配合做如下更改：

- 勾选【套管】复选框。
- 在【平移】和【扭转】中均勾选【各向同性】复选框。
- 在【平移】中，修改【刚度】为 3500N/mm，【阻尼】为 2.63N·s/mm，【力】为 0N。
- 保留【扭转】的默认设置不变。

现在每个配合都将在配合类型旁边显示一个套管标志，如图8-10所示。

图8-9 定义套管

图8-10 套管标志

**步骤18 运行仿真**

**步骤19 图解显示前束角与车轮高度($Y$向位移)的关系** 结果如图8-11所示。与步骤14中得到的结果进行比较,可以确定套管会影响前束角。

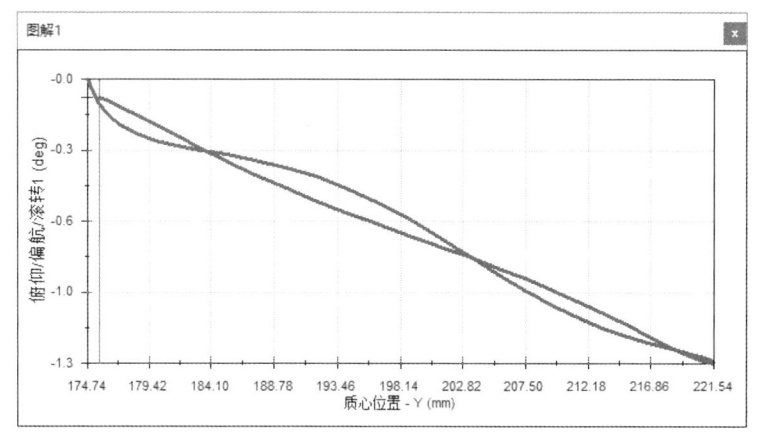

图8-11 再次查看前束角与车轮高度的图解

**步骤20 查看仿真** 放大"Lower_Arm"连接"Base_Caps"的区域。注意"Lower_Arm"与"Base_Caps"是如何连接的,如图8-12所示。在活动零件和"Base_Caps"之间仍会存在一定的松弛。

时间 = 0.0    时间 = 0.025    时间 = 0.05

图8-12 查看仿真结果

**步骤21 保存并关闭文件**

# 第 9 章 冗 余

**学习目标** 
- 了解冗余及其对仿真结果的影响
- 在机构中使用柔性配合自动消除冗余
- 分别对每个配合指定刚度
- 了解如何创建没有冗余的装配体

## 9.1 冗余概述

第 2 章讲解了为运动学仿真组建装配体的建议方法,即进行仿真的主要目标是获得位移、速度、加速度、冲击力或可能的一些反作用力。其中介绍了使用配合来连接装配零部件,从而限制一对刚体的相对运动。因此,配合决定了装配体的运动方式。本教程的后续部分将更加详细地介绍配合,包括每个配合所限制的自由度,以及配合对运动仿真结果的重要性。

在学习本章的内容之前,先回顾一些基本的术语和概念。每个不受约束的物体在空间上拥有 6 个自由度:相对于 $X$、$Y$ 和 $Z$ 轴的 3 个平移自由度和 3 个旋转自由度。任何刚体,即 SOLIDWORKS 零件或由子装配体形成的刚性连接零件,都拥有 6 个自由度。当使用配合连接刚性零件或子装配体时,每个配合(或连接类型)都将从系统中消除一定数量的自由度。最常用的配合及其约束的自由度见表 9-1。

表 9-1 常用的配合及其约束的自由度

| 配合类型 | 约束的平移自由度 | 约束的旋转自由度 | 约束的自由度总数 | 配合类型 | 约束的平移自由度 | 约束的旋转自由度 | 约束的自由度总数 |
|---|---|---|---|---|---|---|---|
| 铰链配合 | 3 | 2 | 5 | 万向联轴器配合 | 3 | 1 | 4 |
| 同轴心(2 个圆柱) | 2 | 2 | 4 | 螺旋配合 | 2 | 2(+1) | 5 |
| 同轴心(2 个圆球) | 3 | 0 | 3 | 点对点重合配合 | 3 | 0 | 3(配合等同于同轴心的圆球配合) |
| 锁定配合 | 3 | 3 | 6 | | | | |

表 9-2 列出了一些特殊配合所能约束的自由度,可能这些配合并不代表真实的机构连接,但在连接的两个实体上的确施加了几何约束。

表 9-2 一些特殊配合能约束的自由度

| 配合类型 | 约束的平移自由度 | 约束的旋转自由度 | 约束的自由度总数 | 配合类型 | 约束的平移自由度 | 约束的旋转自由度 | 约束的自由度总数 |
|---|---|---|---|---|---|---|---|
| 点在轴线上的重合配合 | 2 | 0 | 2 | 平行配合(两根轴) | 0 | 2 | 2 |
| 平行配合(两个平面) | 0 | 2 | 2 | 平行配合(轴和平面) | 0 | 1 | 1 |

(续)

| 配合类型 | 约束的平移自由度 | 约束的旋转自由度 | 约束的自由度总数 | 配合类型 | 约束的平移自由度 | 约束的旋转自由度 | 约束的自由度总数 |
| --- | --- | --- | --- | --- | --- | --- | --- |
| 垂直配合（两根轴） | 0 | 1 | 1 | 垂直配合（轴和平面） | 0 | 2 | 2 |
| 垂直配合（两个平面） | 0 | 1 | 1 | | | | |

用户可以看到，配合的类型决定了约束自由度的数量，而且所选的实体对也很重要。

对于需要运动学数据（位移、速度、加速度等）的模型，所有的配合都应该在合理的范围内代表真实的机械连接。在图9-1所示的示例中，门由两个铰链连接。两个铰链都应该定义为运动学方案的铰链配合以获取运动结果。但由于存在冗余，当需要获得接合力或将零件输出到SOLIDWORKS Simulation进行应力分析时，这种方法就显得不足了。

根据自由度的数量，机械系统被划分为两类：

（1）运动学系统 对于运动学系统，配合和马达完全约束了机构的所有自由度。因此，基于配合和马达施加的运动，每个零件的位置、速度和加速度在每个时间步长内都是完全定义的。不需要质量和惯性等信息来决定运动，这样的机构也就是说具有0个自由度。

如图9-2所示的剪式升降机，不管连杆或平台的质量是多少，或站在平台上的人的质量（外部载荷）有多大，剪式升降机的运动始终如一。当任何零部件或外部载荷发生变化时，只是驱动升降机所需的力发生改变。更大的质量意味着需要更大的力将载荷从某一高度升至另一高度。

图9-1 带铰链的门

（2）动力学系统 在动力学系统中，零件的最终运动取决于零部件的质量和施加的力。如果质量或作用力发生变化，运动表现也会不同。这样的机构也就是说具有超出0个的自由度。

在图9-3所示的球摆机构中，运动将随球体质量的改变而有所不同。如果用户用不同的力摆动左侧的球，整个球摆机构的运动也会不同。

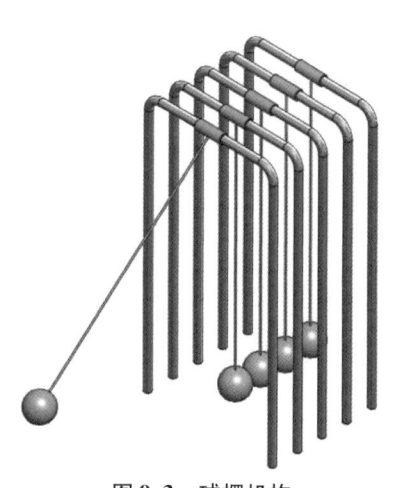

图9-2 剪式升降机

图9-3 球摆机构

总的来说，运动学和动力学系统的主要区别在于：运动学系统的运动不受质量和施加载荷的影响，而动力学系统的运动可以通过改变质量和施加载荷来改变。

第 1 章～第 8 章分析的所有系统都可以认为是运动学系统，即在给定配合和指定马达的情况下，系统的运动是确定的，也是唯一的。然而，所有这些系统都是冗余的，会产生唯一的运动学结果（位移、速度和加速度等），但在动力学系统中，这些系统产生的结果可能不是唯一的（例如，由于不存在唯一解而无法正确计算接头力）。本章将讲解冗余系统，即带有多余约束的系统（也可以称为过约束系统）。

## 9.1.1 冗余的概念

将现实问题转化为数学模型求解时通常会涉及冗余，冗余是刚体运动仿真时的固有问题。理解冗余并了解其如何影响机构的仿真及结果是非常重要的。

从基本层面上讲，当有一个以上的配合约束零件的特定自由度时，将产生冗余约束。

SOLIDWORKS Motion 中的约束通过将代数方程添加到微分-代数方程（Differential and Algebraic equations, DAE）的控制系统中来消除系统的自由度（DOF）。

SOLIDWORKS Motion 使用 6 个代数方程来表示被配合约束的自由度（见图 9-4）。方程 1～3 约束了平移自由度，而方程 4～6 约束了旋转自由度，其中"$i$"和"$j$"分别表示第一个和第二个零件。上面的方程可以理解为：

$X_i - X_j = 0$ ……………… (1)
$Y_i - Y_j = 0$ ……………… (2)
$Z_i - Z_j = 0$ ……………… (3)
$Z_i \cdot X_j = 0$ ……………… (4)
$Z_i \cdot Y_j = 0$ ……………… (5)
$X_i \cdot Y_j = 0$ ……………… (6)

1）$X_i - X_j = 0$ 表示"$i$"零件的全局 $X$ 坐标必须始终与"$j$"零件的 $X$ 坐标相同。

2）$Y_i - Y_j = 0$ 表示"$i$"零件的全局 $Y$ 坐标必须始终与"$j$"零件的 $Y$ 坐标相同。

图 9-4 自由度约束

3）$Z_i - Z_j = 0$ 表示"$i$"零件的全局 $Z$ 坐标必须始终与"$j$"零件的 $Z$ 坐标相同。

4）$Z_i \cdot X_j = 0$ 表示"$i$"零件的 $Z$ 轴始终垂直于"$j$"零件的 $X$ 轴（即不会绕着共同的 $Y$ 轴旋转）。

5）$Z_i \cdot Y_j = 0$ 表示"$i$"零件的 $Z$ 轴始终垂直于"$j$"零件的 $Y$ 轴（即不会绕着共同的 $X$ 轴旋转）。

6）$X_i \cdot Y_j = 0$ 表示"$i$"零件的 $X$ 轴始终垂直于"$j$"零件的 $Y$ 轴（即不会绕着共同的 $Z$ 轴旋转）。

方程 4～6 中的符号"·"表示点积运算。当两个矢量的点积为 0 时，矢量间相互垂直。

模型中的每个固定配合使用 6 个方程（1～6），同轴心配合（两个球）使用 3 个方程（1～3），铰链配合使用 5 个方程（1～5）。

注意这些配合是如何使用方程 1 和方程 2 的。任何对自由度的重复约束都将导致系统的过约束，或者说引入了冗余约束方程。

SOLIDWORKS Motion 通过输出警告信息帮助用户了解哪些方程是冗余的，哪些自由度并不需要被约束。当有冗余约束时，意味着有两个或更多的配合都试图控制某个特定的自由度。在简单情况下，解算器将自动移除冗余约束方程以消除冗余。在复杂情况下，解算器移除的可能不是机构中正确的方程，从而会影响原始设计。

⚠️ 注意　这会导致仿真还在运行，但给出了错误的运动或答案。

## 9.1.2 冗余的影响

冗余会导致两种错误：

1）求解过程中，仿真失败。在解算器求解的过程中，它会不断地重新评估系统冗余度并将冗余从机构中移除。在重新评估过程中，有时会根据当前的位置和方向移除不同的冗余约束，这潜在地导致了模型的不一致。因为解算器并不能理解机构的设计意图，它将任意移除数学上有效但从功能角度来看是无效的约束。

2）力的计算不正确。后面将用一个示例来说明这个问题。

## 9.1.3 在解算器中移除冗余

实际上在运行仿真前，解算器将检测机构是否包含冗余。如果检测到有冗余存在，解算器将尝试移除冗余，只有在移除成功后，解算器才继续运行仿真。在每个时间步长内，解算器会重新评估冗余并在需要时将其移除。

冗余的移除有一定的层级，解算器按照以下顺序移除冗余：

- 旋转约束。
- 平移约束。
- 运动输入（马达）。

按照这个顺序，解算器首先寻找可以被移除的旋转约束以消除冗余。如果不能移除任何旋转约束，它将尝试移除平移约束。如果不能移除任何平移约束，最后将尝试移除输入的运动（作为最后的手段）。

如果所有尝试都失败了，解算器将终止求解，并用消息通知用户检查机构中的冗余约束或不相容的约束（或查看是否处于锁定位置）。

扫码看视频

## 9.2 实例：门铰链

下面通过研究门机构来分析冗余的移除过程。创建系统连接最直观的方法是重新构建物理现实。例如，当看到铰链时，希望使用铰链配合对其进行建模。如果在同一个零件（如这扇门）上有两个铰链，并且用户也放置了两个铰链配合，此时系统就包含了冗余。

### 9.2.1 问题描述

本示例分析的对象是一个包含门和门框的简单门，如图9-5所示，门通过两个铰链连接在门框上。确定由于门的重力而作用在两个铰链上的力。

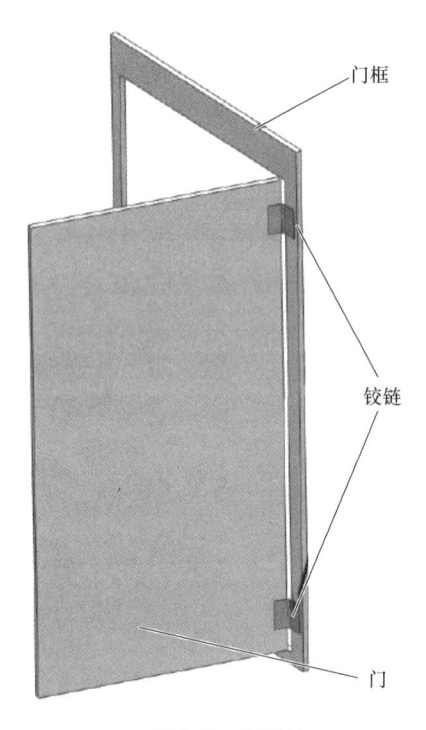

图9-5　门铰链

---

**操作步骤**

**步骤1　打开装配体文件**　从文件夹"Lesson09\Case Studies\Redundancies"内打开装配体文件"Door"。

**步骤2 将门设为浮动** 打开装配体时,两个零部件都是固定的,即为零自由度。右键单击"door"并选择【浮动】。

**步骤3 添加铰链配合** 为了更加容易地选择铰链配合的面,将门先移开一小段距离。单击【铰链】,选择如图9-6所示的面。单击【确定】。

提示 该配合被添加为本地配合还是全局配合并不重要。

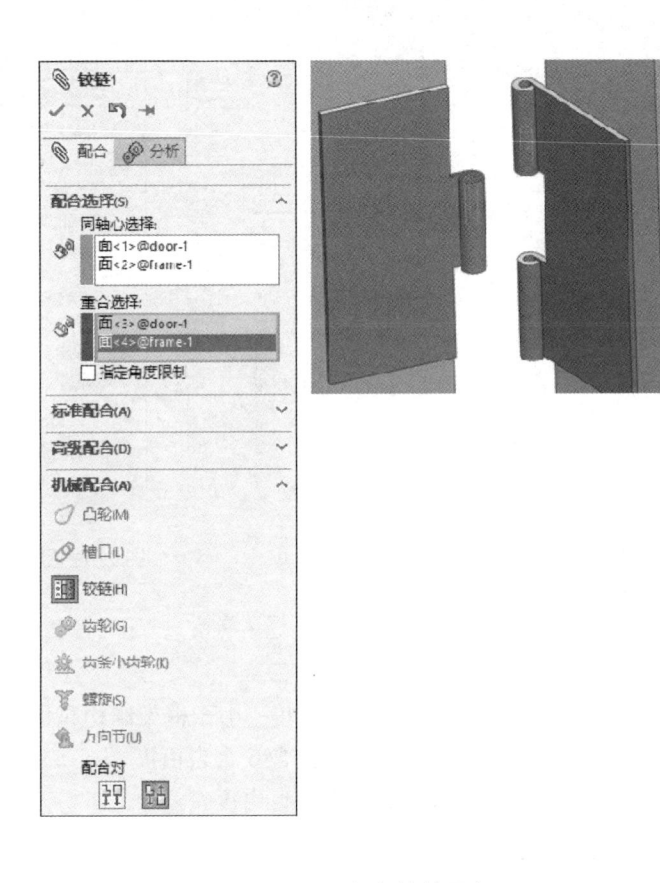

图9-6 添加铰链配合

**步骤4 添加另一个铰链配合** 对底部的铰链添加第二个【铰链】配合。

**步骤5 查看门的质量** 单击【质量属性】,从列表中清除"Door"装配体并选择零件"door"。单击【重算】。门的质量为28020.63g,因此门在竖直方向的作用力应该为274.8N,如图9-7所示。

**步骤6 新建运动算例**

**步骤7 添加引力** 单击【引力】,在Y轴负方向添加引力,单击【确定】。

**步骤8 更改运动算例属性** 单击【运动算例属性】,并设置【每秒帧数】为50。确保不勾选【以套管替换冗余配合】复选框,如图9-8所示。后续将会介绍此选项,这里单击【确定】。

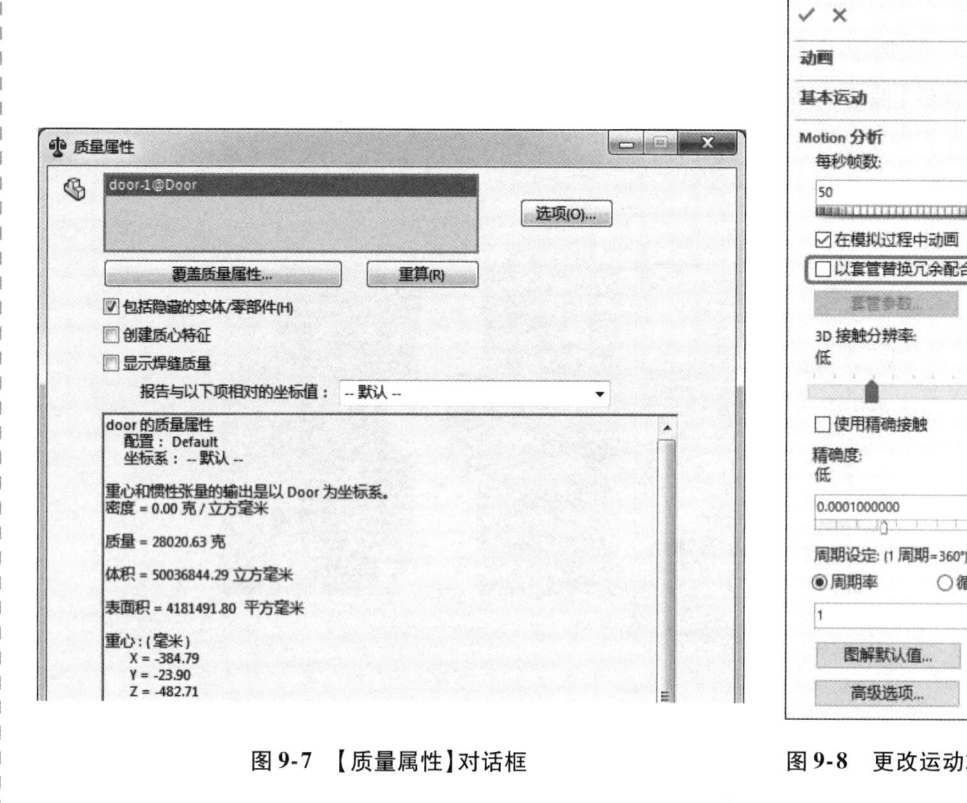

图 9-7 【质量属性】对话框　　　　图 9-8 更改运动算例属性

### 9.2.2 计算自由度

接下来查看一下当前添加的配合约束了多少个自由度。由于框架结构是固定的实体，它没有自由度，装配体中唯一浮动的实体是门，因此该机构包含 6 个自由度。

定义在模型中的两个铰链配合，每个都约束了 5 个自由度。

### 9.2.3 实际自由度和估计的自由度

由上文可知，该系统当前的自由度为 6 - 2×5 = -4，根据这个估计值，可以发现系统是过约束的。这个简单计算被称为近似法(或 Gruebler)，而且也非常容易获得。这个值表示此机构可能无法运动。然而，很显然的是，门可以绕铰链转动，因此从工程角度上讲没有发生过约束。使用工程方法可知，该机构拥有 1 个自由度(绕铰链旋转)。这个值被称为实际值，这比获取上面提到的估计值要更加复杂。

因此系统中冗余约束的数量为 6 - 2×5 - 1 = -5，即该系统带有 5 个冗余约束。从数学的角度来说，门的关闭和打开都不需要这些约束。事实上，移除其中一个铰链并不会改变系统的运动学属性。

**步骤 9　运行仿真**　运行仿真 1s 的时间，该装配体不会发生运动。下面将借助 SOLIDWORKS Motion 中的内部功能来查看自由度和冗余的数量。

## 第9章 冗　余

| 知识卡片 | 自由度计算 | 不用手工计算自由度，SOLIDWORKS Motion 可以快速为用户计算自由度。 |
|---|---|---|
| | 操作方法 | • 快捷菜单：右键单击 MotionManager 树中的本地配合组，并选择【自由度】。 |

**步骤10　使用仿真面板计算自由度**　完成算例后，在运动算例的 FeatureManager 中，"Mates"文件夹将显示为"Mates(5 冗余)"，这与刚才计算所得一样。右键单击当地"Mates"文件夹并选择【自由度】，系统将弹出如图 9-9 所示的【自由度】对话框。在其中可以查看移动（浮动）零件的数量、配合的数量（体现为运动副）、估计和实际的自由度数量，以及总的多余约束数。

SOLIDWORKS Motion 计算得到 5 个冗余约束，该机构是过约束的。

和上面提到的一样，导致这个结果的原因是第二个铰链。从数值上讲，一个铰链配合足够模拟铰接条件，但这也可能是不充分的，当需要计算两个铰链的反作用载荷时尤其如此。

为了得到唯一解，程序将强制移除 5 个冗余约束。这种选择是由程序内部完成而无须用户介入的。用户也可以从上面的列表中找到被去除的冗余自由度。下面将查看接合处的力，以揭示冗余的结果。

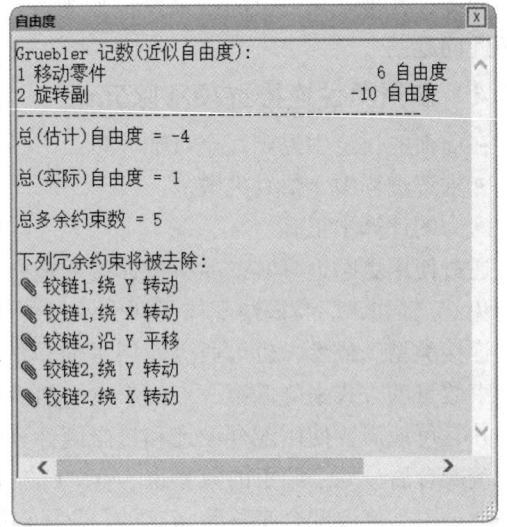

图 9-9　自由度结果

**步骤11　图解显示铰链配合的反作用力**　门所受的重力大约为 274.8N。重力作用在全局的 Y 轴负方向。两个铰链配合应当均分此载荷。下面来验证这一点。创建两个图解以显示两个铰链的【Y 分量】反作用力。当定义图解时，将得到以下警告："此运动算例具有冗余约束，可导致力的结果无效。您想以套管替代冗余约束以确保力的结果有效吗？注意此可使运动算例的计算变慢。"

因为冗余配合是本章的主题，这里将首先分析冗余配合时的情况。单击【否】。其中一个铰链配合的反作用力为 0，如图 9-10 所示，这并不是真实的情况。在另一个铰链配合中得到的反作用力为 274.8N，如图 9-11 所示。

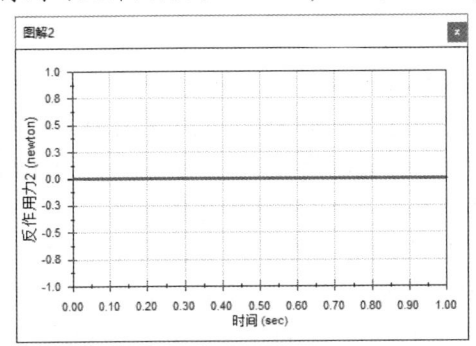

图 9-10　"铰链 2"的反作用力图解

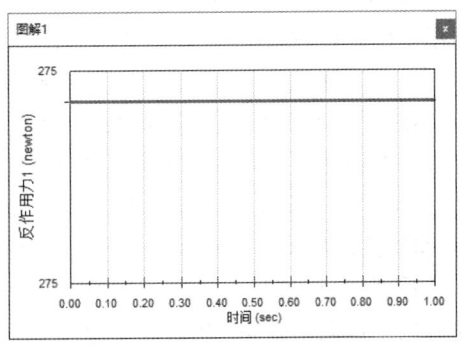

图 9-11　"铰链 1"的反作用力图解

> 可以看到一个铰链配合承担了所有 274.8N 的力，而另一个铰链则没有承担载荷。力在两个铰链上的分布是错误的。

下面分析一下为什么仿真会给出这样的结果。在步骤 10 中使用了仿真面板计算了该机构的自由度。注意其中的冗余约束"铰链 2，沿 Y 平移"说明该机构已经由"铰链 1"配合完成了 Y 方向的约束。"铰链 2"配合约束了相同的自由度但会被忽略。因此，在"铰链 2"配合上没有计算 Y 方向的反作用力。在仿真时间内，门的整个重力将作用在"铰链 1"上。

同样，其他冗余约束的结果也将被忽略，因此会得到 0 值。下面将通过使用柔性连接选项来避免此问题。

### 9.2.4 使用柔性连接选项移除冗余

在前面的讨论中提到冗余可能导致：
- 求解过程中，仿真失败。
- 力的计算不正确。

通过使用更贴近真实产品机械连接的配合，可以将第一点的影响降至最低（尽管并非总是可以避免）。例如，门与框装配体的两个铰链可以使用两个铰链配合连接在一起，因为这最接近真实的连接类型。或者，也可通过使用更简单的诸如点在轴上（或类似的）的配合，以手工降低冗余约束数量的方式来降低第一点的影响。然而，在处理复杂装配体时使用手工方式会是十分困难的，并且可能需要使用配合设计和自由度计算的迭代方法。例如，假设在当前的门示例中删除一个铰链配合后，冗余约束的数量也为 0，Y 方向的结果是相同的。

通过手工修改配合来移除指定的（或所有位置的）冗余以及手工重新调整配合中作用力的分布，或使用第 8 章介绍的柔性配合技术，可以解决第二点的影响。对于前者，假设将一个冗余的铰链配合从仿真中删除，所有载荷随之将被剩余的铰链配合承担。在熟知几何体的情况下，可以手工重新调整以均布在两个配合中。在简单的设计或载荷（如本示例中的门）以及许多对称的机构（例如叉车）中，这种方法可能有效。对于后一种方法，当使用柔性配合取代数学上的刚性配合时，配合在各个方向上的刚度决定了反作用力的分布。

虽然这种方法仍然是近似的，但与无限刚性的情况相比，它可以提供更符合实际的力分布。

当用户生成柔性配合时，机构将更新并使用具有基本配合类型的套管来表示，而不是使用刚性约束。配合的运动和摩擦并不会受柔性配合的影响。

### 9.2.5 柔性配合的局限性

使用柔性配合时，可能存在以下限制：

1）在一些模型中，由于产生了动力学效果，使用套管将减缓求解的速度。

2）不能说明求解中零件的刚度，因此由零件刚度引起的载荷分布可能与套管约束的解不同。套管方法将保证在所有配合位置均获得力的结果。但这种局限性也存在于刚性配合的实例中。

3）高级配合并不支持柔性连接。请参考帮助文档查看可被柔性化的连接列表。

4）如果机构从动力学状态开始，当模型达到初始平衡时，初始力可能存在峰值（这在刚性连接上无法看到）。峰值是由零件的初始状态不平衡和套管抵抗力、加速度的快速变化而产生的。如果模型从强迫运动开始（例如恒定速度），请尝试在一定时间内将运动从 0 提高到预定值以消除或减小这种现象（例如使用步进函数在一定时间内将速度从 0 逐渐提高到预定值）。

5）可能需要输入最佳的配合刚度和阻尼特性。这可能需要采用迭代的方法。

可以柔性化的连接包括固定、旋转、平移、圆柱、万向联轴器、球、平面、方向、在线上、平行轴、在平面和垂直。

在 SOLIDWORKS Motion Simulation 中，可以通过以下两种方式引入配合的柔性状态：

1）在【运动算例属性】中选择【以套管替换冗余配合】。这种方法可仅将一组整体刚度和阻尼属性分配给由某些算法选定的配合中。完全由算法自动确定哪些配合为柔性，哪些配合保持刚性。这种方法适合大多数情况。

2）手工对所选（或所有）配合指定单个的刚度值。这种方法适合所有情况，但相当耗时。用户可能需要使用本地配合，优点是无须更改装配体建模者的设计意图。

当配合变为柔性时，套管图标 将显示在 MotionManager 树中配合图标的旁边。

| 知识卡片 | 套管属性 | 在定义完套管后，用户可以定义它们的平移、旋转刚度和阻尼。 |
|---|---|---|
| | 操作方法 | • MotionManager 工具栏：在【运动算例属性】中，单击【套管参数】。 |

在下面的部分中，将使用【以套管替换冗余配合】选项来正确地求解这个门的实例。

在本章的练习中将手工为所选配合指定单独的刚度值，并通过建立无冗余的装配体模型来手工移除冗余约束。

**步骤12 将接头改为柔性** 为了使所有机构中的接头变为柔性，需要进入【运动算例属性】中选择【以套管替换冗余配合】。单击【套管参数】，可以更改铰链的刚度和阻尼值，如图9-12所示。为了观察配合刚度对结果的影响，请完成随后的练习。单击【确定】两次。

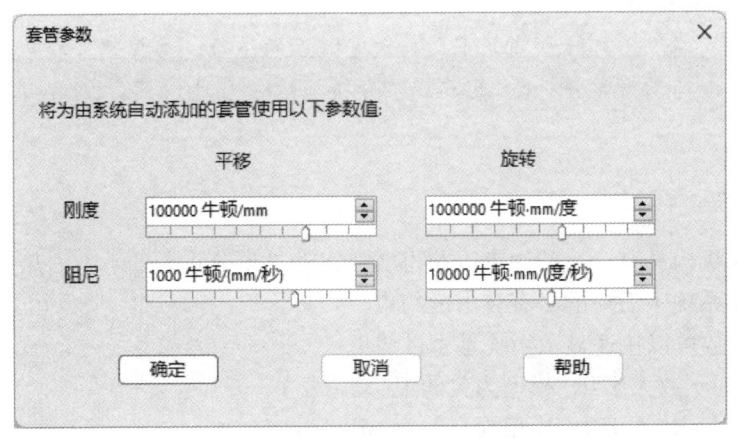

图 9-12 【套管参数】对话框

**步骤13 运行仿真** 请注意 MotionManager 中"Mates"文件夹内的配合图标发生的变化。闪电符号 表示软件强制将此配合改为柔性，而不是由用户手工指定的（如第 8 章的实例），如图9-13所示。

**步骤14 查看结果** 两个配合【反作用力】的【Y 分量】显示的数值为 137.5N，如图9-14所示。门的重力现在正确地被两个铰链配合分担了。

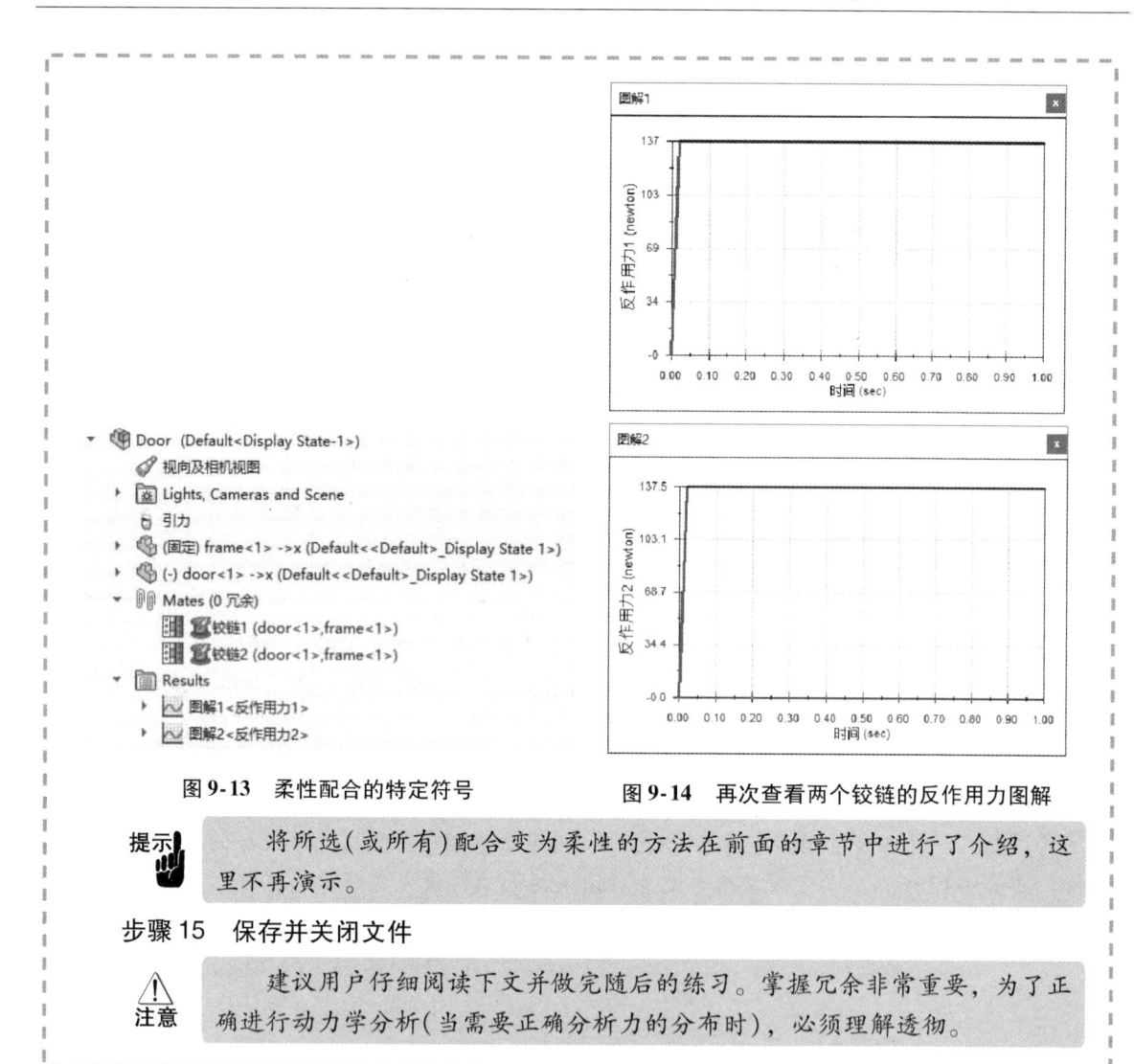

图 9-13　柔性配合的特定符号　　图 9-14　再次查看两个铰链的反作用力图解

> **提示** 将所选(或所有)配合变为柔性的方法在前面的章节中进行了介绍，这里不再演示。

**步骤 15　保存并关闭文件**

> **注意** 建议用户仔细阅读下文并做完随后的练习。掌握冗余非常重要，为了正确进行动力学分析(当需要正确分析力的分布时)，必须理解透彻。

## 9.3　检查冗余

如前所述，使机构具有合适的约束以获得所需运动是十分重要的。下面从运动学和动力学两种不同角度分析在系统中需要的必有自由度约束。

通过 Gruebler 数可以快速显示系统是否过约束：
1) 如果 Gruebler 数大于 0，模型为欠约束(动力学)。
2) 如果 Gruebler 数等于 0，模型为全约束(运动学)。
3) 如果 Gruebler 数小于 0，模型为过约束(冗余)。

机构建模的一个重要方面是识别连接零件中受约束的自由度并确保它们不重复。在非常复杂的装配体中这非常困难，但能保证用户获得所需的运动和力的结果。如果不考虑这些内容，冗余约束可能会导致仿真无法正常进行。

## 9.4　典型的冗余机构

在实际情况下，某些机构会因自身特性而包含冗余，装配公差、斜度和刚度等可使机构正常工作，但在数学模型中它们是无效的。下面是这类机构中的两个示例。

## 9.4.1 双马达驱动机构

从运动学角度来看，仅需要一个马达即可驱动零部件，如图9-15所示。而在实际情况中，会使用一对马达提供从一端到另一端载荷的平衡。运动仿真的主要问题在于运动是在特定自由度下的强制性位移，特定自由度受两个马达约束。因此，两个马达导致了冗余。这将导致两种情况：一种情况是仅一个马达承担载荷，而另一个没有承担；另一种情况是在系统中引入了人为的载荷（大小相等、方向相反），从而导致不正确的驱动力结果。解决此问题的方法是使用非刚性连接将每个马达连接至机构，或者使用基于力的移动而不是基于运动的移动。

## 9.4.2 平行连杆机构

剪式升降机是一个典型例子，如图9-16所示。在仿真设计中该机构的一侧是冗余的，但实际上结构两侧提供了均衡的载荷，并使设计更加容易。使用轻型撑杆比设计重型撑杆更为简单，轻型撑杆仅承受平面内载荷，而重型撑杆必须同时承受平面内载荷和平面外扭转载荷。对机构而言，对一侧进行建模而让另一侧"搭便车"会更为简单。在分析类似的机构时，可以将重复的零件连接在一起，或使用固定的接头将它们锁定在一起，然后删除所有重复的约束。当获取接榫载荷时，记得把它除以2。同时，记住平面外力矩可能是由于一侧建模的非对称性造成的，该力矩应该等于反作用力的一半与举起平台的两侧距离的乘积（参考"练习9-3 运动学机构"）。

图9-15 工程车　　　　　　　　　图9-16 剪式升降机

## 练习9-1　动力学系统1

本练习将演示一个简单的动力学系统，表现4个球体在密闭容器中下落的过程，如图9-17所示。

本练习将应用以下技术：
- 动力学系统。

本练习中的4个铝球被封装在一个密闭容器中，它们将在重力的作用下下落。零部件中没有任何配合，查看此动力学系统的运动。

图 9-17 容器

### 操作步骤

**步骤 1 打开装配体文件** 打开文件夹"Lesson09\Exercises\Vase with Spheres"内的装配体文件"Vase with Spheres"。

**步骤 2 新建一个运动算例**

**步骤 3 添加引力** 在 Y 轴负方向添加引力。

**步骤 4 添加接触** 在所有零部件之间添加接触,两种【材料】都指定为【Aluminum (Greasy)】,勾选【摩擦】复选框并使用默认数值。

**步骤 5 运行算例** 运行算例 1s 的时间。

**步骤 6 查看结果** 有一些球体掉出了容器。产生这个结果的原因可能是时间步长太大,也可能是接触定义不精确。

**步骤 7 更改算例参数** 更改运动算例属性,将【每秒帧数】设置为 600,以在硬盘上保存更多的数据,并勾选【使用精确接触】复选框。

**步骤 8 运行** 运行该仿真。现在 4 个球体都位于容器中,当球体下落时,它们彼此之间和容器之间都会发生相互作用。

**步骤 9 播放动画** 以 10% 的速度播放此算例,并查看球体的运动。

**步骤 10 保存并关闭文件**

## 练习 9-2 动力学系统 2

本练习是另一个动力学系统的练习,如图 9-18 所示。在本算例中,将手工计算的自由度与 SOLIDWORKS Motion 计算的结果进行对比,并研究冲击力从弹性变为塑性时产生的影响。

本练习将应用以下技术:
- 泊松模型(恢复系数)。
- 动力学系统。

本练习中的 5 个球体都连接到了独立的支架中。将一个

图 9-18 球摆

球体从其他球体上拉开并释放。在弹性和塑性冲击的作用下，查看5个球体的运动。

### 操作步骤

**步骤1 打开装配体文件** 打开文件夹"Lesson09\Exercises\Momentum"内的装配体文件"Momentum"。

**步骤2 计算自由度** 手工计算支架中任意一个小球的自由度，这里的自由度应该为正数，以确定这是一个动力学系统。

**步骤3 新建算例** 新建一个算例，并将其命名为"Rest Coef = 1.0"。

**步骤4 添加引力** 在Y轴负方向添加引力。

**步骤5 添加接触组** 在发生撞击的两个球体之间添加1对接触面组，一共是4对接触面组。不勾选【材料】和【摩擦】复选框。在【弹性属性】中选择【恢复系数】并设置为1，因为这是一个弹性碰撞，如图9-19所示。

**步骤6 定义运动算例属性** 设置【每秒帧数】为90，勾选【使用精确接触】复选框。在【高级选项】中选用 WSTIFF 积分器。

**步骤7 运行算例** 运行算例2s的时间。

**步骤8 查看结果** 此时看到的几乎是完全的弹性接触。如果这是完全弹性的，则无法看到内部球体的运动，然而由于使用的数值方法存在少量误差，所以此时可以在计算过程中看到一些运动。

**步骤9 计算自由度** 由于已经运行了此算例，所以可以让 SOLIDWORKS Motion 来计算自由度，并与手工计算的结果进行对比。

本练习中有5个运动的零件，每个零件拥有6个自由度，因此总共有30个自由度。5个铰链配合移除了25个自由度，最后留下5个自由度，如图9-20所示。

**步骤10 复制算例** 将复制的算例命名为"Rest Coef = 0.1"。

**步骤11 编辑接触** 编辑4个接触并将【恢复系数】更改为0.1。这是一个近乎塑性的冲击。

**步骤12 运行算例**

**步骤13 查看结果** 在塑性冲击下，第一个球体发生接触后，所有球体会一起移动，这和预期的一样。

**步骤14 保存并关闭文件**

图 9-19 定义接触

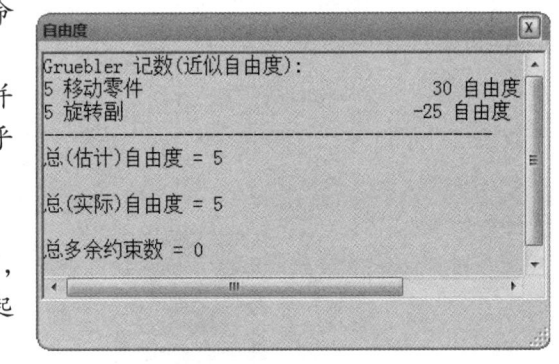

图 9-20 自由度结果

## 练习9-3 运动学机构

本练习将演示一个运动学机构，如图9-21所示。运动学机构的基本特征与加载的力和马达无关，而只可能发生单个运动，这与可能存在多个运动的动力学机构（在前面的练习中演示过）恰好相反。本练习中演示的剪式升降机无冗余特征，并且只有一个"实际"自由度。下面将使用马达来约束最后一个自由度。

本练习将应用以下技术：
- 运动学系统。
- 在解算器中移除冗余。
- 冗余的影响。
- 查看接榫处的力，以揭示冗余的结果。
- 检查冗余。

分析用于构建此装配体的配合。请注意，正如在前面讨论中所建议的一样，对称机构只有一半有配合。对称位置的零部件随配合的零部件同步移动。装配体具有大量几何约束（非机械配合，例如一个点和轴线的重合，或两个平面的重合），如图 9-22 所示。

图 9-21 升降机　　　　图 9-22 配合关系

查看单个配合，例如"Coincident14"。可以发现，这和装配体中的其他许多配合一样，是几何约束（点和面），而不是机械配合（铰链），如图 9-23 所示。

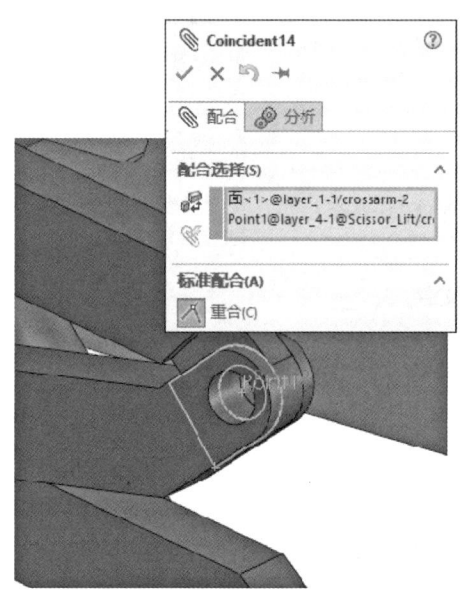

图 9-23 查看配合

使用这样的配合需要存在参考实体,而且创建过程可能很耗时。因为在每次添加刚性零部件后都必须检查自由度数量。由于时间限制,本练习不会演示以这种方式构建整个装配体的过程。

## 操作步骤

**步骤1 打开装配体文件** 打开文件夹"Lesson09\Exercises\Kinematic Mechanism"内的装配体文件"Scissor_Lift"。

**步骤2 查看装配体** 查看装配体的已有配合并移动装配体。在已有配合的作用下,唯一允许的运动就是竖直移动平台的动作,如图9-24所示。

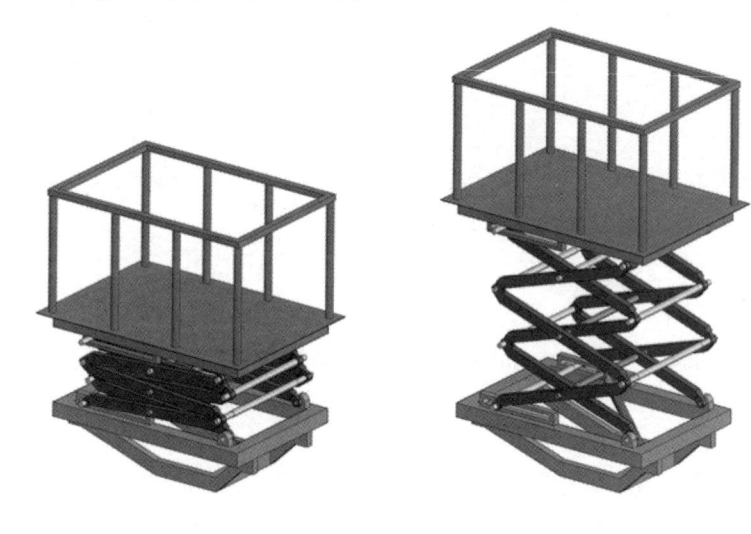

图 9-24 升降机动作

**步骤3 新建运动算例** 新建一个运动算例。

**步骤4 添加马达** 在活塞上添加一个【线性马达】以驱动装配体的运动。设置运动为【振荡】,输入数据100mm 和 0.5Hz。设置【相移】为 0°。

设置运动相对"cylinder"移动,如图 9-25 所示。

**步骤5 设置运动算例属性** 设置运动算例属性,并指定【每秒帧数】为 50。

**步骤6 运行算例** 运行算例 5s 的时间。

**步骤7 计算自由度** 在本地配合组中,右键单击"MateGroup1",并选择【自由度】。因为添加了马达,现在的自由度总数为 0,如图 9-26 所示。

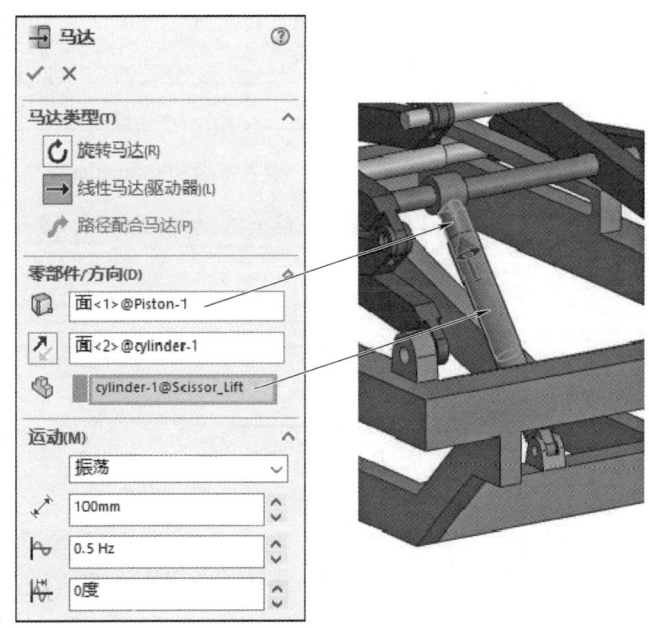

图 9-25 定义马达

**步骤8　图解显示力**　为了观察使用单侧几何体配合来模拟装配体的结果,下面将在"Concentric14"和"Coincident9"这两个配合中图解显示力,如图9-27所示。在全局坐标系下对每个配合生成图解,选择【反作用力】的【Z分量】。

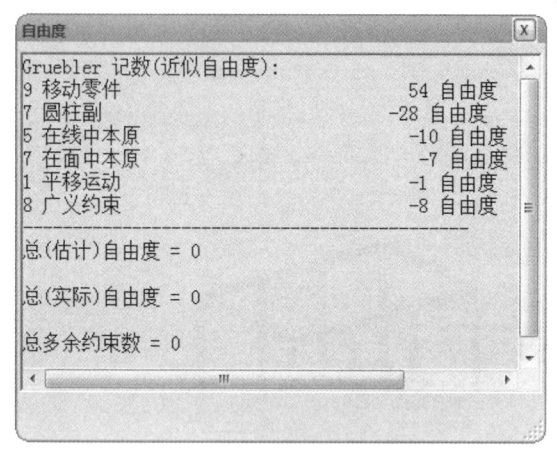

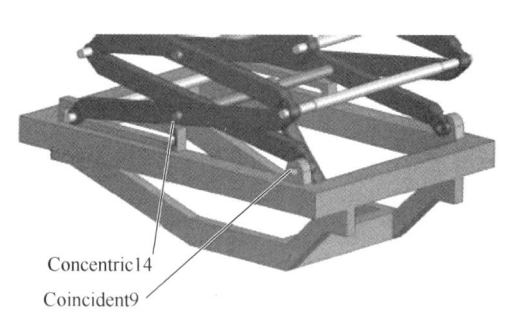

图 9-26　自由度结果

图 9-27　定义图解

**步骤9　查看图解**　配合"Coincident9"的图解显示力的最大值为15166N,如图9-28所示。由于冗余的原因,这是装配体两侧的实际合力。实际的力应该是一半的值,大约为7583N。

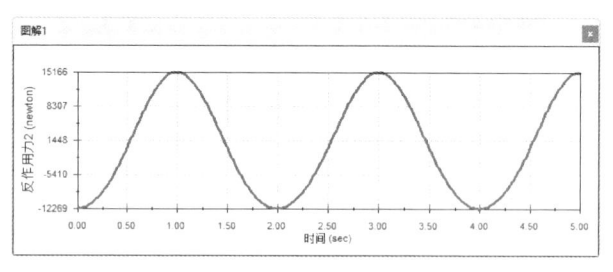

图 9-28　查看配合"Coincident9"的反作用力图解

对"Concentric14"而言,最大合力为9536N,意味着每边承受4768N的力,如图9-29所示。

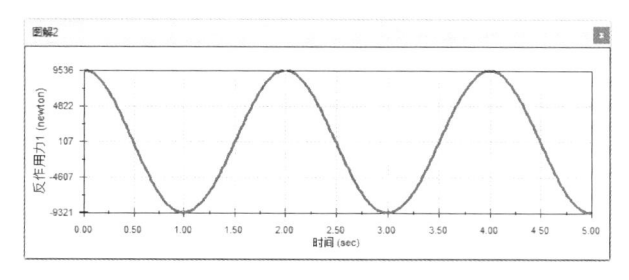

图 9-29　查看配合"Concentric14"的反作用力图解

**提示**　装配体每侧在每个接头处承受总力的一半,这样的假设是基于装配体的载荷是对称的。

步骤10 **图解显示力矩** 为配合"Tangent3"生成【反力矩】的【X分量】图解,如图9-30所示。

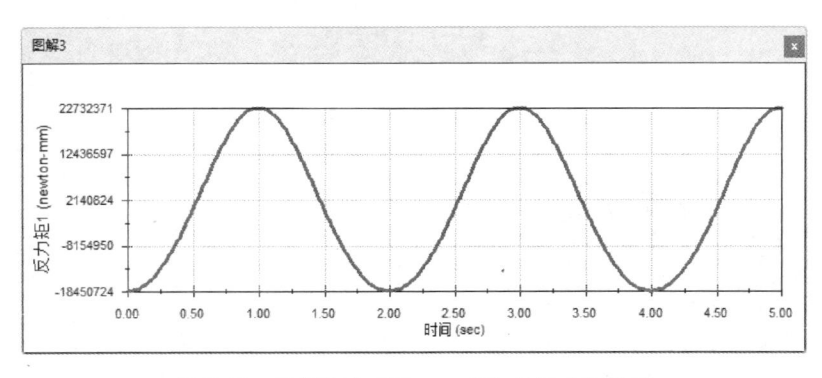

图9-30 查看配合"Tangent3"的反力矩图解

如果装配体两侧承受的载荷是对称的,这个关于全局X轴的力矩应该等于0。此力矩只是该装配体按构建方式所得的产物,将由相对一侧的反作用力来补偿。

步骤11 **保存并关闭文件**

## 练习9-4 零冗余模型——第一部分

本练习将演示一个机构的构建过程,该机构是练习9-3中具有零冗余模型的一部分,如图9-31所示。这里将重新使用从练习9-3获得的模型,即运动学机构,并研究模型构建的早期阶段。该模型将具有一个冗余,本练习的目标是在多个几何约束(诸如点和轴的重合一类的简单配合)的帮助下移除此冗余约束。

本练习将应用以下技术:
- 冗余。
- 冗余的影响。
- 在解算器中移除冗余。
- 检查冗余。

本练习将以剪式升降机为对象,练习移除并控制模型自由度数量的方法。此处只使用基座和第一层剪式支架,其余的零部件都已经被压缩,主要研究的零部件为"cylinder"和"piston"。

**操作步骤**

步骤1 **打开装配体文件** 打开文件夹"Lesson09\Exercises\Zero Redundancy Model"内的文件"Scissor_Lift.SLDASM"。"platform"和"layers3"~"layers6"都已经被压缩了。

步骤2 **运行分析"Exercise Study"** 马达已经设置完毕,与在练习9-3中使用的一样,因此用户只需单击【计算】即可。

步骤3 **查看自由度** 本地配合组中显示有一个冗余。右键单击"MateGroup1",并选择【自由度】。在总(实际)自由度为0时,此机构将按照预期运动。此时还可以看到一个冗余约束,并且绕X轴转动的冗余约束"Concentric16"被移除,如图9-32所示。

图 9-31 折叠架

图 9-32 自由度结果

**步骤4 确定方向** 这个冗余约束与本地 X 轴有关，该如何确定这个本地坐标轴的方向呢？这里需要生成一个基于配合的图解。"Concentric16"是"cylinder"和"piston"之间的配合。对"Concentric16"生成一个图解，选择【反作用力】和【Y分量】。实际上，用户不需要完成图解。一旦选择了相关项目，便可以看到三重轴，如图 9-33 所示，X 方向沿着两个零件的共同轴线。当观察到这个方向之后，单击【取消】离开图解。

这个同轴心配合是冗余的，因为"cylinder"和"piston"都不能绕这个轴转动。"cylinder"和"Base"存在铰链配合，而"piston"与横杆之间存在一个同轴心配合。

**步骤5 移除配合** "cylinder"和"piston"需要保持同轴心，因此不能删除该配合。但可以使用两个简单的配合替换铰链配合，从而移除 5 个自由度。

删除配合"Hinge1"。"cylinder"的末端现在可以自由移动了，如图 9-34 所示。

**步骤6 添加配合** 对下面的配合，将使用点和轴进行配合，所以需要使二者可见，如图 9-35 所示。

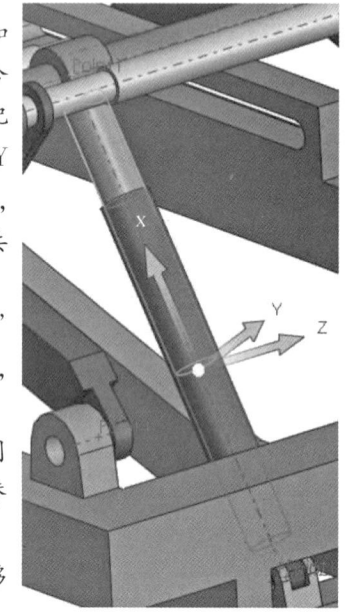

图 9-33 确定方向

图 9-34 移除配合

图 9-35 添加配合

> **提示** 为了查看到点,用户需要设置装配体模式为【还原】。

在"cylinder"末端的孔内已经创建了两个点。"Point1"位于孔的轴线上,在两个平行面的中间位置。"Point2"也位于孔的轴线上,但与一侧的表面共面。在"Point1"和支架孔的轴线之间添加【重合】配合,如图 9-36 所示。在"Point2"和支架凸台的内侧面之间添加第二个【重合】配合,如图 9-37 所示。

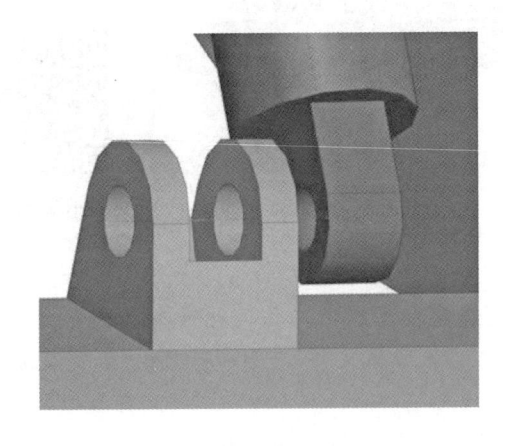

图 9-36 添加第一个【重合】配合 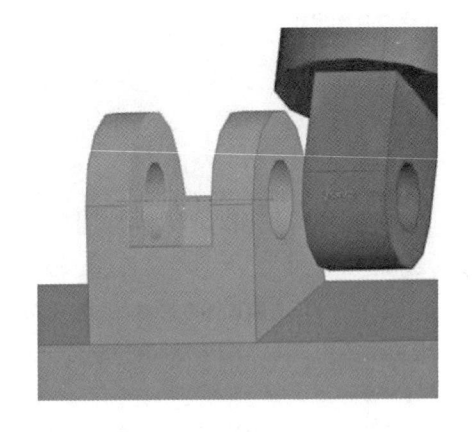　　　图 9-37 添加第二个【重合】配合

> **提示** 用户可以将这些配合添加为本地或全局配合。

**步骤 7 运行** 运行仿真并观察结果,此算例能够正确运行。

**步骤 8 检查自由度** 右键单击"MateGroup1",并选择【自由度】。可以看到仍然存在一个总自由度,如图 9-38 所示。但对运动学系统而言,自由度应该为 0。

**步骤 9 保存并关闭文件** 如果用户需要继续下一个练习,则可以保持装配体的打开状态。否则,请保存并关闭文件。

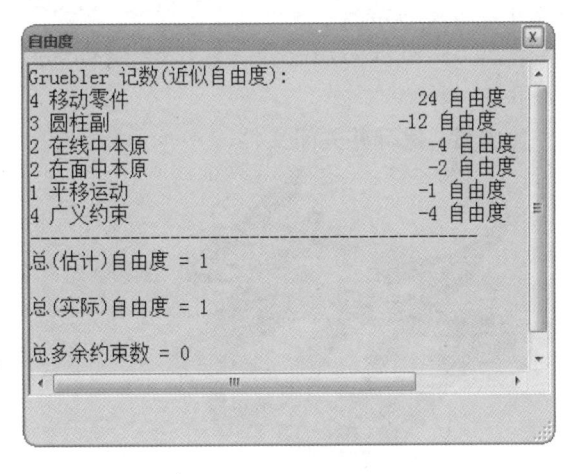

```
自由度
Gruebler 记数(近似自由度):
4 移动零件              24 自由度
3 圆柱副              -12 自由度
2 在线中本原            -4 自由度
2 在面中本原            -2 自由度
1 平移运动             -1 自由度
4 广义约束             -4 自由度
────────────────────────
总(估计)自由度 = 1
总(实际)自由度 = 1
总多余约束数 = 0
```

图 9-38 检查自由度

本练习演示了如何检查、删除和替换具有冗余约束的配合,并使用简单的几何约束(如点和轴的重合)组合进行了替换。和前面练习中提到的一样,这种技术需要额外的参考几何体(点、轴),并且创建过程可能非常漫长。因此,当其他技术无法给出所需的结果时再考虑使用这种方法。总的来说,没有冗余的模型要比带有多个冗余的模型更容易让解算器计算出结果。

## 练习 9-5　零冗余模型——第二部分（选做）

本练习将在练习 9-4 的基础上进行，这里需要添加 "Scissor_Lift" 装配体中具有配合的其余零件和子装配体，以得到 0 自由度的正确结果，如图 9-39 所示。

本练习将应用以下技术：
- 冗余。
- 冗余的影响。
- 在解算器中移除冗余。
- 检查冗余。

图 9-39　折叠架

扫码看视频

**操作步骤**

**步骤 1　打开装配体文件**　在练习 9-4 做好的模型继续工作。也可直接打开文件夹 "Lesson09\Exercises\Zero Redundancy Model" 内的装配体文件 "Scissor_Lift"。先完成练习 9-4，然后继续本练习。

**步骤 2　解压缩零部件**　解压缩子装配体 "layer_3" 和 "layer_4"。

**步骤 3　修改配合**　将它们与装配体的其余部分进行配合，以使机构可以按预期运行，并使冗余约束和实际的自由度数量都等于 0。如图 9-40 所示，在左侧继续生成配合。

**步骤 4　继续添加配合**　解压缩子装配体 "layer_5" 和 "layer_6"，继续添加配合以实现 0 自由度的结果。

**步骤 5　继续添加配合**　解压缩 "platform"，继续添加配合以实现 0 自由度的结果，如图 9-41 所示。

**步骤 6　保存并关闭文件**

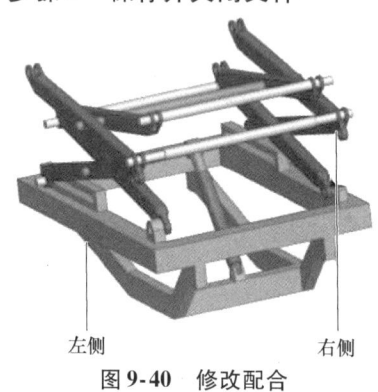

左侧　　右侧
图 9-40　修改配合　　　　　图 9-41　添加配合

## 练习 9-6　使用套管移除冗余

本练习将使用具有对称应用的配合模型，以为将结果输出到 SOLIDWORKS Simulation 中作准备。为了移除冗余，将添加套管并研究不同套管参数下的结果。

本练习将应用以下技术：
- 在解算器中移除冗余。

# 第9章 冗　余

- 使用柔性连接选项移除冗余。
- 套管属性。

本练习的对象仍是前面练习中的剪式升降机装配体，只是零部件配合的方式有所差异。

## 操作步骤

**步骤1　打开装配体文件**　在文件夹"Lesson09\Exercises\Redundancies Removal with Bushings\completed-low stiffness"内打开装配体文件"Scissor_Lift"。

**步骤2　查看装配体**　此装配体配合的方式有所不同，如图9-42所示。注意到大多数名为"Concentric"的配合是更加贴近真实机械连接的。重合配合只是确保装配体不会侧向移动。

同时还需要注意，本练习中的配合是应用到对称的两侧上，如图9-43所示。在将结果输入到SOLIDWORKS Simulation以获得不同零部件的应力结果，或者想查看模型中所有配合部位的正确作用力分布时，使用此方法较为合适。

但是，使用这种配合方案的问题是将生成大量的冗余，而且不得不将这些冗余移除。

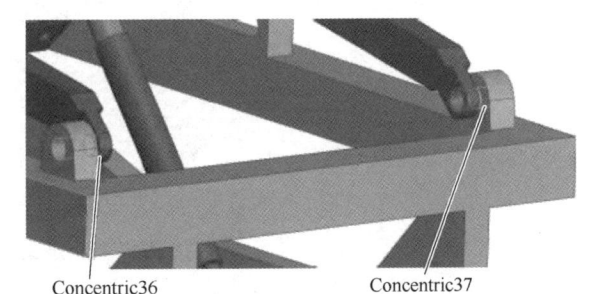

图9-42　升降机　　　　图9-43　查看配合

**步骤3　查看套管**　第8章介绍了在SOLIDWORKS Motion中可以将冗余配合替换为套管。同样，用户也可以手动配置配合，使之像套管一样工作。为了节省时间，每个同轴心配合都已经配置了套管。编辑其中的一个同轴心配合。切换至【分析】选项卡，注意到已经勾选了【套管】复选框并设置了以下数值，如图9-44所示。

【平移】参数设置：
- 已勾选【各向同性】复选框。
- 【刚度】处输入了5000N/mm。
- 【阻尼】处输入了20N·s/mm。
- 【力】处输入了0N。

【扭转】参数设置：
- 已勾选【各向同性】复选框。
- 【刚度】处输入了 100N·mm/(°)。
- 【阻尼】处输入了 20N·mm·s/(°)。
- 【力矩】处输入了 0N·mm。

对于实际的系统而言，本练习中设置的刚度和阻尼值是非常低的，这样设置的目的是观察它们对机构的影响。

每个被定义为套管的配合现在都在"MateGroups"中添加了套管图标🔘。

**步骤4 运行** 单击【计算】，可以看到运动并不连贯。以较慢的速度播放动画，观察每个接头处的动作。

**步骤5 查看图解** 单击【结果和图解】，创建配合"Concentric20"和"Concentric21" Z 分量的反作用力图解。这些配合位于装配体的相对两侧，如图 9-45 所示。注意到图解完全一致，如图 9-46 所示。

**步骤6 生成其他图解** 为配合"Concentric36"和"Concentric37"生成 Z 分量的反作用力图解。这些配合位于底部横臂与支架凸台之间，如图 9-47 所示。

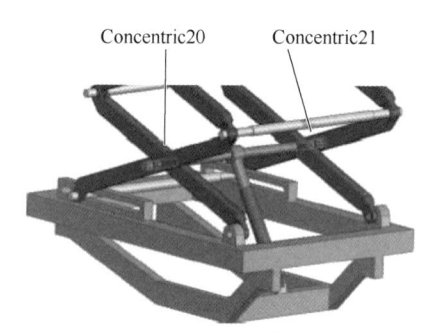

图 9-44 查看套管

图 9-45 定义图解 1

> **提示** 在生成这些图解时，仍会得到关于冗余的警告消息。这将在接下来的步骤中进行解释。

单击【否】以关闭消息。和前面的一组配合一样，这些图解也相同，如图 9-48 所示。虽然它们都是相同的，但是并不符合驱动马达的正弦曲线形状，这是由接头的刚度低引起的。

**为什么仍然有冗余？** 在创建图解时，得到警告提示模型中仍然存在冗余。如果这时检查自由度，可以看到一共存在 11 个冗余约束，如图 9-49 所示。

如果用户检查配合，会发现并非所有同轴心配合都是柔性的，例如，"piston""cylinder"和支架(在上一练习中改变的对象)在模型中仍然使用铰链和同轴心配合。这里并不需要改变配合，因为关心的不是这些零部件上的力。检查其他未设置为柔性的配合，这些配合涉及沿全局 Y 方向(跨过对称平面)的力或运动。因为预估这些力为 0，所以也不必移除这些冗余。

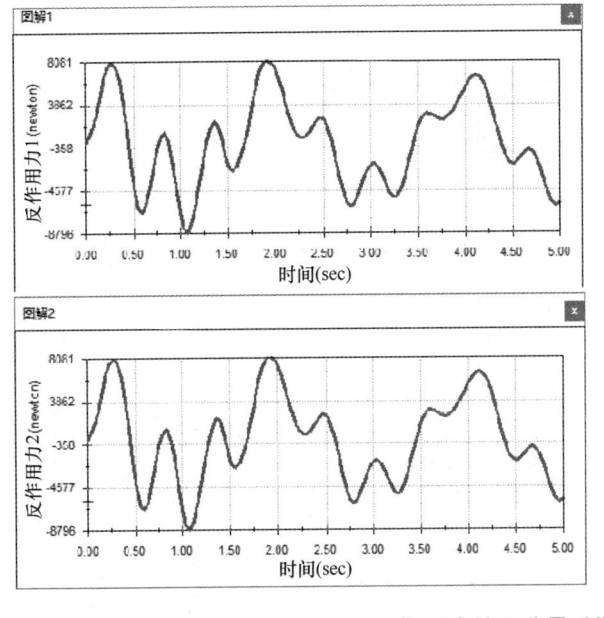

图 9-46 查看"Concentric20"和"Concentric21"配合的 Z 分量反作用力图解

**步骤 7　保存并关闭文件**

**步骤 8　打开装配体文件**　在文件夹"Lesson09\Exercises\Redundancies Removal with Bushings\completed-optimum stiffness"内打开装配体文件"Scissor_Lift"。

**步骤 9　检查装配体**　除了对柔性配合的刚度进行了更改之外，这个装配体和前面步骤中使用的完全一致。

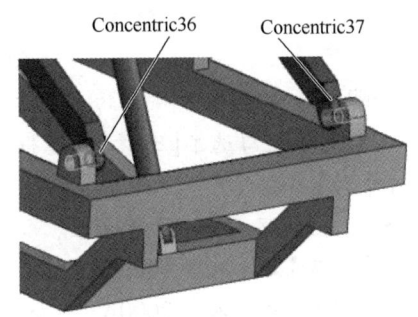

图 9-47 定义图解 2

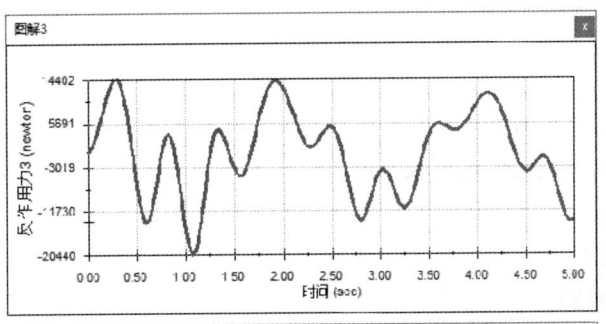

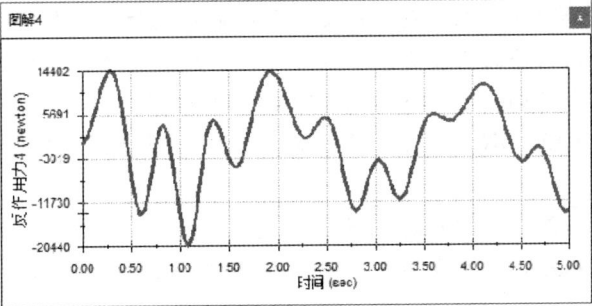

图 9-48 查看"Concentric36"和"Concentric37"配合的 Z 分量反作用力图解

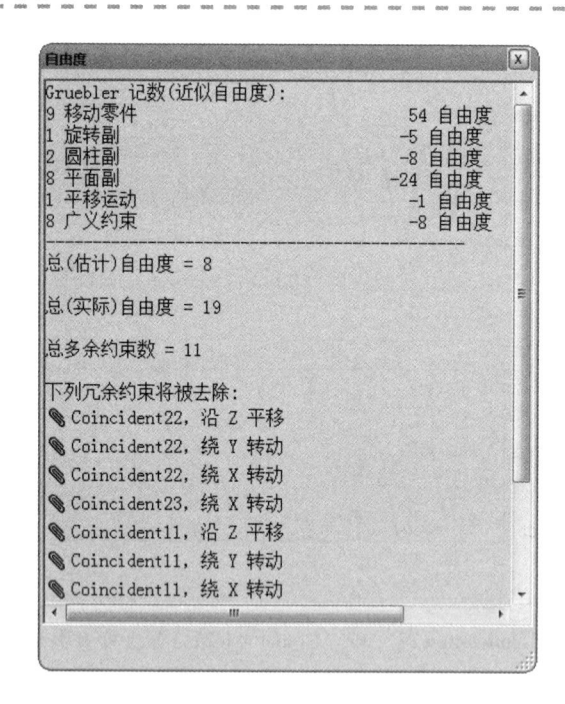

图 9-49 自由度结果

**步骤 10　检查套管**　编辑一个柔性的同轴心配合，切换至【分析】选项卡。注意到已经勾选了【套管】复选框并设定了以下数值，如图 9-50 所示。

【平移】参数设置：
- 已勾选【各向同性】复选框。
- 【刚度】处输入了 100000N/mm。
- 【阻尼】处输入了 2000N·s/mm。
- 【力】处输入了 0N。

【扭转】参数设置：
- 已勾选【各向同性】复选框。
- 【刚度】处输入了 100N·mm/(°)。
- 【阻尼】处输入了 20N·mm·s/(°)。
- 【力矩】处输入了 0N·mm。

这些刚度和阻尼的数值比步骤 3 中使用的数值更加贴近实际情况。

**步骤 11　运行算例**

**步骤 12　查看图解**　4 个配合对应的图解已经创建完毕。和之前一样，对称的一对配合图解是相同的。采用较高的刚度后，可以发现在初始加速之后运动呈正弦曲线形状。

同时对比一下配合"Concentric36"和"Concentric37"的最大力数值(忽略初始的峰值)，它们的和大约为 15000N，这与"练习 9-3　运动学机构"中得到的结果相吻合，如图 9-51 所示。

将配合"Concentric20"和"Concentric21"的两个最大力(忽略初始的峰值)的数值相加，大约为 9500N，这也与"练习 9-3　运动学机构"中得到的结果相吻合，如图 9-52 所示。

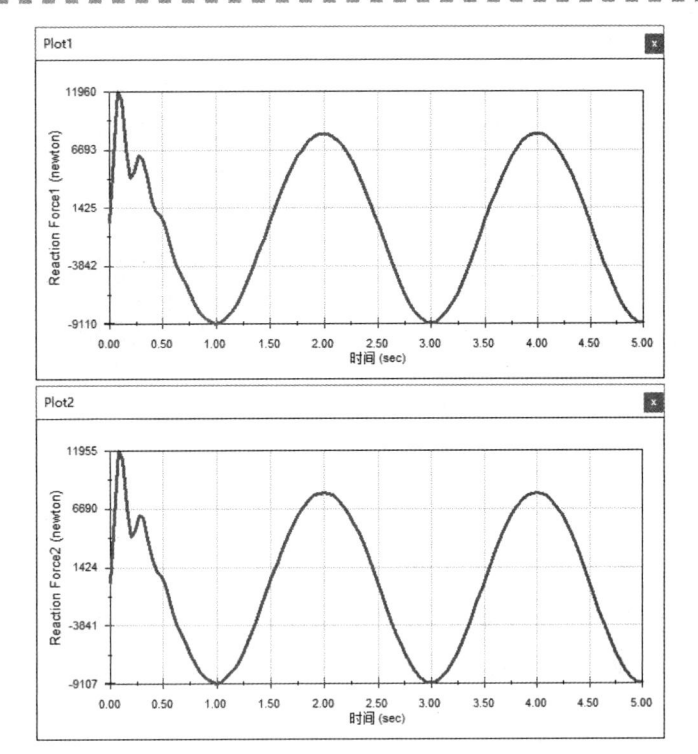

图 9-50 修改套管参数　　图 9-51 查看"Concentric36"和"Concentric37"配合的反作用力图解

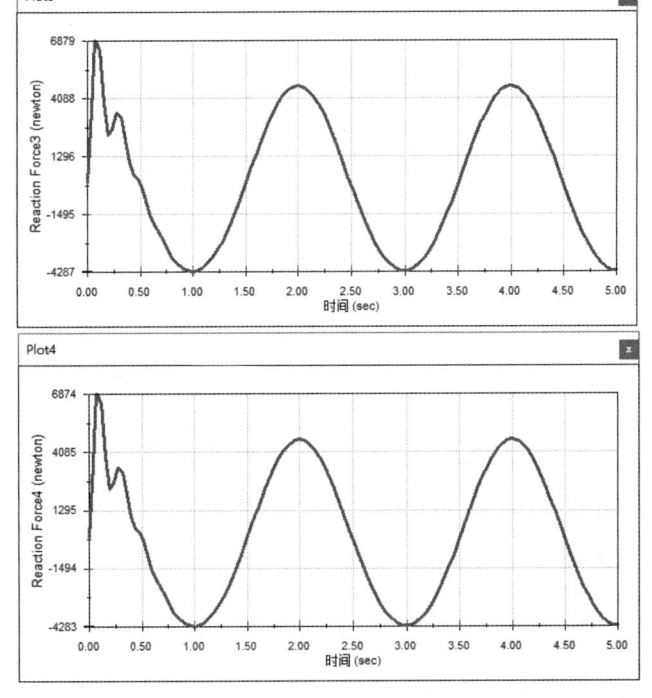

图 9-52 查看"Concentric20"和"Concentric21"配合的反作用力图解

通过这些结果可以看出，在将所有配合都设置在模型一侧时得到的力，与移除冗余并将力分配到两侧所得到的合力是相等的。

**步骤 13** 保存并关闭文件

## 练习9-7 抛射器

本练习将进一步演示如何使用本地柔性配合来正确计算采用多个支撑时的作用力。练习中将使用和第3章一样的抛射器模型,如图9-53所示。当冗余很多时,SOLIDWORKS Motion 能够正确求解运动学问题,但是力的分布可能不正确。

本练习将应用以下技术:
- 冗余。
- 冗余的影响。
- 在解算器中移除冗余。
- 检查冗余。

本练习将计算长臂和配重块之间枢轴上的力。

扫码看视频

图9-53 抛射器

**操作步骤**

**步骤1 打开装配体文件** 打开文件夹 "Lesson09\Exercises\Catapult" 内的装配体文件 "Catapult-assembly"。该装配体已经设置完毕并在算例 "original study with results" 中运算过。

**步骤2 检查装配体** 配重块通过一个简单配合 "Concentric B" 连接到长臂,并通过 "Coincident4" 将其和长臂对齐在中间位置,如图9-54所示。

**步骤3 播放仿真**

**步骤4 查看自由度** 此装配体具有54个冗余约束,如图9-55所示,但运行起来没有任何问题。当求解这个运动学问题时,合力的分布可能不正确。

图9-54 查看配合

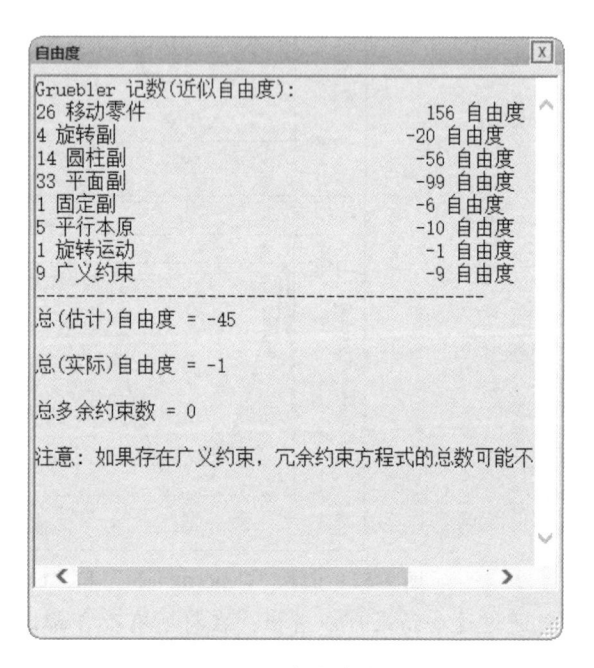

图9-55 自由度结果

**步骤5 生成图解** 在配合"Concentric B"上生成全局 $Y$ 分量的反作用力图解,如图9-56所示。

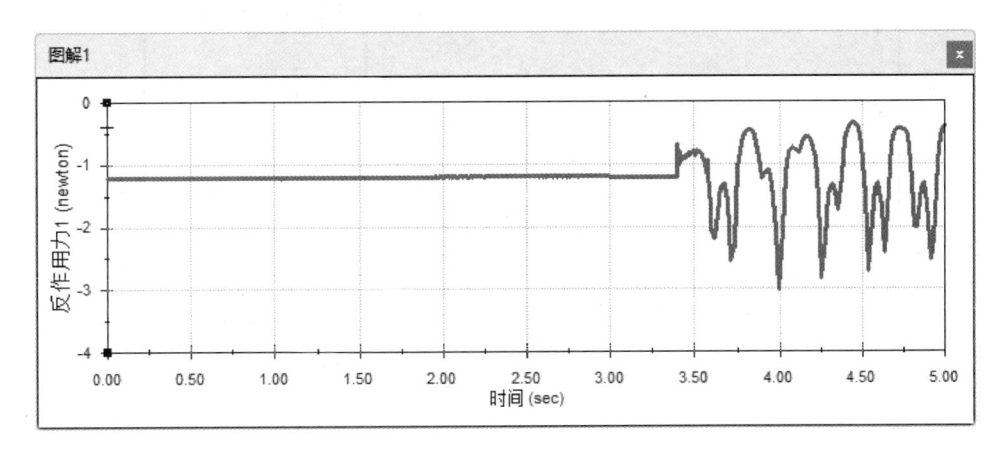

图9-56 查看"Concentric B"配合的 $Y$ 分量反作用力图解

可以看到当长臂转至开始提升配重块时,力的大小约为 $-1.22\text{N}$。

根据工程经验判断,如果将负载平均分配,则此结果可能会更好,这样可以将结果一分为二以在每个枢轴上获得正确的力。下面将使用柔性配合以正确地分配力。

**步骤6 添加另一个配合** 这里关注的是长臂和配重块之间的枢轴受力,因此需要对另一个枢轴也添加配合。

切换至【模型】选项卡,对另一个枢轴添加【同轴心】配合,并将其重命名为"Concentric C",如图9-57所示。

**步骤7 运行** 确保不勾选【以套管替换冗余配合】复选框,然后重新运行此算例。

**步骤8 生成图解** 生成另一个图解,显示配合"Concentric C"在 $Y$ 方向(全局坐标)的反作用力,如图9-58所示。

可以看到力均匀地分布在两个配合之间,然而,这可能只是一个巧合,因为这个分布取决于软件如何移除冗余。下面将使用柔性配合来确保正确的力分布。

图9-57 添加配合

**步骤9 生成本地柔性配合** 编辑配合"Concentric B"和"Concentric C"。切换至【分析】选项卡,并勾选【套管】复选框,保持默认的数值。

**步骤10 运行** 确保没有勾选【以套管替换冗余配合】复选框,然后重新运行此算例。此时模型仍然存在大量冗余,但这些冗余并不影响分析两个枢轴。

**步骤11 查看图解** 现在图解显示力被两个配合承担,如图9-59所示。

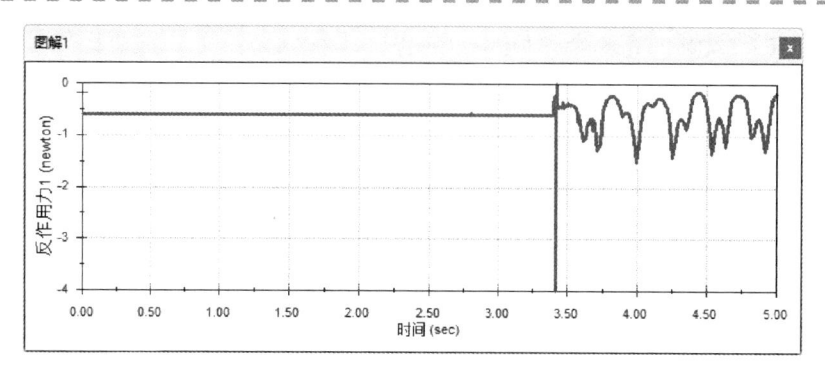

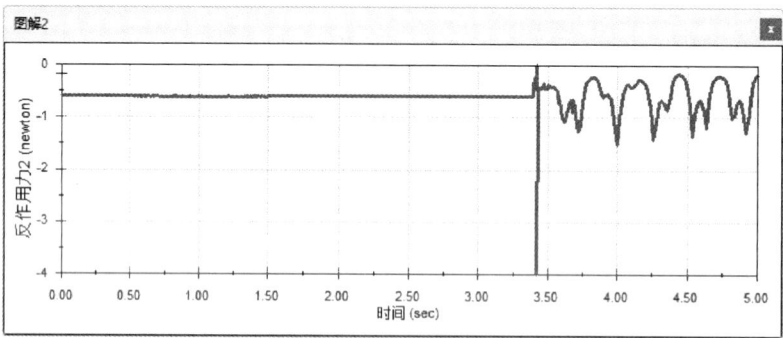

图 9-58 对比两个配合的反作用力图解

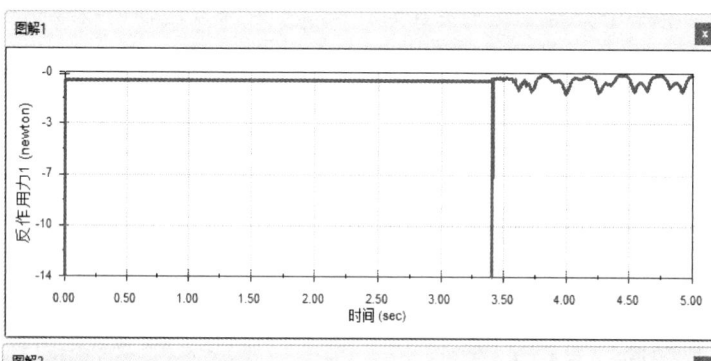

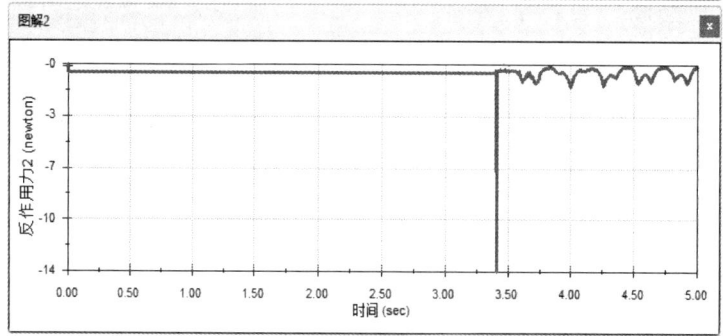

图 9-59 重新对比两个配合的反作用力图解

**步骤 12 更改比例** 为了便于阅读,修改这两个图解以显示 Y 轴:
- 【起点】设置为 −5。
- 【终点】设置为 5。

- 【主单位】设置为1。

可以看到力几乎完全一致，如图9-60所示。

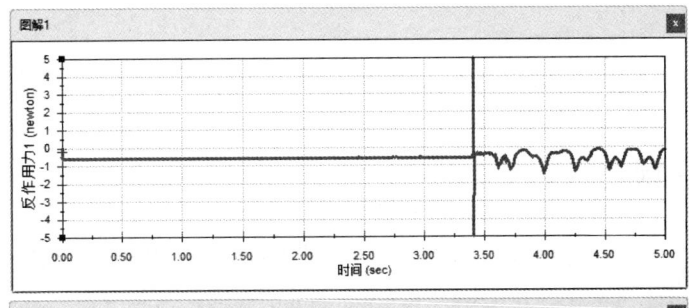

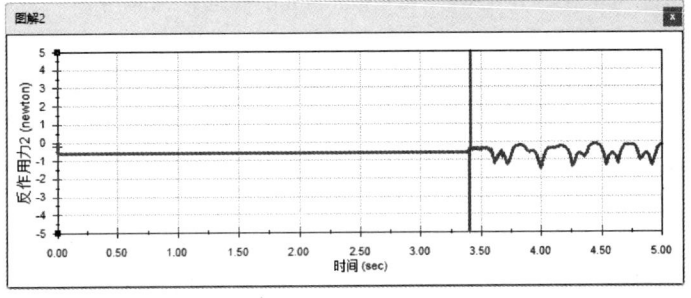

图 9-60　更改比例后的图解

**步骤13　保存并关闭文件**

# 第 10 章　输出到 FEA

**学习目标**
- 生成某一时刻的作用力
- 将载荷从 SOLIDWORKS Motion 输出到 FEA 仿真
- 在 SOLIDWORKS Simulation 中运行结构分析

## 10.1　输出结果

一般来说，分析零件的受力并不是研究的主要目标，通常还要将得到的力用于有限元分析来确定各个零件的强度、位移以及安全系数。使用 SOLIDWORKS Motion 和 SOLIDWORKS Simulation 协同工作，可以将 SOLIDWORKS Motion 的输出结果无缝地输入到 SOLIDWORKS Simulation 中。

## 10.2　实例：驱动轴

驱动轴装配体包含 5 个子装配体和 2 个单独的零件，如图 10-1 所示。下面将使用 SOLIDWORKS Motion 来确定作用在零部件"Journal_cross"上的力，然后再使用 SOLIDWORKS Simulation 来确定该零件的应力和位移。

### 10.2.1　问题描述

万向节需要以 2800r/min 的转速传递 15000000N·mm 的扭矩。确定零件"Journal_Cross_output"的应力和挠度。

### 10.2.2　关键步骤

- 生成运动算例：使用已知数据作为输入，生成一个运动算例。
- 运行运动算例：计算此运动算例以确定作用在一个或多个零件上有待观察的力。
- 输出载荷到分析中：从 SOLIDWORKS Motion 中直接输出载荷至 SOLIDWORKS Simulation。

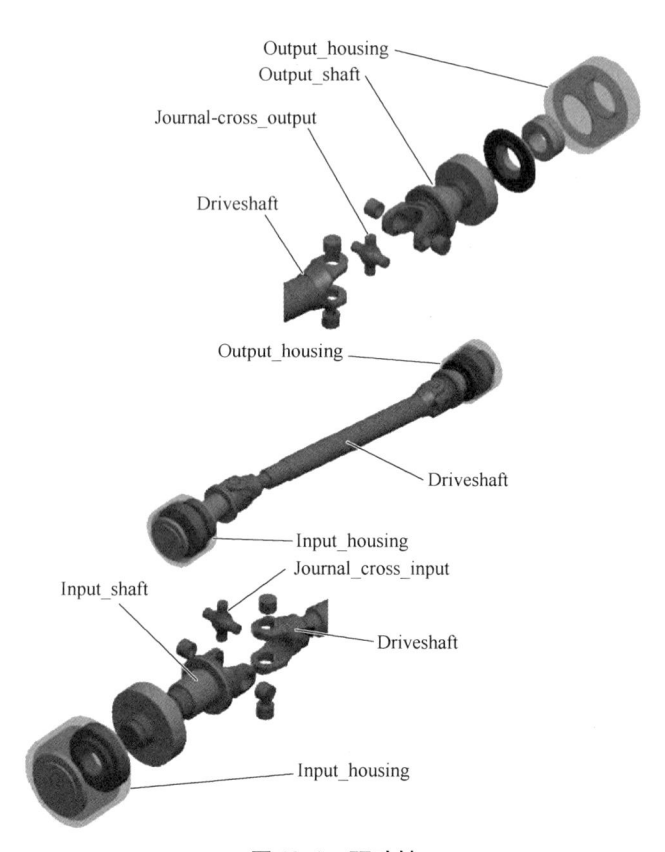

图 10-1　驱动轴

第 10 章　输出到 FEA

- 打开用于分析的零件：在单独窗口中打开指定的零件。
- 运行 FEA 仿真：在 SOLIDWORKS Simulation 中定义边界条件，然后运行该分析。
- 检查结果：使用结果来确定是否需要变更设计。

扫码看视频

### 操作步骤

**步骤 1　打开装配体文件**　打开文件夹"Lesson10\Case Studies\Drive Shaft"内的装配体文件"Drive_shaft_assembly"。

**步骤 2　新建运动算例**　将新的算例重命名为"Drive Shaft"。确保单位为【MMGS（毫米、克、秒）】。

**步骤 3　添加马达**　单击【马达】，在"Input_shaft"上添加一个【旋转马达】。输入转动数值 16800(°)/s(2800r/min)。单击【确定】。

注意旋转的方向，以便可以在下一步中添加反方向的【只有作用力】力矩，如图 10-2 所示。

**步骤 4　添加力矩**　单击【力】。在"Output_shaft"上添加一个【只有作用力】的力矩。这是一个抵抗转动的力矩，因此需要设置成与上一步中添加的马达方向相反的方向，如图 10-3 所示。输入力矩的数值 15000000N·mm。单击【确定】。

图 10-2　添加马达　　　　　图 10-3　添加力矩

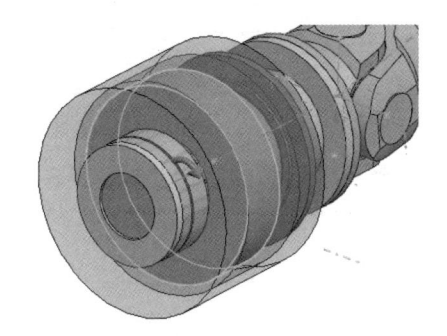

**步骤 5　定义算例属性**　设置【每秒帧数】为 2000，并运算这个算例 0.05s，这将提供 101 帧数据。

**步骤 6　运行算例**　单击【计算】。下面的消息表明当前对【每秒帧数】设置的参数太高，并可能对性能产生负面影响："根据当前的运动算例持续时间，此运动算例的播放速度或每秒帧数设定可导致性能较差。您想将这些设定进行调整以获得更佳播放性能吗？速度将设定为 5 秒播放。"单击【否】以当前设置完成仿真。

**步骤 7　显示自由度**　可以看到自由度为 0，因此得到的是一个运动学系统，如图 10-4 所示。关闭【自由度】对话框。

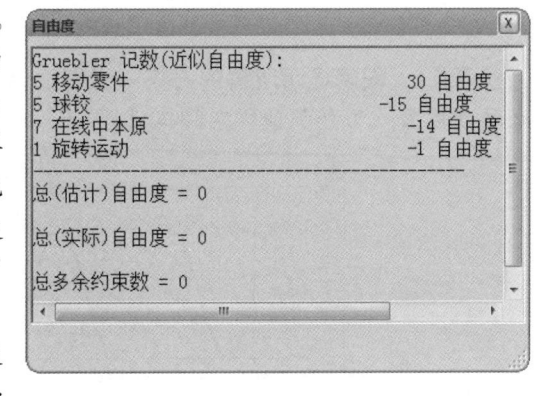

图 10-4　显示自由度

167

**步骤8　检查配合**　装配体的自由度为0，这取决于该装配体创建的方式。如果用户检查每个配合，会看到很多都是点到点或点到线的配合方式，这将会避免约束冗余。

**步骤9　图解结果**　生成输入轴和输出轴【角速度】的【幅值】图解，如图10-5所示。此时可以看到，两个轴以16800(°)/s的速度转动。这也是输入速度。

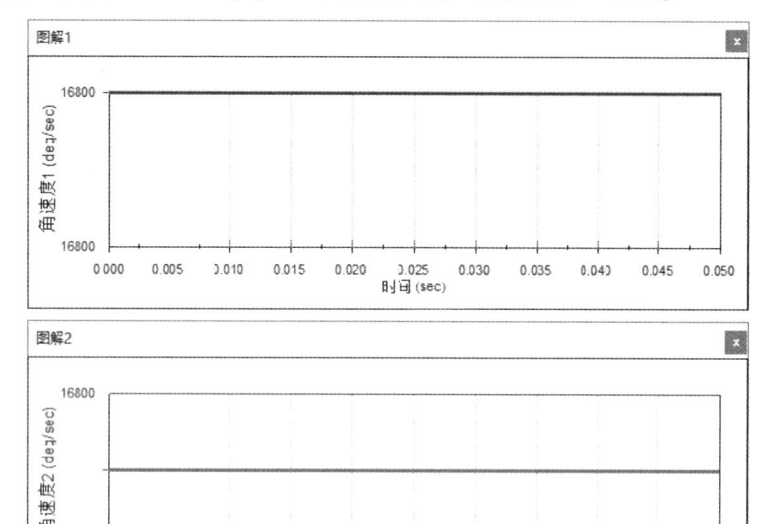

图 10-5　查看输入轴和输出轴角速度的幅值图解

**步骤10　图解显示传动轴的角速度**　生成传动轴"Driveshaft"【角速度】的【幅值】图解，如图10-6所示。可以看到由于输入和输出之间的偏移角度而产生的预期速度变化。

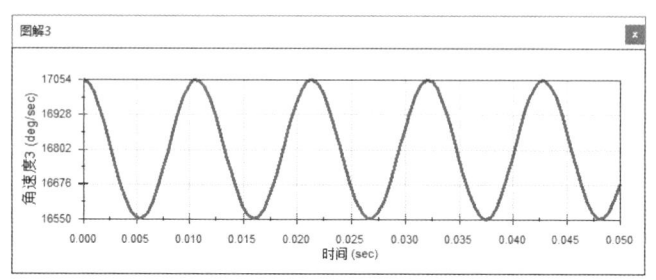

图 10-6　查看传动轴角速度的幅值图解

**步骤11　图解显示所需的力矩**　图解显示输入旋转马达的力矩，如图10-7所示。这是马达在此负载下移动轴所需的扭矩。

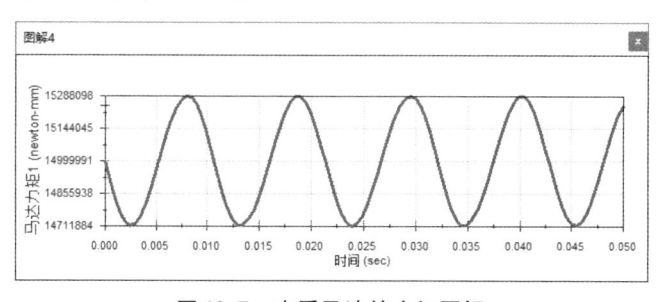

图 10-7　查看马达的力矩图解

## 10.2.3 FEA 输出

运动仿真可以让用户将各种所需的结果数值（力、力矩、加速度等）应用至承载面，并求解应力和进行变形分析（变形结果需要用到 SOLIDWORKS Simulation 模块）。在这种方式下，运动仿真以刚体动力学方法简化瞬态问题，并求解零件的加速度和接头的反作用力。然后，在 SOLIDWORKS Simulation 中，将这些载荷应用到承载面上并求解应力分析问题。

运动仿真允许用户通过两种方法使用 SOLIDWORKS Simulation 来施加载荷并求解变形分析：

1)【直接求解】，即直接在运动仿真界面中进行设置、求解和后处理。
2)【输出载荷】，即输出载荷至 SOLIDWORKS Simulation。变形计算将在 SOLIDWORKS Simulation 的界面中执行。

本章将介绍这两种方法。

## 10.2.4 承载面

加载（或输出）的力只传递到面，而不允许传递到边线和点。在 SOLIDWORKS 的配合定义中使用的任意面也被认定为加载（或输出）载荷的承载面。如果在配合中用到了其他实体类型（点、边线），承载面必须在【分析】选项卡中进行指定，如图10-8所示。

## 10.2.5 配合位置

在运动分析中，配合的默认初始位置是使用配合定义中的第一个实体来确定的。例如，在图10-8所示的配合定义中，初始配合位置位于"面<1>@ Input_shaft-1/universal_bearing – 1"的中心。当然，用户也可以通过在配合位置区域中选择一个新的实体来更换。更改配合位置可能会改变运动分析的结果和产生的反作用力，这种变化的影响也会因实例而异。

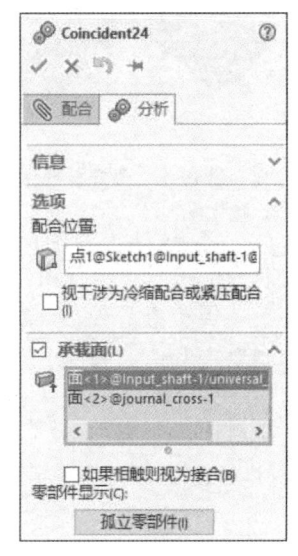

图 10-8 在【分析】选项卡中指定承载面

如果初始的配置不合适，建议用户更改配合位置，尤其是当使用 SOLIDWORKS Simulation 模块将运动载荷应用于有限元分析时。

运动仿真还可以导出由零件的加速度产生的实体载荷。与节点的反作用力相似，其可在每个（或所有）要求的时间步长内输出实体载荷。

在运行运动算例之前，必须输入承载面和新的配合位置。

## 10.3 输出载荷

本章的这一部分将讲解如何正确地准备承受运动载荷的零件，以供 SOLIDWORKS Simulation 有限元分析使用。首先要定义正确的承载面和配合位置，然后，将运动载荷输入到 SOLIDWORKS Simulation 中，进行有限元分析及后处理。

---

**步骤12 孤立"journal_cross <1>"** 这是驱动轴输入侧的轴颈，【孤立】此零部件以便更容易看清楚该零件，如图10-9所示。这里应关注此零件的应力及位移计算。查看该零件的4个配合，配合的实体没有采用面，而都是点或轴，如图10-10所示。这就需要对每一个配合都指定传递力的面。

单击【退出孤立】。

**步骤13　指定承载面**　编辑第一个配合"Coincident24",切换至【分析】选项卡,勾选【承载面】复选框,单击【孤立零部件】,这将隐藏与该配合无关的零部件,如图10-11所示。

图 10-9　孤立零部件1　　　图 10-10　查看配合　　　图 10-11　孤立零部件2

使用【选择其他】命令,选择"journal_cross"的外表面和"universal_bearing"的内圆柱面。使用爆炸视图可更加清晰地显示这两个零件。

由于面是相互接触的,因此【如果相触则视为接合】复选框会被自动勾选,将该复选框取消勾选,如图10-12所示。

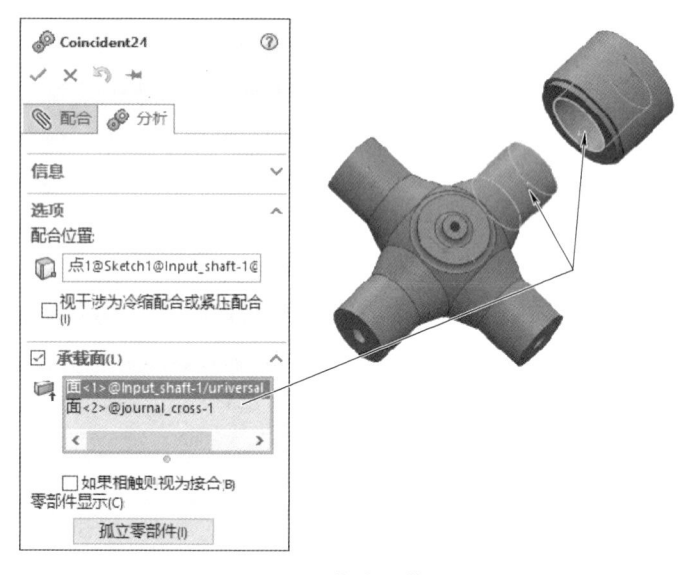

图 10-12　指定承载面1

前面的讨论中曾提到,默认的初始配合位置取决于配合定义中的第一个实体——"面<1>@ Input_shaft – 1/universal _ bearing – 1"的中心。因为这两个零件永久接触且不会发生明显的相对移动,此配合位置无须修改。将初始位置放到最理想的位置是一种良好的习惯,尤其是当用户打算对零件进行有限元应力分析的时候。出于练习的目的,将修改4个"journal_cross-1"的配合位置。

选择配合位置是可选的,用户可以选择定义配合的其中一个点,但并非必须选择该项目。

单击【确定】✔和【退出孤立】。

**步骤14 指定第二个承载面** 编辑配合"Coincident25",切换至【分析】选项卡,勾选【承载面】复选框,单击【孤立零部件】,如图10-13所示,选择两个面,一个位于"journal_cross-1"上,另一个位于"attachment flange-1"上。因为面与面之间并未接触,所以【如果相触则视为接合】复选框不会出现。

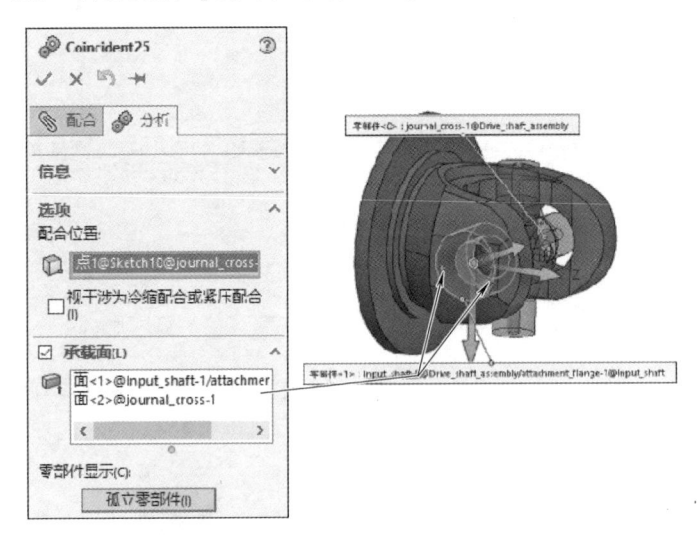

图10-13 指定承载面2

**步骤15 定义其余的承载面** 对余下的两个配合"Coincident26"和"Coincident28"重复上面的操作。

**步骤16 重新运行分析并保存装配体** 配合位置更改后必须重新计算运动分析。下面将对零部件"journal_cross-1"执行应力分析。

注意,以下步骤需要使用SOLIDWORKS Simulation模块。

SOLIDWORKS Simulation可以一次性读取单个时间步长或多个时间步长的运动载荷。在接下来的实例中,将使用Simulation软件对所有要求的时间步长运行多个分析。设计算例可以定位在最危险时刻,此时零件具有最大应力和变形。

扫码看视频

**步骤17 输入运动载荷** 确保在SOLIDWORKS中已经加载了"SOLIDWORKS Simulation"插件。从【Simulation】下拉菜单中选择【输入运动载荷】,弹出【输入运动载荷】对话框。从列表中选择用于生成力的运动算例。在【可用的装配体零部件】栏中选择"journal_cross-1",然后单击【>】按钮将其移动至【所选零部件】栏中。选中【多画面算例】,在【画面号数】的【开始】数值框中输入80。在【终端】数值框中应显示101,如图10-14所示。

单击【确定】。这将为零件"journal_cross-1"输入载荷数据并保存至CWR文件,同时定义设计算例。

上面指定的参数定义了22组设计算例。每组都具有由该组关联帧时刻产生的运动载荷定义的载荷。

**步骤18　打开零件**　在单独窗口中打开零件"journal_cross-1"。

**步骤19　选择 SOLIDWORKS Simulation 算例**　系统已经添加了一个名为"CM2-ALT-Frames-80-101-1"的新静态算例，如图 10-15 所示。算例名称中的数字"80""101"和"1"分别表示开始帧和终止帧的帧号以及帧增量。

**步骤20　选择设计算例**　此外还增加了一个名为"CM2-ALT-Frames-80-101-11"的设计算例。用户可以查看已从 SOLIDWORKS Motion 导入的参数列表和数值。对应帧数 80~101 的 22 个情形也已经创建完成，如图 10-16 所示。

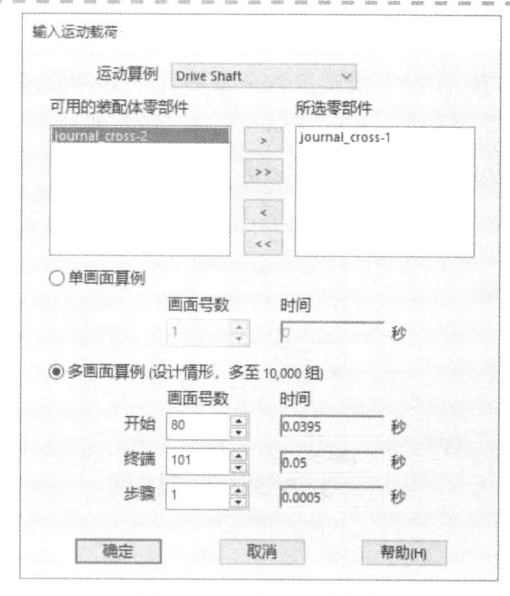

图 10-14　输入运动载荷

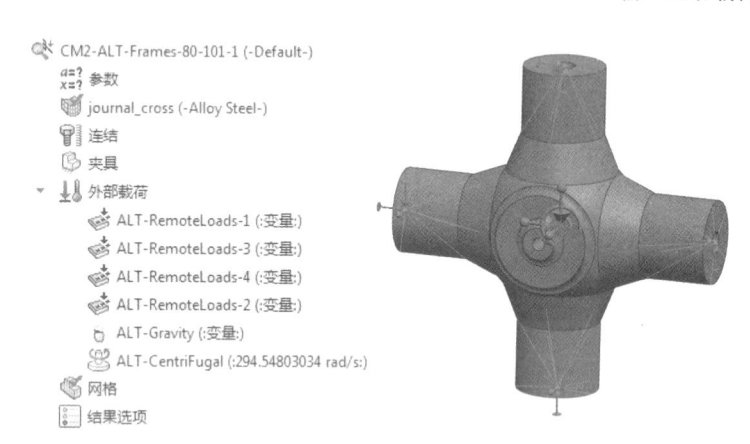

图 10-15　已有算例

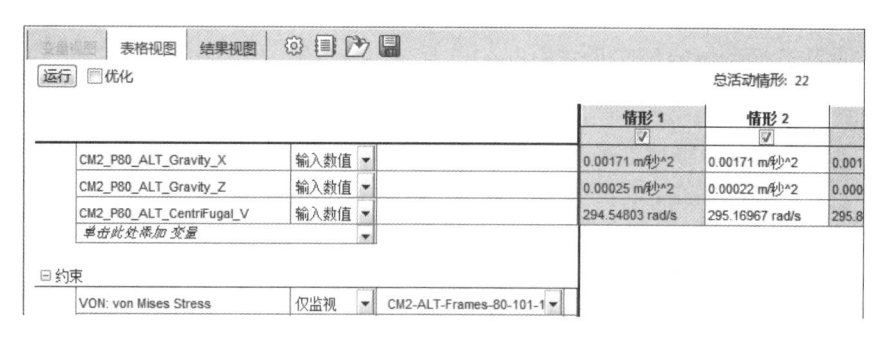

图 10-16　选择设计算例

**步骤21　应用材料**　现在需要完成静态算例的定义。返回到静态算例，指定零件材料。在 Simulation Study 树中，右键单击零件"journal_cross"，并选择【应用/编辑材料】命令，如图 10-17 所示。从 SOLIDWORKS Materials 库文件中选择【合金钢】，如图 10-18 所示。单击【应用】和【关闭】。

第 10 章 输出到 FEA

图 10-17 应用材料

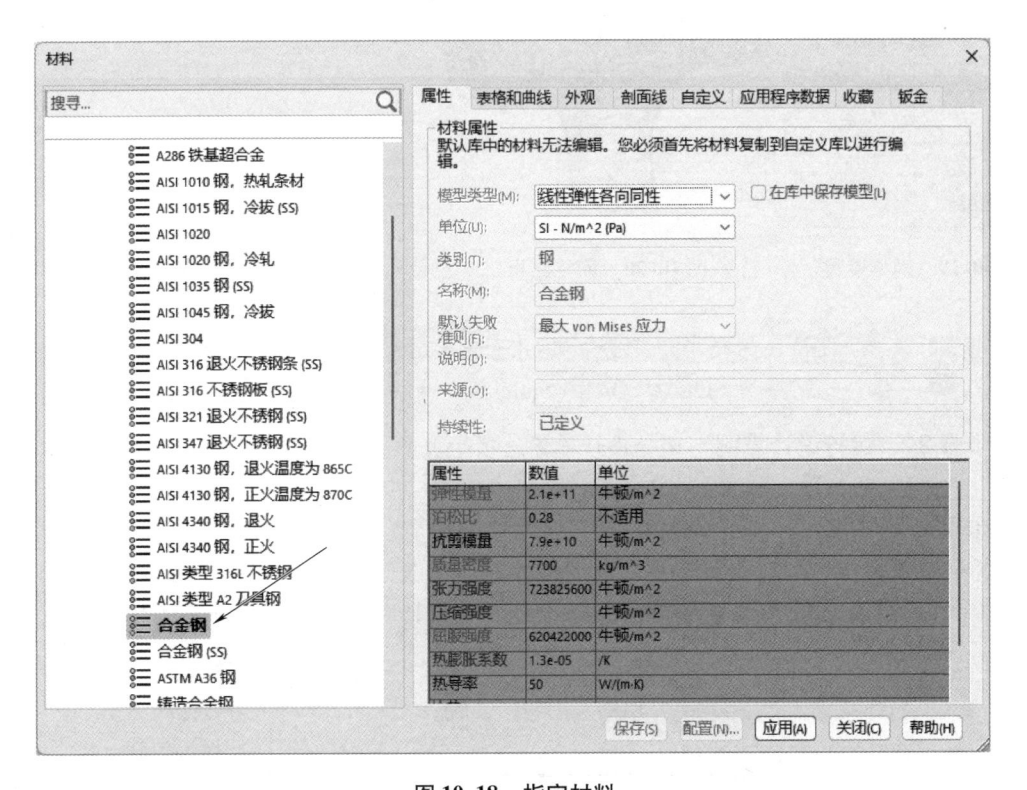

图 10-18 指定材料

**步骤 22 划分零件网格** 在 Simulation Study 树中右键单击【网格】，并选择【生成网格】。在【网格参数】中选择【基于曲率的网格】。拖动【网格密度】滑块，将【最大单元大小】设置在数值 30mm 附近，更改【单元大小增长比率】为 1.6，如图 10-19 所示。

单击【确定】将划分模型网格，如图 10-20 所示。

**步骤 23 定义算例属性** 右键单击算例图标，并选择【属性】命令。因为这个零件是自平衡的，【使用惯性卸除】复选框默认勾选，如图 10-21 所示。单击【确定】。

图 10-19 网格设置    图 10-20 网格结果    图 10-21 属性设置

> **提示** 惯性卸除是有限元分析中用于稳定自平衡问题的选项之一。该选项的具体讨论请参考 SOLIDWORKS Simulation 相关课程。

**步骤 24 运行设计算例** 选择设计算例选项卡并单击【运行】，系统将按照顺序依次求解 22 个不同组的数据，如图 10-22 所示。

**步骤 25 求解 von Mises 应力的全局最大值** 全局最大值是指 22 个情形中的最大值。在设计算例树中，右键单击【结果和图表】，并选择【定义设计历史图表】，如图 10-23 所示。在【Y-轴】中选中【约束】，然后选择【VON：von Mises 应力】，如图 10-24 所示。单击【确定】✓。

图 10-22 运行算例    图 10-23 定义设计历史图表

**步骤 26 查看结果** 图表显示了在 22 个情形下"von Mises 应力"在零件"journal_cross-1"中的变化。在情形 1 和情形 22 中都获得了最大值 $5.165 \times 10^8 \text{N/m}^2$（516.5MPa），小于材料的屈服强度（620.4MPa），如图 10-25 所示。

**步骤 27 查看合位移的全局最大值** 生成一个类似的图表，显示合位移的全局最大值，如图 10-26 所示，最大位移为 0.119mm。

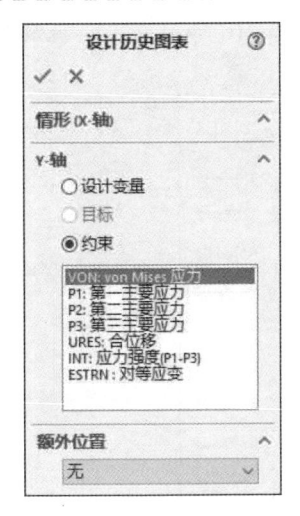

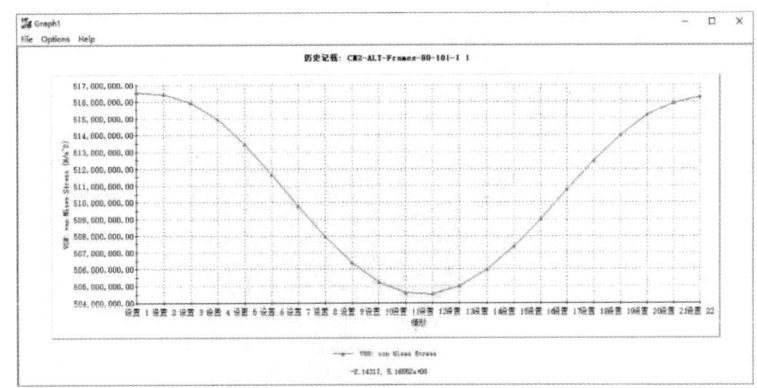

图 10-24　选择约束　　　　　　　图 10-25　查看结果 1

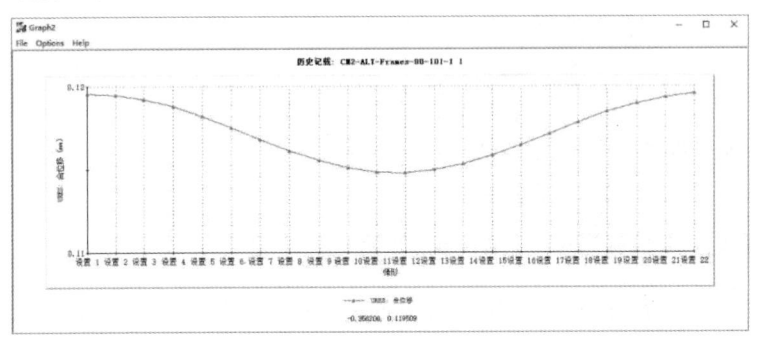

图 10-26　查看结果 2

**步骤 28　设计情形 1 的 von Mises 应力图解**　　设计算例保存了所有计算情形的完整结果。在设计算例中单击对应【情形 1】的列便可看到结果，如图 10-27 所示。

在【结果和图表】下方双击【VON：von Mises 应力】图解，如图 10-28 所示，情形 1 的最大 von Mises 应力大小约为 516.5MPa。

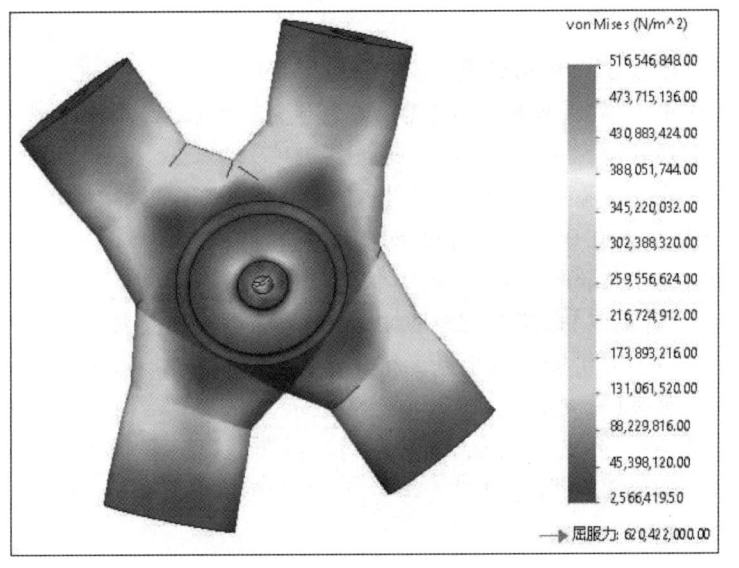

图 10-27　对应列　　　　　　　　图 10-28　应力图解 1

**步骤29 设计情形1的合位移图解** 如图10-29所示，设计情形1中的最大合位移约为0.119mm。

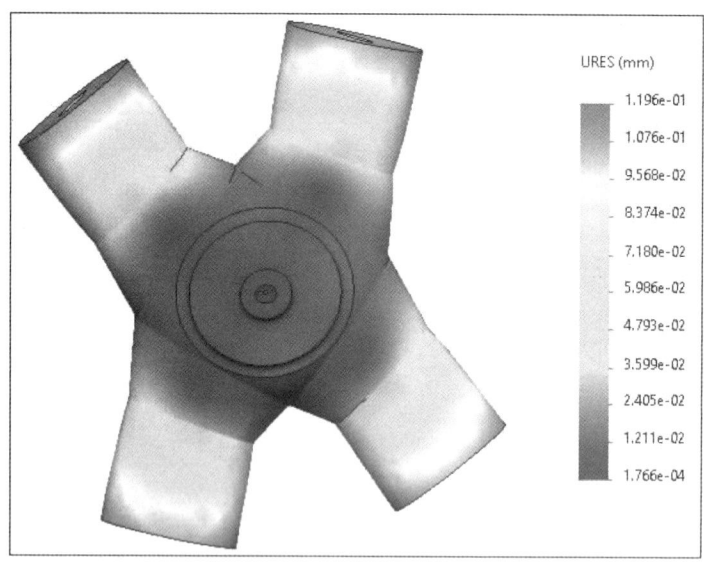

图10-29 合位移图解

**步骤30** 保存并关闭零件文件"journal_cross"。

## 10.4 在 SOLIDWORKS Motion 中直接求解

下面将演示如何直接在 SOLIDWORKS Motion 的界面中对零件进行应力分析。

> **注意** 在运动仿真中直接进行应力求解时，也必须指定步骤13～15中的正确的承载面和配合位置。

> **提示** SOLIDWORKS Simulation 模块必须处于激活状态，以保证可以进行应力求解。

**步骤31 模拟设置** 在"Drive_shaft_assembly"的运动算例中，单击【模拟设置】。在【模拟所用零件】选项中选择驱动轴输入一侧的"journal_cross-1"。

在【模拟开始时间】和【模拟结束时间】中分别输入 0.0395s 和 0.05s。单击【添加时间】以将时间范围添加至【模拟时间步长和时间范围】区域中。

在【高级】选项下移动【网格密度】滑块，设置网格密度比例因子为0.95，以生成更精细的网格，如图10-30所示。

单击【确定】。此时系统将显示"您想将材料指派给零件吗？"的提示信息，单击【是】，打开【材料】窗口。

**步骤32 指定材料** 与步骤21相似，指定材料为【合金钢】。

图10-30 模拟设置

# 第10章 输出到FEA

依次单击【应用】和【关闭】。

**步骤33 求解有限元仿真** 单击【计算模拟结果】。

**步骤34 显示0.045s时的应力结果** 为了显示此结果图解，需要将时间线移至0.045s处，如图10-31所示。

> 提示：指定的时间必须落在步骤31中要求的时间范围之内。

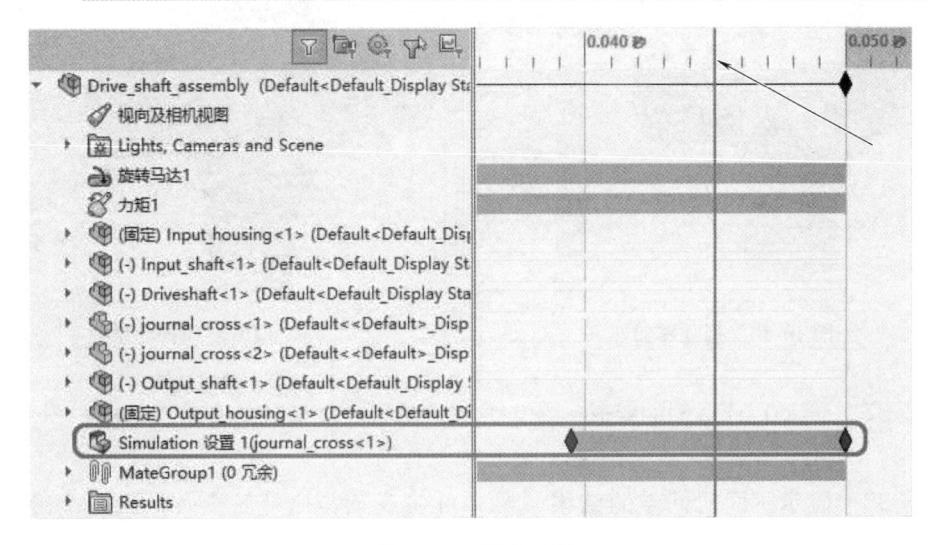

图10-31 指定时间

选择【应力图解】按钮以显示von Mises应力图解，如图10-32所示。图例显示最大应力约为382MPa，如图10-33所示。然而，由于"journal_cross–1"显示在整个装配体之中，因此无法清楚地看到应力云图。在此情况下，需要通过孤立该零件来得到更清晰的图解。

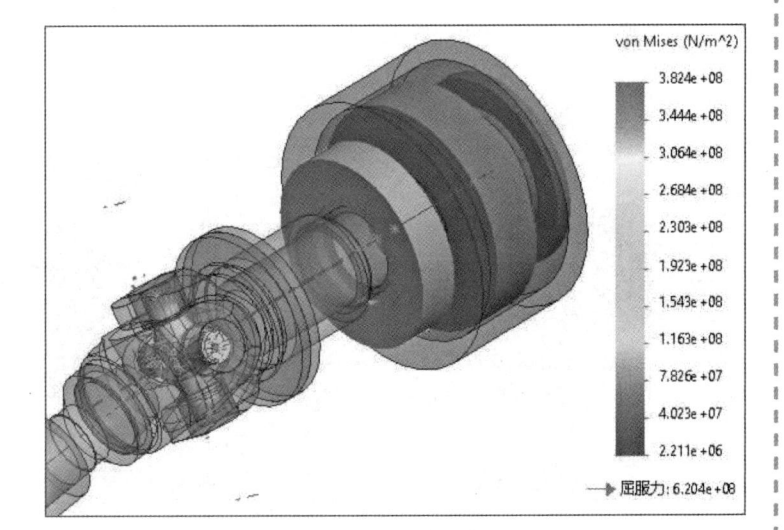

图10-32 设置应力图解　　图10-33 应力图解2

**步骤35 孤立"journal_cross–1"** 现在可以清楚地看到应力云图，显示应力的最大值约为382MPa，如图10-34所示，低于材料的屈服强度620.4MPa。

**步骤36 显示0.045s时的安全系数** 按照步骤34和步骤35中的方法显示【安全系数】图解。图10-35中显示的最小安全系数约为1.62(620.4/382≈1.62)。

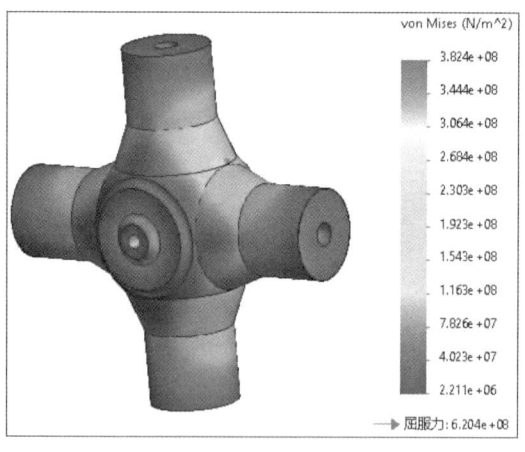

图 10-34 孤立零部件

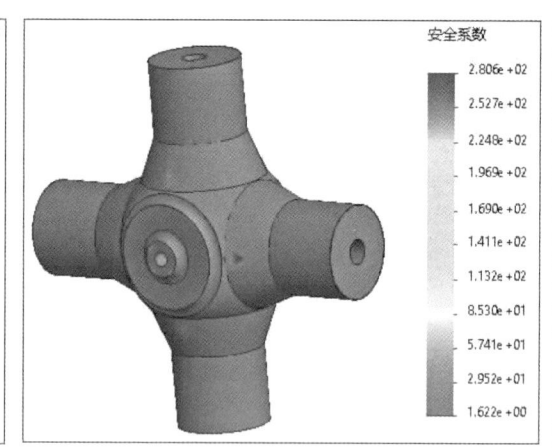

图 10-35 安全系数

**步骤37 显示0.045s时的变形** 在0.045s时的最大合位移约为0.1148mm，如图10-36所示。

**步骤38 显示不同时间点的结果** 移动时间线至其他时间步长，应力云图将自动更新。

> 提示 同样，指定的时间必须落在步骤31中要求的时间范围之内。

**步骤39 查看动画并显示总体最大值** 要设置图例以显示要求分析时间范围内的总体最大值并查看动画，请单击【播放】按钮。整个要求的分析时间间隔(0.035~0.05s)内的最大合位移为0.12mm，如图10-37所示。

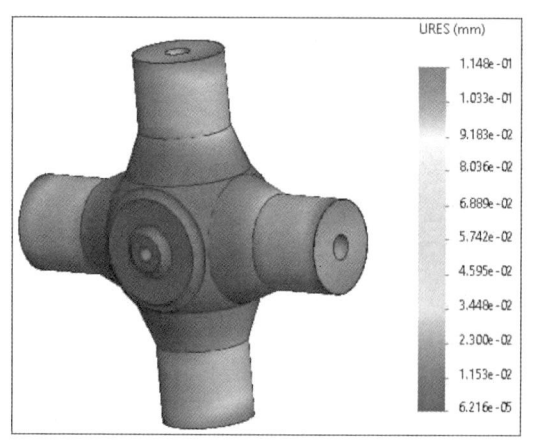

图 10-36 变形结果

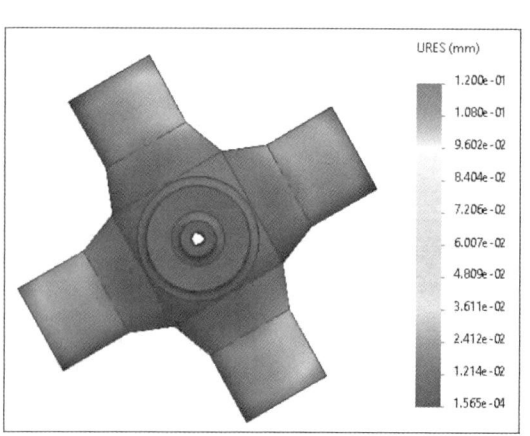

图 10-37 总体最大值

**步骤40 保存并关闭文件**

# 第 10 章 输出到 FEA

## 练习 输出到 FEA

本练习将从搭扣锁机构中输出载荷到 SOLIDWORKS Simulation 并进行零件分析,如图 10-38 所示。

本练习将应用以下技术:
- 输出结果。

本练习将确定零件"J_Spring"的最大应力及挠度。

扫码看视频

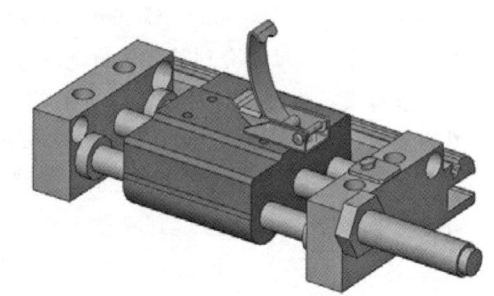

图 10-38 搭扣锁机构

---

**操作步骤**

**步骤 1 打开装配体文件** 打开文件夹"Lesson 10\Exercises\Latching mechanism"内的装配体文件"Full latch mechanism"。这和第 4 章中用到的装配体相同。该装配体已设置并运算完成了运动算例。

**步骤 2 播放此算例** 单击【播放】(无须运算),查看该机构是如何工作的。

**步骤 3 指定承载面** 找到配合"Concentric6",这是用作弹簧枢轴的配合。编辑此配合,指定作为承载面的 4 个面。在爆炸视图中可以更加清楚地显示这两个零件。在【配合位置】中,选择夹子或销上分割面的边线,如图 10-39 所示。

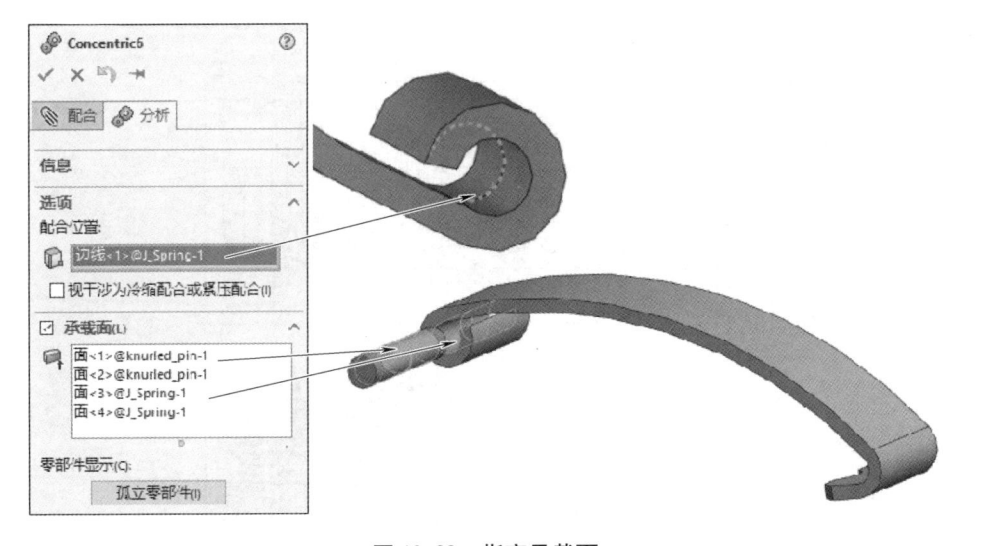

图 10-39 指定承载面

**步骤 4 重新运行仿真** 因为接触面和配合位置发生了改变,需要重新计算运动仿真。

---

配合中的力可以自动输入到 SOLIDWORKS Simulation 中,但是接触力无法自动输入,必须手工定义。

首先通过观察 SOLIDWORKS Motion 中生成的图解来确定接触力的最大值。然后,确定这个最大值发生的时间帧,以便仅输出单个帧的数据。同时还必须确定力的方向。

**步骤5  检查接触力的图解**  "J_spring"和"keeper"之间(见图10-40)的接触力幅值图解已经创建,显示"Magnitude Contact Force"图解,如图10-41所示,可以看到最大值出现在大约2.4s处。

**步骤6  生成 X 和 Z 方向上的接触力图解**  图解显示 X 和 Z 方向上的接触力,如图10-42所示。注意到 X 方向接触力在2.4s之前达到峰值,而 Z 方向接触力在之后达到峰值。

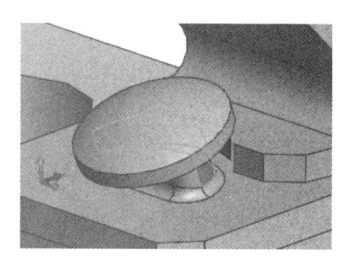

图10-40  "J_spring"和"keeper"之间的接触位置

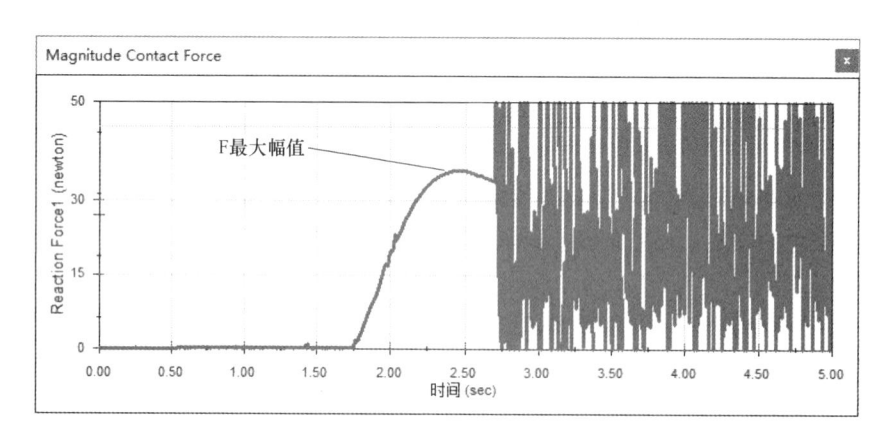

图10-41  查看"Magnitude Contact Force"图解

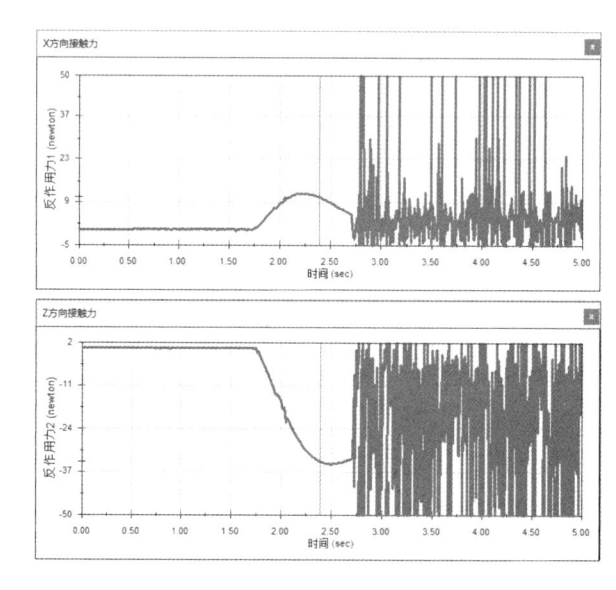

图10-42  生成 X 和 Z 方向上的接触力图解

**步骤7  查找2.4s时力的分量**  右键单击"X 方向接触力"图解,选择【输出到电子表格】。电子表格将自动打开,注意在2.4s时 X 方向上作用力的大小,如图10-43所示。使用相同的方法找出 Z 方向上作用力的大小。

**步骤8 输出运动载荷** 计算完成后,保存结果并只输出与大约 2.4s 时间对应的单个帧的"J_Spring-1"载荷,2.4s 时对应的帧号是 1575,如图 10-44 所示。

图 10-43 查找 2.4s 时力的分量

图 10-44 输出运动载荷

**步骤9 打开零件** 在单独的窗口中打开零件"J_Spring"。

**步骤10 仿真算例** 选择新算例"CM2-ALT-Frame-1575"的仿真选项卡。配合载荷已经输入到零件中,但是还必须手工加载接触力。请注意,该零件的坐标系方向不同于装配体的坐标系方向。装配体中的 $X$ 方向对应零件中的 $Y$ 方向,装配体中的 $Z$ 方向对应零件中的 $X$ 方向。在对此零件加载接触力时,必须确保在零件的坐标系上使用了正确的力,如图 10-45 所示。

图 10-45 加载力

**步骤11 应用接触力** 对图 10-46 所示的面添加一个大小为 -10.36N 和 34.171N(来自 CSV 文件输出的数值)的力。选择 Right 基准面以定义方向。

**步骤12 应用材料** 在 Simulation Study 树中指定零件材料为【合金钢】。

**步骤13 划分模型网格** 在 Simulation Study 树中右键单击【网格】,然后选择【生成网格】。

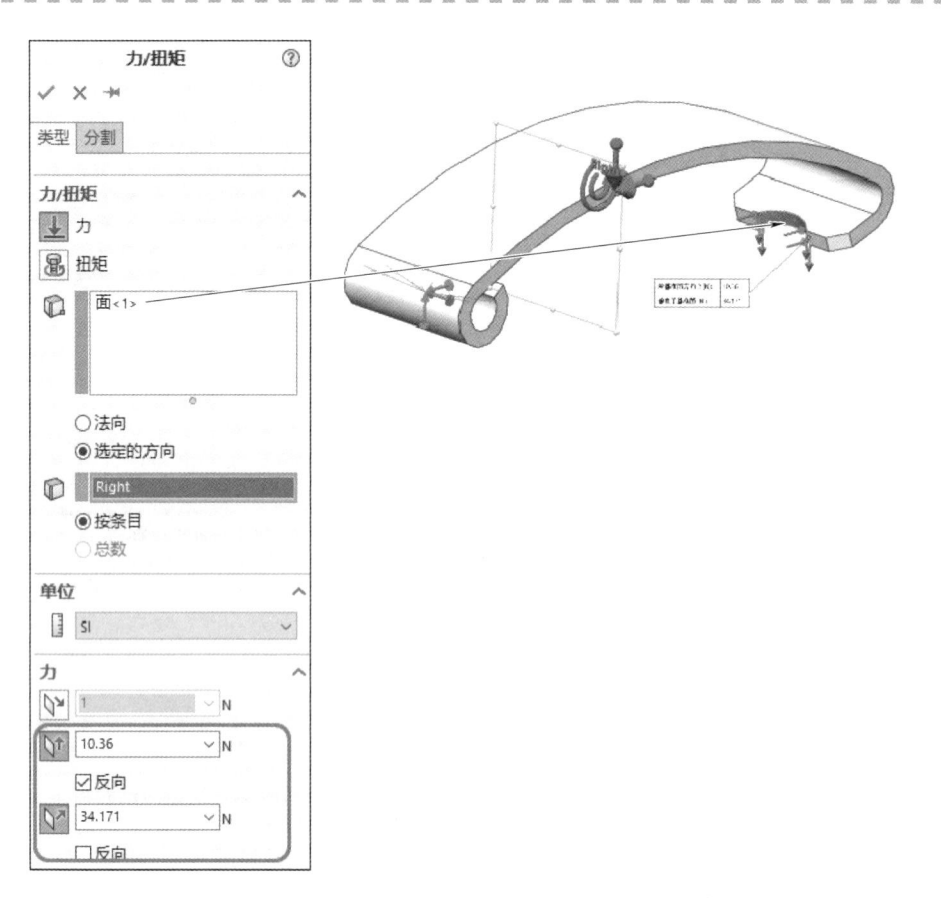

图 10-46 定义力

在【网格参数】中选择【基于曲率的网格】，使用默认设置，单击【确定】✓。生成结果如图 10-47 所示。

**步骤 14　运行算例**　右键单击算例，并选择【运行】。此时将会得到一条警告提示："警告：在 X- 方向中存在大量的外部不平衡力，此将在应用相反惯性力后被平衡。除非您的模型承受这样的力或者多少承受一点不平衡力，应用惯性卸除可改变您的模型的特性。"这是从运动仿真中输出载荷并手工输入数值的结果。这个零件可以视为近乎平衡的，所以单击【是】。

图 10-47　网格结果

**步骤 15　查看应力图解**　查看应力图解，可以看到最大应力约为 153.19MPa，如图 10-48 所示，低于"J_spring"的屈服极限。

**步骤 16　定义安全系数图解**　生成安全系数图解来判断零件是否屈服失效。右键单击【结果】文件夹，选择【定义安全系数图解】，使用默认值生成一个图解以显示安全系数的分布，如图 10-49 所示。单击【确定】。

**步骤 17　检查图解**　此时可以看到最小安全系数为 4.05，因此这个零件并没有屈服失效，如图 10-50 所示。

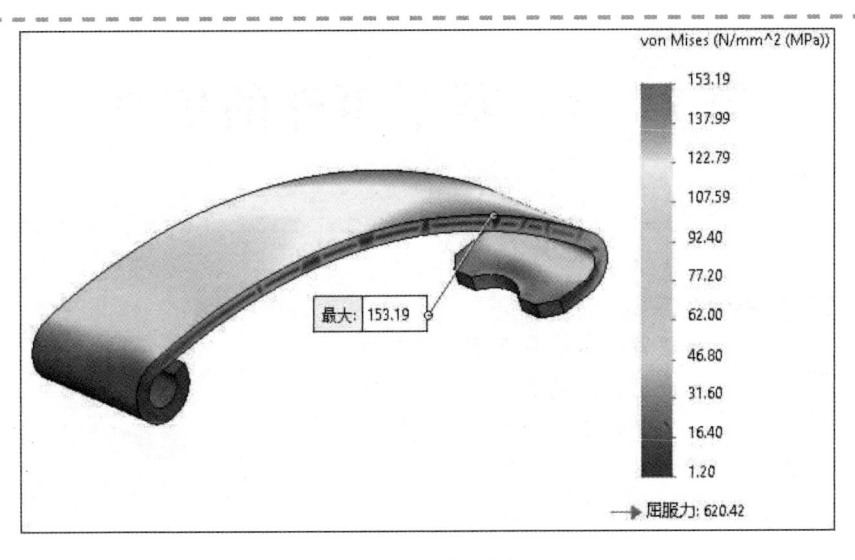

图 10-48 应力图解

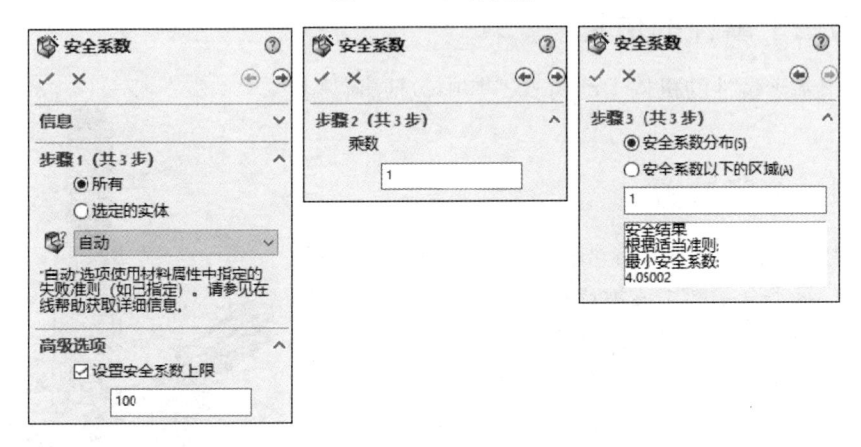

图 10-49 定义安全系数图解

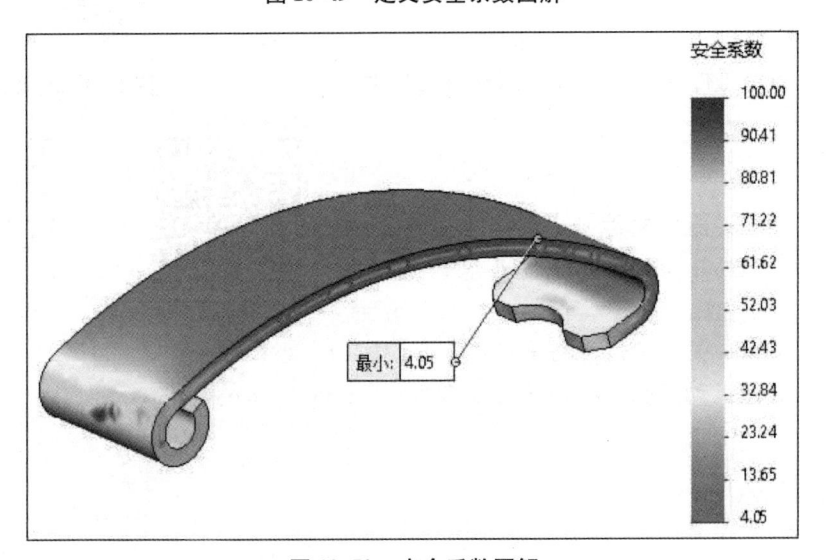

图 10-50 安全系数图解

**步骤 18** 保存并关闭文件

# 第 11 章　基于事件的仿真

**学习目标**
- 理解并运行基于事件的仿真
- 应用伺服马达
- 生成具有特定时间和逻辑的事件

## 11.1　机构基于事件的仿真

本章将介绍基于事件的机构运动仿真，其中包括事件触发的控制。

## 11.2　实例：分类装置

图 11-1 中的分类装置用于将带孔的黄色盒子和实心的红色盒子分开。每类盒子都应该被移至对应的拖架中。基于事件的仿真将用于模拟这个机构的动作。

将盒子划分至对应托架的机构包含 6 个零件。盒子的竖直运动源自重力，水平运动由 3 个带伺服马达的推出机构组成。马达基于一系列传感器来驱动运动，这些传感器用于监控盒子类型和它们在机构中的位置。

模拟一个机构将每种盒子归类放置到各自的托架中。

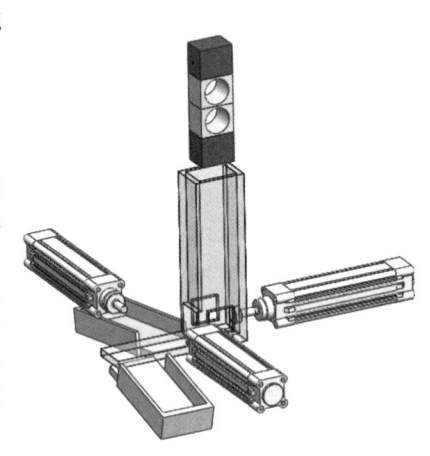

图 11-1　分类装置

**操作步骤**

**步骤 1　打开装配体文件**　从文件夹"Lesson11\Case Studies\Sorting device"内打开装配体文件"Sorting device"。

扫码看视频　　扫码看视频

**步骤 2　确认单位**　确认文档单位设定为【MMGS(毫米、克、秒)】。
**步骤 3　新建运动算例**　将此算例命名为"Sorting device"。

## 11.3　伺服马达

在基于事件的仿真中，伺服马达是驱动机构的旋转或线性马达。然而，它们的运动并不能在马达的 FeatureManager 中直接设定。它通过基于事件的仿真界面进行控制，并且由各种准则(例如系统中特定零件的接近)触发。

| 知识卡片 | 伺服马达 | 在基于事件的仿真中,伺服马达被用作运动驱动器。 |
|---|---|---|
| | 操作方法 | • MotionManager 工具栏:单击【马达】,在【运动】中选择【伺服马达】。 |

步骤4 **定义伺服马达1** 为"Actuator<1>"定义线性的伺服马达。单击【马达】并选择【线性马达(驱动器)】。为【马达位置】和【马达方向】选择指定的面。在【运动】下方选择【伺服马达】和【位移】,如图 11-2 所示。

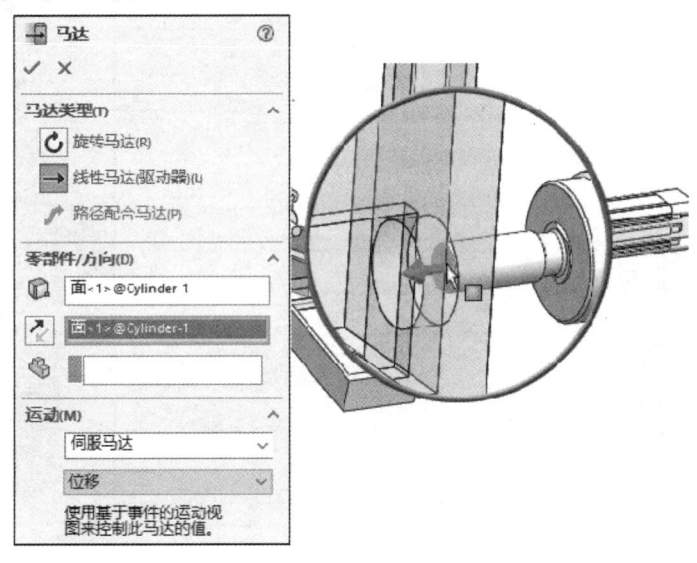

图 11-2 定义马达

单击【确定】,将此马达重命名为"Actuator 1"。

步骤5 **定义伺服马达2和3** 再为"Actuator<2>"和"Actuator<3>"定义两个线性的、基于位移的伺服马达。重命名这两个马达为"Actuator 2"和"Actuator 3"。单击【确定】。

## 11.4 传感器

传感器可以用于触发或停止事件。在基于事件的仿真中可以使用3种不同类型的传感器:
- 【干涉检查】传感器:用于检测碰撞。
- 【接近】传感器:用于探测越过一条边线的实体运动。
- 【尺寸】传感器:用于根据尺寸探测零部件的位置。

| 知识卡片 | 传感器 | 传感器可以用于在基于事件的仿真中触发或停止运动。 |
|---|---|---|
| | 操作方法 | • SOLIDWORKS FeatureManager:右键单击【传感器】并选择【添加传感器】。<br>• CommandManager:【评估】/【传感器】。 |

**步骤6 定义接近传感器1** 将使用两个接近传感器来控制这个系统。"Sensor 1"用来探测到达支架底部平台的实心盒子,"Sensor 2"用来探测带孔盒子,如图11-3所示。单击【传感器】,定义为【接近】传感器以探测平台上是否存在实心盒子。选择图11-4所示"Sensor 1"上的面作为【接近传感器位置】。【接近传感器方向】区域可以保持空白,以保持默认的竖直方向。在【要跟踪的零部件】区域中选择两个实心盒子。在【接近传感器范围】中输入12.00mm,如图11-4所示。

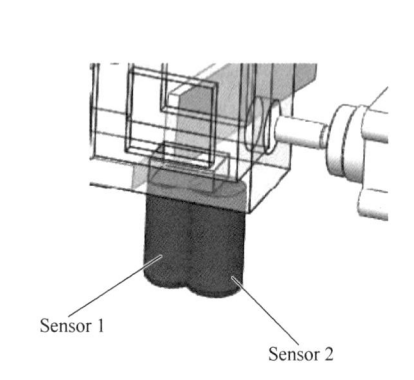

图11-3 传感器位置

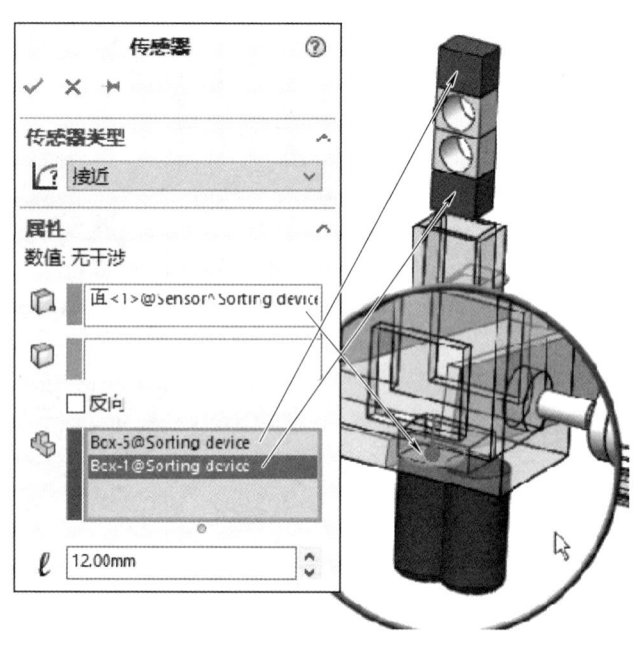

图11-4 定义传感器

单击【确定】,将该传感器重命名为"Sensor 1"。

> **提示** 当盒子抵达支架的水平平台时,使用12mm的范围来触发必要的事件。由于平台的厚度为10mm,如图11-5所示。当盒子接近平台时,任何大于10mm的传感器范围都将触发事件。

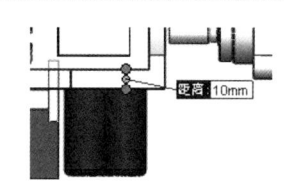

图11-5 尺寸范围

**步骤7 定义接近传感器2** 定义第二个接近传感器来探测带孔的盒子,将此传感器重命名为"Sensor 2"。

**步骤8 定义接触** 定义如图11-6所示的4个实体接触。操作时,应尽量使用接触组来简化接触方案。

**步骤9 定义引力** 在$Y$轴负方向定义【引力】。

图 11-6 定义接触

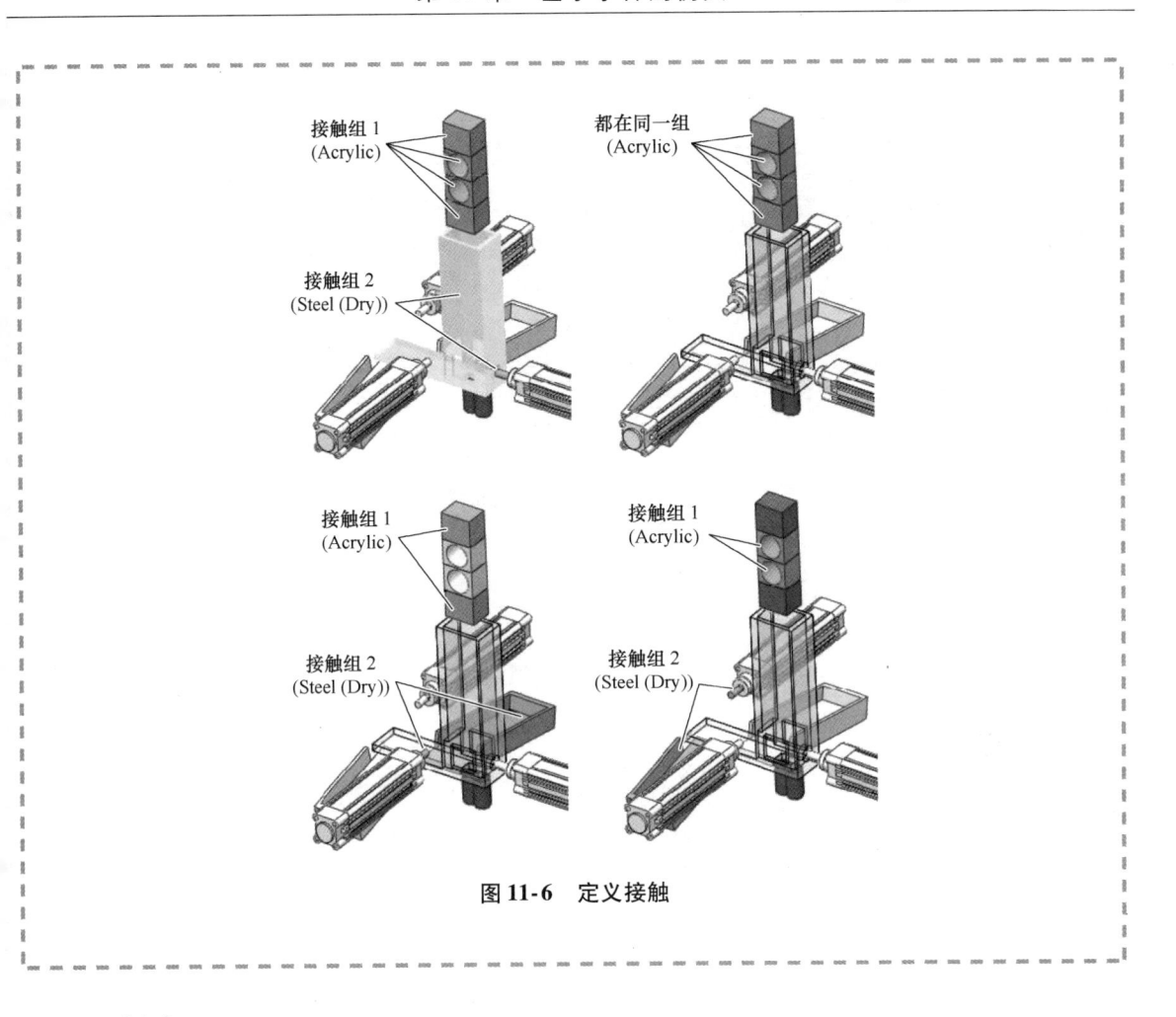

## 11.5 任务

基于事件的仿真需要一系列的任务，这些任务由传感器触发并按顺序排列或同时进行。每项任务都通过触发事件及其相关的任务操作进行定义，进而控制或定义任务过程中的运动。

(1) 触发器　每项任务都是由触发条件触发。触发条件可能取决于传感器的状态，也可能由序列中某些其他任务的开始或结束控制。

(2) 任务操作　在定义任务时可以指定以下操作：

1)【终止】■。终止零部件的运动。

2)【马达】。根据所选配置轮廓打开或关闭任意马达，或是更改马达的恒定速度。

3)【力】。应用或终止加载任何力，或根据所选的配置轮廓更改马达的恒定力。

4)【配合】。对所选配合切换压缩状态。

(3) 时间线视图与基于事件的运动视图　为了定义任务，运动仿真中提供了【基于事件的运动视图】，用户可以在 MotionManager 工具栏中单击对应的按钮来访问该视图。该视图用于定义任务并设计系统的逻辑，如图 11-7 所示。

基于时间线的视图提供了传统的带有键码的运动仿真视图，指示仿真零部件动作的开始和结束时间以及变化。当基于事件的仿真计算完毕时，将产生事件的时间键码序列，而且该序列也是仿真的重要结果之一，如图 11-8 所示。

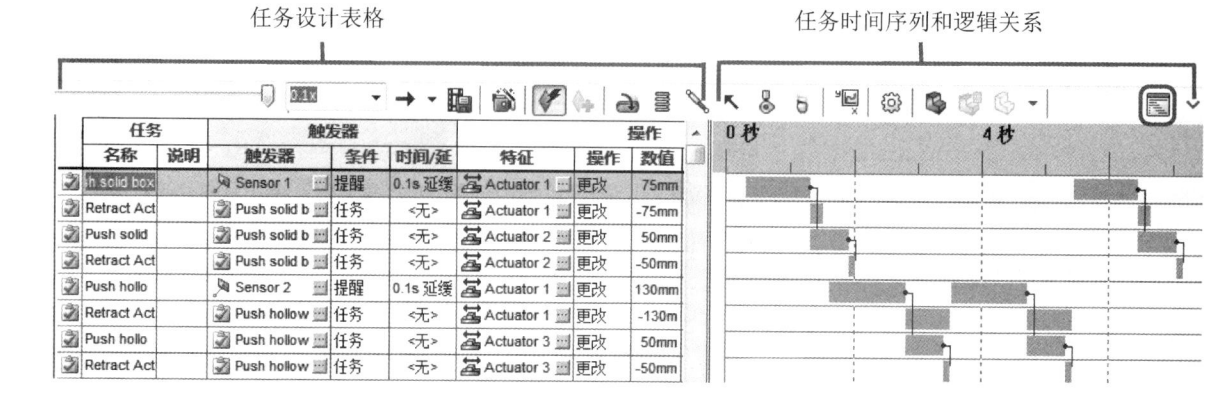

图 11-7 基于事件的运动视图

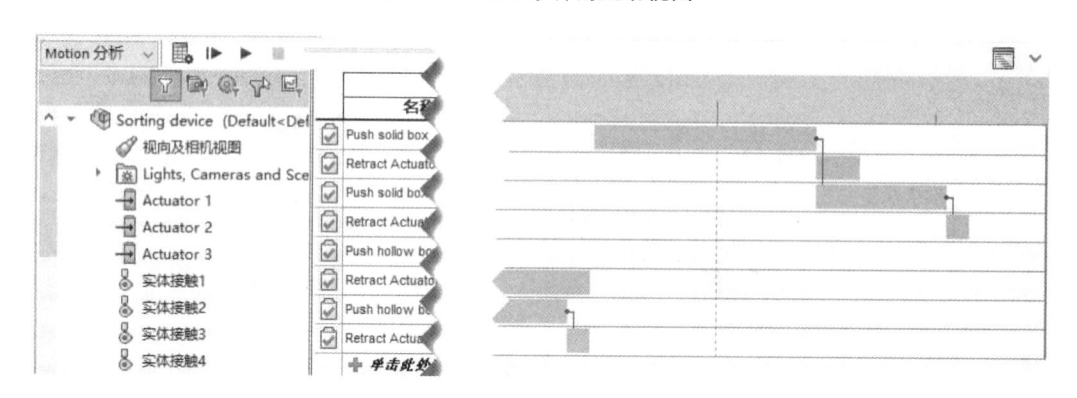

图 11-8 时间键码序列

| 知识卡片 | 任务 | 任务用于在仿真过程中控制和定义零部件的运动,通常是通过触发事件和相关的动作来定义的。 |
|---|---|---|
| | 操作方法 | • MotionManager 工具栏：单击【基于事件的运动视图】，若要添加任务，只需单击任务列表底部的【单击此处添加】行。 |

步骤10 **基于事件的运动视图** 切换到【基于事件的运动视图】。

步骤11 **定义任务1——名称及触发器** 此系统的第一个任务是将最底部的实心盒子沿着支架平台移动到指定位置，在此位置可以确保"Actuator 2"将盒子推至"Bay1"。当底部的实心盒子激发了接近传感器"Sensor 1"时，将触发该任务。因为此传感器在实心盒子位于平台上方2mm时触发了事件，所以为了保证"Actuator 2"有充足的时间缩回，应对该任务指定0.1s的时间延缓。

单击【单击此处添加】以添加一条新的任务行。在【名称】栏输入"Push solid box"，如图11-9所示。在【触发器】中单击选择按钮，系统将弹出【触发器】对话框，如图11-10所示。选择"Sensor 1"，单击【确定】以关闭【触发器】对话框。回到【基于事件的运动视图】，在【条件】栏中选择【提醒打开】，在【时间/延缓】栏中输入"0.1s 延缓"，完成对【触发器】部分的设置。

## 第 11 章 基于事件的仿真

| 任务 | | 触发器 | | | 操作 | | | | | 时间 | |
|---|---|---|---|---|---|---|---|---|---|---|---|
| 名称 | 说明 | 触发器 | 条件 | 时间/延缓 | 特征 | 操作 | 数值 | 持续时间 | 轮廓 | 开始 | 结束 |
| ☑ Push solid box | | ⏱时间 | | | 5s | 终止运动分 | | | | | |
| ➕单击此处添加 | | | | | | | | | | | |

——单击此处以添加新的任务行

图 11-9  添加任务

**步骤 12  定义任务 1——操作**  接下来需要指定操作来完成对任务 1 的定义。在本示例中，任务 1 的动作是使用马达"Actuator 1"将实心盒子沿着平台推动 75mm，这个距离对"Actuator 2"的后续操作而言是一个理想的位置。

在【特征】栏中，选取"Motors"特征下的"Actuator 1"，在【操作】栏中选择【更改】，并在【数值】处输入 75mm，在【持续时间】处输入 1s，并在【轮廓】处选择【谐波】，如图 11-11 所示。

图 11-10  触发器

| 触发器 | | | 操作 | | | | |
|---|---|---|---|---|---|---|---|
| 触发器 | 条件 | 时间/延缓 | 特征 | 操作 | 数值 | 持续时间 | 轮廓 |
| Sensor 1 | 提醒打开 | 0.1s 延缓 | Actuator 1 | 更改 | 75mm | 1s | |

图 11-11  定义任务 1

**步骤 13  定义任务 2——缩回"Actuator 1"**  定义第二个任务——缩回"Actuator 1"。此任务应该在任务 1 完成后触发，推动实心盒子。其持续时间为 0.2s。

将此任务命名为"Retract Actuator 1"，如图 11-12 所示。

| 任务 | | 触发器 | | | 操作 | | | | |
|---|---|---|---|---|---|---|---|---|---|
| 名称 | 说明 | 触发器 | 条件 | 时间/延缓 | 特征 | 操作 | 数值 | 持续时间 | 轮廓 |
| ☑ Push solid box | | Sensor 1 | 提醒打开 | 0.1s 延缓 | Actuator 1 | 更改 | 75mm | 1s | |
| ☑ Retract Actuator 1 | | Push solid box | 任务结束 | <无> | Actuator 1 | 更改 | -75mm | 0.2s | |

图 11-12  定义任务 2

**步骤 14  定义任务 3——推动实心盒子至"Bay 1"**  定义第三个任务，由"Actuator 2"推动实心盒子至"Bay 1"。此任务包含将"Actuator 2"伸出 50mm，持续时间为 0.6s。与任务 2"Retract Actuator 1"类似，任务 3 将在任务 1 完成后触发，推动实心盒子移动。

将此任务命名为"Push solid box to Bay 1"，如图 11-13 所示。

| 任务 | | 触发器 | | | 操作 | | | | |
|---|---|---|---|---|---|---|---|---|---|
| 名称 | 说明 | 触发器 | 条件 | 时间/延缓 | 特征 | 操作 | 数值 | 持续时间 | 轮廓 |
| ☑ Push solid box | | Sensor 1 | 提醒打开 | 0.1s 延缓 | Actuator 1 | 更改 | 75mm | 1s | |
| ☑ Retract Actuator 1 | | Push solid box | 任务结束 | <无> | Actuator 1 | 更改 | -75mm | 0.2s | |
| ☑ Push solid box to Bay1 | | Push solid box | 任务结束 | <无> | Actuator 2 | 更改 | 50mm | 0.6s | |

图 11-13  定义任务 3

**步骤 15  定义任务 4——缩回"Actuator 2"**  与步骤 13 类似，定义任务 4——缩回"Actuator 2"，持续时间为 0.1s。此任务将在任务"Push solid box to Bay 1"完成后触发。将此任务命名为"Retract Actuator 2"，如图 11-14 所示。

189

| 任务 | | 触发器 | | | 操作 | | | | |
|---|---|---|---|---|---|---|---|---|---|
| 名称 | 说明 | 触发器 | 条件 | 时间/延缓 | 特征 | 操作 | 数值 | 持续时间 | 轮廓 |
| Push solid box | | Sensor 1 | 提醒打开 | 0.1s 延缓 | Actuator 1 | 更改 | 75mm | 1s | |
| Retract Actuator 1 | | Push solid box | 任务结束 | <无> | Actuator 1 | 更改 | -75mm | 0.2s | |
| Push solid box to Bay1 | | Push solid box | 任务结束 | <无> | Actuator 2 | 更改 | 50mm | 0.6s | |
| Retract Actuator 2 | | Push solid box to Bay1 | 任务结束 | <无> | Actuator 2 | 更改 | -50mm | 0.1s | |

图 11-14 定义任务 4

**步骤 16 定义带孔盒子的任务** 遵循步骤 11~步骤 15，定义类似的任务来移动带孔盒子至"Bay 2"中。为了将带孔盒子移至"Actuator 3"附近，需将"Actuator 1"伸长 130mm，持续时间为 1.2s，且延缓时间为 0.1s。然后在 0.7s 内缩回"Actuator 1"。

对"Actuator 3"使用相同的时间和距离数值，与在步骤 14 和步骤 15 中用于"Actuator 2"的数值一样。使用与步骤 11~步骤 15 相似的名称为新的任务命名，如图 11-15 所示。

| 任务 | | 触发器 | | | 操作 | | | | |
|---|---|---|---|---|---|---|---|---|---|
| 名称 | 说明 | 触发器 | 条件 | 时间/延缓 | 特征 | 操作 | 数值 | 持续时间 | 轮廓 |
| Push solid box | | Sensor 1 | 提醒打开 | 0.1s 延缓 | Actuator 1 | 更改 | 75mm | 1s | |
| Retract Actuator 1 | | Push solid box | 任务结束 | <无> | Actuator 1 | 更改 | -75mm | 0.2s | |
| Push solid box to Bay1 | | Push solid box | 任务结束 | <无> | Actuator 2 | 更改 | 50mm | 0.6s | |
| Retract Actuator 2 | | Push solid box to Bay1 | 任务结束 | <无> | Actuator 2 | 更改 | -50mm | 0.1s | |
| Push hollow box | | Sensor 2 | 提醒打开 | 0.1s 延缓 | Actuator 1 | 更改 | 130mm | 1.2s | |
| Retract Actuator 1 (alt) | | Push hollow box | 任务结束 | <无> | Actuator 1 | 更改 | -130mm | 0.7s | |
| Push hollow box to Bay2 | | Push hollow box | 任务结束 | <无> | Actuator 3 | 更改 | 50m | 0.6s | |
| Retract Actuator 3 | | Push hollow box to Bay2 | 任务结束 | <无> | Actuator 3 | 更改 | -50mm | 0.1s | |

图 11-15 定义其他任务

**步骤 17 定义仿真属性** 设置【每秒帧数】为 200，勾选【使用精确接触】复选框。在【高级选项】下，设置【最小积分器步长大小】为 0.05s。

> **提示** 为了加速仿真，且此处并不关心力的结果，最大积分器步长的值可以不作严格要求。

**步骤 18 计算 7.5s 内的仿真** 完成本次仿真将耗时大约 15min。

**步骤 19 播放动画** 动画显示系统最终的运动。

**步骤 20 查看时间线视图** 切换到【时间线视图】，用户可以看到基于事件的仿真结果，如图 11-16 所示。各个键码表示系统组件运动的开始、结束或变化。此视图还显示了整个周期的持续时间。此仿真结果可以帮助设计人员考虑是否需要改变驱动器的速度来优化系统，更改材料来改变摩擦效果，更改设计以更好地在托架中堆叠盒子，以及进行其他类似的操作。

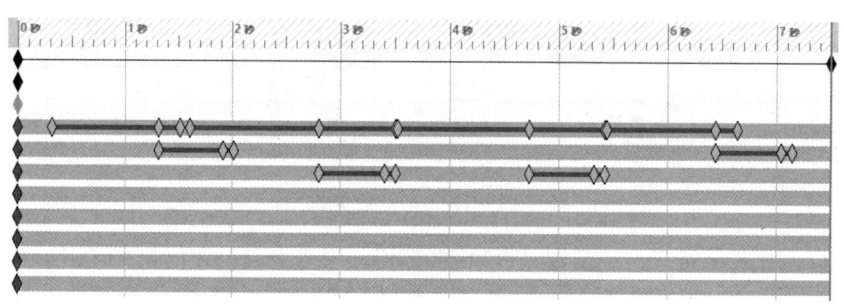

图 11-16 时间线视图

**步骤 21 保存并关闭文件**

## 练习 包装装配体

在本练习中，将创建和运行基于事件的包装装配体运动，如图11-17所示。

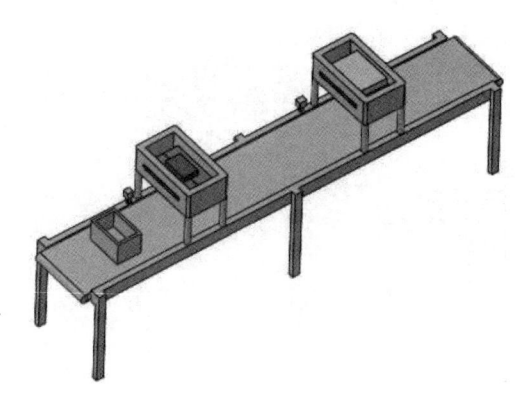

图11-17 包装装配体

扫码看视频

本练习将应用以下技术：
- 基于事件的仿真。

对机构进行仿真，该机构会将物品放置到箱子中并在箱子上面添加箱盖。

### 操作步骤

**步骤1 打开装配体文件** 从"Lesson11\Exercises"文件夹中打开装配体文件"Packaging Assembly"。该装配体由框架、箱子、箱盖、物品和闸门滑块组成。

**步骤2 添加引力** 切换到【Motion Study 1】选项卡，确保算例类型设置为【Motion分析】。

**步骤3 添加马达** 添加一个线性马达，使其以100mm/s的恒定速度驱动箱子，如图11-18所示。

**步骤4 添加伺服马达** 在"Slider1"的外表面上添加一个线性伺服马达，如图11-19所示。确保【伺服马达】的类型设置为【位移】。

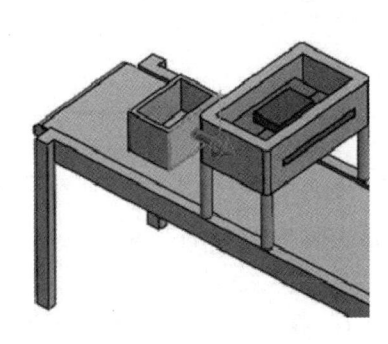

图11-18 添加马达

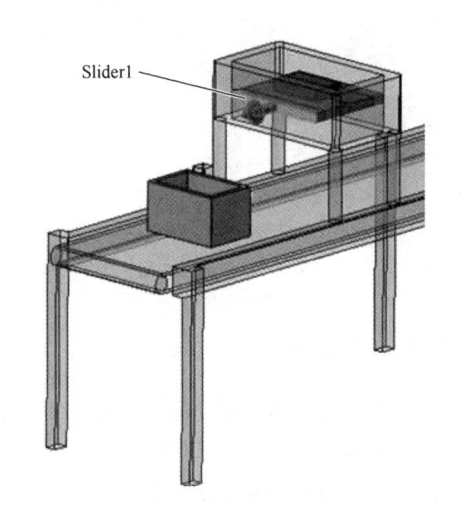

图11-19 添加伺服马达

**步骤5　将伺服马达添加到其余3个滑块上**　将线性伺服马达分别添加到"Slider2" "Slider3"和"Slider4"的外表面上,如图11-20所示。确保【伺服马达】的类型设置为【位移】。

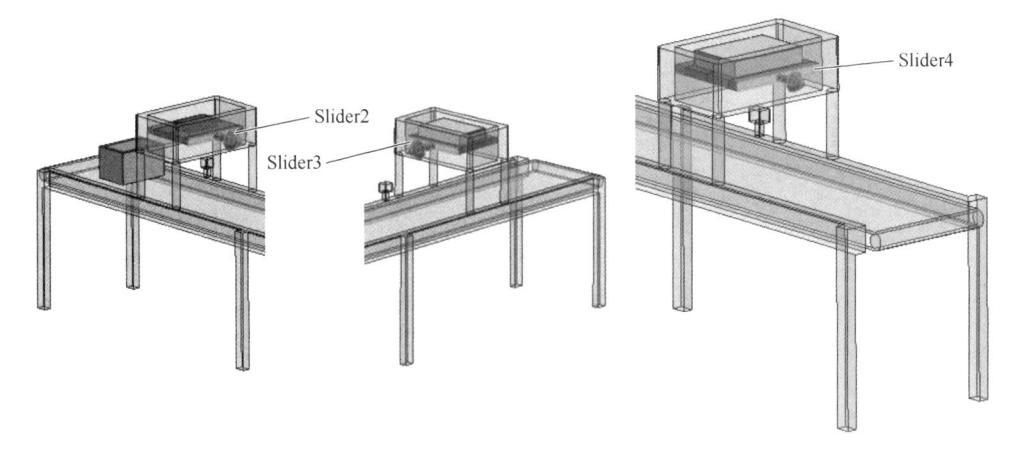

图11-20　将伺服马达添加到其余3个滑块上

**步骤6　在箱子和框架之间添加接触**　在箱子和框架之间创建实体接触。两个实体的【材料】均选择【Acrylic】。确保勾选【摩擦】和【静态摩擦】复选框。

**步骤7　在第一个闸门处添加实体接触**　类似于步骤6,在"Slider1" "Slider2"物品和框架之间添加实体接触,如图11-21所示。

**步骤8　在第二个闸门处添加实体接触**　类似于步骤6,在"Slider3" "Slider4"箱盖和框架之间添加实体接触,如图11-22所示。

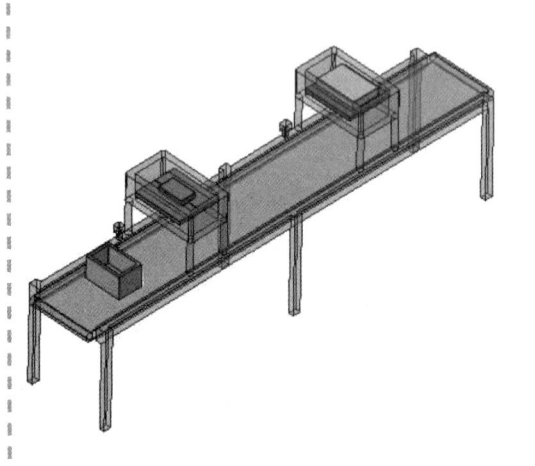

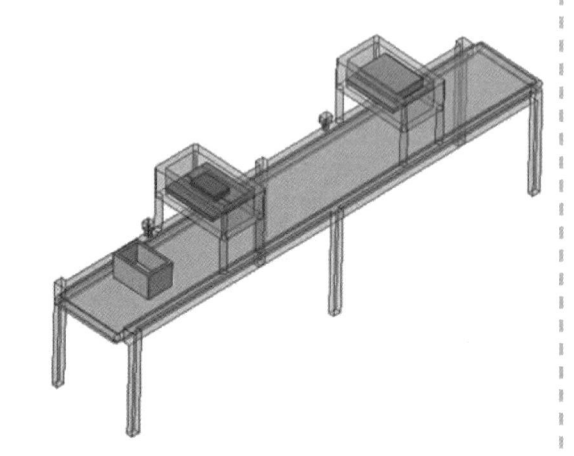

图11-21　在第一个闸门处添加实体接触　　　图11-22　在第二个闸门处添加实体接触

**步骤9　添加实体之间的接触**　类似于步骤6,在"Box" "Object"和"Cover"之间添加实体接触,如图11-23所示。

**步骤10　添加接近传感器**　添加"Proximity Sensor 1"接近传感器以探测第一个闸门处的盒子,再添加"Proximity Sensor 2"接近传感器以探测第二个闸门处的盒子,如图11-24所示。将【接近传感器范围】指定为250mm。

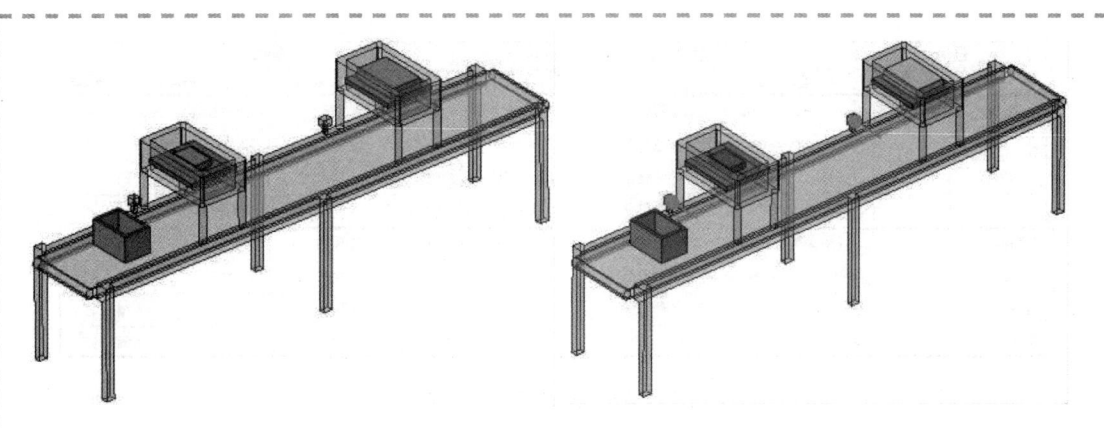

图 11-23  添加实体之间的接触　　　　　　　图 11-24  添加接近传感器

**步骤 11  切换到【基于事件的运动视图】**  将结束时间更改为 25s，然后切换到【基于事件的运动视图】。

**步骤 12  创建任务"Task1"**  创建任务"Task1"，在 1.5s 内将"Slider1"移动 150mm，该任务由接近传感器"Proximity Sensor 1"延缓 2.5s 后触发，如图 11-25 所示。

| 任务 || 触发器 ||| 操作 ||||
|---|---|---|---|---|---|---|---|---|
| 名称 | 说明 | 触发器 | 条件 | 时间/延缓 | 特征 | 操作 | 数值 | 持续时间 | 轮廓 |
| Task1 |  | Proximity Sesnor 1 | 提醒打开 | 2.5s 延缓 | 线性马达2 | 更改 | 150mm | 1.5s |  |

图 11-25  创建任务"Task1"

**步骤 13  创建任务"Task2"**  创建任务"Task2"，在 1.5s 内将"Slider2"移动 150mm，该任务由接近传感器"Proximity Sensor 1"延缓 2.5s 后触发，如图 11-26 所示。

| 任务 || 触发器 ||| 操作 ||||
|---|---|---|---|---|---|---|---|---|
| 名称 | 说明 | 触发器 | 条件 | 时间/延缓 | 特征 | 操作 | 数值 | 持续时间 | 轮廓 |
| Task1 |  | Proximity Sesnor 1 | 提醒打开 | 2.5s 延缓 | 线性马达2 | 更改 | 150mm | 1.5s |  |
| Task2 |  | Proximity Sesnor 1 | 提醒打开 | 2.5s 延缓 | 线性马达3 | 更改 | 150mm | 1.5s |  |

图 11-26  创建任务"Task2"

**步骤 14  创建任务"Task3"和"Task4"**  创建任务"Task3"，在 1.5s 内将"Slider1"移动 -150mm，该任务由任务"Task1"延缓 0.5s 后触发。创建任务"Task4"，在 1.5s 内将"Slider2"移动 -150mm，该任务由任务"Task 2"延缓 0.5s 后触发，如图 11-27 所示。

| 任务 || 触发器 ||| 操作 ||||
|---|---|---|---|---|---|---|---|---|
| 名称 | 说明 | 触发器 | 条件 | 时间/延缓 | 特征 | 操作 | 数值 | 持续时间 | 轮廓 |
| Task1 |  | Proximity Sesnor 1 | 提醒打开 | 2.5s 延缓 | 线性马达2 | 更改 | 150mm | 1.5s |  |
| Task2 |  | Proximity Sesnor 1 | 提醒打开 | 2.5s 延缓 | 线性马达3 | 更改 | 150mm | 1.5s |  |
| Task3 |  | Task1 | 任务结束 | 0.5s 延缓 | 线性马达2 | 更改 | -150m | 1.5s |  |
| Task4 |  | Task2 | 任务结束 | 0.5s 延缓 | 线性马达3 | 更改 | -150m | 1.5s |  |

图 11-27  创建任务"Task3"和"Task4"

**步骤 15  创建其余任务**  创建任务"Task5"和"Task6"以在 1.5s 内将"Slider3"和"Slider4"分别移动 150mm。这两个任务都由接近传感器"Proximity Sensor 2"延缓 2.3s 后触发。创建任务"Task7"和"Task8"以在 1.5s 内将"Slider3"和"Slider4"分别移动 -150mm。这两个任务分别由任务"Task5"和"Task6"延缓 0.5s 后触发。结果如图 11-28 所示。

| 任务 | | 触发器 | | | 操作 | | | | |
|---|---|---|---|---|---|---|---|---|---|
| 名称 | 说明 | 触发器 | 条件 | 时间/延缓 | 特征 | 操作 | 数值 | 持续时间 | 轮廓 |
| Task1 | | Proximity Sesnor 1 | 提醒打开 | 2.5s 延缓 | 线性马达2 | 更改 | 150mm | 1.5s | ∠ |
| Task2 | | Proximity Sesnor 1 | 提醒打开 | 2.5s 延缓 | 线性马达3 | 更改 | 150mm | 1.5s | ∠ |
| Task3 | | Task1 | 任务结束 | 0.5s 延缓 | 线性马达2 | 更改 | -150m | 1.5s | ∠ |
| Task4 | | Task2 | 任务结束 | 0.5s 延缓 | 线性马达3 | 更改 | -150m | 1.5s | ∠ |
| Task5 | | Proximity Sesnor 2 | 提醒打开 | 2.3s 延缓 | 线性马达4 | 更改 | 150mm | 1.5s | ∠ |
| Task6 | | Proximity Sesnor 2 | 提醒打开 | 2.3s 延缓 | 线性马达5 | 更改 | 150mm | 1.5s | ∠ |
| Task7 | | Task5 | 任务结束 | 0.5s 延缓 | 线性马达4 | 更改 | -150m | 1.5s | ∠ |
| Task8 | | Task6 | 任务结束 | 0.5s 延缓 | 线性马达5 | 更改 | -150m | 1.5s | ∠ |

图 11-28 创建其余的任务

**步骤 16 设置运动算例属性** 将【每秒帧数】设置为 50，并勾选【使用精确接触】复选框。在【高级选项】中，将【最大积分器步长大小】设置为 0.05s。

**步骤 17 计算运动算例** 单击【计算】，结果如图 11-29 所示。

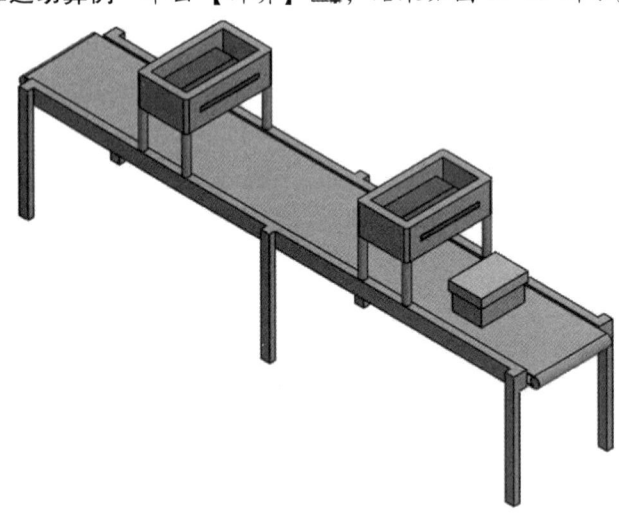

图 11-29 结果

**步骤 18 保存并关闭文件**

# 第12章　设计项目（选做）

**学习目标**
- 生成基于函数的力
- 输出载荷至 SOLIDWORKS Simulation
- 完成从运动到 FEA 的分析项目

## 12.1　设计项目概述

本章分为两个部分：第一部分将求解外科剪问题；第二部分将检查外科剪的设计并评估结果。实例也将分为两部分，总的目的是确定外科剪手柄的设计是否合适：第一部分基于运动算例确定零件上的载荷，这需要使用力函数来模拟导管被外科剪切割时的阻力；第二部分使用第一部分得到的载荷，对手柄进行 FEA 仿真。

## 12.2　实例：外科剪——第一部分

外科剪被用于切割动脉和导管，它由固定刀片和活动刀片组成，如图 12-1 所示。

由于外科剪需要由医疗行业中的许多人来使用，因此对足以产生所需切割力时的手柄力进行评估显得尤为重要。

在本章的这一部分中，将配合零部件，生成运动算例，并编写一个力函数来模拟刀片切割导管的过程。

### 12.2.1　问题描述

该机构包括 7 个零件。"fixed_cutter"是静止的，手柄"handle"的旋转导致"moving_cutter"运动。锁销"latch"插在"moving_cutter"内并相对于"fixed_cutter"旋转。当没有力施加在手柄上时，弹簧将"moving_cutter"保持在打开状态。可拆下的刀片"blade"连接在"fixed_cutter"和"moving_cutter"上，如图 12-2 所示。

图 12-1　外科剪

当外科医生握紧手柄时，"handle"将旋转 12°并移动刀片。弹簧用于辅助将"blade2"收回到打开状态。假设外科医生用大约 1s 的时间来切割导管，试确定手柄零件"handle"的设计适用性。

### 12.2.2　切割导管的力

从实验的结果可以得出切割 $\phi$3mm 导管的力，图解显示如图 12-3 所示。$X$ 轴显示了刀片从 Point 1（$X = 0$mm）点开始移动的行程，此点为刀片接触导管的位置。首先随着导管被压缩，切割力缓慢增加，然后随着接近切割开始的点而迅速上升。

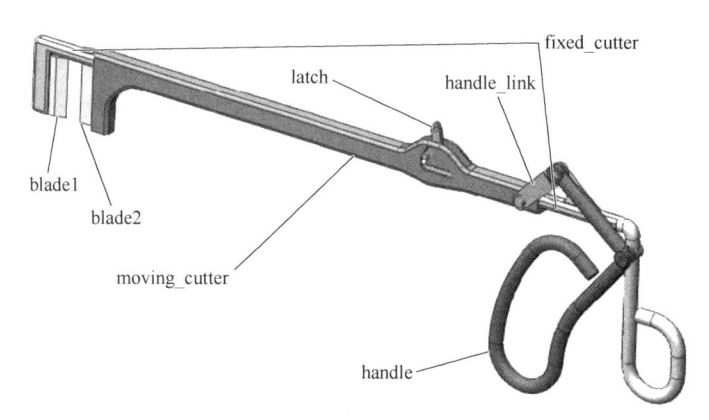

图 12-2 零部件分布

在 Point 2（$X=1.5\text{mm}$）点处，刀片开始切割导管。当导管的切割部分开始恢复至圆形时，力下降得很快。

从 Point 3 到 Point 4，将切割剩余的厚度，Point 4 对应切割完成的点。

为了将图 12-3 所示曲线输入到 SOLIDWORKS Motion 中，每一段曲线都必须表示为导管位置（切割刀片的位置）的函数。在图 12-3 中，导管位置通过变量"$x$"来表达。取值范围为从 0mm（切割刀片接触导管）到 3mm（切割刀片完成切割）。每段曲线都将使用线性的函数来表示。

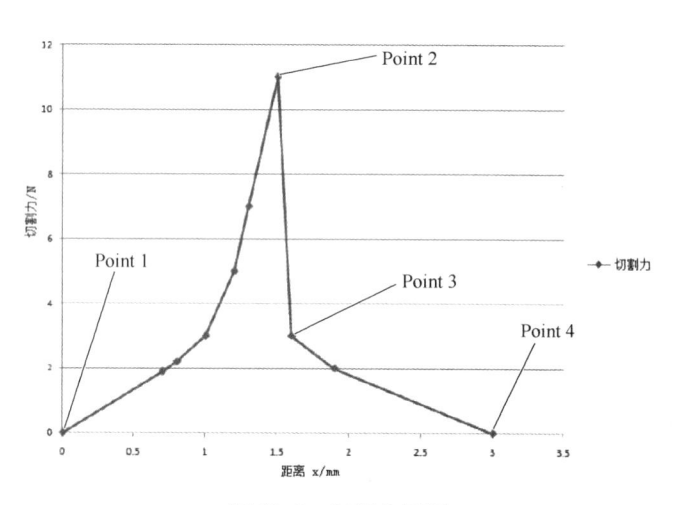

图 12-3 切割力图解

**提示**
上面的切割力来自实验的测量值，是用刀片位置的函数（并非基于时间的函数）进行表示的。没有提供基于时间的数据，是因为一般情况下这取决于切割速度，以及外科医生的手产生的输入力随时间变化的方式。因为输入与时间相关的力较为容易（已经练习多次），而输入与位置相关的力则显得更加具有挑战性。

同时也需要注意，根据上述假设，与位置相关的函数也可以转换为与时间相关的输入。但为了演示更复杂的情况（在某些分析中可能需要），下面将使用位置驱动的输入。

此处将曲线简化为图 12-4 所示的 3 条线段，这已经可以足够合理地模拟切割力。3 条线段的每一段都可以定义为一个线性方程式：

第一段：$y = 7.333333x$。

第二段：$y = -80x + 131$。

第三段：$y = -2.14286x + 6.42857$。

## 12.3 操作指导（一）

这一部分将由读者自己求解该问题的运动部分。下面只列出简单的引导。

基本步骤如下：

1）添加配合：添加合适的配合，确保机构按照预期动作。

2）确定切割力：切割导管时作用在刀片上的作用力或反作用力由实验确定，并且也不是线性的。以实验数据为基础编写一个表达式来模拟作用在刀片上的力。

3）运行运动分析：运行此算例并生成适当的图解。

4）分析机构：执行干涉检查并检查载荷路径以确保在仿真过程中计算出正确的力。

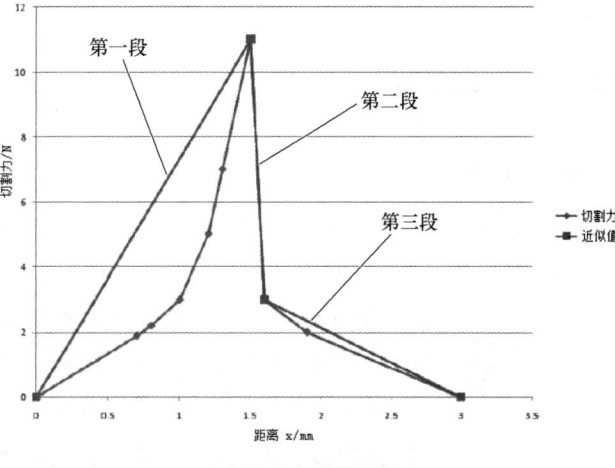

图 12-4  分段函数

> 提示
> 
> 用户可以查看视频"Surgical_shear.avi"以帮助理解机构的运动。

## 操作步骤

**步骤1  打开装配体文件**  打开文件夹"Lesson12\Case Studies\Surgical Shear"内的装配体文件"Surgical_shear"。当文件打开时，零部件间并没有添加配合。装配体的爆炸视图如图12-5所示。

**步骤2  配合零部件**  由用户自己决定最佳方案来配合零部件，以反映机构的机械动作，并减少冗余。请注意该实例关注的重点是手柄。

**步骤3  添加运动驱动**  添加合适的马达和弹簧，以达到期望的运动（见"问题描述"）。

**步骤4  生成基于位置的力**  切割导管产生的作用力或反作用力不是线性的。必须编写一个基于刀片位置的力表达式，以模拟实验确定的力。

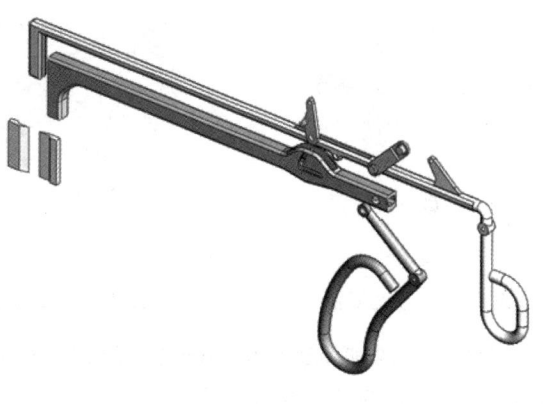

图 12-5  装配体的爆炸视图

**步骤5  分析结果**  生成图解并检查干涉，在必要时可以修改零件。

## 12.4  操作指导（二）

在这一部分，用户需要求解此问题的FEA部分。下面列出基本的操作过程：

1）输出载荷至SOLIDWORKS Simulation：计算出载荷后，将其输出到SOLIDWORKS Simulation中以评估零件的适用性。

2）替换运动驱动：某些像马达之类的驱动件需要替换为力或力矩，以运行静态分析。

3）分析零件：使用SOLIDWORKS Simulation分析此零件，使用强度和挠度确定零件的适用性。

4）改善零件：如果分析后确定该零件不符合设计需求，在必要时可以修改零件并重新运行分析。

## 12.5 问题求解

**操作步骤**

**步骤1 打开装配体文件** 打开文件夹"Lesson12\Case Studies\Surgical Shear"内的装配体文件"Surgical_shear"。

> **提示** 配合的名称一般来说并不重要，但为了确保文本中描述的配合与模型一致，在下面的步骤中给出了特定的配合名称。如果用户以不同顺序添加了配合，只需要将配合重新命名以符合图片所示的内容即可。

**步骤2 添加锁定配合** 两个刀片刚性地连接在固定刀具和活动刀具上，因此锁定配合为合适的配合类型，如图12-6所示。

**步骤3 添加重合配合** 活动刀具沿着固定刀具的杆滑动，使用2个【重合】配合可以保证这种关系，如图12-7所示。

**步骤4 添加连杆的配合** 这里需要3个配合来连接连杆。可以使用【铰链】配合将手柄"handle"连接到固定刀具"fixed_cutter"上，使用另一个【铰链】配合将"handle_link"和"moving_cutter"连接在一起。

在"handle"和"handle_link"之间的配合应当是【同轴心】配合，用户最好选择面，以避免过定义配合，如图12-8所示。

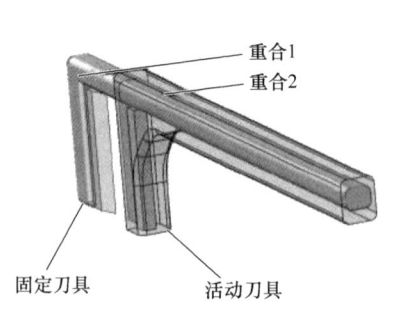

图12-6 锁定配合　　　图12-7 重合配合　　　图12-8 配合连杆

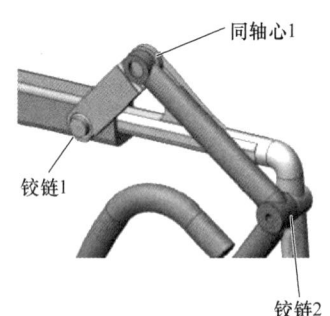

**步骤5 添加闭锁机构的配合** 闭锁机构需要两个不同的配合。使用【铰链】配合来控制相对于固定刀具"fixed_cutter"的旋转和位置，所选曲面如图12-9所示（活动刀具"moving_cutter"已经被隐藏）。

用户可以使用【凸轮】配合，将"latch"上的凸起配合到活动刀具"moving_cutter"的狭槽中，如图12-10所示。在此问题最初的解决方案中，不会使用凸轮配合，而是在运动算例中使用接触。

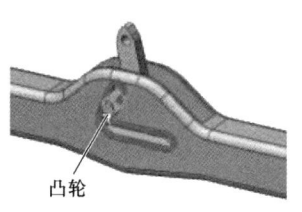

图12-9 【铰链】配合　　　图12-10 【凸轮】配合

**步骤6 设置初始位置** 在生成运动算例之前，需要将活动刀片的初始位置设定为与固定刀片间距为7.25mm的位置，如图12-11所示。使用【只用于定位】的配合来设置此距离。其他所有部分都已定位完成，接下来还需要确保"latch"上的凸起接触到正确的曲面。在添加接触和弹簧后，这些条件将强制凸起接触曲面。然而这里要确保当运动算例开始时，凸起不必移动到曲面，因此生成一个在物理零件上不会出现的瞬时条件。

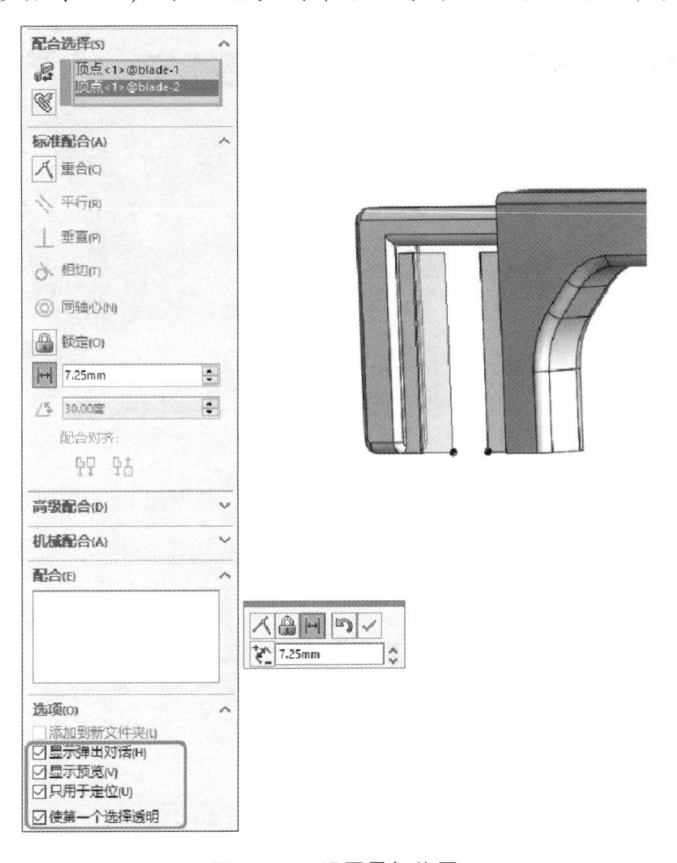

图12-11 设置最初位置

临时将活动刀具"moving_cutter"设为【固定】，使用【相切】和【只用于定位】选项将"latch"上的凸起配合到狭槽的曲面上，如图12-12所示。然后再将"moving_cutter"设置为【浮动】。

**步骤7 新建运动算例**

**步骤8 添加弹簧** 添加一个线性弹簧用于连接"latch"和"fixed_cutter"。将【弹簧常数】设为0.175N/mm，【自由长度】设为40mm，如图12-13所示。

**步骤9 添加接触** 在"latch"和"moving_cutter"之间添加【实体】接触，指定【材料】为【Steel(Dry)】，勾选【摩擦】复选框，包括动态和静态，单击【确定】。

**步骤10 添加旋转马达** 当外科医生使用此外科剪时，握住手柄将其转动12°再松开，此过程大约需要1s。为了模拟这个操作，将添加一个【旋转马达】。马达参数应该设置为【振荡】、12°和1Hz，保留【相移】为0°，如图12-14所示。

图12-12 定义配合关系

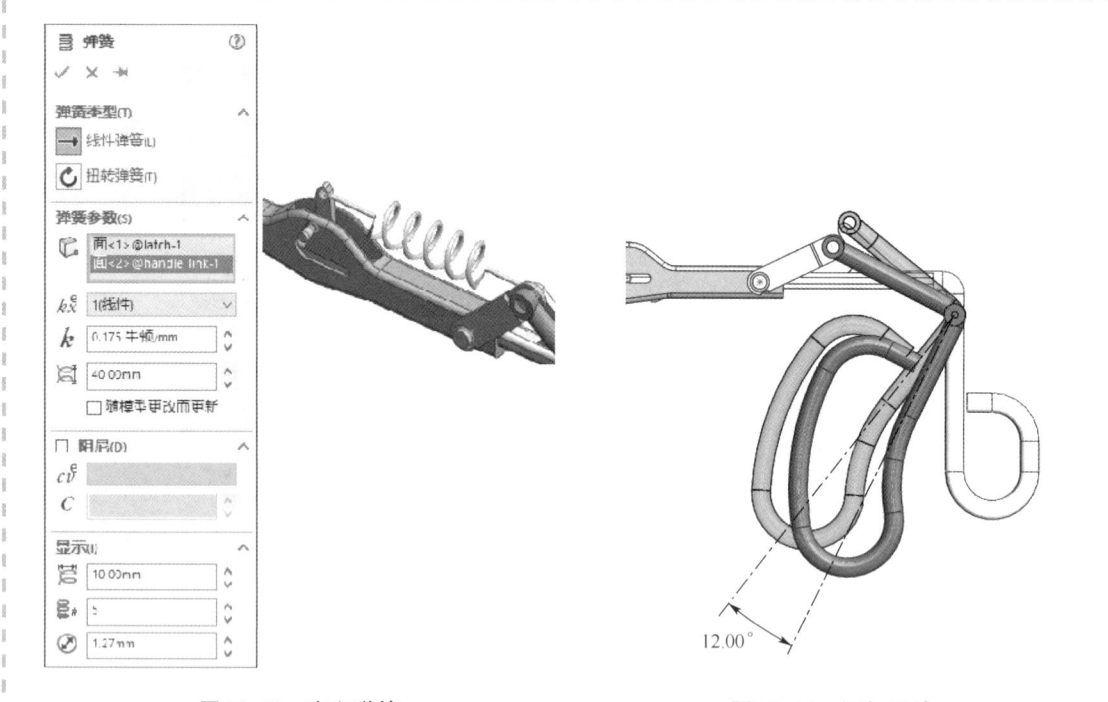

图 12-13 定义弹簧　　　　图 12-14 添加马达

**步骤 11 设置运动算例属性** 设置属性的【每秒帧数】为 100，勾选【使用精确接触】复选框，确保没有勾选【以套管替换冗余配合】复选框。

**步骤 12 运行仿真** 运行此仿真 1s。

## 12.6 创建力函数

现在需要模拟生成一个切割导管时的作用力与反作用力。假设导管的直径为 $\phi 3mm$，如图 12-15 所示。

必须根据物理条件来定义力。在生成表达式之前，应该先使用文字来描述这个运动：

1）当刀片刚开始移动时没有作用力，此时为空行程。

2）一旦刀片接触到导管，便会产生阻力，因为导管在被真正切割之前会被压缩。

3）导管被切断，力迅速降低。

4）导管被切断，刀片继续在没有阻力的情况下前行。

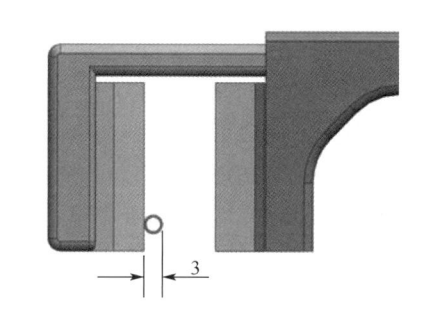

图 12-15 指定尺寸

5）刀片在没有阻力的情况下回到开始位置。

上面提到的 1）、4）、5）很简单，因为力的数值为 0，真正的问题在于定义 2）和 3）的力。

### 12.6.1 创建切割导管的力

前面已经给出了实验数据，如图 12-3 和图 12-4 所示。

接下来将逐步创建完整的表达式,以了解其构建方式。
- 为刀片切割导管时的位置生成一个变量(图12-4中的变量$x$)。
- 图解显示第一段的力函数。
- 图解显示第一段和第二段的力函数。
- 图解显示第一段、第二段和第三段的力函数。
- 当切割刀片完全切断导管时($x = 3\text{mm}$)终止力函数。
- 当切割刀片在反方向移动时,在切割过程的第二部分将力函数设置为0。

**步骤13 确定刀片间隙** 测量刀片之间的距离,其大小为7.25mm,如果导管的尺寸为$\phi3\text{mm}$,则一开始就存在4.25mm的间隙。

**步骤14 生成刀片之间的位移图解** 按图12-16所示的顺序选择两个顶点。如果用户按照相反的顺序选择,则图解也将是相反的。因为力是刀片位置的函数,所以需要知道刀片的位置。通过生成图解,得到了一个用于表达式的变量,将图解中的"线性位移1"重命名为"Linear Displacement1",结果如图12-17所示。

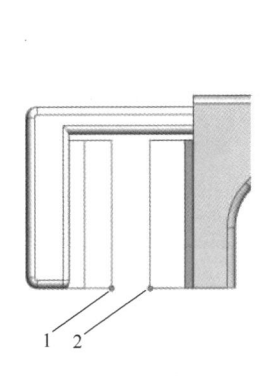

图12-16 选择边线

图12-17 查看图解1

> **注意** 这是第一个线性位移图解,因此取名为"Linear Displacement1"。同样地,将添加的力取名为"Force1",之后生成的线性速度图解取名为"Linear Velocity1"。如果用户已经创建了其他图解或力,而且与在这些步骤中得到的图解名称是不同的,则必须重命名这些图解,或替换为合适的名称。

## 12.6.2 生成力的表达式

下一部分的目标是在两个刀片之间生成作用力与反作用力,以表示切割导管时所需的力,如图12-18所示。

在生成力的表达式时不会直接加载作用力到刀片上,而是将使用虚拟的力,并保证不会影响到运动分析的输出,下面将此力应用到"fixed_cutter"上。因为SOLIDWORKS Motion是一个刚体分析工具,任何施加到固定零件上的力都不会对运动分析产生影响。

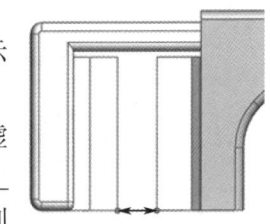

图12-18 生成力

**步骤15 添加力** 这个力不会影响到结果,因为它作用在固定的零件上。将使用此力来构建作用力或反作用力的完整表达式,如图 12-19 所示。

将此力定义为一个函数,等于在前面图解中定义的 Linear Displacement1,如图 12-20 所示。

**步骤16 运行仿真** 运行该仿真 1s。

**步骤17 生成图解** 图解显示【反作用力】的【Y 分量】,当显示关于冗余约束的警告时,单击【否】。将"反作用力1"重命名为"Reaction Force1",结果如图 12-21 所示。现在这个力和活动刀片的位置便直接关联起来了。

图 12-19 添加力

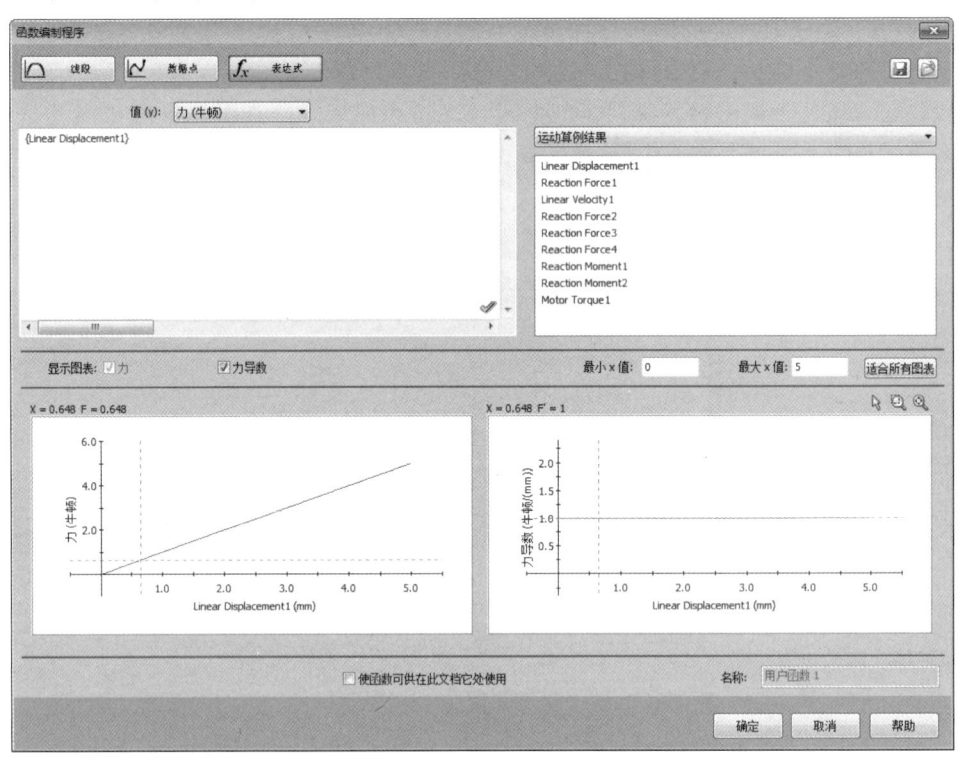

图 12-20 定义力函数

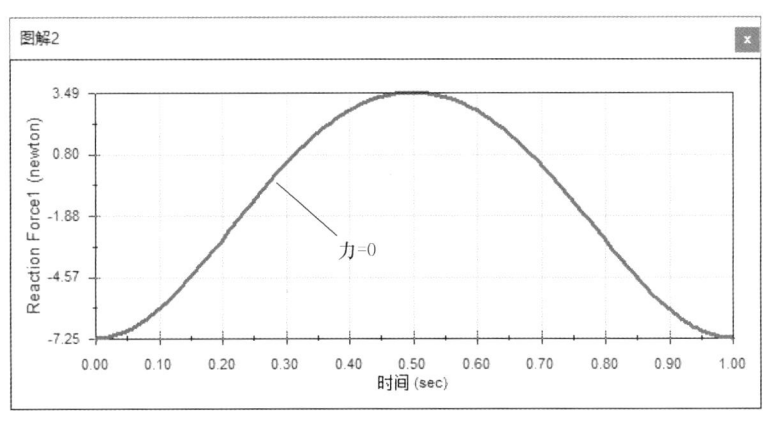

图 12-21 查看图解 2

**步骤18 修改力** 上面力的初始值为-7.25N，是因为在仿真开始时刀片分开的距离为7.25mm。当刀片的距离为0时，力的大小为0。然而在仿真中，需要刀片距离3mm时的力为0(刀片首次接触到导管时)。

将力的表达式改为"{Linear Displacement1}+3"。

**步骤19 重新运行仿真** 现在，力的初始值为-4.25N，因为这个距离取自刀片和导管之间的距离。在刀片和导管接触时的力现在为0，如图12-22所示。

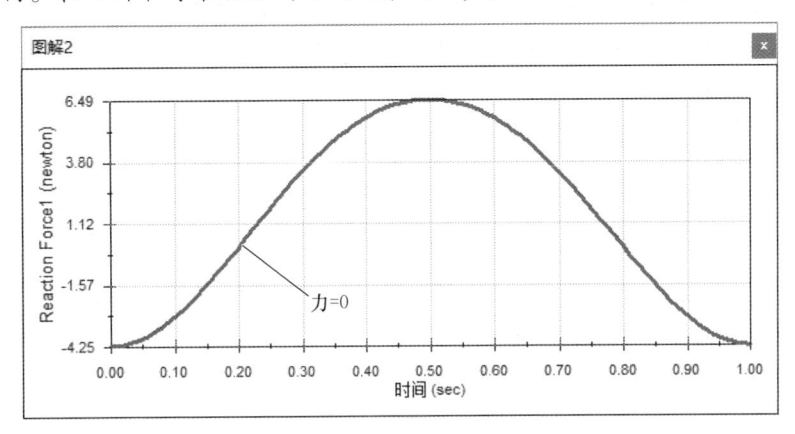

图12-22 查看图解3

⚠ **注意** 因此最后的一个表达式"{Linear Displacement1}+3"定义了用于前面表达式中的 $X$ 变量。

## 12.7 力的表达式

这里要生成的表达式如下：

IF({Linear Velocity1}：IF({Linear Displacement1}：IF({Linear Displacement1}+3：0,0,7.333333 * ({Linear Displacement1}+3))+IF({Linear Displacement1}+1.5：0,0,-7.333333 * ({Linear Displacement1}+3)-80 * ({Linear Displacement1}+3)+131)+IF({Linear Displacement1}+1.4：0,0,80 * ({Linear Displacement1}+3)-131-2.142868 * ({Linear Displacement1}+3)+6.42857),0,0),0,0)

尽管此表达式看上去有些复杂，但这只是一组嵌套的IF语句而已。

### 12.7.1 IF语句

IF语句用于根据输入变量的正负来定义输出，形式如下：
IF(Input variable：A,B,C)
当数值"Input variable"为负时，输出数值"A"。
当数值"Input variable"为0时，输出数值"B"。
当数值"Input variable"为正时，输出数值"C"。
输入变量A、B和C可以都是固定值，也可以是表达式。
从上面的表达式可以看出，在所有IF语句中，只有两个不同的输入变量，即"Linear Velocity1"和"Linear Displacement1"。

## 12.7.2 创建表达式

首先要做的是定义刀片第一次接触导管的位置点。在这个点及之前的力必须为0。根据测量可知，当刀片开启时的间距为7.25mm，而且导管的直径为φ3mm。因此，当{Linear Displacement1}+3=0时将发生接触。在步骤18中已经确定了这一点。

因此，第一部分力的表达式为：

IF({Linear Displacement1}+3:0,0,7.333333*({Linear Displacement1}+3))

即当数值"{Linear Displacement1}+3"为负时，表达式等于0。

当数值"{Linear Displacement1}+3"为0时，表达式等于0。

当数值"{Linear Displacement1}+3"为正时，表达式的值为"7.333333*({Linear Displacement1}+3)"，其中数值"7.333333"来自实验数据，即第一段曲线的斜率。

**步骤20 输入表达式** 编辑力，输入上面的表达式。对于输入变量"Linear Displacement1"，用户可以在表达式输入框下的列表中双击它来添加。

**步骤21 运行仿真** 检查力的图解，如图12-23所示。在距离从0变化到5.75mm（图12-3中的"Point2"）的过程中图解是正确的。从该点开始，力的大小持续攀升，因此需要在IF语句中添加第二段的定义（见图12-4）。

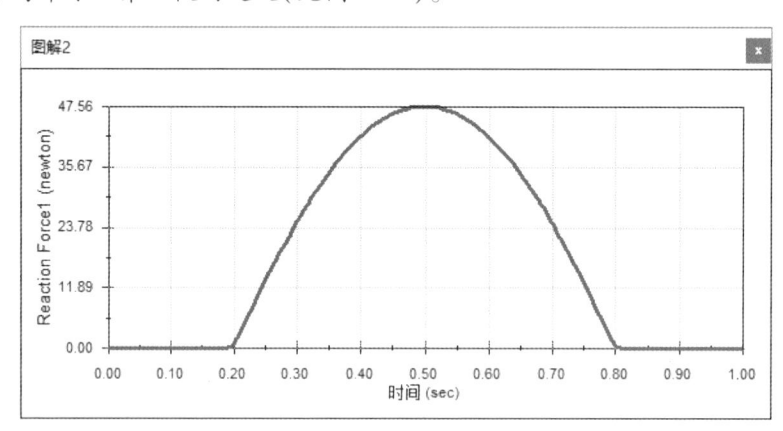

图 12-23 查看图解 4

当用户第一次看到这个图解时，可能感觉并不正确，因为使用了线性方程式"7.333333*({Linear Displacement1}+3)"。但是，线性方程式是基于位移的，而这个图解是基于时间的。因为刀片的运动不是线性的，所以该图解是正确的。

为了完成第二段，需要在表达式中添加更多内容，细节如下：

IF({Linear Displacement1}+3:0,0,7.333333*({Linear Displacement1}+3)) + IF({Linear Displacement1}+1.5:0,0,-7.333333*({Linear Displacement1}+3)-80*({Linear Displacement1}+3)+131)

如果用户检查上述表达式，会发现这是两个IF语句的组合，第一个IF语句为：

IF({Linear Displacement1}+3:0,0,7.333333*({Linear Displacement 1}+3))

第二个IF语句为：

IF({Linear Displacement1}+1.5:0,0,-7.333333*({Linear Displacement1}+3)-80*({Linear Displacement1}+3)+131)

也就是说,当"{Linear Displacement1} + 1.5"为负或为 0 时,表达式的值都将为 0。换句话说,在刀片位移在 5.75mm(Point 2)之前,表达式的这一部分都不起作用。

一旦结果为正,表达式的值将会是" -7.333333 * ({Linear Displacement1} + 3) - 80 * ({Linear Displacement1} + 3) + 131"。

其中的第一部分是第一个表达式的负值,用以消除第一个表达式的作用;第二部分是力在第二段中的方程式: -80 * ({Linear Displacement1} + 3) + 131。

**步骤22 输入表达式** 编辑力,输入上述表达式。
**步骤23 运行仿真** 检查力的图解,这里只关注框选的区域,如图 12-24 所示。

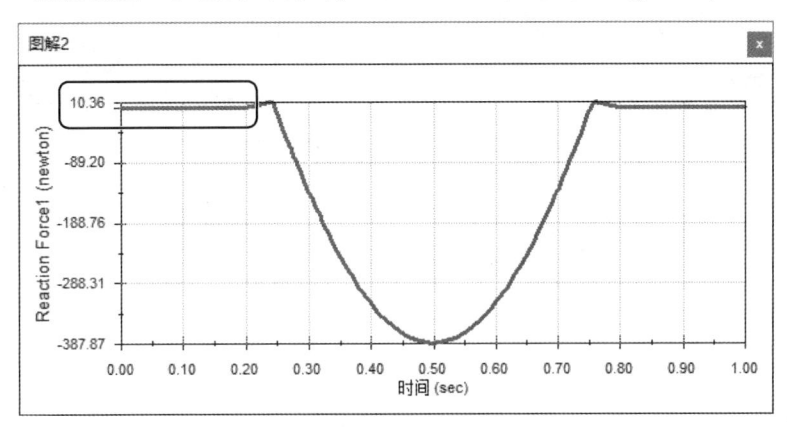

图 12-24 查看图解 5

编辑 Y 轴以显示 -11~11N 的范围。这可以突出显示关注的区域,如图 12-25 所示。

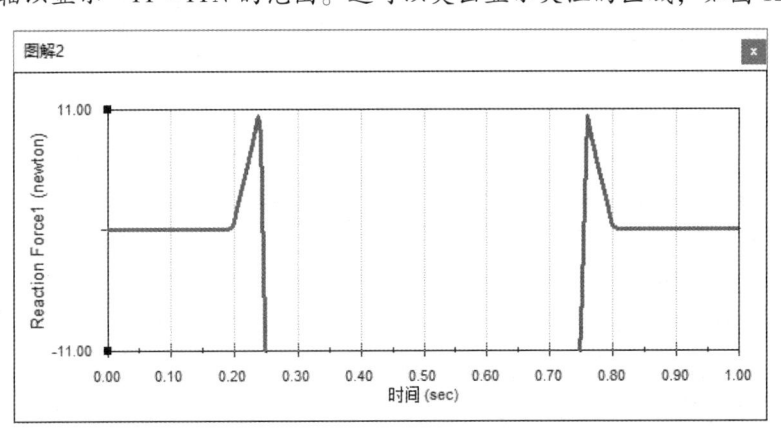

图 12-25 查看图解 6

在距离从 0 变化到 5.85mm(图 12-3 中的"Point 3")的过程中图解是正确的。从该点开始,需要以一个不同的速率减小力,这些是基于实验数据的第三段。因此,需要再一次添加 IF 语句以定义第三段。

为了完成第三段,需要在表达式中添加更多内容,细节如下:

IF({Linear Displacement1} + 3:0,0,7.333333 * ({Linear Displacement1} + 3)) + IF({Linear Displacement1} + 1.5:0,0, -7.333333 * ({Linear Displacement1} + 3) - 80 * ({Linear Displacement1} + 3) + 131) + IF({Linear Displacement1} + 1.4:0,0,80 * ({Linear Displacement1}

+3)－131－2.142868＊（｜Linear Displacement1｜＋3）＋6.42857）

同样，表达式的第一部分是已经完成的内容，新的语句为：

IF（｜Linear Displacement1｜＋1.4：0，0，80＊（｜Linear Displacement1｜＋3）－131－2.142868＊（｜Linear Displacement1｜＋3）＋6.42857）

其中的第一部分"IF（｜Linear Displacement1｜＋1.4：0，0，80＊（｜Linear Displacement1｜＋3）－131）"同样只是前面表达式的负值，以将其抵消，余下的部分"2.142868＊（｜Linear Displacement1｜＋3）＋6.42857"定义了第三段的曲线。

**步骤24 输入表达式** 编辑力，输入上述表达式。

**步骤25 运行仿真** 检查力的图解，如图12-26所示。

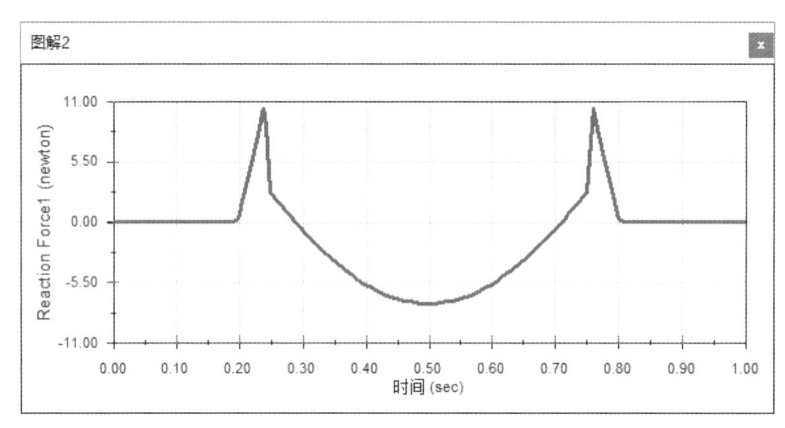

图12-26 查看图解7

在刀片从0位置到完成切除之前（Point 4）该图解是正确的。现在需要添加另外一个IF语句，从这一点开始直到刀片移动结束为止，使力的大小为0。

将之前完成的表达式称为"Force1"。这里需要完成的IF语句如下：

IF（｜Linear Displacement1｜：Force1，0，0）

当"Linear Displacement1"为负时（刀片还未接触在一起），使用整个力的值为"Force1"；如果为0（完成切除）或正（刀片重叠交错），则力的大小将变为0。

整个表达式显示如下：

IF（｜Linear Displacement1｜：IF（｜Linear Displacement1｜＋3：0，0，7.333333＊（｜Linear Displacement1｜＋3））＋IF（｜Linear Displacement1｜＋1.5：0，0，－7.333333＊（｜Linear Displacement1｜＋3）－80＊（｜Linear Displacement1｜＋3）＋131）＋IF（｜Linear Displacement1｜＋1.4：0，0，80＊（｜Linear Displacement1｜＋3）－131－2.142868＊（｜Linear Displacement1｜＋3）＋6.42857），0，0）

将此表达式称为"Force2"。

**步骤26 输入表达式** 编辑力，输入上述表达式。

**步骤27 运行仿真**

**步骤28 编辑图解** 将Y轴改为自动比例，如图12-27所示。

对于刀片的前进过程，目前的图解是正确的，但是刀片在缩回时力应该为0。

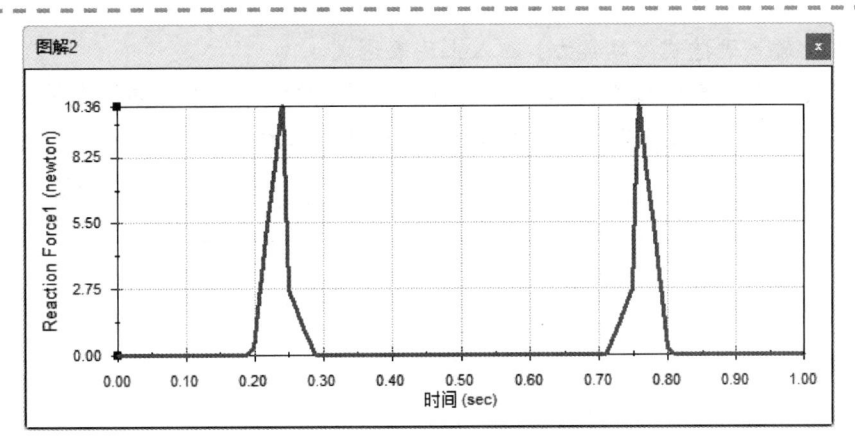

图 12-27 查看图解 8

为了解决这个问题，需要基于刀片的速度再添加另外一个 IF 语句。当刀片速度为负时，该语句将仅使用之前定义的力函数（Force2）。这对应外科医生挤压手柄合拢刀片时的运动部分。当外科医生松开手柄时，弹簧将拉动刀片至打开位置，刀片的速度将为正值。

**步骤 29 新建图解** 对图 12-28 所示的刀片顶点生成一个图解显示其【线性速度】的【X 分量】。这里只是想在速度为负时力等于"力的表达式"。一旦速度为 0 或正时，力应该等于 0。将"线性速度1"重命名为"Linear Velocity1"如图 12-29 所示。

新的 IF 语句为：IF({Linear Velocity1}:Force2,0,0)

在上面的表达式中，"Force2"用于代表整个力的表达式，而这个表达式已经定义完毕。可以看到，在表达式中只有当速度为负值时才会为"Force2"。当刀片停止移动并复位时，力的大小将为 0。

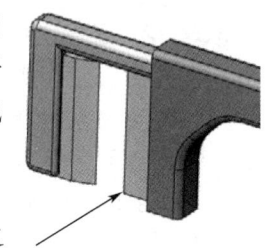

图 12-28 定义图解

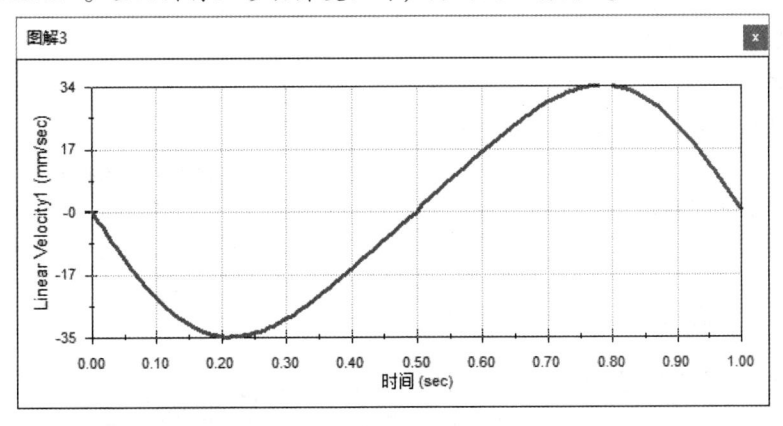

图 12-29 查看图解 9

如果将"Force2"插入前面的表达式，将会得到：

IF({Linear Velocity1}:IF({Linear Displacement1}:IF({Linear Displacement1}+3:0,0,7.333333*({Linear Displacement1}+3))+IF({Linear Displacement1}+1.5:0,0,-7.333333*({Linear Displacement1}+3)-80*({Linear Displacement1}+3)+131)+IF({Linear Displacement1}+1.4:0,0,80*({Linear Displacement1}+3)-131-2.142868*({Linear Displacement1}+3)+6.42857),0,0),0,0)

**步骤30 输入表达式** 编辑力,输入上述表达式。

**步骤31 运行仿真** 检查力的图解,如图12-30所示。对刀片的整个运动而言,现在的图解是正确的。目前运动的形状和实验的数据输入完全一致。

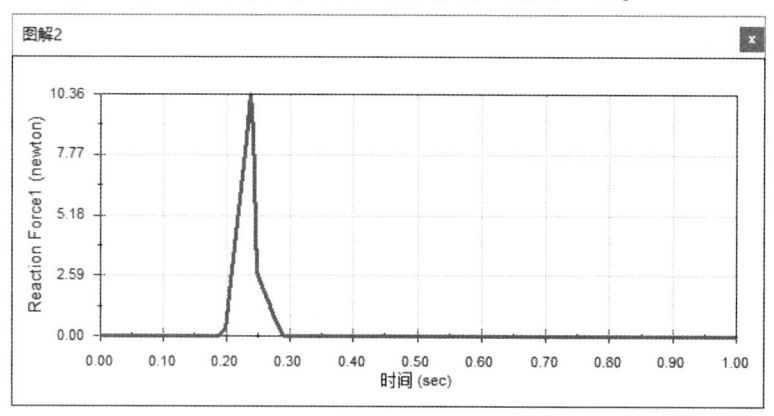

图 12-30 查看图解 10

**步骤32 编辑力** 现在已经正确定义了力的表达式,下面需要将其应用到刀片中作为作用力与反作用力。将力的类型从【只有作用力】更改为【作用力与反作用力】。选择图12-31所示的两个刀片顶点,单击【确定】。

**步骤33 修改图解** 编辑力的图解并更改它以显示【X 分量】。初始力的方向为 Y 向,然而两个刀片之间的方向为 X 向。

确保力的大小为正。如果为负,则切换定义作用力与反作用力(步骤32)时顶点的顺序。

**步骤34 运行仿真**

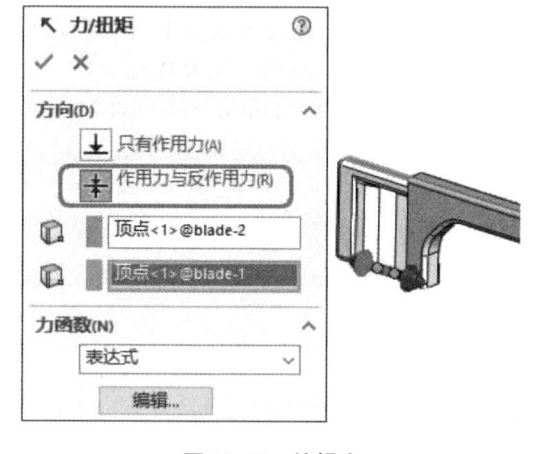

图 12-31 编辑力

## 12.8 实例:外科剪——第二部分

本示例的第二部分将检查外科剪手柄的设计,如图12-32所示。目前已经运行了运动分析来确定其载荷。

### 12.8.1 问题描述

根据运动分析中发现的最大载荷,确定手柄零件的应力,进而评估手柄零件的适用性。

### 12.8.2 关键步骤

基本步骤如下:
1)评估冗余:在运动算例中存在几个冗余,必须评估每个冗余在 FEA 问题中对载荷的影响。
2)干涉检查:必须检查装配体以确保零件只在设计条件下相互接触,并且不存在阻止装配

图 12-32 手柄

体正常工作的接触。

3）输出载荷：将载荷从 SOLIDWORKS Motion 输出到 SOLIDWORKS Simulation 中。

4）评估输入的载荷：对仿真而言运动载荷可能并不正确，必须评估每个载荷来保证对 FEA 的处理过程是正确的。

5）将输入载荷替换为本地载荷：对于 FEA 不合适的载荷，必须使用合适的载荷或夹具进行替换。

6）运行仿真。

7）评估结果：需要评估所有结果，以确保零件正常工作而不会出现故障。

## 操作步骤

**步骤1　查看冗余**　在求解运动仿真时会得到几个关于冗余的警告。右键单击本地的"MateGroup1"，选择【自由度】，发现一共有3个冗余，如图12-33所示。

"重合1"移除了1个转动，因为不需要关注这个配合中的力，所以这样的操作没有问题。它连接了手柄以外的零部件。

"同心1"移除了2个转动。由于这个配合连接手柄和其相连的零件，因此必须仔细检查。

注意，用户去除自由度的列表可能会略有不同，但这不会影响在此步骤中得出的有关于冗余效应的结论。

**步骤2　检查机械连接**　作用线将贯穿每个零件的中心。由于这种连接并不对称，所以不允许这两个力直接作用在彼此之上(在同一作用线上)。因此这里存在小的偏移，从而产生力矩，如图12-34所示。

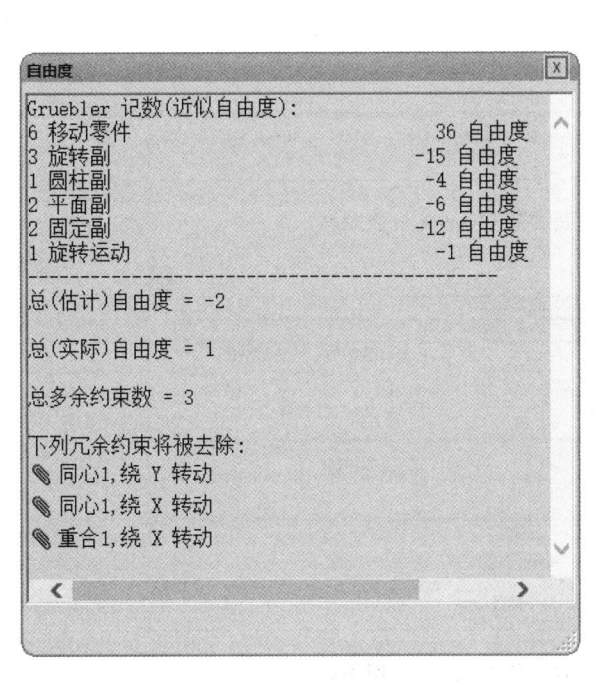

图 12-33　自由度结果　　　　图 12-34　结构连接

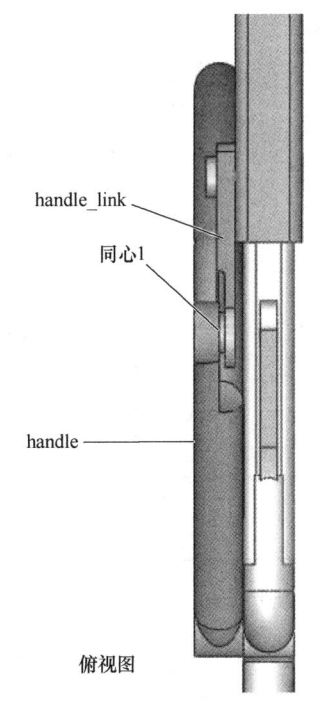

在物理模型中，两个铰链配合和同轴心配合都将具有一定的刚度，从而在3个连接中重新分配力矩。

由于这些力矩非常小,所以可以忽略。这里假设两个铰链(在"handle""handle_link"和"fixed_cutter"之间)中的销非常坚硬,承担了扭转时的载荷。

**步骤3 生成图解** 对"handle"和"fixed_cutter"之间的铰链配合(铰链2)中的反力矩生成一个图解,逐次显示 $X$、$Y$ 和 $Z$ 分量,如图12-35~图12-37所示。

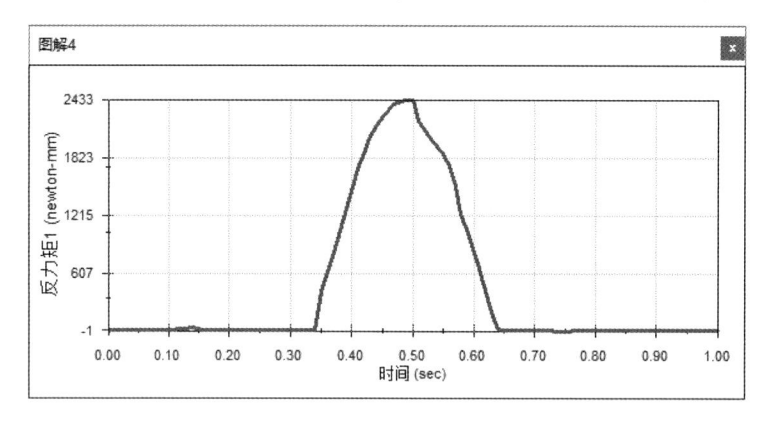

图12-35 "反力矩1"的 $X$ 分量图解

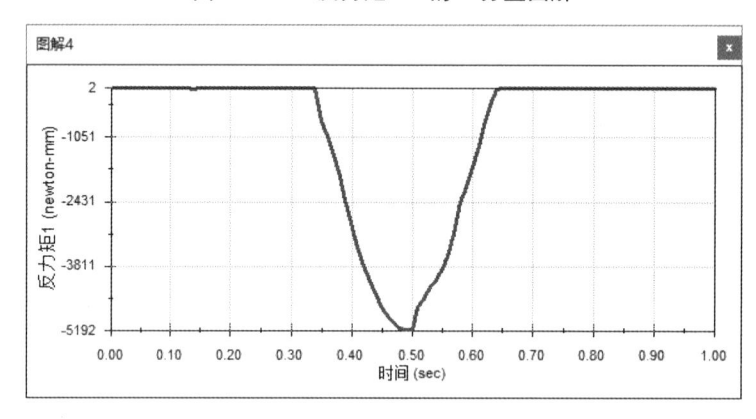

图12-36 "反力矩1"的 $Y$ 分量图解

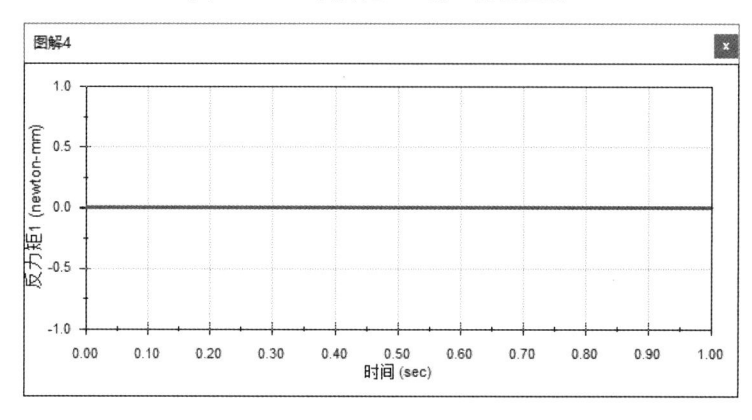

图12-37 "反力矩1"的 $Z$ 分量图解

最后的力矩 $Z$ 分量为0,因为它处于轴向。$X$ 和 $Y$ 向的力矩不为0,并且包含有意义的数值。同时应注意当产生最大切割力时(0.25s)并没有出现最大力矩,而是在大约0.50s时才出现。

**步骤4 检查干涉** 在输出载荷之前，需要了解大力矩产生的原因。

在"latch"和"moving_cutter"之间检查干涉。在 Motion Study 树中右键单击装配体图标，选择【检查干涉】。在 1~127 帧的范围内检查，并设定【增量】为 1，如图 12-38 所示。

**步骤5 检查结果** 大多数干涉都非常小（体积小于 $0.01\,mm^3$），这是由于接触部位细微的穿透造成的。为了确定干涉，需要在表格中选择一个干涉并单击【放大所选范围】，如图 12-39 所示。

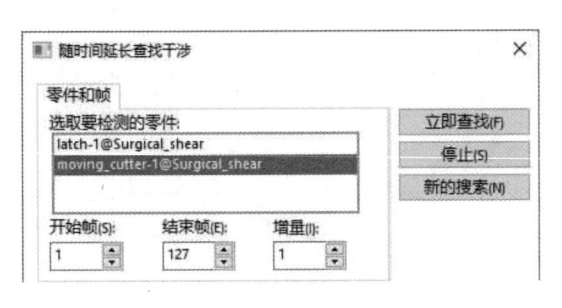

图 12-38 检查干涉

图 12-39 放大

如果继续检查这个干涉列表，会发现一些小的干涉（体积约为几立方毫米）。放大其中一个较大干涉体，可以看到在某一时刻，"latch"穿透了"moving_cutter"，如图 12-40 所示。为了修正此问题，必须加大活动刀具上开口的尺寸。

**步骤6 修改零件** 在单独的窗口中打开"moving_cutter"，编辑"Cut-Extrude2"中的"Sketch3"，更改尺寸，将槽口的尺寸增加 3mm，如图 12-41 所示。

图 12-40 检查结果

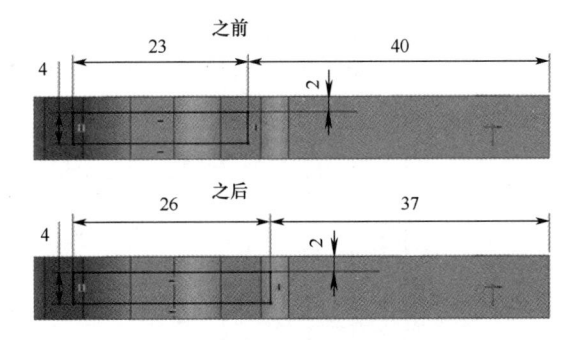

图 12-41 修改零件

**步骤7 重新检查干涉** 返回到装配体并重新检查干涉，现在只剩下小的接触干涉。

**步骤8 重新运行仿真** 图解显示连接"handle"和"fixed_cutter"的铰链的力和力矩。

**步骤9 定位最大力和力矩** 对铰链生成 $X$ 和 $Y$ 两个分量的力和力矩的图解。在大约 0.14s 时产生了很大的力和力矩。这与最大切割力发生的时间点并不一致，该时间点为 0.24s（已在图 12-42 中以箭头指出）。用户可以显示切割力图解以验证该位置。

**步骤10 检查"latch"** 如果在仿真过程中检查"latch"，会看到当锁中的销沿着槽孔路径移动时，将产生最大的力和力矩。当第一次握紧手柄时存在力的跳跃，这是因为需要克服静摩擦力的缘故。当弹簧快速展开时，弹簧将阻止"moving_cutter"向前移动。当销抵达槽孔路径的转折点时，力开始垂直于路径并由接触控制，在销抵达槽孔路径的水平部分之前，力将持续上升，如图 12-43 所示。

211

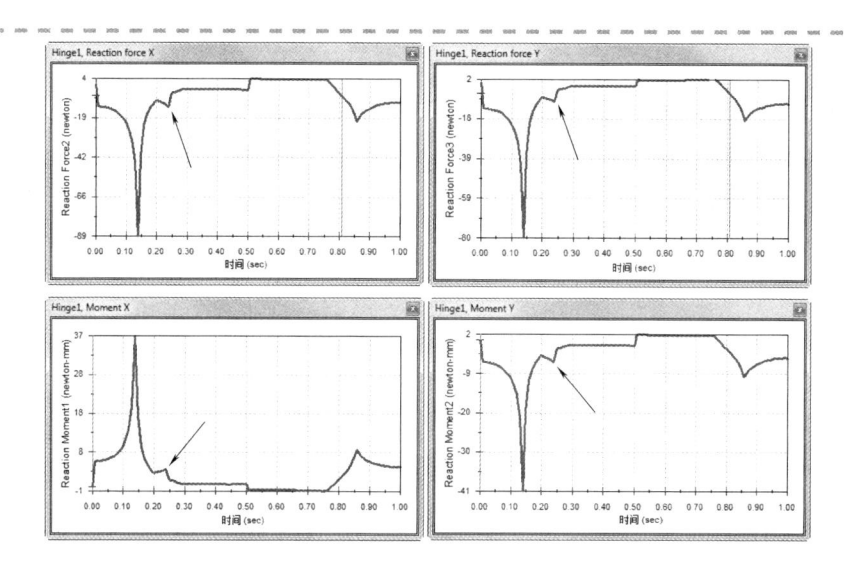

图 12-42 查看铰链的力和力矩图解结果

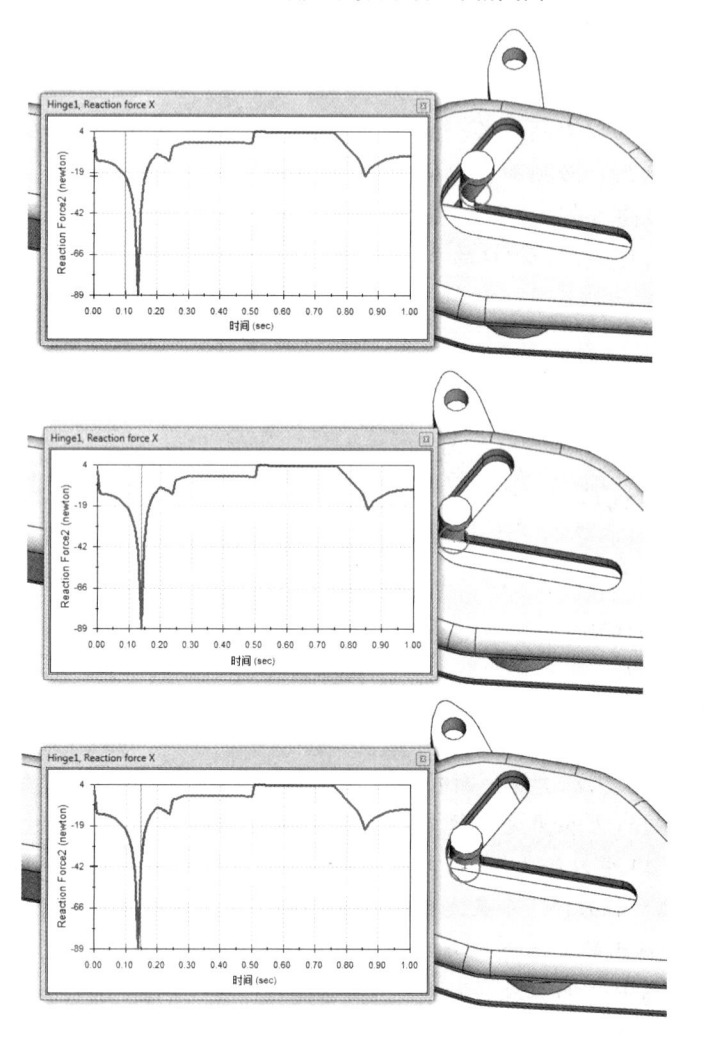

图 12-43 检查"latch"

可以看到，最大的力不是由切割导管引起的，而是由用于缩回机构的弹簧引起的。

**步骤11　生成马达力矩图解**　在运动仿真中使用了旋转马达来移动机构。在进行应力分析时，需要用力来替换马达，以体现外科医生作用在手柄上的力。为了计算该力，需要知道马达产生的最大力矩。

对旋转马达生成一个【Z分量】的【马达力矩】图解。注意到峰值力矩为5233N·mm，如图12-44所示。

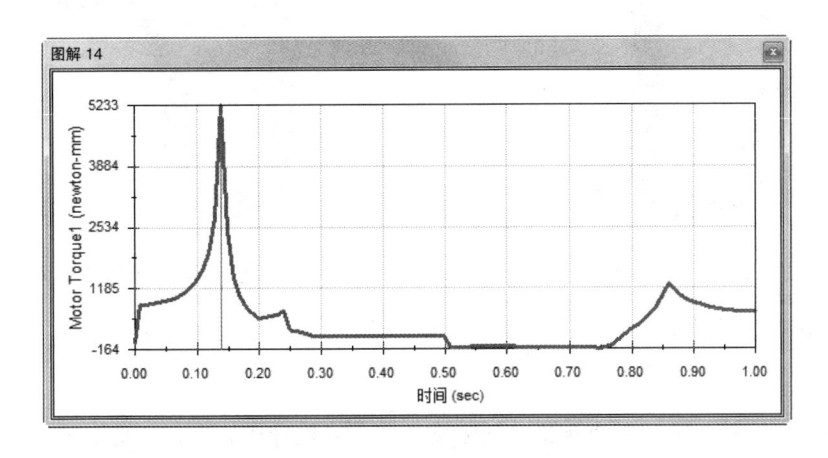

图12-44　查看马达力矩的Z分量图解

**步骤12　输出到FEA**　在菜单中选择【Simulation】/【输入运动载荷】，对"handle"输出当力达到峰值时对应帧的载荷，如图12-45所示。

> 提示：在输入运动载荷之前，必须保存运动仿真结果。

**步骤13　打开零件"handle"**　在单独的窗口中打开零件"handle"。

**步骤14　检查载荷**　从SOLIDWORKS Motion中输入的载荷应该为引力、离心力载荷和两个远程载荷，如图12-46所示。

自来"handle_link"的远程载荷没有问题，然而来自旋转马达的载荷是不对的。在使用外科剪的时候，外科医生握紧手柄将直接对手柄的表面施加力。因此，必须移除马达，并使用一个力来替代。

**步骤15　添加载荷力**　对图12-47所示的边线施加力。测量这条边线与枢轴孔之间的距离，大约为50mm。

根据前面测量的力矩来计算所需加载的力。即5233N·mm/50mm = 104.66N。

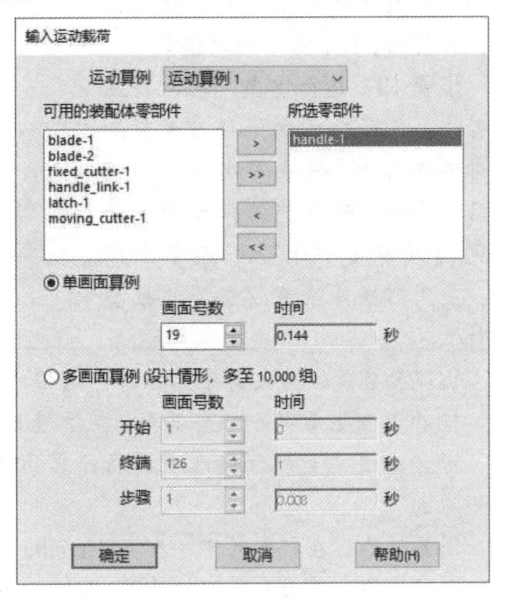

图12-45　输入运动载荷

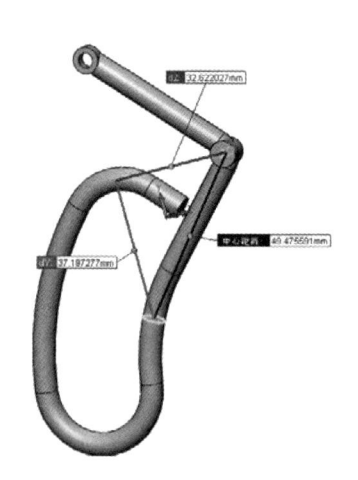

图 12-46 检查载荷　　　　　　图 12-47 添加载荷力

对"handle"的边线施加一个大小为 104.66N 的力，方向垂直于"Plane 5"。如有必要则反转方向，以确保"handle"正确旋转。

> **提示** 用户得到的力矩值可能略有不同。在这种情况下，应更新加载力的数值。

**步骤 16　约束模型**　在枢轴点压缩远程载荷，使用【固定铰链】夹具进行替换，如图 12-48 所示。

**步骤 17　添加材料**　添加材料【合金钢】。

**步骤 18　划分网格**　使用高品质的网格划分该模型，采用默认设置，并使用【基于曲率的网格】。

**步骤 19　运行仿真**　此时将显示警告："在 Y-方向中存在大量的外部不平衡力，将在应用相反惯性力后被平衡。除非您的模型承受这样的力或者多少承受一点不平衡力，应用惯性卸除可改变您的模型的特性。"

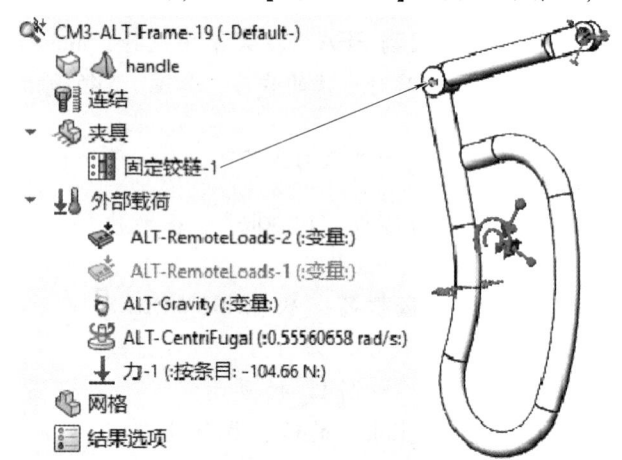

图 12-48 约束模型

出现警告是因为之前手工添加了近似的力，单击【是】。

接着又会显示另一个警告："在该模型中计算了过度位移。如果您的系统已妥当约束，可考虑使用大型位移选项提高计算的精度。否则，继续使用当前设定并审阅这些位移的原因"。

因为外力存在轻微的不平衡，"handle"将要绕铰链支承转动。这种不可避免的结果是不会对最终的应力和变形产生影响的。"handle"将作为一个刚体转动。单击【否】以继续线性求解。

**步骤20　检查结果**　最大应力大约为95MPa，如图12-49所示。

考虑到材料的屈服强度为620MPa，"handle"所承受的应力是可以接受的。

**步骤21　生成安全系数图解**　图解显示安全系数大约为6.55，因此该设计是可以接受的，如图12-50所示。

> 提示　安全系数图解中将上限设定为100。

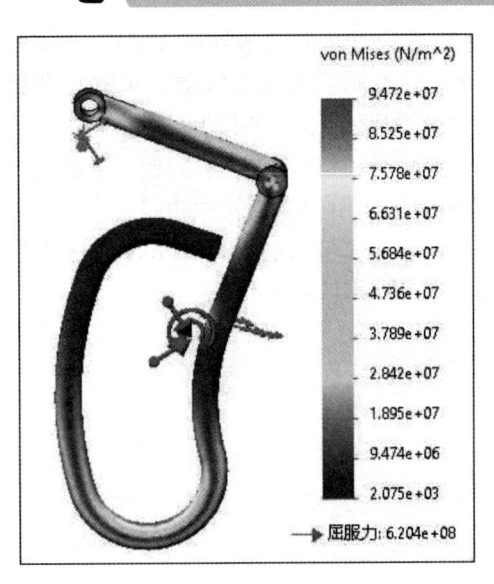

图 12-49　应力结果

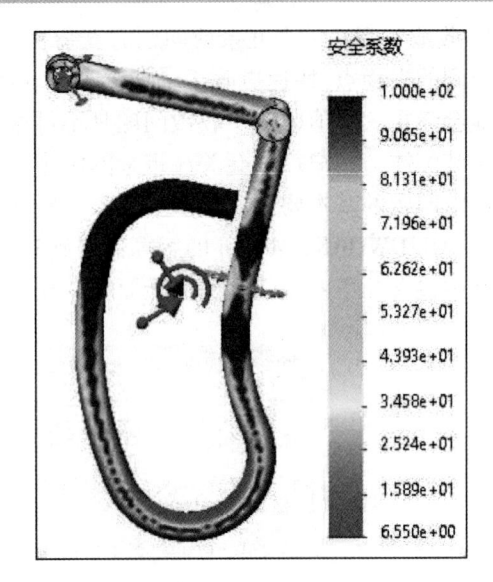

图 12-50　安全系数图解

**步骤22　保存并关闭文件**

# 附　　录

## 附录 A　运动算例收敛解及高级选项

**1. 收敛**　带有多个冗余或问题的复杂装配体在进行数值处理时会遇到许多困难（例如在第 4 章中得到的失稳点、快速更改运动或高速冲击等），可能导致解算器无法收敛，求解在获得结果前可能会终止。数值模拟中收敛问题是不可避免的，这就需要运用许多专业知识来解决。对于一个复杂装配体，用户往往会关注带来的困难，但却很难预测何时会发生收敛问题。下面讲解一些解决以上问题的基本要素。这里会引入一些在常规讲解中未使用的高级软件功能。

当 SOLIDWORKS Motion 的解算器遇到收敛问题时，运动算例将会终止并出现图 A-1 所示窗口。其中包含几条收敛问题的可能原因，在接下来的环节将对其进行讨论。

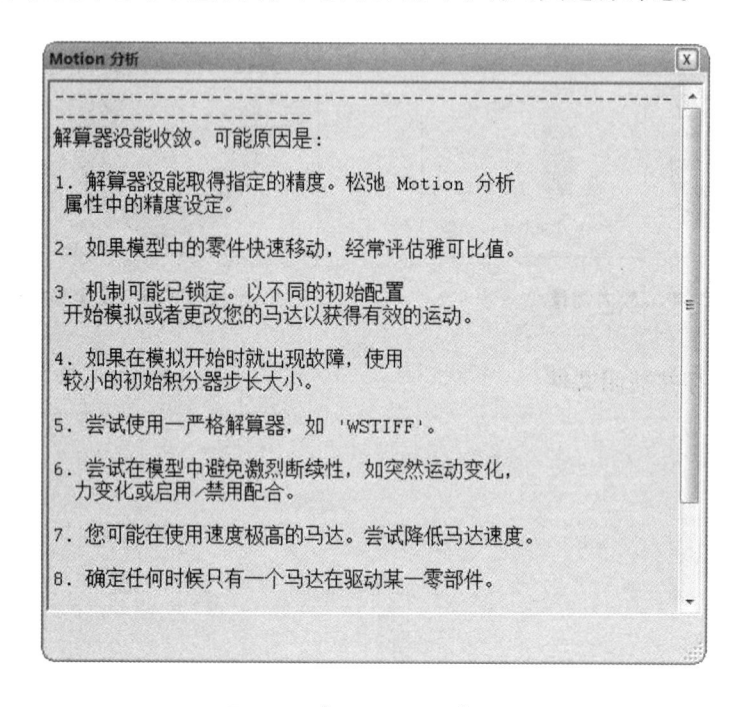

图 A-1　【Motion 分析】窗口

**2. 精度**　SOLIDWORKS Motion 模型中使用了一组耦合的微分代数方程（DAE）来定义运动方程。通过使用积分器（即解算器）来求解这些方程便可以得到运动方程的解。积分器分两个阶段获得解：首先它会基于过去的记录预测下一个时间步长的结果，然后再依靠该时刻的实际数据修正该结果，直到结果达到指定的精度标准。

精度设置用于控制结果要达到什么样的精度。在精度和性能之间需要进行权衡。如果精度设置得过高，则积分器将花费很长时间计算结果。反之，如果精度设置得过低，则结果可能不太精确。

【精确度】默认值"0.0001"符合大多数情况，如果系统突然发生变化，则可能需要修改此值，如图 A-2 所示。在这种情况下，预测器提供给校正器一个错误的初始猜测，从而会产生较大的误差或导致失败。在模拟过程中发生突然的不连续变化时，例如突然改变力或马达的大小、在语句(IF、MIN、MAX、SIGN、MOD 和 DIM)中使用不可微分的内置函数、摩擦等，可能需要减小该数值。

在图 A-2 所示的运动算例属性中单击【高级选项】，将弹出图 A-3 所示的【高级 Motion 分析选项】对话框。

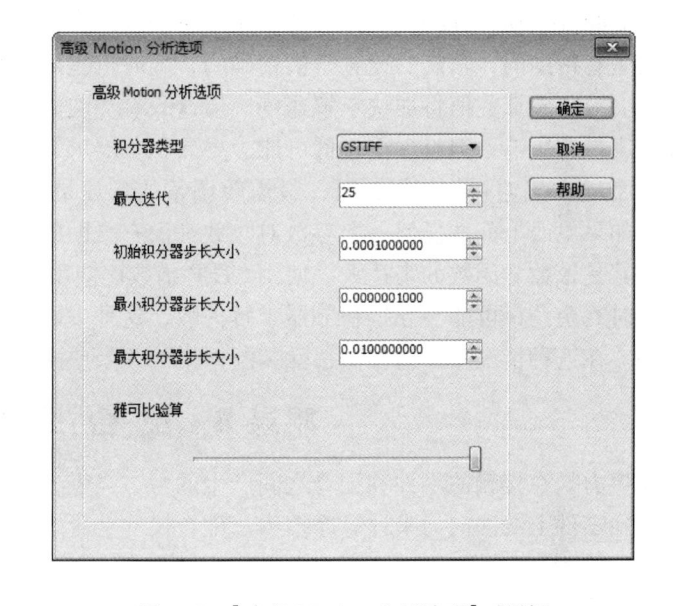

图 A-2　运动算例属性　　　　　　　　图 A-3　【高级 Motion 分析选项】对话框

**3. 积分器类型**　积分器类型的详细介绍请参考"4.6　积分器"。

**4. 积分器设置**　每种积分器都对应着几个设置，可以控制步长的大小及积分步数。

（1）最大迭代　最大迭代参数控制 SOLIDWORKS Motion 积分器迭代的最大次数，以用于收敛得到解。默认的 25 次迭代是适合大多数问题的。不建议大幅度提高这一参数，因为该参数一般不是导致求解失败的原因。

（2）初始积分器步长大小　初始积分器步长大小控制第一个求解实例中的步长值。如果用户的仿真在求解初始阶段遇到麻烦，应考虑减小这一数值。通常情况下，此参数无须修改。

（3）最小积分器步长大小　在积分过程中如果仿真误差太大，积分器将减小时间步长并尝试再次求解，直到满足所需的精度。积分器不会将步长减小至小于积分器步长规定的最小值。默认大小对于大多数仿真而言是可接受的，无须进行修改。

（4）最大积分器步长大小　最大积分器步长大小控制在求解过程中积分器可能采用的最大时间步长的数值。提高最大积分器步长可以加速求解，减少求解模型所需的时间。但是如果此数值过大，积分器有可能采用过大的一步，从而进入无法恢复的区间，最终导致收敛失败。减小此数值对结果的精度没有影响。当使用 GSTIFF 积分器时，对于更大的积分时间步长的数值，速度和加速度可能不连续。用户可以通过减小最大积分器步长来降低误差。如果用户知道运动很平稳且没有突然改变，则可以提高此数值以加速求解。当遇到收敛问题时，修改此数值可能会有所帮助。

如果力或运动在短时间内发生了突变，用户可能需要减小最大积分器步长，以确保积分器不会出错。如果在实体和薄板之间存在接触，并且积分器无法识别这个接触，用户可能需要减小此数值。例如，用户将球放在薄板上弹跳则可能会发生这种情况。这完全依赖于用户的模型参数，因为在没有检测到球体和薄板之间的接触时，球体有可能穿过薄板。在这种情况下，应减小最大积分器步长以迫使积分器采用更小的步长，进而不会错过发生在两个实体之间的接触。

减小这个数值会降低积分器的速度，但不会影响结果的精度。

（5）雅可比验算　雅可比矩阵是一个偏微分矩阵，在 Newton-Raphson 迭代过程中，用于求解初始非线性运动方程的线性近似值。用户可能发现，将这个矩阵与有限元分析中的刚度矩阵进行类比是有帮助的。默认的设置是最精确的，同时也是最耗时的，即雅可比矩阵在每次迭代时都要验算。减小验算数值将加快求解速度，但这只有在装配体的运动改变很小时才可使用。这个参数对精度没有影响，但设置得过低可能会导致积分器求解失败。

**5. 结论**　当遇到收敛问题时，最需要调整的参数是精度、最大积分器步长大小以及接触分辨率。如果更改上面的任何一个参数对收敛都没有帮助的话，请确保用户的输入是平顺且可微分的，尤其是带数学函数的表达式。使用 STEP 函数比使用 IF 语句更好。

有时冗余约束可能会导致积分器求解失败，这种失败最可能的原因是不一致的定义或有缺陷的模型。在这种情况下，请尝试移除装配体中的冗余或配合关系。

# 附录 B　配 合 摩 擦

摩擦力是在接触的零件和配合之间产生的力。当零件接触时，将根据静态和动态摩擦系数以及作用在零件上的法向力来计算摩擦力。配合尺寸会影响摩擦力的大小，因此配合摩擦情况更加复杂。

1699 年，Amontons 重新发现 Leonardo da Vinci 的两条摩擦定律：摩擦力与法向力成正比，与物体的尺寸无关（Bowden 及 Tabor，1950，1974）。4 个世纪以来，工程人员在处理相关问题时都依据 Amontons 的摩擦定律。与普遍形成的观念相反，在配合摩擦中，物体的尺寸大小的确会影响摩擦力的大小。

配合摩擦是零部件相互运动时表面间的滑动阻力，它是由于表面接触和作用在连接处的载荷产生的。对于连接销，配合摩擦是限制销钉相对于孔旋转的附加力矩。配合摩擦不过是物体间的标准摩擦，在分析纯摩擦力作用时应考虑零部件的几何学形状等因素。

例如，请想象一个带小倾角且位于孔内的销钉。在图 B-1 中，销钉在向心力作用下被约束在销孔中，这等价于理论上的支撑载荷。来回滑动销钉的力仅取决于垂直载荷。转动销钉的力矩不仅取决于此力，而且还与销钉的半径有关，如图 B-2 所示。在本例中，销钉的半径对摩擦力的大小没有影响，但是对旋转销钉需克服的摩擦力矩（$\mu rF$）有影响。

现在，考虑销钉上作用一个附加力矩的情况。附加力矩使销钉旋转，使销孔外边缘（$w$）支撑受力。此力矩起一对力偶（$M/w$）的作用。在两端之间平分轴承载荷（$F$），得到的局部作用力为（$F/2 + M/w$）。摩擦力可以叠加，因此通过累加这些力偶得到基于摩擦力的合力（$F + 2M/w$）。

由此延伸，导出旋转销钉所必需的扭矩为 $\mu r(F + 2M/w)$，如图 B-2 所示。

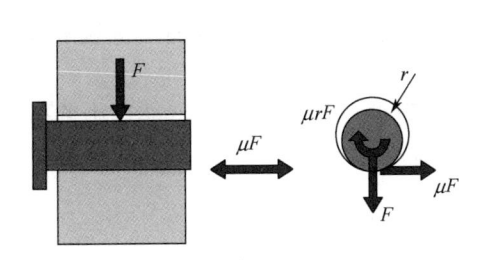

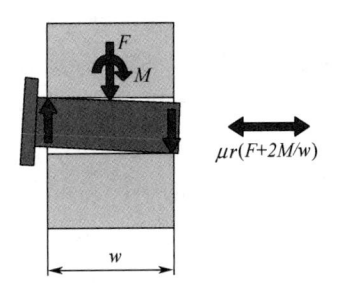

图 B-1 销钉模型　　　　　　　　图 B-2 带力矩的销钉模型

配合摩擦中一个重要的因素是配合弯矩的影响。如果支撑销钉的孔不厚（以 $w$ 表示），力矩的成分就很重要。如果支撑销钉的孔很厚，力矩的成分就会趋向于 0。

同轴心配合、重合配合以及其他多种 SOLIDWORKS 的配合都支持摩擦力的应用。摩擦力作用于这些配合时，会产生一个与配合运动相反的力，该力是作用在配合上的反作用力的函数。

| 知识卡片 | 配合摩擦 | • SOLIDWORKS 配合 PropertyManager：【分析】选项卡的【摩擦】对话框。 |

（1）同轴心（球面）配合的摩擦模型　为了计算摩擦效果，将同轴心（球面）配合模拟为球在槽座中的旋转。球面的一部分与槽座是接触在一起的。$d$ 是球的直径，如图 B-3 所示。

（2）重合（平移）配合的摩擦模型　为了计算摩擦效果，将重合（平移）配合模拟为矩形杆件在矩形套筒中的滑动。$h$ 是矩形杆件的高度，$w$ 是矩形杆件的宽度，$l$ 是与套筒接触的杆件长度，如图 B-4 所示。

（3）同轴心配合的摩擦模型　为了计算摩擦效果，将同轴心配合模拟为紧密配合的销钉在孔中的旋转和滑动。$r$ 是销钉的半径，$l$ 是与孔接触的销钉长度，如图 B-5 所示。同轴心配合的摩擦模型只能由面激活，而不允许有边线。

图 B-3 同轴心（球面）配合　　　图 B-4 重合（平移）配合　　　图 B-5 同轴心配合

（4）重合（平面）配合的摩擦模型　为了计算摩擦效果，将该配合模拟为一个滑块在一个平板的滑动和旋转。尺寸 l 和 w 分别对应滑块的长度和宽度，r 是圆的半径，该圆与接触平板的滑块表面的外接圆圆心相同，如图 B-6 所示。

（5）万向节配合的摩擦模型　为了计算摩擦效果，将万向节模拟为在一组端盖中旋转的圆柱形十字块。r 是端盖的半径，w 是十字块的高度，如图 B-7 所示。

图 B-6　重合（平面）配合　　　　　图 B-7　万向节配合

（6）配合摩擦的结果　见表 B-1。

表 B-1　配合摩擦的结果

| 配合类型 | 摩擦力 | 摩擦力矩 | 配合类型 | 摩擦力 | 摩擦力矩 |
| --- | --- | --- | --- | --- | --- |
| 同轴心（两个面） | 有 | 有 | 重合（平移） | 有 | 无 |
| 同轴心（两个球面） | 无 | 有 | 重合（平面） | 有 | 有 |
| 万向节 | 无 | 有 | | | |

# 趣味成语接龙

彩色版

薛月英 编著

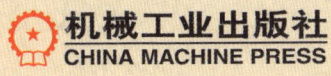

机械工业出版社
CHINA MACHINE PRESS

# 目 录

### 第一章
成语接龙玩不停 ················ 7
成语解释 ······················ 8
成语故事·一箭双雕 ············ 10
游戏·成语里的数字 ············ 12

### 第二章
成语接龙玩不停 ················ 15
成语解释 ······················ 16
成语故事·守株待兔 ············ 18
游戏·成语里的动物 ············ 21

### 第三章
成语接龙玩不停 ················ 23
成语解释 ······················ 24
成语故事·生花妙笔 ············ 26
游戏·成语里的颜色 ············ 28

### 第四章
成语接龙玩不停 ················ 31
成语解释 ······················ 32
成语故事·拔苗助长 ············ 34
游戏·成语里的四季和时间 ······ 37

### 第五章
成语接龙玩不停 ················ 39
成语解释 ······················ 40
成语故事·千里鹅毛 ············ 42
游戏·成语里的节气和天气 ······ 45

# 目 录

## 第六章

成语接龙玩不停 …………………………… 47
成语解释 …………………………………… 48
成语故事·画蛇添足 ……………………… 50
游戏·和身体有关的成语 ………………… 52

## 第七章

成语接龙玩不停 …………………………… 55
成语解释 …………………………………… 56
成语故事·负荆请罪 ……………………… 58
游戏·成语里的人物 ……………………… 61

## 第八章

成语接龙玩不停 …………………………… 63
成语解释 …………………………………… 64
成语故事·闻鸡起舞 ……………………… 66
游戏·和学习有关的成语 ………………… 68

## 第九章

成语接龙玩不停 …………………………… 71
成语解释 …………………………………… 72
成语故事·胸有成竹 ……………………… 74
游戏·成语里的花草树木 ………………… 76

## 第十章

成语接龙玩不停 …………………………… 79
成语解释 …………………………………… 80
成语故事·望梅止渴 ……………………… 82
游戏·成语里的情绪 ……………………… 84

# 目录

### 第十一章

成语接龙玩不停 …………………………………… 87

成语解释 …………………………………………… 88

成语故事·百发百中 ……………………………… 90

游戏·成语里的叠词 ……………………………… 92

### 第十二章

成语接龙玩不停 …………………………………… 95

成语解释 …………………………………………… 96

成语故事·黔驴技穷 ……………………………… 98

游戏·成语里的地名 ……………………………… 101

### 第十三章

成语接龙玩不停 …………………………………… 103

成语解释 …………………………………………… 104

成语故事·班门弄斧 ……………………………… 106

游戏·和战争有关的成语 ………………………… 108

### 第十四章

成语接龙玩不停 …………………………………… 111

成语解释 …………………………………………… 112

成语故事·对牛弹琴 ……………………………… 114

游戏·诗歌里的成语 ……………………………… 117

### 第十五章

成语接龙玩不停 …………………………………… 119

成语解释 …………………………………………… 120

成语故事·点石成金 ……………………………… 122

游戏·成语里的神话 ……………………………… 125

# 目 录

### 第十六章

成语接龙玩不停 …………………………… 127
成语解释 …………………………………… 128
成语故事·掩耳盗铃 ……………………… 130
游戏·成语里的声音 ……………………… 133

### 第十七章

成语接龙玩不停 …………………………… 135
成语解释 …………………………………… 136
成语故事·亡羊补牢 ……………………… 138
游戏·多字成语连连看 …………………… 140

### 第十八章

成语接龙玩不停 …………………………… 143
成语解释 …………………………………… 144
成语故事·郑人买履 ……………………… 146
游戏·成语里的百家姓 …………………… 149

### 第十九章

成语接龙玩不停 …………………………… 150
成语解释 …………………………………… 151
成语故事·自相矛盾 ……………………… 153
游戏·成语故事连连看 …………………… 155
答案 ………………………………………… 156

# 第一章
## 成语接龙玩不停

| bái tóu xié lǎo | lǎo lèi zòng héng | héng méi shù yǎn |
| 白头偕老 | 老泪纵横 | 横眉竖眼 |

yǎng gāo shǒu dī 眼高手低 — dī sān xià sì 低三下四 — sì jiǎo cháo tiān 四脚朝天

tiān rǎng zhī bié 天壤之别 — bié jù jiàng xīn 别具匠心 — xīn shù bú zhèng 心术不正

zhèng jīn wēi zuò 正襟危坐 — zuò jǐng guān tiān 坐井观天 — tiān gāo dì hòu 天高地厚

hòu jī bó fā 厚积薄发 — fā cái zhì fù 发财致富 — fù guì róng huá 富贵荣华

huá ér bù shí 华而不实 — shí shì qiú shì 实事求是 — shì fēi fēn míng 是非分明

míng chá qiū háo 明察秋毫 — háo fà wú sǔn 毫发无损 — sǔn bīng zhé jiàng 损兵折将

jiàng yù liáng cái 将遇良才 — cái mào chū zhòng 才貌出众 — zhòng kǒu nán tiáo 众口难调

tiáo zhī nòng fěn 调脂弄粉 — fěn shēn suì gǔ 粉身碎骨 — gǔ ròu qíng shēn 骨肉情深

shēn dé rén xīn 深得人心 — xīn kǒu bù yī 心口不一 — yí jiàn shuāng diāo 一箭双雕

7

# 成语解释

|  |  |
|---|---|
| 白头偕老 | 指夫妻共同生活直到老年。 |
| 老泪纵横 | 形容年老的人悲伤哭泣，泪流满面的样子。 |
| 横眉竖眼 | 形容人强横、凶狠、愤怒等的神情。 |
| 眼高手低 | 要求的标准高而实际能力低。 |
| 低三下四 | 形容地位卑贱、低人一等。也形容卑躬屈膝讨好人的样子。 |
| 四脚朝天 | 形容仰面倒下的样子。 |
| 天壤之别 | 形容差别非常大。 |
| 别具匠心 | 另有一种与众不同的巧妙构思。 |
| 心术不正 | 指心思不正派，居心不良。 |
| 正襟危坐 | 形容严肃或拘谨的样子。 |
| 坐井观天 | 坐在井里看天。比喻眼界狭窄，见识不广。 |
| 天高地厚 | 形容天地广阔。也比喻事物复杂、艰巨。 |
| 厚积薄发 | 多指进行学术研究等首先要有深厚的积累，广博的基础。 |
| 发财致富 | 得到大量钱财，实现富裕。 |
| 富贵荣华 | 指有钱有势，荣耀显达。 |

|  |  |
|---|---|
| 华而不实 | 比喻外表华丽而本质空泛。 |
| 实事求是 | 原指根据实证，求得正确的结论。后用来指按照事物的实际情况，正确地对待和处理问题。 |
| 是非分明 | 正确与错误分辨得很清楚。 |
| 明察秋毫 | 秋毫：秋天鸟兽身上新生出的细毛。视力好到可以明辨秋毫的末端。后用来形容人目光敏锐，能洞察一切。 |
| 毫发无损 | 一根毛发的损失都没有。形容完好无缺。 |
| 损兵折将 | 兵士和将领都有伤亡。指作战失利。 |
| 将遇良才 | 善战的将领遇到了优秀的对手。指双方都很有本领，旗鼓相当。 |
| 才貌出众 | 才能和容貌都超出一般人。 |
| 众口难调 | 指众人的口味不同，很难做出大家都满意的饭菜。比喻做事很难让所有人满意。 |
| 调脂弄粉 | 指涂脂抹粉，梳妆打扮。比喻诗文刻意雕琢，追求华丽。 |
| 粉身碎骨 | 多指为了某种目的而献出生命。 |
| 骨肉情深 | 指骨肉至亲感情深厚。 |
| 深得人心 | 指受到广大百姓的拥护。 |
| 心口不一 | 心里想的和嘴里说的不一样。形容人虚伪、不直爽。 |
| 一箭双雕 | 形容射箭的技术高明。也比喻一举两得。 |

## 成语故事

## 一箭双雕

南北朝时期，北周有个叫长孙晟的武将，善于射箭。有一年，北周的皇帝为了安定北方的突厥人，决定把一位公主嫁给突厥可汗摄图。为了安全起见，北周皇帝派长孙晟和宇文神庆率领一批将士护送公主前往突厥。历经千辛万苦，他们终于到了目的地。可汗摄图大摆酒宴，在酒宴之上，摄图见长孙晟身体强壮、力量惊人，很喜欢他。

摄图："我看这长孙晟很是威武，能不能让他多留在这里一年？"

宇文神庆："您都说话了，我哪有不同意的道理呢？"

于是长孙晟便留了下来，摄图经常让长孙晟和他一起出去打猎。有一次，摄图和长孙晟正在散步，看见天空中飞着两只大雕，正在互相争夺一块肉。摄图赶紧叫人拿弓箭来。

摄图:"你能把这两只雕射下来吗?"

长孙晟没有说话,只是转头接过箭,飞身上马,朝那两只大雕的方向奔去。

这时,两只大雕还在为食物而激烈地争斗。只见长孙晟扬起弓,拉上箭,朝着雕慢慢旋转,寻找最好的角度,只听"嗖"一声,这一箭不偏不斜,竟把两只雕的胸脯同时射穿。顿时,原本飞在空中的两只雕都落在了地上。围观的人们都惊呆了,纷纷鼓起了掌。

围观者甲:"好箭法!"

围观者乙:"将军一箭双雕,真不愧是神箭手啊!"

摄图也连连赞扬长孙晟箭法好。

摄图:"好好好!我从未见过如此好的箭法。我要让我的王室子弟都来向你学习射箭。"

长孙晟用弓箭将两只飞翔的大雕同时射落在地,后来,人们便把这样能同时达到两个目的的能力称为"一箭双雕"。

## 游戏·成语里的数字

下面这些成语中都含有数字哟！请你快来填一填吧！

独（ ）无（ ）　　说（ ）道（ ）

（ ）颜（ ）色　　横（ ）竖（ ）

（ ）拿（ ）稳　　（ ）里挑（ ）

成（ ）上（ ）　　（ ）死（ ）生

（ ）花（ ）门　　（ ）面（ ）方

请你根据下列每组数字猜一猜是哪个成语！

① 0、1、2、5、6、7、8、9

② 5、10

③ 1+2+3

④ $\frac{7}{8}$

请根据提示补全成语。

最短的季节 —— 一 ○ 三秋

最快的阅读 —— 一 ○ 十行

最便宜的东西 —— 一 ○ 不值

请根据成语中的数字，计算出答案，补全成语。

一本正经 + 一表人才 = ○ 龙戏珠

一言为定 + □ 话不说 = 三足鼎立

△ 往无前 + 三思而行 = 四大皆空

一劳永逸 + ♡ 海为家 = 五彩缤纷

小蚂蚁要出去寻找食物了，请你帮助小蚂蚁根据成语开头的数字按照一到十的顺序走出迷宫。不要走重复路线哦。

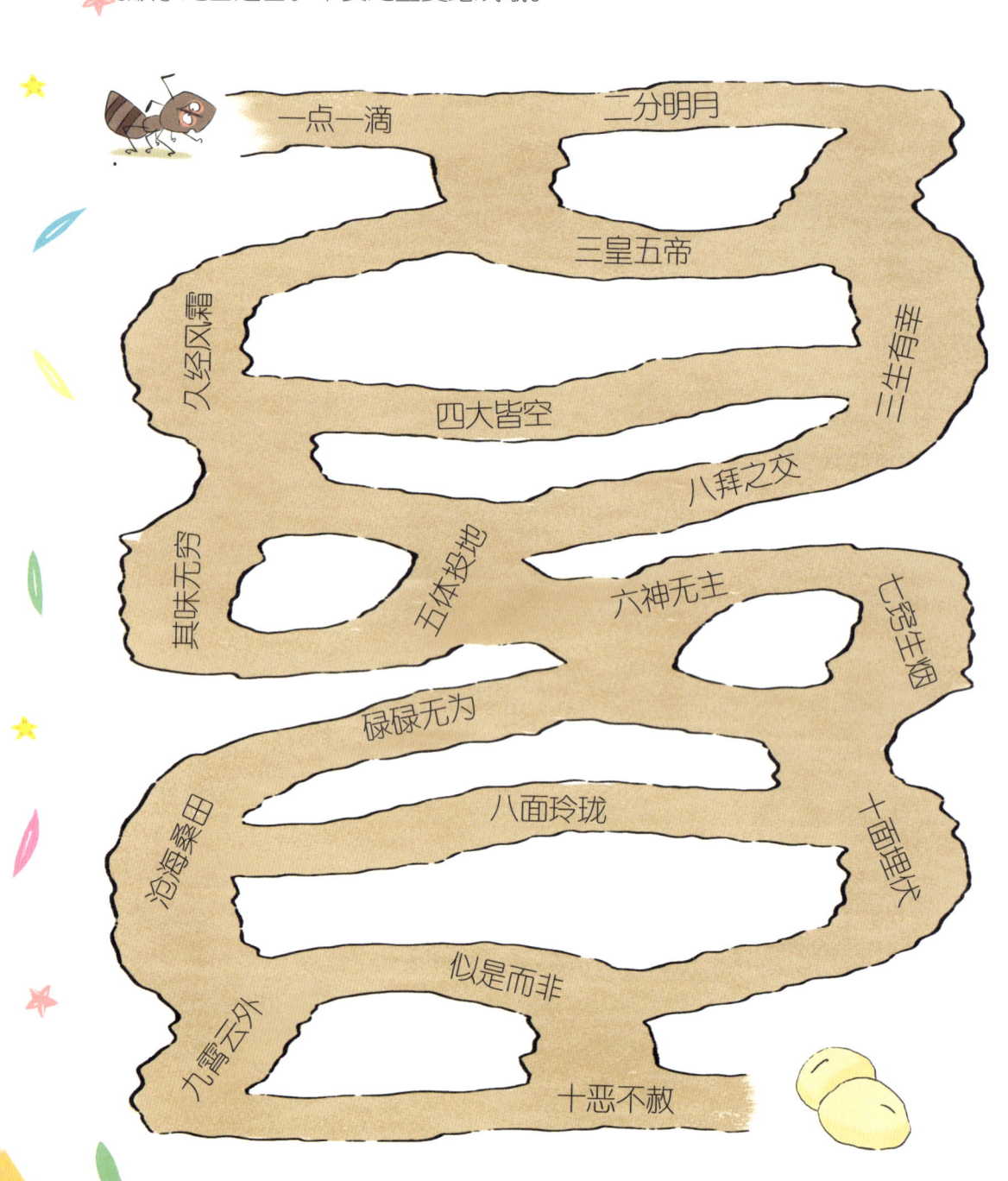

一点一滴　二分明月　三皇五帝　三生有幸　久经风霜　四大皆空　八拜之交　其味无穷　五体投地　六神无主　七窍生烟　碌碌无为　八面玲珑　十面埋伏　沧海桑田　似是而非　九霄云外　十恶不赦

# 第二章 成语接龙玩不停

承前启后 → 后顾之忧 → 忧心如焚

焚香顶礼 → 礼尚往来 → 来头不善

善罢甘休 → 休戚与共 → 共济时艰

艰难曲折 → 折长补短 → 短小精悍

悍然不顾 → 顾影自怜 → 怜香惜玉

玉树琼枝 → 枝节横生 → 生擒活捉

捉鸡骂狗 → 狗血喷头 → 头晕目眩

眩目惊心 → 心慈手软 → 软弱无能

能谋善断 → 断崖绝壁 → 壁垒森严

严防死守 → 守株待兔 → 兔死狐悲

# 成语解释

**承前启后** 承接前代的，开创以后的。多用于事业、学术等领域。

**后顾之忧** 指来自后方的或未来的忧虑。

**忧心如焚** 心里忧愁得像火烧一样。形容非常忧虑不安。

**焚香顶礼** 形容十分虔诚的崇拜。

**礼尚往来** 礼节上注重有来有往，又指用同样的态度和方式去对待对方。

**来头不善** 指来势带有恶意。

**善罢甘休** 指好好地了结纠纷，停止争斗。多用于否定。

**休戚与共** 形容关系密切，同甘共苦。

**共济时艰** 指共同挽救危局。

**艰难曲折** 指各种困难和周折。

**折长补短** 折断长的补充短的。比喻用长处补短处。

**短小精悍** 形容人身材矮小而精明强干。也用来形容文艺作品等简短而内容充实。

**悍然不顾** 指肆意妄为，不顾一切。

**顾影自怜** 看着自己的身影，怜惜自己。形容孤独失意。也形容自我欣赏。

**怜香惜玉** 指男子对女子温存疼爱。

|  |  |
|---|---|
| 玉树琼枝 | 指华美如玉的树木。也指雪后洁白如玉的树木。比喻年轻貌美的男女或有身份的贵族子弟。 |
| 枝节横生 | 枝节从主干上生长出来。比喻麻烦在事情进程中意外地产生出来。 |
| 生擒活捉 | 指把对方活着抓住。 |
| 捉鸡骂狗 | 比喻表面上骂这个人，实际上是骂另一个人。 |
| 狗血喷头 | 形容骂人骂得痛快淋漓。 |
| 头晕目眩 | 头脑发晕，两眼昏花。 |
| 眩目惊心 | 使人眼花心惊。 |
| 心慈手软 | 心怀恻隐而不忍心下手。 |
| 软弱无能 | 指不坚强，又没有能力。 |
| 能谋善断 | 指善于思考、谋划，并做出决断。 |
| 断崖绝壁 | 险峻陡峭的山崖。 |
| 壁垒森严 | 形容戒备十分严密。 |
| 严防死守 | 严密防范，拼死防守。 |
| 守株待兔 | 比喻心存侥幸，希望得到意外的收获。 |
| 兔死狐悲 | 兔子死了，狐狸感到悲伤。比喻因同类的不幸而感到悲伤。 |

## 成语故事

## 守株待兔

很久以前，在乡下住着农夫老宋一家。他们过着日出而作、日落而息的日子，生活平淡和美。不过，这样平静的日子被一只兔子打破了。

老宋家的田地里有一截树桩，老宋种田累了就会坐在那里休息一会儿。有一天，他正在地里干活，突然看见远远地跑来一只兔子。

老宋："要是能逮住这只兔子，孩子们就会有一顿美餐啦！"

老宋正这样想着，那只兔子竟往自家的田里跑来了，只听"嘭"一声响，兔子撞到了那截树桩上，撞死了。

老宋："啊？怎么我还没有出手，兔子自己就撞上树桩了呢？真是怪事，这兔子就这么死了？"

老宋扒拉了兔子两下，看到它果然撞死了，心中既疑惑又窃喜。

老宋："哈哈！行了，我赶

紧收拾收拾回家吧。"

老宋:"孩儿他娘,今天有只兔子撞死在咱家地里的树桩上了,快把它拿进去,收拾收拾给孩子们吃肉吧。"

大儿子:"有肉吃啦!太好了!"

二儿子:"太好啦!有肉吃了!"

两个孩子一听说有肉吃了,高兴极了。

大儿子:"爹,咱们要是天天能有肉吃该多好呀!"

二儿子:"就是的,您说以后会不会每天都有兔子撞到树桩上呀?"

大儿子:"今天不就有一只嘛!"

这天晚上,吃着兔肉的老宋一家高兴极了。老宋心里想,这要是天天都有兔子肉吃该多好呀!

老宋:"孩儿他娘,你说,明天会不会还有兔子送上门呢?"

妻子:"哪有那么多好事呀?快睡觉吧,明天还得早点起来种地呢!"

老宋:"嘿嘿,睡觉睡觉。"

老宋刚刚吃了一顿美味的兔子，哪里听得进妻子的劝告呢。他决定明天继续去树桩旁等兔子。第二天，老宋很早就出了家门，但他没有去锄地，心里想的还是那送上门的兔子。

一连好几天，老宋每天都坐在树桩旁等兔子上门。

老宋："兔子啊，快点儿来吧！快点儿再撞到树桩上吧！"

邻居乙："老宋，天这么热也不下雨，你怎么还不给庄稼浇水呀？"

老宋："我一会儿就浇。"

邻居甲："听说老宋不好好干活是在等兔子。"

邻居乙："什么兔子？"

邻居甲："就是前些日子，有只兔子撞到他家的树桩上，一下撞死了。从此，他再也没心思干活了，光想着抓兔子了。"

望着渐渐走远的乡亲们，老宋的脸红了又白，白了又红，他恨不得打自己两下。

# 游戏·成语里的动物

把十二生肖补充完整吧!

老态（　）钟　　　（　）毛蒜皮

沐（　）而冠　　　人困（　）乏

（　）蝎心肠　　　（　）死狗烹

（　）落虎口　　　九（　）一毛

（　）目寸光　　　（　）急跳墙

（　）虎生威　　　（　）狗不如

请你仔细看看下面的图，猜一猜是什么成语。

## 第三章
### 成语接龙玩不停

| zhì zài sì fāng | fāng cùn dà luàn | luàn shì zhī qiū |
| --- | --- | --- |
| 志在四方 | 方寸大乱 | 乱世之秋 |

| qiū fēng luò yè | yè gōng hào lóng | lóng téng hǔ yuè |
| --- | --- | --- |
| 秋风落叶 | 叶公好龙 | 龙腾虎跃 |

| yuè rán zhǐ shàng | shàng cuàn xià tiào | tiào liáng xiǎo chǒu |
| --- | --- | --- |
| 跃然纸上 | 上窜下跳 | 跳梁小丑 |

| chǒu tài bǎi chū | chū shén rù huà | huà wéi wū yǒu |
| --- | --- | --- |
| 丑态百出 | 出神入化 | 化为乌有 |

| yǒu bèi wú huàn | huàn nàn zhī jiāo | jiāo xiāng huī yìng |
| --- | --- | --- |
| 有备无患 | 患难之交 | 交相辉映 |

| yìng xuě dú shū | shū bú jìn yì | yì luàn xīn mí |
| --- | --- | --- |
| 映雪读书 | 书不尽意 | 意乱心迷 |

| mí lí diān dǎo | dǎo mǎi dǎo mài | mài guó qiú róng |
| --- | --- | --- |
| 迷离颠倒 | 倒买倒卖 | 卖国求荣 |

| róng guī gù lǐ | lǐ yìng wài hé | hé qíng hé lǐ |
| --- | --- | --- |
| 荣归故里 | 里应外合 | 合情合理 |

| lǐ zhí qì zhuàng | zhuàng zhì wèi chóu | chóu gōng bào dé |
| --- | --- | --- |
| 理直气壮 | 壮志未酬 | 酬功报德 |

| dé gāo wàng zhòng | zhòng yì qīng shēng | shēng huā miào bǐ |
| --- | --- | --- |
| 德高望重 | 重义轻生 | 生花妙笔 |

# 成语解释

|  |  |
|---|---|
| 志在四方 | 指志向高远，不局限于一地。 |
| 方寸大乱 | 指心绪非常烦乱。 |
| 乱世之秋 | 乱世：混乱动荡的时代。秋：时候。指社会混乱的时候。 |
| 秋风落叶 | 秋风中落叶纷纷。形容秋天衰败凄凉的景象。 |
| 叶公好龙 | 指表面上显得喜爱某事物，实际上并不真正喜爱。 |
| 龙腾虎跃 | 像龙飞舞，如虎跳跃。形容威武有力，场面热烈。也形容奋起行动，有所作为。 |
| 跃然纸上 | 活灵活现地呈现在纸上。形容描写刻画得十分生动逼真。 |
| 上窜下跳 | 比喻为达到某种目的而上下奔走，多处串联。 |
| 跳梁小丑 | 指上蹿下跳，到处捣乱的卑鄙小人。 |
| 丑态百出 | 各种各样的丑恶样子都表现了出来。 |
| 出神入化 | 形容技艺极其高超，达到了绝妙的境界。 |
| 化为乌有 | 指变得什么都没有。 |
| 有备无患 | 事先有所准备就可以避免祸患。 |
| 患难之交 | 一起经历过艰难处境而有深厚交情的朋友。 |
| 交相辉映 | 指各种光亮、色彩等相互映射照耀。 |

| | |
|---|---|
| 映雪读书 | 利用雪的反光来读书。形容勤学苦读。 |
| 书不尽意 | 信中写的话，表达不完自己的心意。一般用作书信结束时的套语。 |
| 意乱心迷 | 形容因惊恐或迷恋异性等而心神不定。 |
| 迷离颠倒 | 形容心神恍惚，失去常态。 |
| 倒买倒卖 | 指通过低价买进高价卖出，从中牟利。 |
| 卖国求荣 | 出卖国家的利益，以谋求个人的荣华富贵。 |
| 荣归故里 | 光荣地回到故乡。 |
| 里应外合 | 指里外两方面相互配合或相互联合，一起行动。 |
| 合情合理 | 合乎情理。 |
| 理直气壮 | 理由正当充分，说话很有气势。 |
| 壮志未酬 | 远大的志向难以实现。 |
| 酬功报德 | 奖赏有功劳的人，报答其恩德。 |
| 德高望重 | 道德高尚，声望很大。多用于称颂年长而名望高的人。 |
| 重义轻生 | 看重道义，轻视生命。指为坚持道义不惜献出生命。 |
| 生花妙笔 | 指杰出的写作才能。 |

成语故事

## 生花妙笔

传说有一天,李白在油灯下读书写字,好长时间都没有停笔,就连晚饭都忘记吃了。

仆人:"少爷,您还是吃过晚饭再写字吧。一直写下去,眼睛会受不了的。"

李白:"你把饭放在这里,我写完了这句就吃饭。你先出去吧,不要打扰我。"

仆人:"是。"

仆人走后,李白仍然一直在写。后来,他实在是太困了,就趴在桌子上不知不觉睡着了。

在梦里,李白还在拼命地埋头写诗。

梦中,李白写完一首诗,正思考着用词是不是合适。这时,令人意想不到的事情发生了,他手中毛笔的笔头上竟然

开出了一朵鲜艳的花。

李白使劲揉了揉眼睛,以为是自己出现了幻觉!他摸了摸鲜花,鲜花散发出阵阵香气,真是令人陶醉呀!李白不禁低下头,闻着鲜花的香味。

李白:"美妙,美妙,这笔实在是太美妙了!"

这时,天空中恰好飞来一张纸。他高兴极了,抓起毛笔就在纸上写字,写出的字竟然又开出了一朵鲜花。

李白:"太好看了!"

李白高兴极了,紧握那支妙笔,写了一张又一张。不一会儿,李白身边便开满了鲜花。

李白:"我仿佛在花园里!这支笔真是妙!"

李白后来写下了大量不朽诗篇,这些佳作流传千古,他也被后人尊称为"诗仙"。

## 游戏·成语里的颜色

请你在空格处填入正确的颜色名称吧！

红　黄　白　蓝

面○耳赤
飞○腾达
人老珠○

筚路○缕
青山○水
平步○云

涂脂抹○
吹○之力
○面獠牙

绿

万古长○
白纸○字
阳春○雪

青　灰　粉　黑

下面这个方阵包含了哪几个成语？请你找一找。

| 草 | 裹 | 黄 | 苍 | 马 | 瞎 |
|---|---|---|---|---|---|
| 白 | 青 | 银 | 如 | 苍 | 子 |
| 炎 | 妆 | 素 | 发 | 竹 | 孙 |
| 梅 | 火 | 绿 | 黑 | 茵 | 灯 |

请将每一组成语中缺少的字填写出来吧！需要注意的是每组填写的字都要一样。

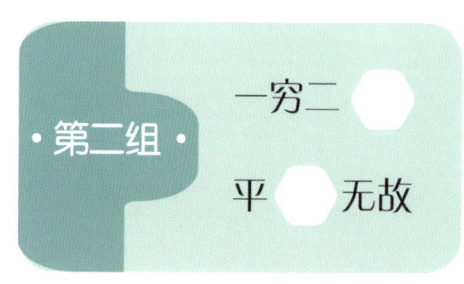

· 第一组 ·
姹紫嫣○
绿肥○瘦

· 第二组 ·
一穷二○
平○无故

· 第三组 ·
炉火纯○
名垂○史

· 第四组 ·
○墨登场
○饰太平

在空白处填上恰当的成语。

万紫千红　绿树成荫　白璧无瑕　颠倒黑白

1. 天真的儿童心灵纯洁，可谓_____。

2. 夏天，公园里_____，景色优美。

3. 好几个同学都在现场看到了事情的经过，你不能_____。

4. 花园中开满了_____的小花。

# 第四章
## 成语接龙玩不停

一扫而光 yì sǎo ér guāng → 光明正大 guāng míng zhèng dà → 大放厥词 dà fàng jué cí

词正理直 cí zhèng lǐ zhí → 直来直去 zhí lái zhí qù → 去粗取精 qù cū qǔ jīng

精神矍铄 jīng shén jué shuò → 铄石流金 shuò shí liú jīn → 金装玉裹 jīn zhuāng yù guǒ

裹足不前 guǒ zú bù qián → 前程远大 qián chéng yuǎn dà → 大智大勇 dà zhì dà yǒng

勇往直前 yǒng wǎng zhí qián → 前功尽弃 qián gōng jìn qì → 弃暗投明 qì àn tóu míng

明哲保身 míng zhé bǎo shēn → 身无分文 shēn wú fēn wén → 文房四宝 wén fáng sì bǎo

宝刀不老 bǎo dāo bù lǎo → 老弱残兵 lǎo ruò cán bīng → 兵戎相见 bīng róng xiāng jiàn

见势不妙 jiàn shì bú miào → 妙手回春 miào shǒu huí chūn → 春生秋杀 chūn shēng qiū shā

杀一儆百 shā yī jǐng bǎi → 百转千回 bǎi zhuǎn qiān huí → 回味无穷 huí wèi wú qióng

穷当益坚 qióng dāng yì jiān → 坚忍不拔 jiān rěn bù bá → 拔苗助长 bá miáo zhù zhǎng

## 成语解释

|  |  |
|---|---|
| 一扫而光 | 一下子扫除干净。比喻全部清除或消失。 |
| 光明正大 | 指言论明确而不偏颇。形容胸怀坦荡，言行正派。 |
| 大放厥词 | 原指极力铺陈辞藻。后指夸夸其谈，大发议论。含贬义。 |
| 词正理直 | 言辞正确，理由正当。 |
| 直来直去 | 形容说话、办事直率，不拐弯抹角。 |
| 去粗取精 | 去掉粗劣的部分，留取精华。 |
| 精神矍铄 | 指老年人精神饱满的样子。 |
| 铄石流金 | 金属、石头都被熔化了。形容天气极热。 |
| 金装玉裹 | 形容装饰或衣着打扮华丽贵重。 |
| 裹足不前 | 脚像是被缠住似的停步不前。多指因有所顾虑而徘徊犹豫，不敢前行。 |
| 前程远大 | 形容前途远大，不可限量。 |
| 大智大勇 | 指非凡的智慧和勇敢。 |
| 勇往直前 | 勇敢地、义无反顾地一直前进。 |
| 前功尽弃 | 以前的功劳完全废弃，努力完全落空。 |
| 弃暗投明 | 离开黑暗，投奔光明。比喻脱离非正义的、黑暗的势力，走向光明正确的道路。 |

|  |  |
|---|---|
| 明哲保身 | 原指聪明有智慧之人，善于趋安避危，保全自身。也指为保全自己的利益所采取的回避矛盾的处世态度。 |
| 身无分文 | 身上没有一分一文的钱。形容极为贫困。 |
| 文房四宝 | 指纸、墨、笔、砚四种文具。 |
| 宝刀不老 | 指虽年纪已老，但本领、技艺犹在。 |
| 老弱残兵 | 指年老体弱、身体伤残的士兵。 |
| 兵戎相见 | 指发生武装冲突。 |
| 见势不妙 | 看到形势对自己不利。 |
| 妙手回春 | 形容医术高明，能治愈危重的病人。 |
| 春生秋杀 | 春天万物生长，秋季万物衰败。表示一种自然法则。 |
| 杀一儆百 | 杀一个人，借此警戒许多人。 |
| 百转千回 | 形容水流、道路等回环往复。也形容历程曲折。 |
| 回味无穷 | 指事后回忆、体会起来仍然很有意味。 |
| 穷当益坚 | 处境越困窘，意志应当越加坚定。 |
| 坚忍不拔 | 形容意志坚强，毫不动摇。 |
| 拔苗助长 | 拔高禾苗，帮它成长。比喻违背事物的发展规律，求其速成，反而坏事。 |

成语故事

# 拔苗助长

春秋战国时期，有一位朴实又固执的老农叫老宋。老宋一家三口过着安逸的农耕生活。老宋有一个不好的习惯，那就是不管做什么，都没有耐心，是个急性子。这不，今天一大早，老宋又急着来到田里干活了。

邻居甲："哟，老宋啊，今天怎么就你一个人，你儿子去哪了？"

老宋没有回答邻居的话，而是急匆匆地朝自家地里奔去。

邻居乙："嗨，老宋那牛脾气又犯了。"

老宋："哼，我家的地，今年一定比你们的收成多，等着瞧吧。"

邻居乙："别理他，这个老宋，可真固执呀。"

老宋看着儿子种的庄稼，闷闷不乐地在田地旁走来走去。

老宋："都这个节气了，庄稼才长这么高，今年收成一定不好，我得想想办法。"

老宋情急之下伸手

去拔那些庄稼，拔了一阵，庄稼果然"长"高了一大截，这可把老宋高兴坏了。

接下来，老宋一口气把田里的庄稼全都拔了个遍，拔出来的庄稼个个都比之前高了一截。此时，老宋的儿子却在半路上被邻居们拦住了。

邻居甲："大侄子，快去田里看看你爹吧。"

儿子："我爹怎么了？不会中暑了吧？"

邻居乙："你爹他刚才把地里的庄稼都给拔高了。"

儿子："啊？？？"

邻居乙："眼看夏天就要过去了，庄稼已经长那么高啦，太可惜了，你赶紧去看看吧！"

儿子："我马上就去。"

老宋的儿子慌忙奔向自家田地，却为时已晚，田里的庄稼全

都垂在地面上,老宋没精打采地坐在田地边,不停地摇头叹息着。

儿子:"爹,这庄稼……"

老宋:"唉,都怪我一时心急,瞅这庄稼长得慢,想让它们快点长,就用手往高拔。结果,就变成这样了,满地的庄稼,全毁了,唉——"

儿子:"爹,做事不能急于求成,谁不希望自己的庄稼长得又快又好呀!可这样拔苗助其生长,是万万不可取的呀!"

## 游戏·成语里的四季和时间

下面这些成语分别描写的是哪个季节？把它们跟对应的图片连起来。

花红柳绿

百花争艳

春风化雨

鸟语花香

金风送爽

秋色宜人

秋风萧瑟

秋雨绵绵

流金铄石

赤日炎炎

酷暑难耐

汗流浃背

寒风刺骨

天寒地冻

漫天飞雪

寒冬腊月

下面这些成语分别描写的是哪个时间？请你仔细想一想。

骄阳似火
烈日炎炎
烈日当空
艳阳高照

西风残照
残阳如血
日落西山
百鸟归林

清晨　　中午　　傍晚　　夜晚

半夜三更
夜深人静
月明星稀
皓月当空

旭日东升
东方欲晓
晨光熹微
雄鸡报晓

# 第五章
## 成语接龙玩不停

大惊小怪 — 怪声怪气 — 气象万千

千里鹅毛 — 毛手毛脚 — 脚踏实地

地利人和 — 和风细雨 — 雨过天晴

晴空万里 — 里外夹攻 — 攻其不备

备而不用 — 用之不竭 — 竭尽全力

力排众议 — 议论纷纷 — 纷至沓来

来之不易 — 易如反掌 — 掌上明珠

珠光宝气 — 气象一新 — 新旧交替

替天行道 — 道不拾遗 — 遗臭万年

年轻气盛 — 盛情难却 — 却步不前

# 成语解释

**大惊小怪**　形容对不足为奇的事过于惊诧和紧张。又指故意声张、吵闹。

**怪声怪气**　指说话、唱歌声调怪异。

**气象万千**　形容景象、事物等丰富多彩，非常壮观。

**千里鹅毛**　从很远的地方送来鹅毛。表示礼物虽微薄而情意深厚。

**毛手毛脚**　形容做事粗心大意，不沉着稳重。又形容举止轻佻，动手动脚。

**脚踏实地**　把脚稳稳地踩在地上。比喻做事不浮夸，认真踏实。

**地利人和**　指优越的地理条件和良好的群众关系。

**和风细雨**　指令人舒适的微风小雨。

**雨过天晴**　雨后初放晴时的天色。比喻情况由坏转好。

**晴空万里**　晴朗的天空，万里无云。

**里外夹攻**　从内部和外部同时攻击同一个目标。

**攻其不备**　指趁着对方没有防备时进攻。

**备而不用**　准备好了而暂时不用，以便应付紧急情况。

**用之不竭**　用也用不完。形容非常丰富。

|  |  |
|---|---|
| 竭尽全力 | 使出全部力气。 |
| 力排众议 | 竭力排除各种议论，维护自己的主张或某一种意见。 |
| 议论纷纷 | 看法不一致，各种说法很多。 |
| 纷至沓来 | 形容连续不断地纷纷到来。 |
| 来之不易 | 得来很不容易。多表示应当珍惜。 |
| 易如反掌 | 形容事情很容易办到。 |
| 掌上明珠 | 手掌中闪亮的珍珠。比喻受父母宠爱的子女。 |
| 珠光宝气 | 珍珠宝石闪烁光芒。形容人衣着华丽，首饰光彩夺目。 |
| 气象一新 | 指呈现出崭新的景象。 |
| 新旧交替 | 新的接替旧的。指新的人或事物取代旧的人或事物。 |
| 替天行道 | 替上天实行公理，即按照上天的意旨，在人间推行正义。 |
| 道不拾遗 | 路上有失物，无人拾取。形容社会风尚淳朴良好。 |
| 遗臭万年 | 指不好的名声永远流传下去，受人唾骂。 |
| 年轻气盛 | 年纪轻，血气旺盛。常用于指年轻人火气大，容易冲动。 |
| 盛情难却 | 深厚的情意难以推辞。 |
| 却步不前 | 指遇到了困难、危险而向后退却，不敢前行。 |

## 成语故事

## 千里鹅毛

唐朝时期,有一个地方官员偶然得到了一只珍禽——天鹅。他想将天鹅进献给皇上,以此来讨皇上的欢心。于是,他叫来了自己的心腹缅伯高。

官员:"缅伯高啊,本官得到一只珍贵的天鹅,想将它进献给皇上,你替本官进京一趟吧!记住,这只天鹅很难得,你一定要好好照顾它,不但要让它活着,还得将它漂漂亮亮地进献给皇上!"

缅伯高:"请大人放心,我保证完成任务!"

缅伯高带着天鹅风尘仆仆向长安赶去。一路上他一直尽心尽力地伺候着天鹅。当他行至沔阳湖时,看到碧波荡漾的湖水,又见天鹅雪白的羽毛上

落了很多尘土,就想给天鹅洗个澡。

缅伯高:"一路劳顿,真是有些疲乏了!这里的水不错,停下来休息片刻吧!"

缅伯高:"瞧你这一身的灰,看着可没那么漂亮了!大人可说了,不仅要让你活着,还得让你漂漂亮亮地去见皇上!我看还是给你洗个澡吧!"

可是天鹅似乎不那么想洗澡,它不停地扭动自己的身体。

缅伯高:"不用害怕,我只是给你洗洗澡,洗了澡你就更漂亮了!"

忽然,天鹅从缅伯高的手中挣脱着飞走了,缅伯高的手中只留下了几根羽毛,他看着那几根羽毛急得直流泪!

缅伯高:"这下可坏了!天鹅飞走了,只剩下几根鹅毛!这可怎么交代啊!有了!"

缅伯高打定了

主意，继续往京城赶去。等他见到皇上的时候，便呈上了一首诗和几根天鹅羽毛。

皇上打开手中的诗，认真地读了起来。

皇上："将鹅贡唐朝，山高路遥遥，沔阳湖失去，倒地哭号号。上复唐天子，可饶缅伯高？礼轻情意重，千里送鹅毛。哈哈哈！这真是千里送鹅毛，礼轻情意重啊！好！"

缅伯高这首诗的意思是：我来向您朝贡，经过了万水千山，可到了沔阳湖时天鹅飞走了，我悲恸欲绝，今天上复天子，请您饶了缅伯高。

皇上看完缅伯高的诗后哈哈大笑，不仅收下了礼物，还原谅了他的失误。从此以后，"千里鹅毛"这一成语就用来比喻礼物虽轻微，但情意真诚。

## 游戏·成语里的节气和天气

小朋友，下面每组成语的首字连起来就是一个节气，请你填一填吧！

（冬）去春来 +（至）死不渝 =（冬至）

（　）高气爽 +（　）崩离析 =（　　）

亭亭玉（　）+（　）光明媚 =（　　）

（　）规戒律 +（　）辨是非 =（　　）

（　）气逼人 +（　）水鸳鸯 =（　　）

（　）露之病 +（　）尊临卑 =（　　）

（　）天动地 +（　）居简出 =（　　）

下面这些成语分别描写的是什么天气？请你仔细想一想。

雨　雷　雪　晴

鹅毛大雪
白雪皑皑
大雪纷飞
冰天雪地

倾盆大雨
细雨濛濛
暴风骤雨
大雨滂沱

风和日丽
天高气爽
万里无云
天朗气清

雷电交加
电闪雷鸣

# 第六章
## 成语接龙玩不停

画蛇添足 → 足不出户 → 户静门清

清心养性 → 性命攸关 → 关门大吉

吉星高照 → 照猫画虎 → 虎入羊群

群龙无首 → 首屈一指 → 指鹿为马

马革裹尸 → 尸骨未寒 → 寒来暑往

往往来来 → 来者不拒 → 拒之门外

外柔内刚 → 刚愎自用 → 用人惟才

才华横溢 → 溢于言表 → 表面文章

章决句断 → 断事如神 → 神采飞扬

扬长避短 → 短中取长 → 长话短说

# 成语解释

|  |  |
|---|---|
| 画蛇添足 | 比喻多此一举，弄巧成拙。 |
| 足不出户 | 指不出门。 |
| 户静门清 | 门户清净。指家庭和睦。 |
| 清心养性 | 指保持内心清净，修养性情。 |
| 性命攸关 | 关系到人的生命。形容事关重大，非常紧要。 |
| 关门大吉 | 指工商业停业倒闭。泛指某些事业停办、机构停止办公。 |
| 吉星高照 | 吉祥的星高高照耀。古人认为是诸事吉利顺心的预兆。比喻交好运，好事临门。 |
| 照猫画虎 | 比喻照着样子模仿。 |
| 虎入羊群 | 老虎冲进羊群。比喻强者攻击弱者，势不可当。 |
| 群龙无首 | 比喻一群人中没有领导者。 |
| 首屈一指 | 扳指头计数时，首先弯下大拇指，表示第一。指居第一位。 |
| 指鹿为马 | 比喻颠倒黑白，混淆是非。 |
| 马革裹尸 | 指军人在战场上战死。多用来表示英勇作战、为国捐躯的决心和气概。 |
| 尸骨未寒 | 尸体还没有变冷。指人刚死不久。 |
| 寒来暑往 | 指四时更替。泛指时光流逝。 |

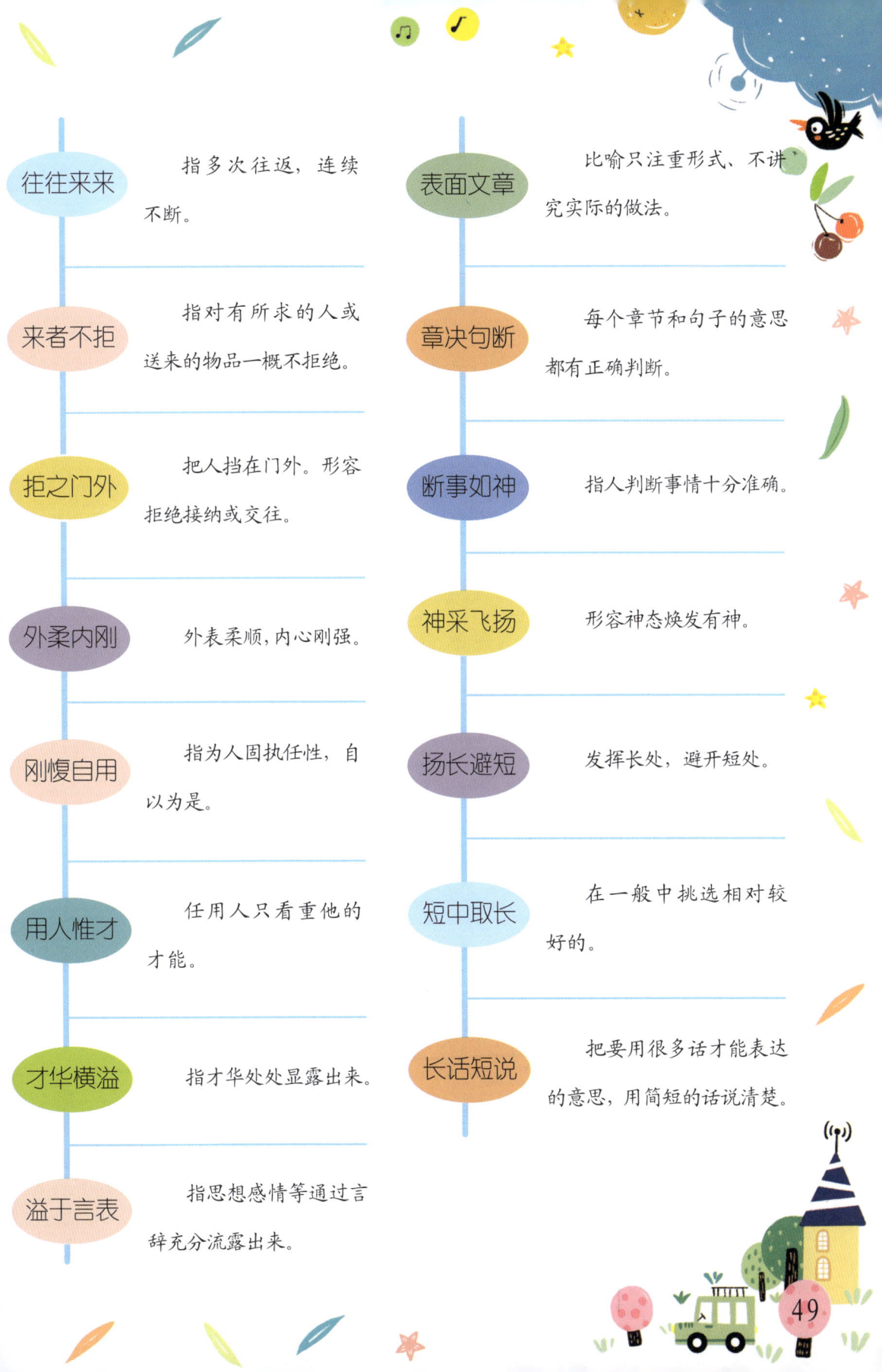

| | |
|---|---|
| 往往来来 | 指多次往返，连续不断。 |
| 来者不拒 | 指对有所求的人或送来的物品一概不拒绝。 |
| 拒之门外 | 把人挡在门外。形容拒绝接纳或交往。 |
| 外柔内刚 | 外表柔顺，内心刚强。 |
| 刚愎自用 | 指为人固执任性，自以为是。 |
| 用人惟才 | 任用人只看重他的才能。 |
| 才华横溢 | 指才华处处显露出来。 |
| 溢于言表 | 指思想感情等通过言辞充分流露出来。 |
| 表面文章 | 比喻只注重形式、不讲究实际的做法。 |
| 章决句断 | 每个章节和句子的意思都有正确判断。 |
| 断事如神 | 指人判断事情十分准确。 |
| 神采飞扬 | 形容神态焕发有神。 |
| 扬长避短 | 发挥长处，避开短处。 |
| 短中取长 | 在一般中挑选相对较好的。 |
| 长话短说 | 把要用很多话才能表达的意思，用简短的话说清楚。 |

## 成语故事

# 画蛇添足

楚国有一位贵族在祭祀完之后，将祭祀剩下的一壶酒赏给了门客们分享。

贵族："诸位今日辛苦了，这里有一壶祭祀剩下的好酒，现在赏赐给诸君品尝品尝。来人，上酒。"

众人："好酒！真是好酒啊！只是……"

贵族："诸位怎么了？莫非这酒大家不满意吗？"

门客甲："这酒堪比玉液琼浆，只是……只是这壶酒一人喝足够，若是大家一起喝根本不够啊！"

贵族："可祭祀之后酒只有这么多了。我倒想知道你们能有什么办法，既让一个人喝足还能让其他人没有意见。"

门客乙："主人！我这里倒有一个主意，不知可否一试？"

贵族："不妨说来听听。"

门客乙："不如大家来一场比赛？想喝酒的都在地上画一条蛇，谁先画完，这壶酒就归谁！不知诸位意下如何？"

众人："这个主意不错！好主意！"

贵族："好，既然诸位都同意，那就这么定了！"

于是大家都蹲在地上认真地画起蛇来。

门客丙："我画好了！这壶酒归我了！哈哈！我还能给蛇画上脚呢！"

于是，他左手拿着酒壶，右手拾起树枝给刚才画好的蛇又添上了脚。可是蛇脚还没画完，门客甲便从他手里抢走了酒壶。

门客甲："蛇怎么会有脚？长脚的东西根本就不是蛇啊！哈哈哈，这酒归我了！"

门客丙只能眼睁睁地看着门客甲将酒壶抢走了。

## 游戏·和身体有关的成语

请选择合适的身体部位，完成下列成语吧！

头 耳 嘴 手 心 牙 脚 背 眼 鼻

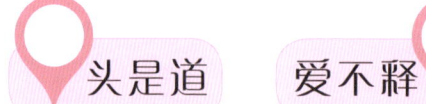

分外〇红　　　嗤之以〇　　　七〇八舌　　　如雷贯〇

〇头是道　　　爱不释〇　　　〇下生风　　　拳打〇踢

〇烦意乱　　　咬〇切齿　　　〇知肚明　　　袒胸露〇

根据提示补全成语。

手　步　口　发　怀

最大的嘴 ——（　）若悬河

最长的腿 ———（　）登天

最大的手 ———（　）遮天

最重的头发 —— 千钧一（　）

最宽广的胸怀 —— 虚（　）若谷

请你填一填。

（ ）疾眼快
眼明（ ）快

彻（ ）彻尾
街（ ）巷尾

油嘴滑（ ）
笨嘴拙（ ）

手忙（ ）乱
指手画（ ）

举手投（ ）
手（ ）情深

（ ）亡齿寒
（ ）齿相依

掩人（ ）目
（ ）濡目染

（ ）直口快
（ ）口如一

你能做出下面有趣的成语算术题吗？快来试一试吧！

闭（　）造车 ＋ 抓（　）挠腮 ＝ 不（　）不问

不由（　）主 ＋ 计上（　）头 ＝ 经久不（　）

寸（　）必争 ＋ 峥嵘岁（　） ＝ 牵肠挂（　）

良（　）美景 ＋ 守（　）如瓶 ＝ 反（　）相讥

口（　）舌燥 ＋ 蹉跎岁（　） ＝ （　）胆相照

# 第七章
## 成语接龙玩不停

- 如释重负 (rú shì zhòng fù)
- 负荆请罪 (fù jīng qǐng zuì)
- 罪有应得 (zuì yǒu yīng dé)
- 得心应手 (dé xīn yìng shǒu)
- 手到病除 (shǒu dào bìng chú)
- 除暴安民 (chú bào ān mín)
- 民不聊生 (mín bù liáo shēng)
- 生不逢时 (shēng bù féng shí)
- 时过境迁 (shí guò jìng qiān)
- 迁延岁月 (qiān yán suì yuè)
- 月落乌啼 (yuè luò wū tí)
- 啼笑皆非 (tí xiào jiē fēi)
- 非亲非故 (fēi qīn fēi gù)
- 故步自封 (gù bù zì fēng)
- 封侯拜将 (fēng hóu bài jiàng)
- 将勇兵强 (jiàng yǒng bīng qiáng)
- 强记博闻 (qiáng jì bó wén)
- 闻名于世 (wén míng yú shì)
- 世外桃源 (shì wài táo yuán)
- 源远流长 (yuán yuǎn liú cháng)
- 长篇大论 (cháng piān dà lùn)
- 论古谈今 (lùn gǔ tán jīn)
- 今非昔比 (jīn fēi xī bǐ)
- 比肩而立 (bǐ jiān ér lì)
- 立德立言 (lì dé lì yán)
- 言行一致 (yán xíng yí zhì)
- 致知格物 (zhì zhī gé wù)
- 物华天宝 (wù huá tiān bǎo)
- 宝山空回 (bǎo shān kōng huí)
- 回肠荡气 (huí cháng dàng qì)

# 成语解释

|  |  |
|---|---|
| 如释重负 | 好像放下沉重的担子。形容解除负担或摆脱困扰后轻松愉快的心情。 |
| 负荆请罪 | 表示主动向对方承认错误，赔礼道歉。 |
| 罪有应得 | 指所受的惩罚是应该的，没有被冤枉。 |
| 得心应手 | 指做事心手相应，运用自如。形容技艺纯熟。 |
| 手到病除 | 一动手治疗，病就好了。形容医术高明。 |
| 除暴安民 | 除掉残暴的坏人，安抚善良的百姓。 |
| 民不聊生 | 指百姓失去生存的条件，没有办法活下去。 |
| 生不逢时 | 多指生下来就没遇上好时候，慨叹时运不济。 |
| 时过境迁 | 时间过去了，境况也随之改变了。 |
| 迁延岁月 | 指拖延时光。 |
| 月落乌啼 | 月亮西沉，乌鸦啼叫。指天快亮时的景象。 |
| 啼笑皆非 | 哭也不是，笑也不是。形容处境尴尬，既使人难受，又令人发笑。 |
| 非亲非故 | 不是亲戚也不是故旧，表示彼此之间毫无关系。 |
| 故步自封 | 比喻因循守旧，安于现状，不求创新进取。 |
| 封侯拜将 | 指被封为侯爵或将军。也泛指做大官。 |

|  |  |
|---|---|
| 将勇兵强 | 将领和士兵都英勇顽强。形容军队战斗力很强。 |
| 强记博闻 | 见闻广博,记忆力强。 |
| 闻名于世 | 在社会上很有名。 |
| 世外桃源 | 借指脱离尘世纷扰的或虚构的美好的地方。 |
| 源远流长 | 指源头远,水流长。也形容事物根源深远,历史悠久。 |
| 长篇大论 | 指篇幅很长的文章和连续不断的议论。 |
| 论古谈今 | 谈论评说古往今来的人和事。形容议论的话题十分广泛。 |
| 今非昔比 | 现在不是从前所能相比的。形容变化很大。 |
| 比肩而立 | 肩并肩地站在一起。形容距离很近或人数很多。 |
| 立德立言 | 立德:推行德政,也指修养品德。立言:著书立说。古代读书人把"立德立言"看作最高的追求,是不朽的事业。 |
| 言行一致 | 言论与行动相符合。 |
| 致知格物 | 致:获得。格:推究。指推究事物原理而获得知识。 |
| 物华天宝 | 物产的精华,上天的宝物。指极为珍奇宝贵的事物。 |
| 宝山空回 | 比喻虽置身某种优越环境,却一无所得。 |
| 回肠荡气 | 回肠:使肝肠回旋。荡气:使情绪振荡。后形容乐曲、诗文等婉转缠绵,感人至深。 |

成语故事

## 负荆请罪

战国时期，强大的秦国常常欺侮赵国。赵国的蔺相如几次出使秦国，凭着机智和勇敢，为赵国争回了不少面子。因此赵王便将他升为宰相。

赵王这么看重蔺相如，可气坏了赵国的大将军廉颇。

廉颇："我为赵国出生入死、保卫国土，而这个蔺相如，只是凭着一张嘴，官位就比我高，这实在是让我太难堪了！以后我再见到他，一定要当着众人的面羞辱他一番。"

廉颇的这些话传到了蔺相如的耳中。蔺相如立刻吩咐手下的人，叫他们以后碰到廉颇手下的人千万要让着点儿，不要和他们起争执。

蔺相如手下的人不明白主人为什么这么做，就去向蔺相如请教。

随从："您的地位比廉将军高，他骂您，您反而躲着他、让着他，他会越发不把您放在眼里！这么下去，我们都要受不了了。"

蔺相如："你们看，是秦王厉害还是廉颇厉害？"

随从："廉颇哪能跟秦王相比呢！"

蔺相如："这就对了。人们都知道秦王厉害，可是我连秦王都不怕，怎么会怕廉将军呢？秦国之所以不敢侵犯赵国，不就是因为赵国有我和廉将军两个人吗？如果我们两个人互相争斗，那就好比两虎相斗，结果必有一伤。赵国的力量小了，那么就给了秦国进攻赵国的机会。你们想想，是国家的事要紧，

还是个人的面子要紧？"

这些话传到廉颇耳朵里，他深受感动。他想到自己对蔺相如的做法，真是羞愧极了。于是，他脱光了上衣，背着荆条，亲自到蔺相如府上请罪。

廉颇："是我的心胸狭隘，请您一定要原谅我啊。"

蔺相如急忙用双手扶起廉颇，帮他穿好衣服，拉着他的手请他坐下。

后来两人同心协力守卫赵国，秦国就更不敢欺侮赵国了。

## 游戏·成语里的人物

1. "风声鹤唳"最早是形容哪个古代将领率军溃败的狼狈之状?

A. 曹操　　　B. 苻坚　　　C. 项羽

2. "东山再起"这个典故讲的是谁?

A. 曹操　　　B. 刘备　　　C. 谢安

3. 成语"才高八斗"中谁的才华有八斗之多?

A. 曹植　　　B. 曹操　　　C. 谢灵运

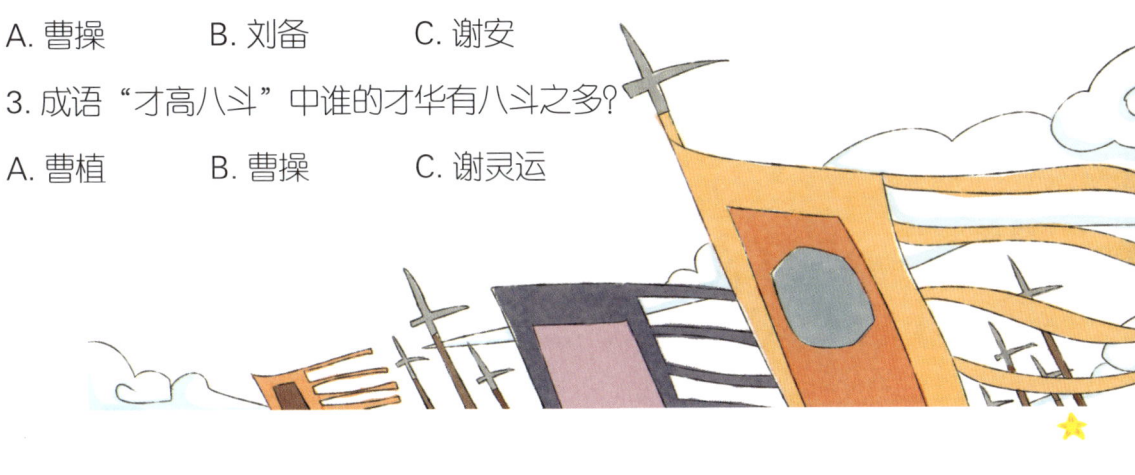

你知道下面这些成语说的分别是谁吗?请你连一连吧!

认贼作父　　　蔺相如

投笔从戎　　　勾践

完璧归赵　　　王羲之

图穷匕见　　　荆轲

四面楚歌　　　项羽

卧薪尝胆　　　吕布

入木三分　　　班超

请你根据左侧的歇后语，连一连成语吧！

| | |
|---|---|
| 诸葛亮用兵 | 纸上谈兵 |
| 秦叔宝卖马 | 大义灭亲 |
| 诸葛亮放孟获 | 穷途末路 |
| 刘备借荆州 | 神机妙算 |
| 赵括打仗 | 铁面无私 |
| 黄忠射箭 | 有借无还 |
| 包公断案 | 欲擒故纵 |
| 吕布杀董卓 | 弄假成真 |
| 鲁班拜师傅 | 精益求精 |
| 东吴招亲 | 百发百中 |

# 第八章
## 成语接龙玩不停

| | | |
|---|---|---|
| zhù rén wéi lè<br>助人为乐 | lè jí shēng bēi<br>乐极生悲 | bēi xǐ jiāo jí<br>悲喜交集 |
| jí sī guǎng yì<br>集思广益 | yì shòu yán nián<br>益寿延年 | nián fù lì qiáng<br>年富力强 |
| qiáng jiā yú rén<br>强加于人 | rén yán kě wèi<br>人言可畏 | wèi suō bù qián<br>畏缩不前 |
| qián pū hòu jì<br>前仆后继 | jì wǎng kāi lái<br>继往开来 | lái lì bù míng<br>来历不明 |
| míng zhī gù wèn<br>明知故问 | wèn yī dá shí<br>问一答十 | shí quán shí měi<br>十全十美 |
| měi zhōng bù zú<br>美中不足 | zú zhì duō móu<br>足智多谋 | móu cái hài mìng<br>谋财害命 |
| mìng zài dàn xī<br>命在旦夕 | xī yáng xī xià<br>夕阳西下 | xià bù wéi lì<br>下不为例 |
| lì xíng gōng shì<br>例行公事 | shì wú jù xì<br>事无巨细 | xì shuǐ cháng liú<br>细水长流 |
| liú lí shī suǒ<br>流离失所 | suǒ jiàn suǒ wén<br>所见所闻 | wén jī qǐ wǔ<br>闻鸡起舞 |
| wǔ wén nòng mò<br>舞文弄墨 | mò shǒu chéng guī<br>墨守成规 | guī xíng jǔ bù<br>规行矩步 |

## 成语解释

|  |  |
|---|---|
| 助人为乐 | 以帮助别人为乐事。 |
| 乐极生悲 | 指快乐到了极点,转而产生悲伤之事。 |
| 悲喜交集 | 悲哀同喜悦两种感情交织在一起。 |
| 集思广益 | 指集中众人的智慧,广泛吸收有益的意见。 |
| 益寿延年 | 延长年龄,增加寿命。 |
| 年富力强 | 形容年纪轻,精力旺盛。 |
| 强加于人 | 指迫使别人接受自己的意见、主张等。 |
| 人言可畏 | 指流言蜚语是很可怕的。 |
| 畏缩不前 | 畏惧退缩,不敢前进。 |
| 前仆后继 | 前面的倒下了,后面的紧跟上。形容为达到某种目的,不顾死活,蜂拥而上。又形容不怕牺牲,勇往直前。 |
| 继往开来 | 继承前人的事业,开辟未来的道路。 |
| 来历不明 | 指人或事物的由来、经历、背景等不清楚。 |
| 明知故问 | 明明知道,却故意问别人。 |
| 问一答十 | 形容人见多识广,学问渊博。也形容人能说会道。 |
| 十全十美 | 各个方面都很完美,毫无缺欠。 |

|  |  |
|---|---|
| 美中不足 | 虽好却总有使人不满意或感到遗憾的地方。 |
| 足智多谋 | 很有智谋，善于谋划。 |
| 谋财害命 | 谋取钱财，害人性命。 |
| 命在旦夕 | 生命非常急迫危险，随时都可能死去。 |
| 夕阳西下 | 指傍晚日落时的景象。也比喻迟暮之年或事物走向衰落。 |
| 下不为例 | 以后不能以此作为先例。 |
| 例行公事 | 按照惯例处理公事。后多指只讲形式、不讲实效。 |
| 事无巨细 | 事情不分大小，不分主次。指大大小小的各类事情。 |
| 细水长流 | 比喻一点一滴不间断地做某件事，也比喻精细打算，节约使用财物。 |
| 流离失所 | 指到处流浪，没有安身的地方。 |
| 所见所闻 | 看到的和听到的。 |
| 闻鸡起舞 | 指有志之士及时奋发，刻苦自励。 |
| 舞文弄墨 | 形容玩弄文字技巧。 |
| 墨守成规 | 形容因循守旧，不肯改变。 |
| 规行矩步 | 形容言行谨慎，举止合乎法度。也比喻墨守成规，不知变通。 |

成语故事

# 闻鸡起舞

晋代的祖逖是个胸怀坦荡、抱负远大的人,可他小时候却是个不爱读书的淘气包。到了青年时代,他意识到自己知识贫乏,深感不读书无以报效国家,于是就发奋读起书来。

后来,祖逖和幼时的好友刘琨一起担任司州主簿。他与刘琨感情深厚,他们还有着共同的远大理想:建功立业,成为国家的栋梁之材。

一天半夜,祖逖在睡梦中听到公鸡的叫声。他赶紧叫醒睡在旁边的刘琨。

祖逖:"刘琨,你听见鸡叫了吗?"

刘琨:"听见了,半夜听见鸡叫不吉利,

还是继续睡吧,明早还有事情要忙。"

祖逖:"我偏不这样想,咱们干脆以后听见鸡叫就起床练剑如何?"

刘琨:"现在?也太早了吧。"

祖逖:"对,现在!如今你我的武功还不够扎实,需要抓紧时间练习,不然如何报效国家?"

刘琨听了祖逖的话觉得很有道理,便欣然同意了。于是他俩每天听到鸡叫后就起床练剑。

就这样春去冬来,寒来暑往,从不间断。功夫不负有心人,经过长期的刻苦学习和训练,他俩终于都成为能文能武的全才,既能写一手好文章,又能带兵上战场,终于实现了他们报效国家的愿望。后来,人们用"闻鸡起舞"比喻有志报国的人及时奋起。

## 游戏·和学习有关的成语

请你仔细看看下面的图，猜一猜画的是哪个成语。

请你按照要求找出成语，并写在相应的空白处吧！

| | | | |
|---|---|---|---|
| 寻根问底 | 手不释卷 | 全神贯注 | 千锤百炼 |
| 漫不经心 | 专心致志 | 悬梁刺股 | 心无旁骛 |
| 心不在焉 | 囊萤映雪 | 不求甚解 | 追本溯源 |

形容学习专注：

形容学习态度不好：

形容学习有钻研精神：

形容学习勤奋：

补全成语，每一个格子里缺少的两个字刚好是一个学科的名称。

| 快言快○ ○武双全 | 心中有○ 品○兼优 | 无名○雄 千言万○ |
|---|---|---|
| 杳无○信 礼崩○坏 | 尽善尽○ 不学无○ | 遍○鳞伤 生儿○女 |
| 翩翩起○ 循规○矩 | 作奸犯○ ○海无边 | |

数学　体育　语文　舞蹈

英语　科学　美术　音乐

# 第九章

## 成语接龙玩不停

才高八斗 — 斗转星移 — 移花接木

木已成舟 — 舟车劳顿 — 顿口无言

言传身教 — 教学相长 — 长幼尊卑

卑躬屈膝 — 膝痒搔背 — 背井离乡

乡土气息 — 息事宁人 — 人情世故

故地重游 — 游手好闲 — 闲庭信步

步履维艰 — 艰苦卓绝 — 绝无仅有

有板有眼 — 眼泪汪汪 — 汪洋大海

海枯石烂 — 烂熟于胸 — 胸有成竹

竹罄南山 — 山高路远 — 远走高飞

## 成语解释

|  |  |
|---|---|
| 才高八斗 | 形容文才极高。 |
| 斗转星移 | 北斗转动，天上的星座移位。表示一夜之间时间的推移。后也指岁月流逝。又形容声势浩大。 |
| 移花接木 | 把一种花木的枝条嫁接到另一种花木上。比喻使用手段暗中更换。 |
| 木已成舟 | 木头已经做成了船。比喻事情已成定局，不能改变。 |
| 舟车劳顿 | 形容旅途疲劳困顿。 |
| 顿口无言 | 形容张口结舌，说不出话来。 |
| 言传身教 | 用语言传授，用行动示范教育。指通过自身的言行教育影响别人。 |
| 教学相长 | 教和学双方相辅相成，互相促进。后多指老师和学生之间互相促进，共同提高。 |
| 长幼尊卑 | 指年龄大小，地位高低。 |
| 卑躬屈膝 | 躬：身体。卑躬：弯腰低头。屈膝：下跪。形容巴结讨好，没有骨气。 |
| 膝痒搔背 | 膝盖处发痒却挠背部。比喻言论或行为不得当，没有抓住问题的关键。 |
| 背井离乡 | 指离开家乡，到外地求生。 |
| 乡土气息 | 农村生活的气氛和情趣。 |
| 息事宁人 | 指不制造事端，使百姓安居乐业。也指调解纠纷，平息事端，使人们相安无事。 |

|  |  |
|---|---|
| 人情世故 | 为人处世的道理、方法和经验。 |
| 故地重游 | 重新到曾经去过或生活过的地方走一走。 |
| 游手好闲 | 懒散成性，好逸恶劳。 |
| 闲庭信步 | 在寂静的院子里随意漫步。形容悠闲自在的样子。 |
| 步履维艰 | 指行走十分困难。 |
| 艰苦卓绝 | 形容极其艰难困苦。 |
| 绝无仅有 | 绝：绝对，完全。指极其少有。 |
| 有板有眼 | 指表演的腔调合乎节拍。形容说话做事有条有理，按部就班。 |
| 眼泪汪汪 | 眼里充满了泪水。 |
| 汪洋大海 | 指广阔无边的海洋。也比喻浩大的声势。 |
| 海枯石烂 | 大海干涸，石头风化成土。形容经历的时间极其久远。多用作誓言，表示不论多久，人的意志（多指感情）也绝不会改变。 |
| 烂熟于胸 | 指内心对某事物十分熟悉。 |
| 胸有成竹 | 意思是画竹子之前心中要先有竹子的形象。比喻在做事之前心中有全面的谋划打算。 |
| 竹罄南山 | 罄：用尽。砍尽终南山上的竹子做书写的竹简。比喻人罪恶极多，书写不尽。 |
| 山高路远 | 形容路途遥远艰辛。 |
| 远走高飞 | 指脱离现时的处境，到远方寻找新的出路或过上新的生活。 |

## 成语故事

## 胸有成竹

北宋时期,有一个著名的画家,名叫文同,他是当时著名的画竹高手。

有一次,天空刮起了一阵狂风。接着,电闪雷鸣,眼看着一场暴雨就要来临,人们都纷纷往家跑。

可就在这时候,坐在家里的文同却急急忙忙抓过一顶草帽,往头上一扣,往外跑去。他刚跑到大门口,瓢泼大雨就下起来了。

文同的妻子:"相公,今日雨急路滑,村里的人都躲在屋子里不出门,你今天也不要去看竹子了吧!"

文同:"正因为下雨,我才要看风雨中的竹子是什么样子。"

说完,他撩起衣服,爬上山坡,奔向竹林。他顾不得擦脸上的雨水,就开始仔细地观察起竹子来。文同细心

地把竹子经受风吹雨打的姿态全都记在心里。

文同:"哈哈哈,原来风雨中的竹子还在摇脑袋呢!这趟可真是收获不小呀!"

由于文同长年累月地对竹子进行细微的观察和研究,竹子在春夏秋冬四季的形态有什么变化,不同的竹子又有哪些不同的形态,他都一清二楚,所以每次画竹子的时候,他都显得非常从容,画出的竹子也全都逼真传神。

晁补之是文同的知心朋友,常和文同赏竹、画竹。有一位年轻人想向文同学习画竹,于是先向晁补之请教文同画竹的秘诀。

晁补之:"文同画竹,早已胸有成竹了。"

文同画的竹子远近闻名,每天都有不少人登门求画。当人们夸奖他画的竹子时,文同总是谦虚地说:"我只不过是把心中琢磨成熟的竹子画出来了而已。"

"胸有成竹"原指画竹子时,要事先在心里有一幅竹子的形象,后来比喻做事之前已经有了主意。

## 游戏·成语里的花草树木

根据图片，将下列成语补充完整。

♡♡ 开花    人面 ♡♡

♡♡ 一现    明日 ♡♡

| 黄花 | 铁树 | 桃花 | 昙花 |

| 柏 | 杨 | 柳 | 松 |

百步穿 ○    ○ 暗花明

松 ○ 之志    鹤骨 ○ 姿

请你找一找，分分类。

**描写树的成语：**

**描写花的成语：**

万紫千红　　郁郁葱葱　　花团锦簇

争奇斗艳　　枝繁叶茂　　参天大树

杨柳依依　　含苞欲放　　春兰秋菊

花香四溢　　高大挺拔　　古木参天

请你把成语补充完整。

玉□临风

独□一帜

一□孤舟

磬□难书

□报平安

势如破□

斩□除根

奇□异草

□船借箭

蕙质□心

结义金□

金□之交

# 第十章

## 成语接龙玩不停

| | | |
|---|---|---|
| xìn shǎng bì fá<br>信赏必罚 | fá yī quàn bǎi<br>罚一劝百 | bǎi fèi dài jǔ<br>百废待举 |
| jǔ shì wénmíng<br>举世闻名 | míng liè qiánmáo<br>名列前茅 | máo sè dùn kāi<br>茅塞顿开 |
| kāi huái dà xiào<br>开怀大笑 | xiào lǐ cángdāo<br>笑里藏刀 | dāoshān jiàn shù<br>刀山剑树 |
| shù dà gēnshēn<br>树大根深 | shēn wù tòng jí<br>深恶痛疾 | jí fēng jìng cǎo<br>疾风劲草 |
| cǎo zhǎng yīng fēi<br>草长莺飞 | fēi lái hènghuò<br>飞来横祸 | huò bù dānxíng<br>祸不单行 |
| xíng shī zǒu ròu<br>行尸走肉 | ròu yǎn fán fū<br>肉眼凡夫 | fū róng zǐ guì<br>夫荣子贵 |
| guì rén duō wàng<br>贵人多忘 | wàng hū suǒ yǐ<br>忘乎所以 | yǐ yì dài láo<br>以逸待劳 |
| láo mín shāng cái<br>劳民伤财 | cái dà qì cū<br>财大气粗 | cū zhī dà yè<br>粗枝大叶 |
| yè luò guī gēn<br>叶落归根 | gēnshēn dì gù<br>根深蒂固 | gù zhí jǐ jiàn<br>固执己见 |
| jiàn yì sī qiān<br>见异思迁 | qiānyán guānwàng<br>迁延观望 | wàngméi zhǐ kě<br>望梅止渴 |

## 成语解释

**信赏必罚**　有功劳的一定奖赏，有罪过的一定惩罚。形容赏罚分明。

**罚一劝百**　用惩罚一人来劝诫众人。

**百废待举**　许多被废置的事等待去办。

**举世闻名**　世上的人都知道他的名字。形容名声很大。

**名列前茅**　指名次排在前面。

**茅塞顿开**　心中原本像被茅草堵住，现在忽然被打开了。形容忽然理解明白了。

**开怀大笑**　无拘无束畅快淋漓地大笑。

**笑里藏刀**　比喻外表和气，内心却阴险毒辣。

**刀山剑树**　比喻可怕而险恶的环境。

**树大根深**　树长得高大，根部也扎得很深。比喻势力大，基础牢固。

**深恶痛疾**　指对某人或某事物厌恶、痛恨到极点。

**疾风劲草**　在猛烈的大风中才能知道哪种草最强劲坚韧。比喻在危难的时刻或艰难的环境下，才能显示出人的意志坚强、忠贞可靠。

**草长莺飞**　形容暮春时的美丽景色。

**飞来横祸**　突然降临的意外灾祸。

**祸不单行**　指不幸的事接二连三地发生。

|  |  |
|---|---|
| 行尸走肉 | 比喻没有精神追求、庸碌无为、毫无生气的人。 |
| 肉眼凡夫 | 具有平常眼光的尘世中的普通人。也常用来指眼光短浅的庸人。 |
| 夫荣子贵 | 丈夫显荣，儿子也高贵。 |
| 贵人多忘 | 地位高贵的人大多容易忘事。指显贵的人对人傲慢，不念旧交。后多指高贵的人往往忘记小事，含诙谐或讽刺意。 |
| 忘乎所以 | 指因兴奋、得意等而忘掉了一切。 |
| 以逸待劳 | 指作战时采取守势，养精蓄锐，待敌方疲惫不堪时再出击取胜。也指以静制动，等待适当时机再采取措施。 |
| 劳民伤财 | 既使民众劳苦，又耗费钱财。 |
| 财大气粗 | 形容钱财多而气势壮。 |
| 粗枝大叶 | 粗壮的枝茎，阔大的叶子。形容简略、概括。又形容做事不细致，不认真。 |
| 叶落归根 | 树叶生发于树根，凋落后总要回到树根周围。比喻事物总有一定的归宿。多指客居他乡的人终究要回归故里。 |
| 根深蒂固 | 比喻基础稳固，不可动摇。 |
| 固执己见 | 坚持自己的看法，不肯改变。 |
| 见异思迁 | 看到别的事物就改变主意。指意志不坚定，喜爱不专一。 |
| 迁延观望 | 指拖延时间，犹豫不决。 |
| 望梅止渴 | 比喻用空想或空话等来安慰自己。 |

81

成语故事

# 望梅止渴

东汉末年，曹操带兵去攻打张绣。时值盛夏，天气热得出奇，骄阳似火，天上一片云彩也没有。

部队在弯弯曲曲的山道上行进，两边的山石被阳光晒得滚烫，空气似乎凝滞了，让人透不过气来。中午时分，士兵的衣服都湿透了，而军中的水也都用完了，士兵们又渴又累，行军的速度慢了下来。

战士甲："我的喉咙里好像着了火，感觉像有十个太阳在照射着我。"

战士乙："我身体里的水分已经被蒸干了，再没有水，我怕是就要去见阎王爷了。"

曹操目睹这样的情景，心里非常焦急。他骑着马四处眺望，想找个有水的地方。可是他失望地发现，附近根本没有水源。他转回头看看士兵，士兵们无精打采，行军的速度越来越慢了。

曹操："这下可糟糕了，这么耗下去，不但会贻误战机，还会有不少的人马要损失，要尽快想个办法才行！"

突然，曹操灵机一动。他站在山岗上，抽出令旗指向前方。

曹操："我知道前面不远的地方有一大片梅林，树上结满了又大又酸的梅子，大家再坚持一下，等我们吃到梅子就能解渴了！"

战士们听了曹操的话，想起梅子的酸味，就好像真的吃到了梅子一样，嘴巴里顿时生出了不少口水，精神也振作起来，鼓足力气加紧向前赶去。就这样，曹操终于率领部队走到了有水的地方。

## 游戏·成语里的情绪

请你选择合适的词填一填。

- 哄堂大〇
- 〇如泉涌
- 号啕大〇
- 破涕为〇
- 嫣然一〇
- 〇如雨下
- 热〇盈眶
- 声〇俱下
- 〇不可仰
- 鬼〇狼嚎
- 眉开眼〇
- 长歌当〇
- 哭〇不得
- 〇天抢地
- 潸然〇下

笑　哭　泪

下面这些成语分别描写哪种情绪？请你仔细想一想。

高兴　生气　伤心　害怕

（　　　）

怒气冲天
雷霆之怒
恼羞成怒
勃然大怒

（　　　）

胆战心惊
惶恐不安
毛骨悚然
战战兢兢

（　　　）

喜上眉梢
眉飞色舞
欣喜若狂
欢呼雀跃

（　　　）

痛哭流涕
悲痛欲绝
抱头痛哭
撕心裂肺

请你为下面的成语找到好朋友，将它们连线吧！

| 情有独钟 如获至宝 | | 唉声叹气 愁眉苦脸 |
|---|---|---|
| | 恐惧 | |
| | 喜爱 | |
| 叫苦连天 切肤之痛 | 抱怨 | 惊魂未定 面如死灰 |
| | 慌张 | |
| | 惊讶 | |
| 颠三倒四 昏头昏脑 | | 牢骚满腹 怨气冲天 |
| | 忧愁 | |
| | 迷糊 | |
| 张口结舌 面面相觑 | 痛苦 | 不知所措 手足无措 |

86

## 第十一章
### 成语接龙玩不停

| rén cái chū zhòng | zhòng kǒu shuò jīn | jīn kǒu yù yán |
|---|---|---|
| 人才出众 | 众口铄金 | 金口玉言 |

| yán ér wú xìn | xìn bǐ tú yā | yā què wú shēng |
|---|---|---|
| 言而无信 | 信笔涂鸦 | 鸦雀无声 |

| shēng yīn xiào mào | mào hé shén lí | lí qún suǒ jū |
|---|---|---|
| 声音笑貌 | 貌合神离 | 离群索居 |

| jū xīn bù liáng | liáng yǒu bù qí | qí tóu bìng jìn |
|---|---|---|
| 居心不良 | 良莠不齐 | 齐头并进 |

| jìn tuì liǎng nán | nán yǐ zhì xìn | xìn yǐ wéi zhēn |
|---|---|---|
| 进退两难 | 难以置信 | 信以为真 |

| zhēn cái shí xué | xué shí yuān bó | bó dà jīng shēn |
|---|---|---|
| 真才实学 | 学识渊博 | 博大精深 |

| shēn wù tòng jué | jué chù féng shēng | shēng sǐ xiāng yī |
|---|---|---|
| 深恶痛绝 | 绝处逢生 | 生死相依 |

| yī yī bù shě | shě shēng wàng sǐ | sǐ bù zú xī |
|---|---|---|
| 依依不舍 | 舍生忘死 | 死不足惜 |

| xī mò rú jīn | jīn bǎng tí míng | míng mù fán duō |
|---|---|---|
| 惜墨如金 | 金榜题名 | 名目繁多 |

| duō cǐ yì jǔ | jǔ yī fèi bǎi | bǎi fā bǎi zhòng |
|---|---|---|
| 多此一举 | 举一废百 | 百发百中 |

## 成语解释

|  |  |
|---|---|
| 人才出众 | 指人的才能、品貌超过众人。 |
| 众口铄金 | 众口一词，连金属都可以熔化。形容舆论的力量巨大。也比喻人多嘴杂，足可以混淆是非。 |
| 金口玉言 | 旧指皇帝说的话。后也泛指有权威的不可更改的话。 |
| 言而无信 | 指说话不讲信用。 |
| 信笔涂鸦 | 形容书写拙劣或胡乱写作。常用作自谦之辞。 |
| 鸦雀无声 | 形容非常安静。也指人沉默不语，保持安静。 |
| 声音笑貌 | 指人的言谈和神态。 |
| 貌合神离 | 表面上关系很密切，实际上却不同心。也指从外表上看很相似，但本质却不同。 |
| 离群索居 | 离开群体，独自生活。 |
| 居心不良 | 心存不善。含贬义。 |
| 良莠不齐 | 指好人、坏人混杂在一起。 |
| 齐头并进 | 指几方面一齐前进。 |
| 进退两难 | 进也不好，退也不好。形容处境困难。 |
| 难以置信 | 很难相信。 |
| 信以为真 | 相信是真的。指未加验证，把谎言、假象等当作是真的。 |

|  |  |
|---|---|
| 真才实学 | 指真正的才能和实在的学识。 |
| 学识渊博 | 指学识深而且广。 |
| 博大精深 | 指学识、思想、理论广博丰富，精湛深刻。 |
| 深恶痛绝 | 指厌恶、痛恨到极点。 |
| 绝处逢生 | 在走投无路、身处绝境的情况下，又有了新的生路。 |
| 生死相依 | 形容同命运，共存亡。 |
| 依依不舍 | 形容非常留恋，舍不得分离。 |
| 舍生忘死 | 形容不顾个人安危，置生死于度外。 |
| 死不足惜 | 就是死了，也不值得可惜。表示不惧怕死亡。 |
| 惜墨如金 | 吝惜笔墨像吝惜黄金一样。原指作画时不轻易使用浓墨。后指写作不轻易下笔，态度严谨，力求精炼。 |
| 金榜题名 | 指科举考试被殿试录取。后泛指升学考试被录取。 |
| 名目繁多 | 指事物的种类、名称又杂又多。 |
| 多此一举 | 所采取的行动毫无必要，完全多余。 |
| 举一废百 | 抓住一点，废弃其他。也指兴办了一件事，却放弃了很多事。 |
| 百发百中 | 射箭一百次，就能射中一百次。形容射箭、投掷、射击等技术高明。比喻料事如神或做事有绝对把握。 |

## 成语故事

# 百发百中

一次,晋国和楚国在鄢陵交战,楚共王亲自督战。战斗中,晋国的大将军魏锜一箭射伤了楚共王的眼睛,楚共王对魏锜恨之入骨。

楚共王:"魏锜射伤了我的眼睛,我怎么也咽不下这口气。你们谁能战胜他呢?"

军营中的一位大臣听后,便向楚共王谏言。

大臣:"我军中有一个叫养由基的人,非常擅长射箭,可让他对战魏锜。"

楚共王:"很好。如果他战胜魏锜,我一定好好奖励他!"

于是楚共王给了养由基两支箭。

结果,养由基只用了一支箭就把魏锜射死了。养由基拿着另一支箭来给楚共王复命,楚共王十分高兴。

楚共王:"哈哈哈!你果然没有辜负我的期望啊!你可真是天下第一的好射手呀!"

一个叫潘党的人听说了这件事,心里十分不服气。因为他也十分善于射箭,每次射箭都能射中箭靶的红心。

一日,养由基和潘党在树林中相遇。

潘党:"就因为你偶然射死了魏锜,大王便称赞你为天下第一的好射手,可我认为,你那不过是巧合。我每次射箭,都会射中靶心,我肯定比你厉害。"

养由基:"呵呵,你能射中靶心还不算有真本事,我能射中百步之外的杨柳叶子。"

潘党:"我不信,你当场演示一下给我看。"

潘党立刻选了柳树上的三片叶子,并标明号码,叫养由基退到百步之外,按顺序射击。养由基一口气连射三箭,果然每一箭都射在了柳叶上。

潘党这下输得心服口服了。

后来,人们称赞养由基的箭法百发百中。

## 游戏·成语里的叠词

看看下列词语有什么特点？并用线连一连吧！

明明 / 隐隐 / 吞吞 / 蹦蹦 / 断断 / 世世 / 恍恍 / 家家 / 严严 / 马马

户户 / 实实 / 跳跳 / 白白 / 续续 / 虎虎 / 约约 / 代代 / 惚惚 / 吐吐

为下面的成语填上合适的叠字吧！

生机〇〇　众目〇〇　神采〇〇

得意〇〇　仪表〇〇　想入〇〇

两手〇〇　虎视〇〇　衣冠〇〇

大名〇〇　风度〇〇　千里〇〇

念念不忘 =AABC，半推半就 =ABAC，数不胜数 =ABCA。请你按照示例找出成语，并写在相应的空白处吧！

代代相传　　步步登高　　津津乐道　　痛定思痛
斤斤计较　　不明不白　　不折不扣　　滔滔不绝
年复一年　　亲上加亲　　一心一意

AABC：

ABAC：

ABCA：

请你连一连，组成含"百"字的成语吧！

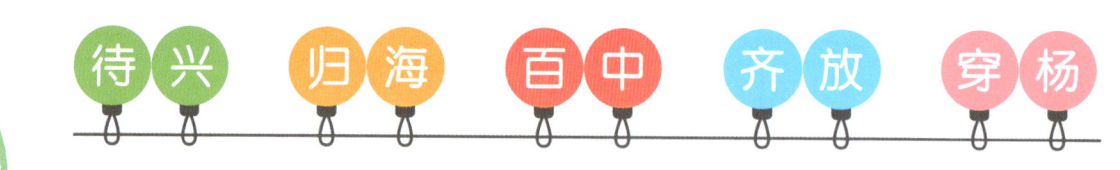

百发　百花　百步　百川　百废

待兴　归海　百中　齐放　穿杨

请你在下面这些成语中选出"百发百中"的近义词吧！

| | | |
|---|---|---|
| 弹无虚发 | 百战百胜 | 老马识途 |
| 百花齐放 | 矢无虚发 | 百下百全 |
| 百步穿杨 | 百折不挠 | 百废待兴 |
| 百川归海 | 百无一失 | 策无遗算 |

# 第十二章
## 成语接龙玩不停

| chéng zhú zài xiōng | xiōng wú diǎn mò | mò tū bù qián |
| --- | --- | --- |
| 成竹在胸 | 胸无点墨 | 墨突不黔 |

| qián lǘ jì qióng | qióng xiōng jí è | è guàn mǎn yíng |
| --- | --- | --- |
| 黔驴技穷 | 穷凶极恶 | 恶贯满盈 |

| yíng qiān lěi wàn | wàn lǐ wú yún | yún ní zhī bié |
| --- | --- | --- |
| 盈千累万 | 万里无云 | 云泥之别 |

| bié kāi shēng miàn | miàn rú táo huā | huā yán qiǎo yǔ |
| --- | --- | --- |
| 别开生面 | 面如桃花 | 花言巧语 |

| yǔ jīng sì zuò | zuò wú xū xí | xí dì ér zuò |
| --- | --- | --- |
| 语惊四座 | 座无虚席 | 席地而坐 |

| zuò shì bù guǎn | guǎn zhōng kuī bào | bào tóu huán yǎn |
| --- | --- | --- |
| 坐视不管 | 管中窥豹 | 豹头环眼 |

| yǎn jí shǒu kuài | kuài rén kuài yǔ | yǔ duǎn qíng cháng |
| --- | --- | --- |
| 眼疾手快 | 快人快语 | 语短情长 |

| cháng jiǔ zhī jì | jì rì ér dài | dài jià ér gū |
| --- | --- | --- |
| 长久之计 | 计日而待 | 待价而沽 |

| gū míng diào yù | yù guò qí shí | shí huà shí shuō |
| --- | --- | --- |
| 沽名钓誉 | 誉过其实 | 实话实说 |

| shuō lái shuō qù | qù wěi cún zhēn | zhēn zhī zhuó jiàn |
| --- | --- | --- |
| 说来说去 | 去伪存真 | 真知灼见 |

# 成语解释

**成竹在胸** 本指画竹子之前先有一个完整的竹子形象在心中。后比喻做一件事以前，心里早已有对这件事的通盘考虑。

**胸无点墨** 肚子里没有一点墨水。形容人没有文化。

**墨突不黔** 形容事务繁多，四处奔走。也指因不能经常生火做饭，烟囱没有熏黑。形容家境贫困，生活窘迫。

**黔驴技穷** 指仅有的一点本领也用完了。

**穷凶极恶** 形容极端凶狠残暴。

**恶贯满盈** 作恶极多，好像穿钱的绳子已经穿满了一样。形容作恶极多，已达极点。

**盈千累万** 形容数量极多。

**万里无云** 形容天空晴朗。

**云泥之别** 比喻相差十分悬殊。

**别开生面** 比喻另外开创新的风格、形式或局面。

**面如桃花** 形容人相貌美丽。

**花言巧语** 原指任意铺排而内容空洞的文辞或话语，后指虚伪动听的谎言。

**语惊四座** 形容出语不凡，让在座的人感到震惊。

**座无虚席** 形容听众、观众、来宾等很多。

**席地而坐** 古指坐在铺有席子的地上。后泛指坐在地上。

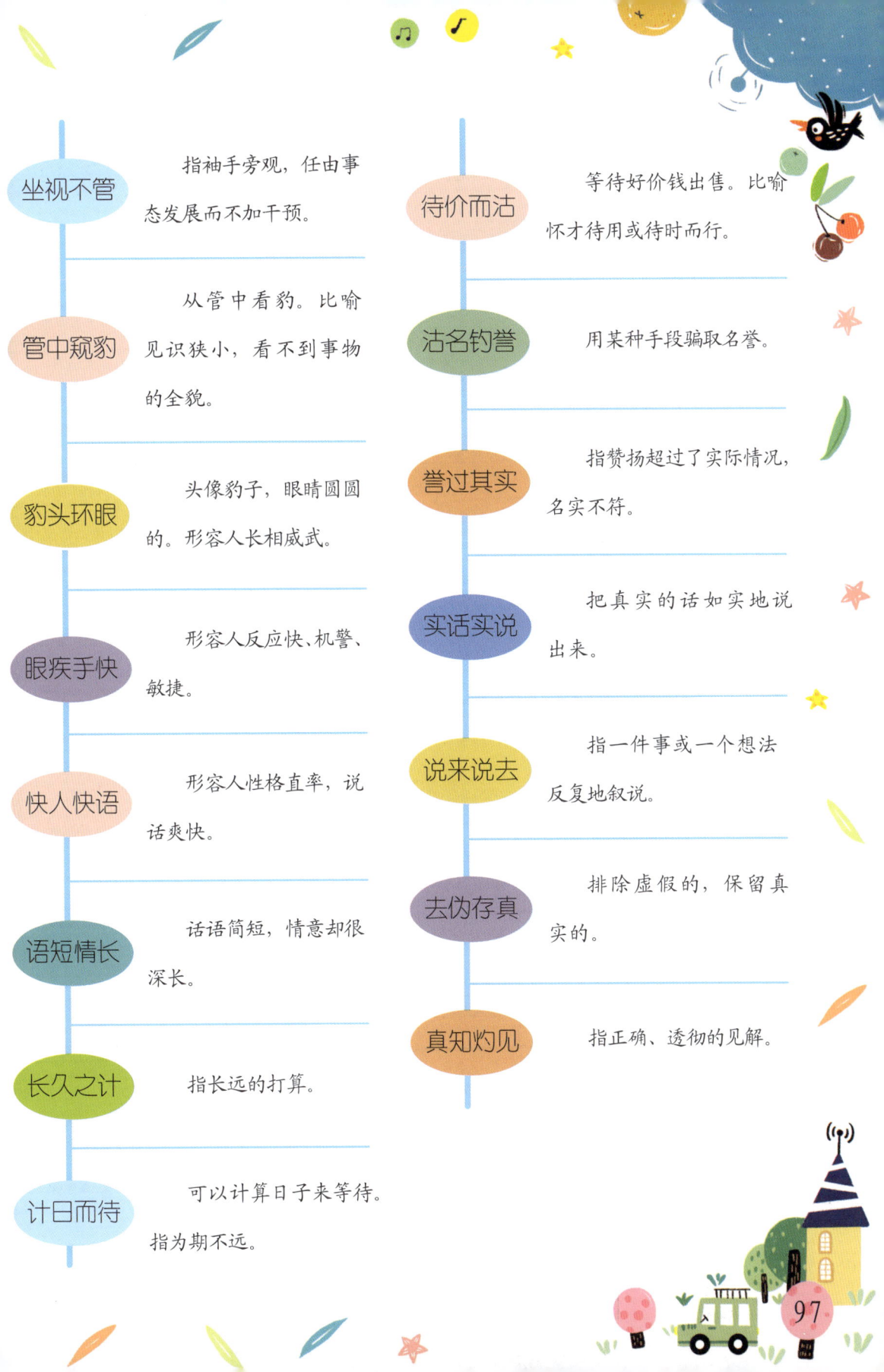

| | |
|---|---|
| 坐视不管 | 指袖手旁观，任由事态发展而不加干预。 |
| 管中窥豹 | 从管中看豹。比喻见识狭小，看不到事物的全貌。 |
| 豹头环眼 | 头像豹子，眼睛圆圆的。形容人长相威武。 |
| 眼疾手快 | 形容人反应快、机警、敏捷。 |
| 快人快语 | 形容人性格直率，说话爽快。 |
| 语短情长 | 话语简短，情意却很深长。 |
| 长久之计 | 指长远的打算。 |
| 计日而待 | 可以计算日子来等待。指为期不远。 |
| 待价而沽 | 等待好价钱出售。比喻怀才待用或待时而行。 |
| 沽名钓誉 | 用某种手段骗取名誉。 |
| 誉过其实 | 指赞扬超过了实际情况，名实不符。 |
| 实话实说 | 把真实的话如实地说出来。 |
| 说来说去 | 指一件事或一个想法反复地叙说。 |
| 去伪存真 | 排除虚假的，保留真实的。 |
| 真知灼见 | 指正确、透彻的见解。 |

成语故事

# 黔驴技穷

古时候,贵州一带没有驴子。有个人从外地用船运回来一头驴子,可一时又派不上什么用场,于是干脆把它放到了山下,让它自由活动。这一天,一只老虎下山觅食……

老虎:"哎呀,肚子好饿啊!赶紧下山去找些食物填饱肚子。"

突然,老虎远远地看到了正悠闲自在吃草的驴子。

老虎:"这是哪里来的怪家伙?怪吓人的!这个怪物肯定不好惹,我不能贸然行事,好好观察观察再说吧。"

接连几天,老虎只敢躲在密林深处远远地观察这头驴子,可是这头驴子除了吃草就是睡觉,似乎也没有那么可怕!于是,老虎开始小心翼翼地靠近驴子,想搞清楚它到底是个什么怪物!

驴子:"这里真是天堂啊,想吃就吃,想睡就睡,真是太美了!老虎!它不会是想来抢我的草吃吧!不行,这是我的地盘,可不能被它抢了去!"

驴子边自言自语边发出刺耳的叫声。老虎以为驴子要吃它,吓得掉头就跑。

老虎:"这个怪物的叫声太恐怖了!幸亏我跑得快,要不就被它吃掉了!"

不过老虎还是不甘心,依然躲在远处观察着驴子的举动。很快,老虎习惯了驴子刺耳的叫声，于是它大着胆子慢慢地靠近驴子。后来它开始围着驴子又是跳又是叫，驴子只是时不时不耐烦地叫几声。再后来，老虎用爪子轻轻碰一下驴子就跳开。终于，气急了的驴子对着老虎抬起蹄子猛踢！

老虎慢慢地发现，驴子除了叫和踢就没有别的招数了！

老虎："你这个没用的东西！原来就这么点儿本事啊！白白耗费我这么长的时间，今天你就乖乖地做我的盘中餐吧！"

就这样，老虎跳起来咬断了驴子的喉管，很快把驴子吃了个精光！

后来，人们用"黔驴技穷"这个成语来比喻那些外强中干，实际上没有多少本事的人。

# 游戏·成语里的地名

小溪一路欢歌奔向大海，你能将下面的成语填写完整，让小溪顺利流入大海吗？

（ ）（ ）学步　　（ ）犬吠日

（ ）驴技穷

暗度（ ）（ ）　　火烧（ ）（ ）

（ ）（ ）米贵

（ ）（ ）纸贵

乐不思（ ）

（ ）（ ）生玉　　得（ ）望蜀

（ ）（ ）北斗

请用给出的地名，将成语补充完整。

晋 冀 豫 吉 渝 鲁 甘 川 琼 青

忠贞不（　）　　（　）北空群

犹（　）不决　　秦（　）之盟

（　）凶未卜　　（　）鱼帝虎

（　）楼玉宇　　海纳百（　）

永垂（　）史　　（　）之如饴

# 第十三章
## 成语接龙玩不停

按部就班 (àn bù jiù bān)

班门弄斧 (bān mén nòng fǔ)

斧钺之诛 (fǔ yuè zhī zhū)

诛心之论 (zhū xīn zhī lùn)

论古谈今 (lùn gǔ tán jīn)

今生今世 (jīn shēng jīn shì)

世外桃源 (shì wài táo yuán)

源远流长 (yuán yuǎn liú cháng)

长治久安 (cháng zhì jiǔ ān)

安定团结 (ān dìng tuán jié)

结草之报 (jié cǎo zhī bào)

报仇雪恨 (bào chóu xuě hèn)

恨之入骨 (hèn zhī rù gǔ)

骨肉至亲 (gǔ ròu zhì qīn)

亲力亲为 (qīn lì qīn wéi)

为人师表 (wéi rén shī biǎo)

表情达意 (biǎo qíng dá yì)

意料之中 (yì liào zhī zhōng)

中饱私囊 (zhōng bǎo sī náng)

囊中之物 (náng zhōng zhī wù)

物尽其用 (wù jìn qí yòng)

用心良苦 (yòng xīn liáng kǔ)

苦不堪言 (kǔ bù kān yán)

言必有据 (yán bì yǒu jù)

据理力争 (jù lǐ lì zhēng)

争名夺利 (zhēng míng duó lì)

利害得失 (lì hài dé shī)

失声痛哭 (shī shēng tòng kū)

哭笑不得 (kū xiào bù dé)

得天独厚 (dé tiān dú hòu)

# 成语解释

|  |  |
|---|---|
| 按部就班 | 指按照一定的次序或步骤行事。 |
| 班门弄斧 | 比喻在内行面前卖弄本事。常用于自谦。 |
| 斧钺之诛 | 钺：古代兵器，像大斧。诛：杀。泛指死刑。 |
| 诛心之论 | 指揭露别人行为动机的批评或见识深刻的议论。 |
| 论古谈今 | 谈论评说古往今来的人和事。形容议论的话题十分广泛。 |
| 今生今世 | 这一生，这一辈子。指有生之年。 |
| 世外桃源 | 指脱离尘世纷扰的或虚构的美好的地方。 |
| 源远流长 | 指源头远，水流长。也形容事物根源深远，历史悠长。 |
| 长治久安 | 指国家长期太平、安定。 |
| 安定团结 | 平静稳定，和睦相处。 |
| 结草之报 | 指真心实意的报答。 |
| 报仇雪恨 | 打击仇敌，洗雪仇恨。 |
| 恨之入骨 | 恨到骨头里。形容对人痛恨到极点。 |
| 骨肉至亲 | 指有血缘关系的最亲的亲人。 |
| 亲力亲为 | 亲自动手去做。 |

|  |  |
|---|---|
| 为人师表 | 指作为人们学习的榜样。 |
| 表情达意 | 表达内心的感情和想法。 |
| 意料之中 | 事情的结果没有超过事先的估计，即事先已经想到。 |
| 中饱私囊 | 指利用职权把经手的财物占为己有。 |
| 囊中之物 | 囊：口袋。指口袋里的东西。比喻不用费力气就可以得到的东西。 |
| 物尽其用 | 充分发挥各种东西的功用。 |
| 用心良苦 | 为某事用心很深。 |
| 苦不堪言 | 痛苦得无法用语言来表达。形容极其痛苦。 |
| 言必有据 | 说话一定有根据。 |
| 据理力争 | 根据事理，努力争辩或极力争取。 |
| 争名夺利 | 指争夺名誉和利益。 |
| 利害得失 | 指好处和坏处，得益和损失等各个方面。 |
| 失声痛哭 | 指因悲伤而放声大哭。 |
| 哭笑不得 | 哭也不是，笑也不是，形容又好气、又好笑，处境尴尬。 |
| 得天独厚 | 得到上天特别的眷顾。多指人独具特殊优越的条件或所处的环境特别优越。 |

## 班门弄斧

鲁班是春秋时期鲁国人。他是一个善于制作精巧器具的能手，人们都叫他"巧人"，后世把他奉为木匠的始祖。

有一个木匠，自认为手艺高超很了不起。一天，他走在路上举着手里的斧子，一边比画一边自言自语。

木匠："我这把斧子，别看它不起眼，可不管是什么木料，只要到了我的手里，被我的斧头这么一弄，就会做出又实用又漂亮的东西来。"

这时，正好有个人路过，听见木匠的话后，觉得他太自负了，就指了指木匠身后的两扇大红门。

路人："小师傅，你看，这两扇大红门做得怎么样？"

木匠："嘿，不是吹牛，如果让我来做，不知要比这个强多少倍呢！"

路人:"那好,你只要能做出和这两扇门一样的门,我就雇你给我做木匠活儿。"

木匠:"没问题!你就等着瞧好吧!"

木匠与路人约定好,半个月后交活儿。

木匠回到家里,就开始做起了大红门。可是他做来做去,左改右改,总是觉得没有看到的那两扇大红门好,真是拿不出手。半个月的期限已到,没办法,他只好垂头丧气地去找那个路人。

木匠:"对不起,我做不了那两扇大红门。请问,做那两扇大红门的人是谁呀?手艺可真高超!"

路人:"哈哈哈!那是鲁班家,那两扇门是他亲手做的。以后你可不要再说大话了。"

木匠听后,脸红耳赤,十分难堪。

木匠:"我可真是鲁班门前耍大斧,真是惭愧呀!"

以后,这个木匠便踏踏实实地学习木工手艺,再也不敢说大话了。

## 游戏·和战争有关的成语

用下列给出的字，将成语补充完整。

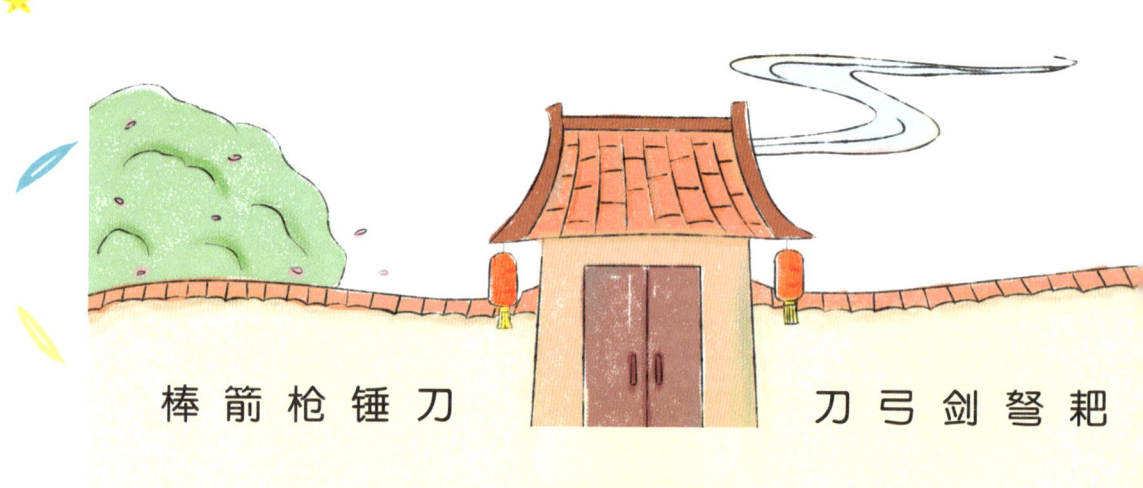

棒 箭 枪 锤 刀　　　　刀 弓 剑 弩 耙

单 ◯ 匹马　　　　鸟尽 ◯ 藏

当头 ◯ 喝　　　　大 ◯ 阔斧

归心似 ◯　　　　口腹蜜 ◯

一 ◯ 定音　　　　倒打一 ◯

心如 ◯ 绞　　　　强 ◯ 之末

叉 剑 弓 刀 斧　　　钩 矢 鞭 戈 盾

❀拔弩张　　　快马加❀

杯❀蛇影　　　❀心斗角

❀枪剑戟　　　有的放❀

四仰八❀　　　自相矛❀

刀锯❀钺　　　操❀入室

请你按照要求找出成语，并写在相应的空白处吧！

| 所向披靡 | 抱头鼠窜 | 捷报频传 | 溃不成军 |
| 浴血奋战 | 不堪一击 | 全军覆没 | 落花流水 |
| 大获全胜 | 骁勇善战 | 身先士卒 | 反败为胜 |
| 丢盔卸甲 | 逃之夭夭 | 出生入死 | 望风而逃 |

描写胜利的：

描写失败的：

描写英勇的：

描写逃跑的：

# 第十四章
## 成语接龙玩不停

- 举一反三 (jǔ yī fǎn sān)
- 三阳开泰 (sān yáng kāi tài)
- 泰然自若 (tài rán zì ruò)
- 若有所思 (ruò yǒu suǒ sī)
- 思绪万千 (sī xù wàn qiān)
- 千依百顺 (qiān yī bǎi shùn)
- 顺手牵羊 (shùn shǒu qiān yáng)
- 羊很狼贪 (yáng hěn láng tān)
- 贪花恋酒 (tān huā liàn jiǔ)
- 酒肉弟兄 (jiǔ ròu dì xiōng)
- 兄友弟恭 (xiōng yǒu dì gōng)
- 恭恭敬敬 (gōng gōng jìng jìng)
- 敬如上宾 (jìng rú shàng bīn)
- 宾客盈门 (bīn kè yíng mén)
- 门当户对 (mén dāng hù duì)
- 对牛弹琴 (duì niú tán qín)
- 琴瑟不调 (qín sè bù tiáo)
- 调丝弄竹 (tiáo sī nòng zhú)
- 竹篮打水 (zhú lán dǎ shuǐ)
- 水中捞月 (shuǐ zhōng lāo yuè)
- 月淡风清 (yuè dàn fēng qīng)
- 清闲自在 (qīng xián zì zài)
- 在所难免 (zài suǒ nán miǎn)
- 免开尊口 (miǎn kāi zūn kǒu)
- 口是心非 (kǒu shì xīn fēi)
- 非同小可 (fēi tóng xiǎo kě)
- 可乘之机 (kě chéng zhī jī)
- 机不可失 (jī bù kě shī)
- 失道寡助 (shī dào guǎ zhù)
- 助人为乐 (zhù rén wéi lè)

# 成语解释

|  |  |
|---|---|
| 举一反三 | 指举出一件事，就可以触类旁通，类推出许多未知的事理。 |
| 三阳开泰 | 三阳：表示阴消阳长，冬去春来。开泰：指天地之气融合贯通，生养万物。旧时为一年开头的吉祥语。 |
| 泰然自若 | 形容遇有变故或紧急情况时镇定沉着，毫不慌乱。 |
| 若有所思 | 好像在思考着什么。形容沉思不语的样子。 |
| 思绪万千 | 形容想法很多。 |
| 千依百顺 | 形容事事都顺从，毫不违背。 |
| 顺手牵羊 | 顺手把人家的羊牵走。指借机做事，不费力气。也指顺手拿了别人的东西。 |
| 羊很狼贪 | 形容人性格执拗，贪得无厌。 |
| 贪花恋酒 | 指沉迷酒色。 |
| 酒肉弟兄 | 常在一起吃喝的朋友。多指不务正业只在一起吃喝玩乐的朋友。 |
| 兄友弟恭 | 哥哥对弟弟友爱，弟弟对哥哥恭敬。 |
| 恭恭敬敬 | 态度非常恭敬谦逊的样子。 |
| 敬如上宾 | 指像对待贵客那样敬重对方。形容对人十分尊敬。 |
| 宾客盈门 | 客人充满门庭。指来访的客人很多。 |
| 门当户对 | 指结亲的男女双方，家庭的社会地位和经济状况相当。 |

|  |  |
|---|---|
| 对牛弹琴 | 比喻说话不看对象，对外行说内行话或对不讲理的人讲理。 |
| 琴瑟不调 | 琴瑟合奏，声音不和谐。比喻政令不当。也比喻夫妻关系不和谐。 |
| 调丝弄竹 | 指吹弹乐器。 |
| 竹篮打水 | 比喻白费气力，毫无成效。 |
| 水中捞月 | 比喻去做根本做不到的事，白费气力，毫无结果。 |
| 月淡风清 | 月色朦胧，微风清爽。形容夜色清幽。 |
| 清闲自在 | 指清净闲适，自由自在。 |
| 在所难免 | 指由于某种情况而难以避免。 |
| 免开尊口 | 不必开口说什么。多表示要求不会得到同意。 |
| 口是心非 | 嘴上说的是一套，心里想的是另外一套，指心口不一。 |
| 非同小可 | 表示事情重要或情况非常严重，或情况不同寻常，不容忽视。 |
| 可乘之机 | 可以利用的机会。 |
| 机不可失 | 机会难得，不可错过。 |
| 失道寡助 | 违背道义的人，不得人心，很少得到帮助。 |
| 助人为乐 | 以帮助别人为乐事。 |

## 成语故事

# 对牛弹琴

春秋战国时期,有个叫公明仪的音乐家,人们非常喜欢听他弹琴。为了寻找创作灵感,公明仪经常会背着琴去郊外散心。

公明仪:"春风徐徐,垂柳轻摇,真是适合弹琴的好地方啊……"

就在公明仪欣赏美景的时候,一头老牛闯进了他的视线。

公明仪:"老牛老牛,不如我来给你弹首曲子吧。"

琴声在公明仪的指尖缓缓流淌出来,真好听呀!可是公明仪却发现老牛只顾着低头吃草,根本就没有听琴，这让他很失望。

公明仪："牛兄牛兄，我弹得不好听吗？为什么你只顾着吃草呢？"

可是老牛没有任何反应，仍旧在不停地吃草。

公明仪："一定是这首曲子太高雅了，我应该换首欢快点儿的小曲儿！"

可是不管他怎样试探着调音、换曲子，老牛仍然没有任何反应，依旧在吃草。公明仪开始深深地怀疑是不是自己的琴艺不精。他觉得很沮丧。

农夫："老牛，老牛，你在哪儿？老牛，你在哪儿哟……"

一个农夫远远地跑了过来。

农夫："老牛啊，可找到你啦！"

公明仪见状，好奇地问农夫。

公明仪："老人家呀！这是您的牛吗？"

农夫："是呀，我刚才放牛的时候，牛儿走丢啦。先生，刚刚是您在弹琴吗？真好听呀！"

公明仪："谢谢您的夸奖。可是我发现您的牛并不喜欢我的琴声呀！不管我弹什么样的曲子，它根本不理我，只是埋头吃草，真让我伤脑筋呢。"

农夫："哎呀呀，先生，您这就错了。人们喜欢您的音乐，可牛根本就听不懂您弹奏的天籁般的琴声呀。"

知道了这个原因之后，公明仪的心结打开了：原来不是自己的琴技退步了，而是牛根本听不懂琴声呀！

## 游戏·诗歌里的成语

请你看看下面的诗句，诗句里蕴含着哪个成语呢？请你连一连吧！

| 诗句 | 成语 |
| --- | --- |
| 物是人非事事休，欲语泪先流。 | 千呼万唤 |
| 老骥伏枥，志在千里，烈士暮年，壮心不已。 | 心有灵犀 |
| 身无彩凤双飞翼，心有灵犀一点通。 | 物是人非 |
| 等闲识得东风面，万紫千红总是春。 | 万紫千红 |
| 山重水复疑无路，柳岸花明又一村。 | 近水楼台 |
| 千呼万唤始出来，犹抱琵琶半遮面。 | 柳岸花明 |
| 捐躯赴国难，视死忽如归。 | 老骥伏枥 |
| 近水楼台先得月，向阳花木早逢春。 | 视死如归 |

请将下列诗句和对应的成语连起来。

朝辞白帝彩云间，千里江陵一日还。　　古稀之年

两岸猿声啼不住，轻舟已过万重山。　　杳如黄鹤

独在异乡为异客，每逢佳节倍思亲。　　一帆风顺

同是天涯沦落人，相逢何必曾相识。　　举目无亲

黄鹤一去不复返，白云千载空悠悠。　　一日千里

酒债寻常行处有，人生七十古来稀。　　人迹罕见

千山鸟飞绝，万径人踪灭。　　情深意重

桃花潭水深千尺，不及汪伦送我情。　　一见如故

# 第十五章
## 成语接龙玩不停

| qī qín qī zòng | zòng héng tiān xià | xià bǐ chéng wén |
| 七擒七纵 | 纵横天下 | 下笔成文 |

wén bù jiā diǎn　　diǎn shí chéng jīn　　jīn pén xǐ shǒu
文不加点　　点石成金　　金盆洗手

shǒu wú cùn tiě　　tiě shí xīn cháng　　cháng huí jiǔ zhuǎn
手无寸铁　　铁石心肠　　肠回九转

zhuǎn wēi wéi ān　　ān bù dàng chē　　chē shuǐ mǎ lóng
转危为安　　安步当车　　车水马龙

lóng fèng chéng xiáng　　xiáng yún ruì qì　　qì tūn shān hé
龙凤呈祥　　祥云瑞气　　气吞山河

hé yú tiān yàn　　yàn guò bá máo　　máo suì zì jiàn
河鱼天雁　　雁过拔毛　　毛遂自荐

jiàn xián jǔ néng　　néng qū néng shēn　　shēn tóu tàn nǎo
荐贤举能　　能屈能伸　　伸头探脑

nǎo mǎn cháng féi　　féi tóu dà ěr　　ěr tí miàn mìng
脑满肠肥　　肥头大耳　　耳提面命

mìng ruò xuán sī　　sī sī rù kòu　　kòu rén xīn xián
命若悬丝　　丝丝入扣　　扣人心弦

xián wài zhī yīn　　yīn róng xiào mào　　mào bù jīng rén
弦外之音　　音容笑貌　　貌不惊人

119

## 成语解释

|  |  |
|---|---|
| 七擒七纵 | 指善用谋略，使对方心服。 |
| 纵横天下 | 形容四处冲杀，势不可当。 |
| 下笔成文 | 提笔一挥就写成了文章。形容才思敏捷。 |
| 文不加点 | 文章不用涂改，一气写成。形容文思敏捷，下笔成章。 |
| 点石成金 | 神话传说中仙道能将铁石点化成黄金。后比喻修改文章或运用文辞时能化腐朽为神奇。 |
| 金盆洗手 | 用黄金盆洗手。表示不再从事原先的职业或活动。 |
| 手无寸铁 | 指赤手空拳，手里没有任何武器。 |
| 铁石心肠 | 像铁石一样坚硬的心肠。形容人心肠硬，不为感情所动。 |
| 肠回九转 | 形容终日忧愁，无法排解。 |
| 转危为安 | 由危险转化为平安。 |
| 安步当车 | 安步：慢步行走。以慢步行走权当成坐车。 |
| 车水马龙 | 形容车马来来往往的热闹景象。 |
| 龙凤呈祥 | 比喻出现了吉利、喜庆的局面。 |
| 祥云瑞气 | 天空飘浮的祥瑞的云气。古人认为是吉祥的征兆。 |
| 气吞山河 | 气势可以吞没高山大河。形容气势雄伟豪迈。 |

|  |  |
|---|---|
| 河鱼天雁 | 古代传说鱼雁可以传书，故借指传递书信的人。 |
| 雁过拔毛 | 大雁在空中飞过时能拔下它的毛。形容武艺高强。后多比喻经办事情时趁机捞取好处。 |
| 毛遂自荐 | 指自告奋勇，自己推荐自己去做某事。 |
| 荐贤举能 | 推荐有德有才的人。 |
| 能屈能伸 | 指人能够适应各种境遇，在失意时能忍耐，在得志时能施展抱负。 |
| 伸头探脑 | 形容偷偷摸摸地窥探。 |
| 脑满肠肥 | 肥头大耳，大腹便便。常用来形容饱食终日、无所用心的庸人。 |
| 肥头大耳 | 形容肥胖的体态。 |
| 耳提面命 | 提着耳朵告诫，当面教导。形容严格要求，殷切教诲。 |
| 命若悬丝 | 性命就像悬挂在一根细丝上一样。形容生命垂危或处境十分危险。 |
| 丝丝入扣 | 形容周密细致，有条不紊，一一合拍。多用于文章写作或艺术表演等。 |
| 扣人心弦 | 形容文章、表演等感染力强，激动人心。 |
| 弦外之音 | 比喻话语或文章中蕴涵的言外之意。 |
| 音容笑貌 | 指人的声音、容貌和神态。 |
| 貌不惊人 | 指相貌一般，没有什么让人惊异的地方。 |

## 成语故事

# 点石成金

古时候,有一个人酷爱神仙修炼之术,即使他特别贫穷,也会很虔诚地供奉道教宗师吕洞宾。

他一日三次为吕洞宾供奉新鲜蔬果,每次上供前要净手,整理衣服,虔诚而恭敬,从不遗漏。

因此,这个人在十里八乡特别出名。你瞧,这事都传到天庭去了。吕洞宾知道后,就默默观察了他很久,终于被他的真诚感动了。

一天,吕洞宾又在天上

偷偷地看着他，发现这个人已经穷得没有米了，正准备吃只有几个米粒的米汤，却还是给他供奉一颗十分新鲜的苹果。

吕洞宾看见他这样，不禁动了恻隐之心，便从天上来到了这个人的家中。

这个人看到吕洞宾的到来特别惊喜，激动地磕头行礼。

吕洞宾伸出一根手指，指向他庭院中一块厚重的石头。片刻间，石头就变成了金光闪闪的黄金。

这个人："哇！手指轻轻一点，石头就变成了金子！真不愧是神仙呀！"

吕洞宾："这块金子就送给你吧。"

这个人："不，我不想要。"

吕洞宾:"什么？难道你真的不想要吗？"

这个人:"是的。我真不想要。"

吕洞宾:"你如此贫穷却还不爱财，真是难得呀！我可以传授给你成仙的真道。"

这个人:"不，不是这样的，我想要你的那根手指，这样我就有取之不尽、用之不竭的黄金啦。"

吕洞宾原以为他不爱财，却没想到他是个真正的贪财鬼！这个人刚说完，金石头便又变成了普通的石头，吕洞宾也气得转身回了天庭。

## 游戏·成语里的神话

请你根据图片猜出相应的成语。

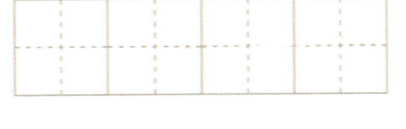

你知道的关于神话传说的成语都有哪些？请你说一说，并将下面的成语补充完整。

（　）（　）补天　　（　）（　）填海

（　）（　）逐日　　（　）（　）散花

（　）（　）过海　　（　）（　）好龙

（　）（　）奔月　　（　）（　）织女

（　）（　）啼血　　（　）（　）朝凤

# 第十六章
## 成语接龙玩不停

名震天下 — 下情上达 — 达官贵人

人来客往 — 往事如烟 — 烟雾缭绕

绕梁之音 — 音容宛在 — 在所不惜

惜字如金 — 金玉满堂 — 堂堂正正

正本清源 — 源源不绝 — 绝世无双

双喜临门 — 门庭若市 — 市井之徒

徒劳无功 — 功德圆满 — 满面红光

光彩夺目 — 目无全牛 — 牛高马大

大势所趋 — 趋利避害 — 害群之马

马首欲东 — 东遮西掩 — 掩耳盗铃

## 成语解释

|  |  |
|---|---|
| 名震天下 | 形容名声很大。 |
| 下情上达 | 把下面的情况传达到上面去。 |
| 达官贵人 | 地位很高的官吏和尊贵显要的人物。 |
| 人来客往 | 指来来往往的客人。也指应酬往来的客人。 |
| 往事如烟 | 往事就像飘忽的烟云一样。形容过去的事情已经淡化或消失了。多用于对人生的感叹。 |
| 烟雾缭绕 | 烟和雾回环弥漫。形容烟雾很大。 |
| 绕梁之音 | 形容令人久久回味的美妙歌声。 |
| 音容宛在 | 人的声音容貌好像就在眼前。多用以表示对死者的思念。 |
| 在所不惜 | 指即使发生某种情况也绝不可惜。 |
| 惜字如金 | 吝惜文字就像吝惜金子一样。指写诗文不轻易落笔,极其节省文字。 |
| 金玉满堂 | 形容财宝很多,极其富有。也用来比喻人知识学问多。 |
| 堂堂正正 | 形容军队军容整齐,军力强大。也形容正大光明。 |
| 正本清源 | 指从根本上清理整顿。 |
| 源源不绝 | 形容连续发生,没有间断。 |
| 绝世无双 | 才貌超众,天下无与伦比。 |
| 双喜临门 | 指两件喜事同时来到。 |

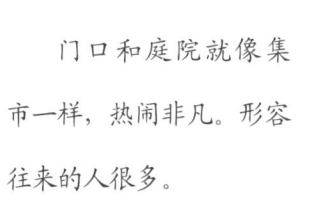

|  |  |
|---|---|
| 门庭若市 | 门口和庭院就像集市一样，热闹非凡。形容往来的人很多。 |
| 市井之徒 | 指城市里的商贾、杂役等平民阶层。 |
| 徒劳无功 | 指白费力气，没有一点成效。 |
| 功德圆满 | 原为佛教用语，指法事完满结束。也指完成某事，做得很圆满。 |
| 满面红光 | 形容人脸色健康或神采焕发的样子。 |
| 光彩夺目 | 形容光彩鲜明，耀人眼目。 |
| 目无全牛 | 庖丁开始宰牛时，看到的是牛的整个身体，后熟知牛的结构，所见到的是牛的骨骼。形容技艺高超。也形容洞察事理，做事精熟。 |
| 牛高马大 | 形容人身材高大魁梧。 |
| 大势所趋 | 整个局势发展的方向。 |
| 趋利避害 | 追求有利的，避开有害的。 |
| 害群之马 | 比喻危害群体的人。 |
| 马首欲东 | 原意指东归，后用来指返回。 |
| 东遮西掩 | 指多方掩盖，以隐瞒真相。 |
| 掩耳盗铃 | 比喻自己欺骗自己。 |

成语故事

# 掩耳盗铃

春秋时期，晋国贵族智伯灭掉了范氏。有个小偷想趁机跑到范氏家里偷点儿东西。他看见院子里吊着一口大钟，钟是用上等青铜铸成的，造型和图案都很精美。

小偷："如此精美的钟！反正也没人看见，我一定要把它搬走！"

可是钟又大又重，怎么也挪不动。他想来想去，只有一个办法，那就是把钟敲碎，然后再分批搬回家。

小偷找来一把大锤，用力朝钟砸去。"咣"一声响，把他吓了一大跳。小偷十分惊慌。

小偷："哎呀，这下可糟了，这钟声不就等于告诉人们我正在这里偷钟吗？"

他心里一急，身子一下子扑到了钟上，张开双臂想捂住钟声，可钟声又怎么捂得住呢！钟声依然悠悠地传向远方。

他越听越害怕，不自觉地抽回双手，使劲捂住了自己的耳朵。

小偷："咦？钟声变小了，听不见了！"

小偷："妙极了！把耳朵捂住不就听不见钟声了吗？"

小偷立刻找来两个布团，把耳朵塞住。他心想，这下谁也听不见钟声了，于是就放手砸起钟来。一下，两下，钟声响亮地传到很远的地方。听到钟声的人们蜂拥而至。

村民甲："出了什么事？谁把钟撞出这么大声音？"

村民乙："我是最早来的，看见他正在砸这个钟。"

村民丙:"我知道了,他一定是小偷,想偷钟!"

众人:"抓小偷啊!"

小偷:"怎么回事,钟声不是没有了吗?"

人们将小偷抓住,把他送到了官府。

"掩耳盗铃"的意思就是把耳朵捂住偷铃铛,以为自己听不见铃铛的响声,别人也听不见。比喻自欺欺人。

## 游戏·成语里的声音

左边的词语可以用右边的哪个成语形容，将它们连线吧！

| 读书 | 鼓乐喧天 |
| 哭泣 | 如泣如诉 |
| 雷声 | 抑扬顿挫 |
| 喜庆 | 书声琅琅 |
| 呼吸 | 震耳欲聋 |
| 人多 | 人声鼎沸 |
| 鸟叫 | 气喘吁吁 |
| 说话 | 叽叽喳喳 |

请你按照要求找出成语，并写在相应的空白处吧！

| 悦耳动听 | 声如洪钟 | 悄然无声 | 振聋发聩 |
| --- | --- | --- | --- |
| 天籁之音 | 山崩地裂 | 低声细语 | 无声无息 |
| 窃窃私语 | 震天动地 | 喃喃自语 | 噤若寒蝉 |
| 万籁俱寂 | 余音绕梁 | 余音袅袅 | 娇声娇气 |

形容声音大：

形容声音小：

形容没有声音：

形容声音优美：

# 第十七章
## 成语接龙玩不停

八仙过海 (bā xiān guò hǎi)

海纳百川 (hǎi nà bǎi chuān)

川流不息 (chuān liú bù xī)

息息相关 (xī xī xiāng guān)

关怀备至 (guān huái bèi zhì)

至死不屈 (zhì sǐ bù qū)

屈打成招 (qū dǎ chéng zhāo)

招蜂引蝶 (zhāo fēng yǐn dié)

蝶乱蜂狂 (dié luàn fēng kuáng)

狂妄自大 (kuáng wàng zì dà)

大同小异 (dà tóng xiǎo yì)

异口同声 (yì kǒu tóng shēng)

声嘶力竭 (shēng sī lì jié)

竭泽而渔 (jié zé ér yú)

渔舟唱晚 (yú zhōu chàng wǎn)

晚节不保 (wǎn jié bù bǎo)

保家卫国 (bǎo jiā wèi guó)

国破家亡 (guó pò jiā wáng)

亡羊补牢 (wáng yáng bǔ láo)

牢不可破 (láo bù kě pò)

破竹之势 (pò zhú zhī shì)

势不两立 (shì bù liǎng lì)

立竿见影 (lì gān jiàn yǐng)

影影绰绰 (yǐng yǐng chuò chuò)

绰绰有余 (chuò chuò yǒu yú)

余味无穷 (yú wèi wú qióng)

穷则思变 (qióng zé sī biàn)

变化如神 (biàn huà rú shén)

神气活现 (shén qì huó xiàn)

现身说法 (xiàn shēn shuō fǎ)

# 成语解释

|  |  |
|---|---|
| 八仙过海 | 常与"各显神通"或"各显其能"连用，比喻各有各的本领，各显各的身手。 |
| 海纳百川 | 大海可以容得下成百上千条江河之水。比喻心胸宽广，包容一切。 |
| 川流不息 | 指事物的运行像水流一样连续不断，永不停止。多形容往来的行人、车辆很多。 |
| 息息相关 | 一呼一息相互关联。形容关系或联系非常密切。 |
| 关怀备至 | 关怀得极其周到。 |
| 至死不屈 | 到死也不改变。形容意志十分坚强或感情深厚，决不动摇。 |
| 屈打成招 | 指无罪的人在严刑拷打之下被迫认罪。 |
| 招蜂引蝶 | 招揽蜜蜂，吸引蝴蝶。 |
| 蝶乱蜂狂 | 形容蝴蝶蜜蜂狂飞乱舞互相追逐。 |
| 狂妄自大 | 指极其狂傲，自以为了不起。 |
| 大同小异 | 指事物大体相同，略有差异。 |
| 异口同声 | 不同的人说出同样的话。多形容众人的意见或说法完全一致。 |
| 声嘶力竭 | 嗓音嘶哑，力气用尽。 |
| 竭泽而渔 | 排尽池中的水捕鱼。比喻只顾眼前利益，不做长远打算。 |
| 渔舟唱晚 | 渔船上的渔夫在傍晚时歌唱。形容江湖傍晚渔舟归航，渔歌四起的美丽风光。 |

| | |
|---|---|
| 晚节不保 | 晚节：晚年的节操。晚年失足，不能始终如一地保持节操。 |
| 保家卫国 | 保护家庭，捍卫国家。 |
| 国破家亡 | 国土支离破碎，家人流离失所。 |
| 亡羊补牢 | 羊丢了再去修补羊圈，还不算晚。比喻出了问题及时补救，以免再受损失。也比喻出了问题才想法补救，为时已晚。 |
| 牢不可破 | 非常牢固，不可摧毁。 |
| 破竹之势 | 竹子劈开上端以后，底下各节就顺着刀口裂开了。指乘胜前进，不可阻挡的形势。 |
| 势不两立 | 指双方矛盾十分尖锐，不可调和。 |
| 立竿见影 | 在阳光下竖起竹竿，立刻就能看到竹竿的影子。比喻立即见到功效。 |
| 影影绰绰 | 模模糊糊，似隐似现。形容不清晰，不真切。 |
| 绰绰有余 | 形容很宽裕，用不完。 |
| 余味无穷 | 形容文章或言谈含义深长，耐人寻味。 |
| 穷则思变 | 意思是事物发展到尽头就会产生变化，产生变化就能通达，继续向前发展。指人处于困境就会设法寻求改变。 |
| 变化如神 | 指变化迅速而神奇。 |
| 神气活现 | 形容得意和傲慢的样子。 |
| 现身说法 | 以亲身经历和体会说明道理或劝导别人。 |

## 成语故事

## 亡羊补牢

从前有一个农夫，养了几十只羊。白天，农夫赶着羊群到山上吃草，傍晚，农夫将羊赶进羊圈里。

一天早晨，农夫又要去放羊，他来到羊圈准备把羊赶出来。

农夫："8，9，10，11，12……不对不对，少了一只，也许是我数错了。我再数一遍，9，10，11，12……咦，怎么还是少一只呢？这是怎么回事？"

农夫数了好几遍，羊的数量就是不对。他也不知道究竟是哪里出了问题。

正在这时，一位路过的邻居好心提醒他。

邻居："呀，你快看，你的羊圈破了个大窟窿，一定是晚上狼从窟窿钻进去，把羊叼走了。"

顺着邻居手指的方向，农夫才发现羊圈确实破了个大窟窿。

邻居："你赶快把羊圈修一修，堵上那个窟窿吧。"

农夫:"羊已经丢了,还去修羊圈干什么呢?"

邻居:"可是你不修,今晚狼来了,羊还会丢的。"

农夫:"狼总不可能天天来吧,只要羊自己不跑出去就行了。"

农夫没有接受邻居的好心劝告。第二天早上,他去放羊,发现又少了一只羊。原来狼又从窟窿钻进羊圈,叼走了一只羊。

农夫很后悔没有接受邻居的好心劝告,导致自己的羊又被狼叼走了一只。

农夫:"现在修还不晚,不能让狼把我的羊都吃了呀!我要赶快堵上那个窟窿,把羊圈修好!"

于是,他赶紧堵上那个窟窿,又把羊圈进行了整体加固,羊圈被修得结结实实的。从此,农夫的羊再也没有被狼叼走过。

## 游戏·多字成语连连看

| | |
|---|---|
| 狮子大 | 佛脚 |
| 快刀斩 | 一物 |
| 无风不 | 开口 |
| 临时抱 | 起浪 |
| 坐山观 | 成针 |
| 一物降 | 不达 |
| 小巫见 | 乱麻 |
| 铁杵磨 | 成书 |
| 无巧不 | 大巫 |
| 欲速则 | 虎斗 |

| | |
|---|---|
| 有眼不识 | 笑百步 |
| 迅雷不及 | 泰山 |
| 有志者 | 雄辩 |
| 五十步 | 风云 |
| 真金不怕 | 事竟成 |
| 事实胜于 | 不可辱 |
| 天有不测 | 火炼 |
| 君子成人 | 掩耳 |
| 士可杀 | 之美 |

| | |
|---|---|
| 星星之火 | 必有近忧 |
| 千里之行 | 可以燎原 |
| 苦海无边 | 五脏俱全 |
| 精诚所至 | 万夫莫开 |
| 一夫当关 | 勿施于人 |
| 己所不欲 | 亦能覆舟 |
| 水能载舟 | 始于足下 |
| 死生有命 | 富贵在天 |
| 人无远虑 | 金石为开 |
| 麻雀虽小 | 回头是岸 |

# 第十八章
## 成语接龙玩不停

| | | |
|---|---|---|
| zhèng rén mǎi lǚ<br>郑人买履 | lǚ xiǎn rú yí<br>履险如夷 | yí wéi píng dì<br>夷为平地 |
| dì guǎng rén xī<br>地广人稀 | xī li hú tú<br>稀里糊涂 | tú tàn shēng líng<br>涂炭生灵 |
| líng dān miào yào<br>灵丹妙药 | yào dào bìng chú<br>药到病除 | chú bào ān liáng<br>除暴安良 |
| liáng kǔ yòng xīn<br>良苦用心 | xīn yuán yì mǎ<br>心猿意马 | mǎ dào chéng gōng<br>马到成功 |
| gōng dé wú liàng<br>功德无量 | liàng lì ér xíng<br>量力而行 | xíng yún liú shuǐ<br>行云流水 |
| shuǐ shēn huǒ rè<br>水深火热 | rè xuè fèi téng<br>热血沸腾 | téng yún jià wù<br>腾云驾雾 |
| wù lǐ kàn huā<br>雾里看花 | huā yàng fān xīn<br>花样翻新 | xīn rén xīn shì<br>新人新事 |
| shì bù yí chí<br>事不宜迟 | chí mù zhī nián<br>迟暮之年 | nián yòu wú zhī<br>年幼无知 |
| zhī wú bù yán<br>知无不言 | yán wú bú jìn<br>言无不尽 | jìn xīn jìn lì<br>尽心尽力 |
| lì bù cóng xīn<br>力不从心 | xīn gāo qì ào<br>心高气傲 | ào màn wú lǐ<br>傲慢无礼 |

# 成语解释

**郑人买履** 指只知生搬条文而不考虑实际情况的教条做法。

**履险如夷** 在险峻的路上行走，就如同走在平坦的路上一样。形容身处险境而毫不畏惧。

**夷为平地** 毁坏使成为平地。也泛指彻底毁掉。

**地广人稀** 土地广阔，人烟稀少。

**稀里糊涂** 不明不白，迷糊。也指马马虎虎，随随便便。

**涂炭生灵** 指统治者使百姓陷入极端困苦的境地。

**灵丹妙药** 神妙有效、可以治百病的丹药。也比喻可以解决所有问题的办法。

**药到病除** 服了药，病就痊愈了。形容医术高明，药效好。

**除暴安良** 除掉残暴的坏人，安抚善良的百姓。

**良苦用心** 用尽心思而产生的意图和想法。

**心猿意马** 形容心神不定，心思不专一，像猿跳马奔一般难以控制。也指散乱而难以控制的心思。

**马到成功** 形容战斗迅速取胜。事情一做就取得了胜利。

**功德无量** 原为佛教用语。后用来称颂对社会、对人做了很多有益的事情，功劳非常大。

**量力而行** 估计自己的能力或力量去做相应的事。

**行云流水** 飘浮的云，流动的水。形容诗文、书法等自然流畅。

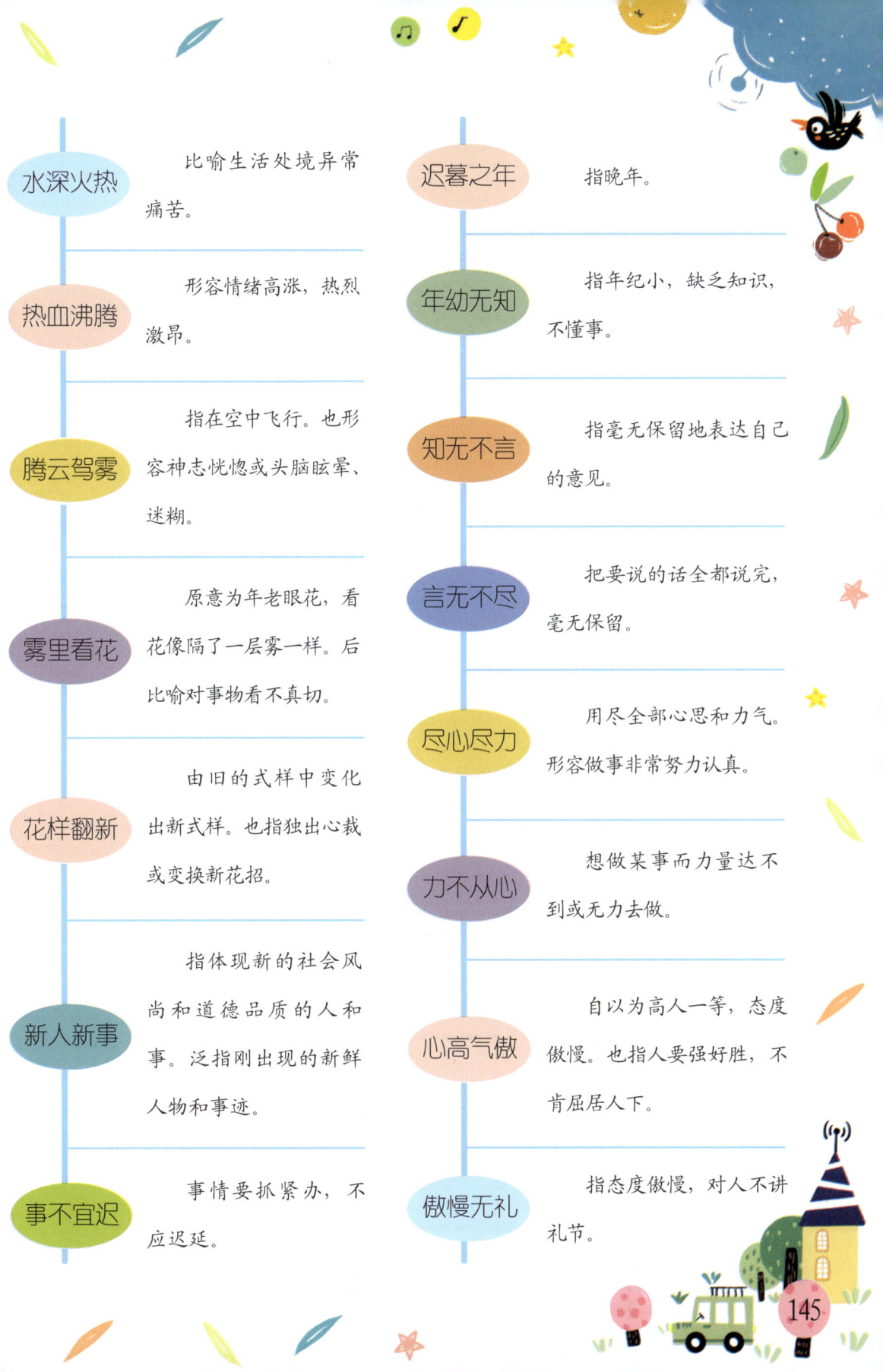

|  |  |
|---|---|
| 水深火热 | 比喻生活处境异常痛苦。 |
| 热血沸腾 | 形容情绪高涨，热烈激昂。 |
| 腾云驾雾 | 指在空中飞行。也形容神志恍惚或头脑眩晕、迷糊。 |
| 雾里看花 | 原意为年老眼花，看花像隔了一层雾一样。后比喻对事物看不真切。 |
| 花样翻新 | 由旧的式样中变化出新式样。也指独出心裁或变换新花招。 |
| 新人新事 | 指体现新的社会风尚和道德品质的人和事。泛指刚出现的新鲜人物和事迹。 |
| 事不宜迟 | 事情要抓紧办，不应迟延。 |
| 迟暮之年 | 指晚年。 |
| 年幼无知 | 指年纪小，缺乏知识，不懂事。 |
| 知无不言 | 指毫无保留地表达自己的意见。 |
| 言无不尽 | 把要说的话全都说完，毫无保留。 |
| 尽心尽力 | 用尽全部心思和力气。形容做事非常努力认真。 |
| 力不从心 | 想做某事而力量达不到或无力去做。 |
| 心高气傲 | 自以为高人一等，态度傲慢。也指人要强好胜，不肯屈居人下。 |
| 傲慢无礼 | 指态度傲慢，对人不讲礼节。 |

## 成语故事

# 郑人买履

这个故事的主人公来自郑国，我们就称他为郑人。有一天，他想去买鞋，于是他在前一天晚上就开始量自己的脚。

郑人妻子："相公，你在做什么？"

郑人："我的鞋破了，明天想去集市上买双鞋。这不，正用绳子量脚的尺寸呢！"

郑人妻子："为何要用绳子量尺码？"

郑人："你懂什么，买鞋就得量了尺码才能买，不然我怎么知道该买多大的鞋子？"

第二天一大早，郑人就出发到集市上买鞋去了。

商人："瞧一瞧，看一看了啊，我的鞋做

工考究，用料都是一等一的，包您满意！走过路过，不要错过。"

郑人："老板，我想买一双鞋。"

商人："您想买什么样的鞋？您穿多大尺码的呢？"

郑人："我带了尺码过来。"

郑人在怀中、袖中东翻西找摸了好久，都没有找到他昨晚量好了尺码的那根绳子。他猛然想起他把绳子忘在了家里，于是便着急地要回家去拿。

郑人:"老板,我量好的尺码忘在了家中,我立马回去拿!"

商人:"哎,你这人真是奇怪,为何不自己亲自试穿一下呢?"

郑人气喘吁吁地跑回了家,拿了量鞋码的绳子,再次奔向了集市。但是等他回到集市的时候,集市已经散了,卖鞋的摊子也已经不见踪影。

路人甲:"你是替别人买鞋吗?"

郑人:"不,我是给自己买鞋。"

路人乙:"哈哈哈,既然为自己买鞋,那为什么非要回家拿尺码呀?你自己用脚试一试不就好了吗?"

郑人:"我宁可相信我量的尺码,也不相信自己的脚!"

## 游戏·成语里的百家姓

请你快来填一填,把成语补充完整吧!

- 围魏救○
- 见○眼开
- 目无○法
- ○晋之好
- ○词滥调
- ○席墨突
- 名落○山
- ○代桃僵
- ○游列国
- ○牛喘月

王 吴 李 周 赵 钱 孙 秦 孔 陈

# 第十九章
## 成语接龙玩不停

食不果腹 → 腹心相照 → 照本宣科

科班出身 → 身手不凡 → 凡夫俗子

子孙万代 → 代人受过 → 过从甚密

密密麻麻 → 麻木不仁 → 仁义之师

师出无名 → 名列前茅 → 茅塞顿开

开云见日 → 日薄西山 → 山高路险

险象环生 → 生老病死 → 死得其所

所见略同 → 同生共死 → 死灰复燃

燃眉之急 → 急于求成 → 成千累万

万丈深渊 → 渊源有自 → 自相矛盾

## 成语解释

**食不果腹** 形容生活贫困。

**腹心相照** 指互相之间真诚相待。

**照本宣科** 照着书本念条文。指照着规定去做，不能灵活运用。

**科班出身** 指受过正规的教育或训练。

**身手不凡** 指本领高超，不同寻常。

**凡夫俗子** 泛指平庸浅薄的人。

**子孙万代** 子孙后代。

**代人受过** 替别人承担过错的责任。

**过从甚密** 指相互交往频繁，关系密切。

**密密麻麻** 形容又多又密。

**麻木不仁** 肢体麻痹，失去知觉。形容对外界事物反应迟钝或漠不关心。

**仁义之师** 指除暴安良、施行仁德、伸张正义的军队。

**师出无名** 指出兵没有正当的名义。也泛指做事没有正当的理由。

**名列前茅** 指名次排列在前面。

**茅塞顿开** 原来心里像被茅草塞住，现在忽然一下子被打开了。形容忽然理解、明白了。

**开云见日** 乌云消散，见到太阳。比喻黑暗过去，见到光明。

**日薄西山** 太阳快要落山了。后比喻人到老年或事物接近衰亡。

| | |
|---|---|
| 山高路险 | 形容路途充满艰难险阻。 |
| 险象环生 | 比喻危险连续不断地发生，情况十分危急。 |
| 生老病死 | 泛指人生的自然历程。 |
| 死得其所 | 指死得有价值，有意义。 |
| 所见略同 | 指见解大致相同。 |
| 同生共死 | 指情谊深厚，生死与共。 |
| 死灰复燃 | 熄灭的灰又重新烧起来。比喻失势的人又重新得势或已消失的事物又重新活跃起来。 |
| 燃眉之急 | 像火烧眉毛那样紧急的情况。 |
| 急于求成 | 指做事情急于达到目的或取得成功。 |
| 成千累万 | 形容数量非常多。 |
| 万丈深渊 | 很深的潭水。也比喻灾难深重的境地。 |
| 渊源有自 | 指有根据，有来源。 |
| 自相矛盾 | 指言行前后不一或互相抵触。 |

成语故事

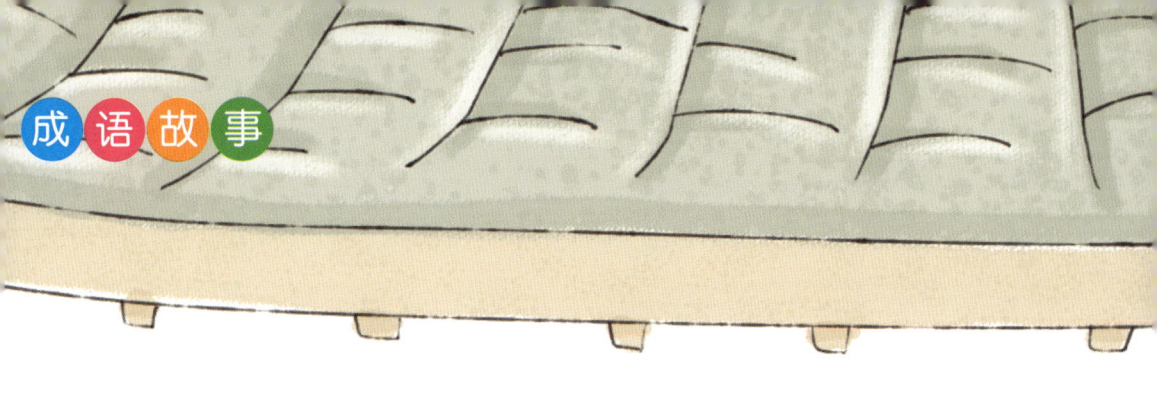

# 自相矛盾

楚国有个人在集市上卖盾和矛。为了招揽顾客,让自己的商品尽快出手,他大声地叫卖着。

他首先举起了手中的盾,向着过往的行人大肆吹嘘着。

楚国人:"瞧一瞧,看一看了啊!请瞧我手上的这块盾牌,这可是用上好的材料一次锻造而成的,质地特别坚固,任凭您用什么锋利的矛都不可能戳穿它!"

一番话说得人们纷纷围拢过来。接着,楚国人又拿起了靠在墙上的矛,继续肆无忌惮地夸口。

楚国人:"诸位豪杰,再看我手上的这根长矛,它可是经过千锤百炼打制出来的好矛呀,矛头特别锋利,不论您用如何坚固的盾来抵挡,都会被我的矛戳穿!"

此番大话一经出口,听的人个个目瞪口呆。过了一会儿,只见人群中站出来一个好汉。

好汉:"你刚才说,你的盾坚固无比,无论什么矛都不能戳穿;而现在你又说你的矛锋利无双,无论什么盾都不可抵挡。那么请问,如果用你的矛来戳你的盾,结果又将如何?"

楚国人听了,无言以对,只好涨红着脸,赶紧收拾好他的矛和盾,灰溜溜地逃离了集市。

## 游戏·成语故事连连看

吴三桂引清兵　　　　　　　　威风凛凛

刘姥姥进大观园　　　　　　　揭竿而起

贾宝玉出家　　　　　　　　　单刀直入

陈胜扯旗　　　　　　　　　　少见多怪

李时珍治病　　　　　　　　　妙手回春

林冲误闯白虎堂　　　　　　　谨小慎微

包公断案　　　　　　　　　　看破红尘

秦桧杀岳飞　　　　　　　　　铁面无私

林黛玉进贾府　　　　　　　　甘拜下风

史进认师父　　　　　　　　　不得人心

穆桂英挂帅　　　　　　　　　口是心非

叶公好龙　　　　　　　　　　吃里扒外

# 答 案

**p12**

独（一）无（二） 说（三）道（四）
（五）颜（六）色 横（七）竖（八）
（十）拿（九）稳 （百）里挑（一）
成（千）上（万） （九）死（一）生
（五）花（八）门 （四）面（八）方
丢三落四 一五一十 接二连三 七上八下

**p13**

一（日）三秋 一（目）十行 一（文）不值
（二）龙戏珠 （二）话不说 （一）往无前
（四）海为家

**p14**

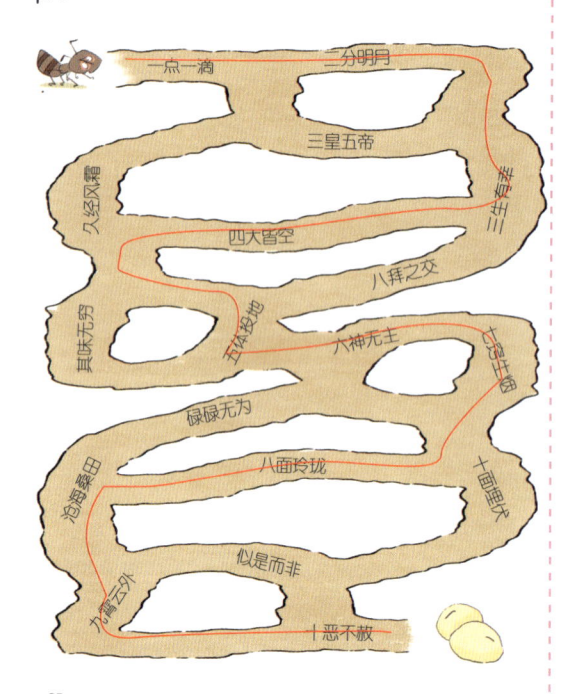

一点一滴　分明月　久经风霜　三生有幸　三皇五帝　四大皆空　八拜之交　其貌不扬　五体投地　六神无主　七窍生烟　碌碌无为　沧海桑田　八面玲珑　十面埋伏　似是而非　九霄云外　十恶不赦

**p21**

老态（龙）钟　（鸡）毛蒜皮　沐（猴）而冠
人困（马）乏　（蛇）蝎心肠　（兔）死狗烹
（羊）落虎口　九（牛）一毛　（鼠）目寸光
（狗）急跳墙　（虎）虎生威　（猪）狗不如

**p22**

一石二鸟　指鹿为马　井底之蛙　鸡飞狗跳

**p28**

面（红）耳赤　飞（黄）腾达　人老珠（黄）
筚路（蓝）缕　青山（绿）水　平步（青）云
涂脂抹（粉）　吹（灰）之力　（青）面獠牙
万古长（青）　白纸（黑）字　阳春（白）雪

**p29**

白发苍苍　青梅竹马　银妆素裹
炎黄子孙　绿草如茵　黑灯瞎火

**p30**

红 白 青 粉
白璧无瑕　绿树成荫　颠倒黑白　万紫千红

**p37**

花红柳绿　百花争艳　春风化雨　鸟语花香
金风送爽　秋色宜人　秋风萧瑟　秋雨绵绵
流金铄石　赤日炎炎　酷暑难耐　汗流浃背
寒风刺骨　天寒地冻　漫天飞雪　寒冬腊月

**p38**

骄阳似火　西风残照
烈日炎炎　残阳如血
烈日当空　日落西山
艳阳高照　百鸟归林

清晨　中午　傍晚　夜晚

半夜三更　旭日东升
夜深人静　东方欲晓
月明星稀　晨光熹微
皓月当空　雄鸡报晓

# 答案

**p45**

秋分　立春　清明　寒露　霜降　惊蛰

**p46**

雪　雨　晴　雷

**p52**

分外（眼）红　　嗤之以（鼻）　　七（嘴）八舌
如雷贯（耳）　　（头）头是道　　爱不释（手）
（脚）下生风　　拳打（脚）踢　　（心）烦意乱
咬（牙）切齿　　（心）知肚明　　袒胸露（背）
（口）若悬河　　一（步）登天　　一（手）遮天
千钧一（发）　　虚（怀）若谷

**p53**

（手）疾眼快　　眼明（手）快　　油嘴滑（舌）
笨嘴拙（舌）　　彻（头）彻尾　　街（头）巷尾
手忙（脚）乱　　指手画（脚）　　（唇）亡齿寒
（唇）齿相依　　举手投（足）　　手（足）情深
掩人（耳）目　　（耳）濡目染　　（心）直口快
（心）口如一

**p54**

闭（门）造车　　抓（耳）挠腮　　不（闻）不问
不由（自）主　　计上（心）头　　经久不（息）
寸（土）必争　　峥嵘岁（月）　　牵肠挂（肚）
良（辰）美景　　守（口）如瓶　　反（唇）相讥
口（干）舌燥　　蹉跎岁（月）　　（肝）胆相照

**p61**

B　C　A

认贼作父　　　　　　蔺相如
投笔从戎　　　　　　勾践
完璧归赵　　　　　　王羲之
图穷匕见　　　　　　荆轲
四面楚歌　　　　　　项羽
卧薪尝胆　　　　　　吕布
入木三分　　　　　　班超

**p62**

诸葛亮用兵　　　　　纸上谈兵
秦叔宝卖马　　　　　大义灭亲
诸葛亮放孟获　　　　穷途末路
刘备借荆州　　　　　神机妙算
赵括打仗　　　　　　铁面无私
黄忠射箭　　　　　　有借无还
包公断案　　　　　　欲擒故纵
吕布杀董卓　　　　　弄假成真
鲁班拜师傅　　　　　精益求精
东吴招亲　　　　　　百发百中

**p68**

闻鸡起舞　精忠报国　水滴石穿　凿壁偷光

**p69**

形容学习专注：
全神贯注　心无旁骛　专心致志
形容学习态度不好：
漫不经心　心不在焉　不求甚解
形容学习有钻研精神：
寻根问底　千锤百炼　追本溯源
形容学习勤奋：
手不释卷　囊萤映雪　悬梁刺股

**p70**

快言快（语）　　（文）武双全　　心中有（数）
品（学）兼优　　无名（英）雄　　千言万（语）
杳无（音）信　　礼崩（乐）坏　　尽善尽（美）
不学无（术）　　遍（体）鳞伤　　生儿（育）女
翩翩起（舞）　　循规（蹈）矩　　作奸犯（科）
（学）海无边

**p76**

铁树　桃花　昙花　黄花　杨柳　柏松

157

# 答 案

**p77**

描写树的成语：

郁郁葱葱　　参天大树　　杨柳依依

枝繁叶茂　　高大挺拔　　古木参天

描写花的成语：

万紫千红　　花团锦簇　　争奇斗艳

含苞欲放　　花香四溢　　春兰秋菊

**p78**

玉（树）临风　　一（叶）孤舟　　独（树）一帜

罄（竹）难书　　（竹）报平安　　势如破（竹）

斩（草）除根　　奇（花）异草　　（草）船借箭

蕙质（兰）心　　结义金（兰）　　金（兰）之交

**p84**

哄堂大（笑）　　（泪）如泉涌　　号啕大（哭）

破涕为（笑）　　嫣然一（笑）　　（泪）如雨下

热（泪）盈眶　　声（泪）俱下　　（笑）不可仰

鬼（哭）狼嚎　　眉开眼（笑）　　长歌当（哭）

哭（笑）不得　　（哭）天抢地　　潸然（泪）下

**p85**

生气　害怕　高兴　伤心

**p86**

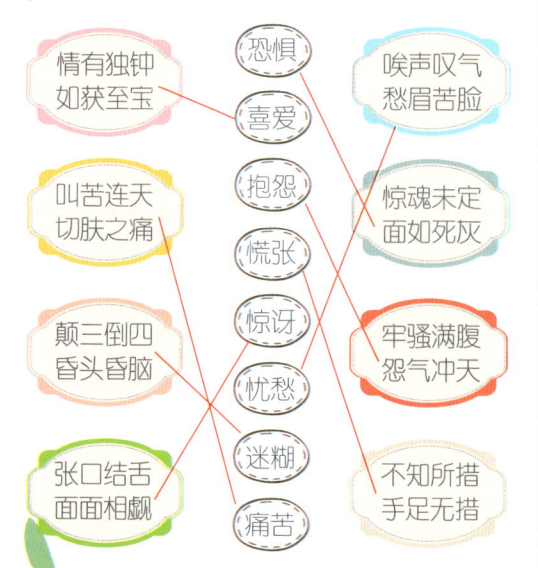

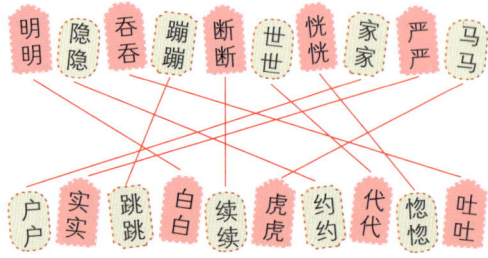

情有独钟 如获至宝 —— 喜爱

唉声叹气 愁眉苦脸 —— 忧愁

叫苦连天 切肤之痛 —— 痛苦

惊魂未定 面如死灰 —— 恐惧

颠三倒四 昏头昏脑 —— 迷糊

牢骚满腹 怨气冲天 —— 抱怨

张口结舌 面面相觑 —— 惊讶

不知所措 手足无措 —— 慌张

**p92**

明明（白白）　隐隐（约约）　吞吞（吐吐）　蹦蹦（跳跳）　断断（续续）

世世（代代）　恍恍（惚惚）　家家（户户）　严严（实实）　马马（虎虎）

生机（勃勃）　众目（睽睽）　神采（奕奕）

得意（洋洋）　仪表（堂堂）　想入（非非）

两手（空空）　虎视（眈眈）　衣冠（楚楚）

大名（鼎鼎）　风度（翩翩）　千里（迢迢）

**p93**

AABC：

代代相传　　斤斤计较　　滔滔不绝

步步登高　　津津乐道

ABAC：

一心一意　　不明不白　　不折不扣

ABCA：

年复一年　　亲上加亲　　痛定思痛

**p94**

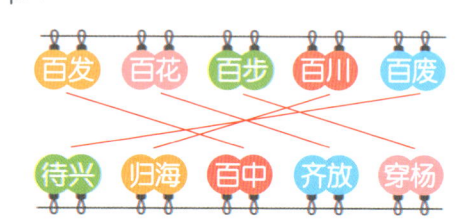

百发（百中）　百花（齐放）　百步（穿杨）　百川（归海）　百废（待兴）

弹无虚发　　矢无虚发　　百步穿杨

百无一失　　百战百胜　　策无遗算

**p101**

（邯）（郸）学步　　　（蜀）犬吠日

（黔）驴技穷　　　　火烧（赤）（壁）

暗度（陈）（仓）　　（长）（安）米贵

（终）（南）捷径　　（洛）（阳）纸贵

乐不思（蜀）　　　　得（陇）望蜀

（蓝）（田）生玉　　（泰）（山）北斗

# 答 案

**p102**
忠贞不（渝） （冀）北空群
犹（豫）不决 秦（晋）之盟
（吉）凶未卜 （鲁）鱼帝虎
（琼）楼玉宇 海纳百（川）
永垂（青）史 （甘）之如饴

**p108**
单枪匹马 当头棒喝 归心似箭
一锤定音 心如刀绞 鸟尽弓藏
大刀阔斧 口蜜腹剑 倒打一耙
强弩之末

**p109**
剑拔弩张 杯弓蛇影 刀枪剑戟 四仰八叉
刀锯斧钺 快马加鞭 勾心斗角 有的放矢
自相矛盾 操戈入室

**p110**
描写胜利的：
所向披靡 反败为胜 大获全胜 捷报频传
描写失败的：
溃不成军 不堪一击 全军覆没 落花流水
描写英勇的：
骁勇善战 出生入死 身先士卒 浴血奋战
描写逃跑的：
丢盔卸甲 逃之夭夭 望风而逃 抱头鼠窜

**p117**
物是人非事事休，欲语泪先流。 — 千呼万唤
老骥伏枥，志在千里，烈士暮年，壮心不已。 — 心有灵犀
身无彩凤双飞翼，心有灵犀一点通。 — 物是人非
等闲识得东风面，万紫千红总是春。 — 万紫千红
山重水复疑无路，柳暗花明又一村。 — 近水楼台
千呼万唤始出来，犹抱琵琶半遮面。 — 柳暗花明
捐躯赴国难，视死忽如归。 — 老骥伏枥
近水楼台先得月，向阳花木早逢春。 — 视死如归

**p118**
朝辞白帝彩云间，千里江陵一日还。 — 古稀之年
两岸猿声啼不住，轻舟已过万重山。 — 杳如黄鹤
独在异乡为异客，每逢佳节倍思亲。 — 一帆风顺
同是天涯沦落人，相逢何必曾相识。 — 举目无亲
黄鹤一去不复返，白云千载空悠悠。 — 一日千里
酒债寻常行处有，人生七十古来稀。 — 人迹罕见
千山鸟飞绝，万径人踪灭。 — 情深意重
桃花潭水深千尺，不及汪伦送我情。 — 一见如故

**p125**
点石成金 愚公移山
呼风唤雨 画龙点睛

**p126**
女娲 精卫 夸父 天女 八仙
叶公 嫦娥 牛郎 杜鹃 百鸟

**p133**
读书 — 书声琅琅
哭泣 — 如泣如诉
雷声 — 震耳欲聋
喜庆 — 鼓乐喧天
呼吸 — 气喘吁吁
人多 — 人声鼎沸
鸟叫 — 叽叽喳喳
说话 — 抑扬顿挫

**p134**
形容声音大：
声如洪钟 震天动地
振聋发聩 山崩地裂

## 答 案

形容声音小:

低声细语　娇声娇气　窃窃私语　喃喃自语

形容没有声音:

噤若寒蝉　悄然无声　万籁俱寂　无声无息

形容声音优美:

余音绕梁　天籁之音　余音袅袅　悦耳动听

### p140

狮子大 —— 开口
快刀斩 —— 乱麻
无风不 —— 起浪
临时抱 —— 佛脚
坐山观 —— 虎斗
一物降 —— 一物
小巫见 —— 大巫
铁杵磨 —— 成针
无巧不 —— 成书
欲速则 —— 不达

### p141

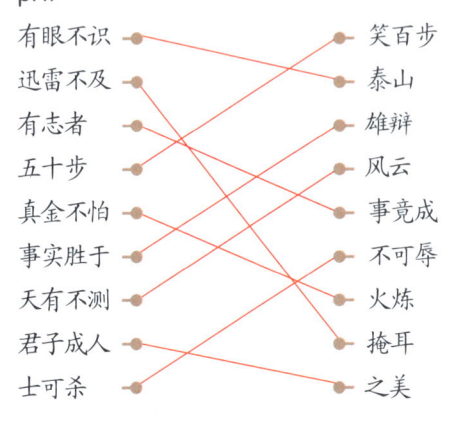

有眼不识 —— 泰山
迅雷不及 —— 掩耳
有志者 —— 事竟成
五十步 —— 笑百步
真金不怕 —— 火炼
事实胜于 —— 雄辩
天有不测 —— 风云
君子成人 —— 之美
士可杀 —— 不可辱

### p142

星星之火 —— 可以燎原
千里之行 —— 始于足下
苦海无边 —— 回头是岸
精诚所至 —— 金石为开
一夫当关 —— 万夫莫开
己所不欲 —— 勿施于人
水能载舟 —— 亦能覆舟
死生有命 —— 富贵在天
人无远虑 —— 必有近忧
麻雀虽小 —— 五脏俱全

### p149

赵 钱 王 秦 陈 孔 孙 李 周 吴

### p155

吴三桂引清兵 —— 揭竿而起
刘姥姥进大观园 —— 少见多怪
贾宝玉出家 —— 看破红尘
陈胜扯旗 —— 威风凛凛
李时珍治病 —— 妙手回春
林冲误闯白虎堂 —— 单刀直入
包公断案 —— 铁面无私
秦桧杀岳飞 —— 不得人心
林黛玉进贾府 —— 谨小慎微
史进认师父 —— 甘拜下风
穆桂英挂帅 —— 吃里扒外
叶公好龙 —— 口是心非

160